陳久金　編著

二十四史天文志校注

（下）

齊魯書社

《宋史》卷五十二

志第五

天文五

七曜[①]　景星　彗孛　客星　流星　妖星　星變　雲氣　日食　日變　日煇氣　月食　月變　月煇氣[②]

七曜

日爲太陽之精，[③]君之象，[④]日行一度，一年一周天。日月行有道之國，則光明。君道至大，則日色光明；動不失時，則日揚光。至德之萌，日月如連璧。君臣有道，則日含"王"字；君亮天工，則日備五色；有聖人起，則日再中。人君有德，日有四彗，光芒四出；日有二彗，一年再赦。[⑤]

《周禮》視祲掌十煇之法：一曰祲，陰陽五色之氣，浸淫相侵；二曰象，雲氣成形象；三曰鑴，日旁氣刺日；四曰監，雲氣臨日上；五曰闇，謂蝕及日光脫；六曰瞢，不光明；七曰彌，白虹貫日；八曰序，謂氣若山而在日上，及冠珥背璚重疊次序在于日旁；九曰隮，謂暈及虹也；十曰想，五色有形想。[⑥]

凡黄氣環在日左右爲抱氣；居日上爲戴氣，爲冠氣；居日下爲承氣，爲履氣；居日下左右爲紐氣，爲纓氣。抱氣則輔臣忠，餘皆爲喜，爲得地，吉。⑦

一珥在日西則西軍勝，在東則東軍勝，南北亦然；無兵，亦有拜將。兩珥氣圜而小在日左右，主民壽考。三珥色黄白，女主喜；純白，爲喪；赤，爲兵；青，爲疾；黑，爲水。四珥主立侯王，有子孫喜。⑧

日有黄芒，君福昌；多黄輝，王政太平。日無光，爲兵、喪，又爲臣有陰謀。日旁雲氣白如席，兵衆戰死；黑，有叛臣；如蛇貫之而青，穀多傷；白，爲兵；赤，其下有叛；黄，臣下交兵；黑，爲水。日始出，黑雲氣貫之，三日有暴雨。青雲在上下，可出兵。有赤氣如死蛇，爲饑，爲疫。雜氣刺日皆爲兵。⑨

日暈，七日内無風雨，亦爲兵；甲乙，憂火；丙丁，臣下忠；戊己，后族盛；庚辛，將利；壬癸，臣專政。半暈，相有謀；黄，則吉；黑，爲災。暈再重，歲豐；色青，爲兵，穀貴；赤，蝗爲災。三重，兵起。四重，臣叛。五重，兵、饑。六重，兵、喪。七重，天下亡。⑩

日并出，⑪諸侯有謀，無道用兵者亡。日闘，爲兵寇。日隕，⑫下失政。日中見飛燕，下有廢主。日中黑子，臣蔽主明。日晝昏，臣蔽君之明，有篡弑。赤如血，君喪臣叛。日夜出，兵起，下陵上，大水。日光四散，君失明。白虹貫日，近臣亂，諸侯叛。日赤如火，君亡。日生牙，下有賊臣。

日食爲陰蔽陽，食既則大臣憂，臣叛主，兵起。日食在正旦，王者惡之。⑬日珥，甲乙，日有二珥四珥而食，白雲中出，主兵；丙丁，黑雲，天下疫；戊己，青雲，兵、喪；庚辛，赤雲，天下有少主；壬癸，黃雲，有土功。⑭

日食在甲乙日，主四海之外，不占；丙丁，江、淮、海、岱也；戊己，中州河、濟也；庚辛，華山以西；壬癸，常山以北。⑮各以其下所主當之。寅卯辰木，招謀者司徒也。巳午未火，招謀者太子也。申酉戌金，司馬也。亥子丑水，司空也。⑯

【注】

①七曜：本指太陽、月亮和五星，此下正文分析其本性和發生日食、月食及其它變化時的災變狀態。

②以上十四個名稱，爲《天文志五》的十四個小標題，其中自"七曜"至"雲氣"，言"七曜"和其它星曜凌犯所引起的災變；自"日食"至"月煇氣"，爲日食和月食的天象記錄。

③日爲太陽之精：日就是太陽。太陽一名，原本出於《周易》中的少陽、太陽、少陰、太陰四個狀態之一，爲陽氣盛極之義。

④君之象：萬物生長靠太陽。天子自比太陽，故曰日爲君象。

⑤日月行有道之國……一年再赦：太陽猶如君主，月亮猶如女主，二十八宿猶如天子治下的各諸侯國。太陽行經各國，猶如天子巡行治下各國。國家有道則日色光明，君道至大，人君有福，至無道之國則否。

⑥周禮視祲……五色有形想：此《周禮》"十煇之法"，摘自晋隋二《志》，他志無其説，也無發揮和應用，僅作爲一種史料加以保存。"十煇"即太陽周圍的十種光輝，言其對人事的影響，今用通俗文字簡釋如下：一曰祲煇，爲浸蓋在日上的陰陽五色之氣；二曰象煇，爲有形象的雲氣；三曰鑴煇，爲在日旁刺日之氣；四曰監煇，爲臨於日上之氣；五曰闇煇，爲

日食引起的日光昏暗；六曰蓸氣，爲不明亮之狀態；七曰彌煇，有白虹貫日；八曰序煇，雲氣如山罩在日上；九曰隮煇，爲日暈及虹；十曰想煇，爲可以想象之氣。

⑦凡黄氣……爲得地吉：根據在日之不同部位出現的氣，分別命名爲抱氣、戴氣、承氣、紐氣。這些氣，爲有忠臣和得地吉氣。

⑧一珥……有子孫喜：一至四個日珥出現時所呈現的占辭。

⑨日有黄芒……皆爲兵：有黄、白、黑、青、赤五色光芒雲氣出現時的占辭。

⑩日暈……天下亡：日暈分別對應於干支日期、不同顏色和日暈重數時的占辭。

⑪日并出：空中有兩個以上日影出現，這爲大氣折射現象。

⑫日隕：他處未見此名。《開元占經》載有"日墜"一名，可能與此類似，爲星占家假想的太陽隕落之辭。

⑬日食……王者惡之：以往日食占辭，主要咎在帝王。今言食既大臣憂，正旦王者惡之，觀念似有變化和發展。此處的王者，可能是統稱帝王。

⑭日珥……有土功：此言當日食發生，觀測到有日珥時，仍需以不同干支日作不同判斷。

⑮日食在甲乙日……常山以北：此處記載日食發生在不同的天干日，對應的占辭發生在不同的地區。總之，帝王的罪責之說成分減少了。

⑯各以其下……司空也：言日食發生在不同的地支日，也有不同的官員承擔罪責：寅卯辰日，由木官司徒承擔；巳午未日，由火官太子承擔；申酉戌日，由金官司馬承擔；亥子水日，由水官司空承擔。

月爲太陰之精，女主之象，①一月一周天。君明，則依度；臣專，則失道。或大臣用事，兵刑失理，則乍南乍北；或女主外戚專權，則或進或退。月變色，爲殃；青，饑；赤，兵、旱；黄，喜；黑，水。晝明，則姦邪作。月旁瑞氣，一珥，五穀登；兩珥，外兵勝；四珥及生戴氣，君喜國安。②終歲不暈，天下偃兵。

晦而明見西方，曰朏；朔而明見東方，曰仄匿。③朏則政緩，仄匿則政急。六日而弦，臣專政。七日而弦，主勝客。八日而弦，天下安。十日不弦，④將死，戰不勝。

兩月并見，兵起，國亂，水溢。星入月中，亡國破將。白暈貫之，下有廢主。白虹貫之，爲大兵起。生齒，則下有叛臣。生足，則后族專政。

月珥背璚，暈而珥，六十日兵起；珥青，憂；赤，兵；白，喪；黑，國亡；黃，喜。有背璚，臣下弛縱，欲相殘賊，不和之氣。暈三重，兵起；四重，國亡；五重，女主憂；六重，國失政；七重，下易主；八重，亡國；九重，兵起亡地；十重，天下更始。

月食，從上始則君失道，從旁始爲相失令，從下始爲將失法。⑤歲星犯之，兵、饑、民流。熒惑犯之，大將死，有叛臣，民饑。填星犯之，人臣弒主；合，國饑。月食填星，民流；一曰月犯填，女主憂，民流。太白犯，出月右爲陰國有謀，左爲陽國有謀；出月下君死、民流。月戴太白，起兵；入月，將死；與太白會，太子危。辰星犯之，天下水。月食辰，水，饑。辰入月，臣叛主。彗星入，或犯之，兵期十二年，大饑；貫月，臣叛主。流星犯之，有兵；入無光，有亡國；在月上下，國將亂。月犯列星，其國受兵。星食月，國相死。星見月中，主憂。

凡月之行，歷二十有九日五十三分而與日相

會，是謂合朔。當朔日之交，月行黃道而日爲月所揜，則日食，是爲陰勝陽，其變重，自古聖人畏之。若日月同度于朔，月行不入黃道，則雖會而不食。月之行在望與日對衝，月入于闇虛之內，則月爲之食，是爲陽勝陰，其變輕。昔朱熹謂月食終亦爲災，陰若退避，則不至相敵而食。所謂闇虛，蓋日火外明，其對必有闇氣，大小與日體同。此日月交會薄食之大略也。日食修德，月食修刑，自昔人主遇災而懼，側身修行者，此也。

【注】

①月爲太陰之精女主之象：依據陰陽理論，日月爲天上兩個大明，日爲陽，月爲陰，日爲君，月爲女主即皇后或太后。故説月爲女主之象，另説爲大臣之象。

②一珥……君喜國安：此處言月旁有一珥、兩珥、四珥之説，爲作者據日珥的推衍，實際不可能有月珥。

③此處之“朒”爲月行遲，“仄匿”爲月行速。

④十日不弦：弦爲半月，平均爲農曆初八日，但不可能至十日而弦，這是假設之辭。

⑤月食……爲將失法：《河圖帝覽嬉》有類似的説法：“月蝕從上始，謂之失道，國君當之；從下始，謂之失法，將軍當之；從傍始，謂之失令，相當之。”又曰：“從上始爲君親，從下始爲赤子蝕，其陰爲女蝕。”

歲星爲東方，爲春，爲木。於人五常，仁也；五事，貌也。①超舍而前爲贏，退舍爲縮。色光明潤，君壽民富。又主福，主大司農，主五穀。②石申曰：歲星所在，國不可伐，如歲在卯，不可東征。甘德曰：所去，國凶；所之，國吉；退行，爲凶災。主泰山、徐青兗及角、亢、氐、房、心、尾、箕。君令不順，則歲星退行；入陰爲内事，入陽爲外事；行陰道爲水，行陽道爲旱。星大，則喜；小，則牛馬多死，疾疫。初見小而日益大，所居國利。初出大而日小，國耗。《荆州占》：歲星色黑，爲喪；黃，則歲豐；白，爲兵；青，多獄；君暴，則色赤。熒惑相犯，爲大戰；相去方寸爲犯，戰，客勝。食火，國亡。邊侵曰食。守之爲賊。居之不去爲守。觸火，則國亂。兩體俱動而直曰觸。合鬬，爲饑、旱。離復合，合復離曰鬬。填星相犯，退，犯填，太子叛。當東反西曰退。與填星合，爲内亂，民饑。芒角相及同光曰合。守填星，其下城敗。太白相犯，大臣黜，女主喪。觸太白，則四邊來侵。守太白，爲四序不調。合鬬，則大將死。辰星相犯，太子憂。觸辰，主憂；守，憂賊。合，則君臣和。晝見，則臣强。他星犯之，主不安。客星犯守，主憂。流星犯之，色蒼黑，大農死；[③]赤，爲饑疫；黃，則歲豐。抵之，臣叛主。

　　熒惑爲南方，爲夏，爲火。於人五常，禮也；五事，視也。晋灼曰：“常以十月入太微，受制而出，行列宿，司無道，出入無常。”二歲一周天。出，則有兵；入，則兵散。逆行一舍二舍，爲不祥，所舍國爲亂、賊、疾、喪、饑、兵。或環遶勾巳，芒角、動搖、變色，乍前乍後，爲殃愈甚。退行一舍，天下有火災；五舍，大臣叛。《星經》曰：“主霍山、揚荆交州，又主輿鬼、柳、七星。”又主大鴻臚，又曰主司空，爲司馬，④主楚、吳、越以南，司天下群臣之過失。東行，則兵聚東方；西行，則兵聚西方。天下安，則行疾。與歲星相犯，主册太子，有赦。觸歲星，有子；守之，太子危。填星相犯，兵大起。入填星，將爲亂；觸之，有刀兵；守之，有内賊，太子危。與太白相犯，主亡，兵起；守北，太子憂；南，庶子憂。環遶，偏將死。與辰星相犯，兵敗。與辰星相會，爲旱，秋爲兵，冬爲喪；守之，太子憂，有赦。他星相犯，兵起。祆星犯之，爲兵，爲火。

　　填星爲中央，爲季夏，爲土。於人五常，信也；五事，思也。常以甲辰元始之歲，填行一宿，二十八歲而一周天。⑤四星皆失，填爲之動。所居，國吉，女子有福，不可伐。去之，失地。⑥天子失信，則填大動。盈則超舍，以德盈則加福，刑盈則不復；縮則退舍不及常，德縮則迫感，刑縮則不育。《星經》曰：“主嵩山、豫州，又主東井。”行中道，則陰陽和調。退行一舍，爲水；二舍，海溢河决。經天退行，天下更政，地動。巫咸曰：光明，歲熟。大明，主昌。小暗，主憂。春青，夏赤，女主喜。春色蒼，歲大熟；色赤，饑。有芒，兵。與歲星相犯相鬭，爲内亂；合，則野有兵。熒惑相犯，爲兵、喪；合，則爲兵，爲内亂，大人忌之。太白相犯，爲内兵，有大戰，一曰王者失地。合於太微，國有大兵，一曰國亡。辰星犯，爲兵，爲旱。祆星犯，下臣謀上。流星犯，則民多事。與月相犯，有兵。

太白爲西方，爲秋，爲金。於人五常，義也；五事，言也。常以正月甲寅與火晨出東方，二百四十日而入。入四十日又出西方，二百四十日而入。入三十五日而復出東方。出以寅戌，入以丑未也。一年一周天。日方南太白居其南，日方北太白居其北，爲贏，侯王不寧，用兵進吉退凶。日方南太白居其北，日方北太白居其南，爲縮，侯王有憂，用兵退吉進凶。⑦《星經》曰："主華陰山、梁雍益州，又主奎、婁、胃、昴、畢、觜、參。"出西方，失行，外國敗。出東方，失行，中國敗。若經天，天下革，民更主，是謂亂紀，人衆流亡。晝見，與日爭明，強國弱，女主昌，又曰主大臣。巫咸曰：光明見影，戰勝，歲熟。狀炎然而上，兵起。光如張蓋，下有立王。凡與歲星相犯，兵敗失地。犯熒惑，客敗主勝。犯填星，太子不安，失地。犯辰星，主兵。入月，主死，其下兵。犯月角，兵起，在左則中國勝，在右則外國勝。當見不見，失地破軍。他星犯，其事急。祆星犯，邊城有戰。客星犯，主兵將死。凡太白至午位，避日而伏，若行至未，即爲經天，其災異重也。

辰星爲北方，爲冬，爲水。於人五常，智也；五事，聽也。常以二月春分見奎、婁，五月夏至見東井，八月秋分見角、亢，十一月冬至見牽牛。出以辰戌，入以丑未，二旬而入。晨候之東方，夕候之西方也。一年一周天。出早爲月食，晚爲彗星及天祆。一時不出，其時不和。四時不出，天下大饑。《星經》曰："主常山、冀并幽州，又主斗、牛、女、虚、危、室、壁。"又曰主燕、趙、代，⑧主廷尉，以比宰相之象。⑨石申曰：色黄，五穀熟；黑，爲水；蒼白，爲喪。凡與歲星相犯，皇后有謀。熒惑犯，妨太子。填星犯，兵敗；太白亦然。芒角相及同光曰合，他星光曜相逮爲害。客星、太陰、流星相犯，主内患。

【注】

①歲星爲東方……五事貌也：與歲星對應的熒惑、填星、太白、辰星相關占事，均與中國古代的陰陽五行等傳統觀念有關。陰陽説以陰陽二氣的相對勢力，爲天地萬物生成的基礎。這兩種勢力互相消長變化，形成了宇宙間千變萬化的現象。這些勢力的形式，在天上就成爲五星，即木、火、土、金、水五星，在地上就是木、火、土、金、水五種物質。對於人類來説，就是所謂仁、義、禮、智、信五種德性。天上的木星有了變化，就使地上的木和人心的仁都發生變化。這樣，天、地、人三界是互相影響的。占星術就是以此爲基礎建立起來的。因而，五行説在中國古代天文學來説，就是中國的占星學原理。

從春、夏、秋、冬四時配合爲木、火、金、水推究，古人認爲春和木星、夏和火星、秋和金星、冬和水星有類似性質。夏季火熱，屬於純陽，冬季寒冷，屬於純陰。因而可以認爲火星是從日溢出火生成，水星是從月溢出水生成。春季爲陽漸盛、陰漸衰的季節，秋季爲陰漸盛、陽漸衰的季節，可以認爲，木星和金星是適合於春秋陰陽結合狀態的。於是，將土配中央，就可以與東春、南夏、西秋、北冬相對應。把一年分配於五行，最初祇是將一年五等分，以木春、火夏、土季夏、金秋、水冬稱之。爲了便於對應觀看，今將五星與五方、五時、五常、五視等的關係列載於下表：

五行	木	火	土	金	水
五方	東	南	中	西	北
五帝	太昊	炎帝	黄帝	少昊	顓頊
五佐	勾芒	祝融	后土	蓐收	玄冥
五時	春	夏	季夏	秋	冬
五星	歲星	熒惑	鎮星	太白	辰星
五象	蒼龍	朱雀	黄龍	白虎	玄武
五色	青	赤	黄	白	黑
五事	視	言	思	聽	貌
五常	仁	禮	信	義	智

②色光明潤君壽民富……主五穀：歲星爲福星，故歲星所居之國昌。主五穀，歲星所居之地五穀豐收，是有福的主要標志，故有君壽民富的康樂景象。大司農是主管農業的官員，故又曰主大司農。

③流星犯之色蒼黑大農死：流星犯歲星，即歲星受到侵犯，打破了正常秩序，發生災異。若流星爲蒼黑色，就顯示在大司農的死亡上。大農，即上文主管五穀的大司農。

④爲不祥……主大鴻臚又曰主司空爲司馬：火星爲災星，故曰爲不祥，所居之國爲亂、賊、疾、喪、饑、兵，并且與大鴻臚、司空、司馬等官均有關係。

⑤填行一宿二十八歲而一周天：填星行動緩慢，大約每年祇能在星空中行經一個星宿，每經二十八歲而繞行一周天。中華書局校點本“填行”前少逗號導致費解。

⑥所居國吉女子有福不可伐去之失地：填星爲吉星，又爲福星，故曰所居之國不可伐。此處專指女子有福，與他説有異。《隋志》曰：“所居之宿，國吉，得地及女子，有福，不可伐。”可能與句讀有誤有關，女子前漏一“得”字，甘氏曰：“填星主太常。”太常爲主祭祀之官。

⑦日方南太白居其南……用兵退吉進凶：此處本志僅具體述説太白

與日相對位置的變化決定了應如何用兵，而未述説太白與用兵的關係。《隋志》則説："太白進退以候兵，高埤遲速，静躁見伏，用兵皆象之，吉。"石氏曰太白主大將。巫咸曰："太白主兵革誅伐。"故太白爲與戰事有關的星。用兵則視太白的進退。

⑧星經曰……主燕趙代：又前引歲星主泰山、徐青兖，熒惑主楚、吴、越以南，填星主嵩山、豫州，太白主華陰山、梁雍益州，是説辰星對應於北方幽州等州，歲星對應於東方兖州，熒惑對應於南方荆州，填星對應於中方豫州，太白對應於西方益州。

⑨主廷尉以比宰相之象：辰星主刑獄之官，故曰主廷尉。

　　凡五星：歲星色青，比參左肩；熒惑色赤，比心大星；填星色黄，比參右肩；太白色白，比狼星；辰星色黑，比奎大星。①得其常色而應四時則吉，變常爲凶。

　　木與土合爲内亂，饑；②與水合爲變謀而更事；與火合爲饑，爲旱；③與金合爲白衣之會，合鬭，國有内亂，野有破軍，爲水。太白在南，歲星在北，名曰牝牡，年穀大熟。太白在北，歲星在南，其年或有或無。火與金合爲爍，爲喪，不可舉事用兵，從軍爲軍憂；離之，軍却。出太白陰，分地；出其陽，偏將戰。與土合爲憂，主孽卿。與水合爲北軍，④用兵舉事大敗。一曰，火與水合爲焠，⑤不可舉事用兵。土與水合爲壅沮，不可舉事用兵，有覆軍。一曰，爲變謀更事，必爲旱。與金合爲疾，爲白衣會，爲内兵，國亡地。與木合國饑。水與金合爲變謀，爲兵、憂。

木、火、土、金與水鬭，皆爲戰，兵不在外，皆爲内亂。

三星合，是謂驚立絶行，其國外内有兵與喪，百姓饑乏，改立侯王。⑥四星合，是謂大湯，其國兵、喪并起，君子憂，小人流。五星若合，是謂易行，有德受慶，改立王者，奄有四方，子孫蕃昌；亡德受殃，離其國家，滅其宗廟，百姓離去，被滿四方。⑦五星皆大，其事亦大；皆小，事亦小。五星俱見，其年必惡。

凡五星與列宿相去方寸爲犯，居之不去爲守，兩體俱動而直曰觸，離復合、合復離曰鬭，當東反西曰退，芒角相及同舍曰合。⑧

凡五星東行爲順，西行曰逆，順則疾，逆則遲，通而率之，終於東行。不東不西曰留，與日相近而不見曰伏，伏與日同度曰合。⑨

凡金、水二星，行速而不經天，自始與日合後，行速而先日，夕見西方。去日前稍遠，夕時欲近南方則漸遲，遲極則留，留而近日，則逆行而合日；在于日後，晨見東方。逆極則留，留而後遲，遲極去日稍遠，旦時欲近南方，則速行以追日，晨伏于東方，復與日合度。此五星合見、遲疾、順逆、留行之大端也。

凡五星之行，古法周天之數，如歲星謂十二年一周天，乃約數耳。晋灼謂太歲在四仲則行三宿，在四孟、四季則行二宿，故十二年而行周二十八

宿。其説亦非。⑩夫二十八宿，度有廣狹，而歲星之
行自有盈縮，豈得以十二年一周無差忒乎？唐一行
始言歲星自商、周迄春秋季年，率百二十餘年而超
一次，因以爲常。以春秋亂世則其行速，時平則其
行遲，其説尤迂。⑪既乃爲後率前率之術以求之，則
其説自悖矣。今紹興曆法，⑫歲星每年行一百四十五
分，是每年行一次之外有餘一分，積一百四十四年
剩一次矣。然則先儒之説，安可信乎？餘四星之
行，固無逆順，中間亦豈無差忒？⑬一行不復詳言，
蓋亦知之矣。

【注】

①凡五星……比奎大星：言星辰各有五色之別，當以參左肩、心大
星、參右肩、天狼星、奎大星作爲青、赤、黃、白、黑的標準，語出《史
記·天官書》而文字略有變化。

②木與土合爲内亂饑：木與土本爲吉星和福星，但由於互相受到侵犯
有咎，木與土都與糧食和土地有關，故曰饑。

③火爲火熱之候。木遇火易爲災，進而爲饑。

④北軍，敗軍也。

⑤火與水合爲焠：這是從金屬高溫後遇水爲焠火而發生的聯想。

⑥三星合……改立侯王：星占家將五星之眾星聚合看成非常嚴重的天
象，自三星以上聚合，均認爲是改立侯王之象，僅嚴重程度有別。

⑦五星若合……被滿四方：爲國家滅亡、改朝換代的最嚴重的政治
事變。

⑧凡五星……同舍曰合：以上爲五星犯、守、觸、斗、合等狀態的
標準。

⑨凡五星……同度曰合：言行星運動中順、逆、疾、遲、留、伏、合
各種狀態的含義。

⑩其説亦非：指太歲在二十八宿中四象行度的分配，是西漢以前對太歲行度的約數。

⑪以春秋亂世則其行速……其説尤迂：天行與政治無關，批評有理。

⑫紹興曆法：指南宋紹興年間的曆法。

⑬然則先儒之説……中間亦豈無差忒：曆法古疏今密，這是人類認識宇宙奧秘的必然途徑。後人不能苛求於古人。

景星

景星，德星也，①一曰瑞星，如半月，生於晦朔，大而中空，其名各异。②曰周伯，其色黄，煌煌然，所見之國大昌。③曰含譽，光耀似彗，喜則含譽射。曰格澤，狀如炎火，下大上鋭，色黄白，起地上，見則不種而穫。曰歸邪，兩赤彗向上，有蓋。曰天保星，有音，如炬火下地，野雞鳴。皆五行冲和之氣所生也。其王蓬芮、玄保、昭明、昏昌、旬始、司危、菀昌、地維臧光④之類，亦皆爲瑞星。⑤然前志以王蓬芮已下星爲妖星。⑥又奇星，古無所考，見於仁宗、英宗之時，故附於景星之末云。⑦

【注】

①景星德星也：《今本竹書紀年》和《宋書·符瑞志》均載黄帝和帝堯時景星見。景星如何？未見記載。又《宋書·符瑞志》載漢桓帝時、魏武帝時黄星見，黄星爲吉星，見則大吉。很可能據此知景星當爲黄色。

②一曰瑞星……其名各异：此説出自《晋志》。《晋志》曰："一曰景星，如半月，生於晦朔，助月爲明。或曰，星大而中空。"又曰周伯、含譽、格澤，均爲瑞星。本志據此按自己的理解作了改寫和發展。例如，《晋志》僅説"或曰，星大而中空"，本志改爲"大而中空"，成爲景星的定義了。又《晋志》將周伯星稱瑞星，與景星有别，本志則統稱爲景星。

③曰周伯……所見之國大昌：語出《晋志》，與本志的差异在於僅歸
屬有别。

④地維臧光：《史記·天官書》作“地維咸光，亦出四隅，去地可三
丈，若月始出。所見，下有亂；亂者亡，有德者昌”。

⑤其王蓬芮……亦皆爲瑞星：《開元占經》將這類星歸爲妖星。據上
引《史記·天官書》載地維咸光占辭，也不屬景星類。

⑥前志以王蓬芮已下星爲妖星：前志具體指晋隋二《志》等。

⑦又奇星……故附於景星之末云：這個奇星，或指超新星、變星等。

彗孛

彗星，小者數寸，長者或竟天。見則兵起，大水，
除舊布新之兆也。①其體無光，傅日而爲光。故夕見則東
指，晨見則西指。②光芒所及則爲災。有五色，各依五行
本精所生。

孛星，彗屬。偏指曰彗，芒氣四出曰孛。③孛者，孛
孛然，非常惡氣之所生也。主大亂，主大兵，災甚於
彗。旄頭星，《玉册》云亦彗屬也。

【注】

①見則兵起大水除舊布新之兆：在星占家看來，彗星的出現，預示着
兵災、水災和改朝換代，尤以後者爲重大，即所謂除舊布新。

②其體無光……晨見則西指：古人已認識到彗星自身不會發光，人們
之所以能看到它，是由於太陽照耀所致。夕見尾東指，晨見尾西指，也成
爲解釋其自身不發光的一種理由。

③偏指曰彗芒氣四出曰孛：這是區分彗星與孛星的主要標志。彗星，
其尾指向一邊，故曰偏指，而孛星芒氣則是指向四方的。

客星

客星有五：周伯、老子、王蓬絮、國皇、温星是也。周伯，大而黄，煌煌然，所見之國，兵喪，饑饉，民庶流亡。[①]老子，明大純白，出則爲饑，爲凶，爲善，爲惡，爲喜，爲怒。王蓬絮，狀如粉絮，拂拂然，見則其國兵起，有白衣之會。[②]國皇，大而黄白，有芒角，主兵起，水災，人主惡之。温星，色白，狀如風動摇，常出四隅。皆主兵。此五星錯出乎五緯之間，其見無期，其行無度，各以其所在分野而占之。又四隅各有三星：東南曰盗星，主大盗；西南曰種陵，出則穀貴；西北曰天狗，見則天下大饑；[③]東北曰女帛，主有大喪。

【注】

①客星有五……民庶流亡：此處周伯星與景星之周伯星，其狀一致，但性能相悖，顯爲本志作者做了自相矛盾的摘抄，而未注意到自身的矛盾之處。關於周伯星是妖星還是景星，宋代有完全相反的説法，語見《宋史・周克明傳》，爲宋真宗時春官正，他力主景德三年四月出現的客星爲周伯星，非妖星而爲德星，從而受到真宗的嘉奬得以升官。

②王蓬絮……有白衣之會：此處的王蓬絮，疑即本志景星所述王蓬芮，也是互相矛盾之説。

③西北曰天狗見則天下大饑：《史記・天官書》曰："天狗，狀如大奔星，有聲，其下止地，類狗。所墮及，望之如火光炎炎衝天。其下圜如數頃田處，上兑者則有黄色，千里破軍殺將。"如其所言，天狗星分明是落地類狗形狀的大隕星。

流星

流星，天使也。[①]自上而降曰流，東西横行亦曰流。

流星有八，曰天使，曰天晖，曰天鴈，曰天保，曰地鴈，曰梁星，曰營頭，曰天狗。②流星之爲天使者，有祥有妖，爲天晖、天鴈，夜隕而爲天保，則祥；若夜隕而爲地鴈、梁星，晝隕而爲營頭，則妖。③流星之大者爲奔星，夜隕而爲天狗，厥妖大。④自下而升曰飛。飛星有五，亦有妖祥之分，飛星化而爲天刑則祥；爲降石，爲頓頑，爲解銜，爲大滑，則爲妖。⑤

【注】

①流星天使也：流星是上天的使者。

②自上而降曰流……曰天狗：言流星的狀態分兩種，一種是自上而下，另一種東西横行。自下而上叫飛星。流星有八種類别，如上所述。

③流星之爲天使者……則妖：言流星有吉祥和妖孽之分，白晝出現的天晖、天鴈和夜間的天保爲祥星；夜間出現的地鴈、梁星和白天的營頭爲妖星。

④流星之大者爲奔星夜隕而爲天狗厥妖大：流星中大的，白天爲奔星，夜間爲天狗，其主妖孽更大。

⑤自下而升曰飛……則爲妖：言流星中從下向上的爲飛星，飛星有五種，亦有祥妖之分，在天化解的稱天刑，爲祥星；降落爲石的稱爲頓頑、解銜、大滑，爲妖星。

妖星

妖星，五行乖戾之氣也。①五星之精，散而爲妖星，形狀不同，爲殃則一。各以其所見日期、分野、形色，占爲兵、饑、水、旱、亂、亡。②星長三尺至五尺，期百日，等而上之，至一丈期一年，三丈期三年，五丈期五年，十丈期七年，十丈已上，不出九年。蓋妖星長大則期遠而殃深，短小則期近而殃淺。③

天棓星乃歲之精，主奮爭。天槍如彗，出西方，長二三尺，名天槍，主破國。天猾主招亂。天欃出西方，長數丈，主國亂。蚩尤旗類彗而後曲，④主兵。天衝狀如人，蒼衣赤首，不動，主下謀上，滅國。⑤國皇大而赤，去地三丈，如炬火，主內寇。及登主夷分，主恣虐，且見則主弱。⑥昭明如太白，光芒不行，主兵、喪。司危，《天官書》如太白，有目，去地可六丈，大而白，其下有兵，主擊強。五殘如辰星，去地六七丈，其下有兵，主奔亡。六賊去地六丈，大而赤，有光，出非其方，下有兵、喪。獄漢青中赤表，下有三彗，去地可六丈，大而赤，數動。⑦大賁主滅邪暴兵。燭星主滅邪。絀流主伏逃。蒲星、昂、孛星主災。旬始出北斗旁，如雄雞，見則更主。擊咎主大兵，有反者，大亂。天杵主牂羊。天榷主擊殃。伏靈見則世亂。天敗主鬭衝。司姦主見怪。天狗有毛，旁有短彗，下如狗形，見則兵饑。天殘主貪殘。卒起有謀反，主驚亡。枉矢色黑，蛇行，望之如有毛目，長數匹者，見則兵起。破女，君臣憂，上下亂。⑧拂樞主制時。滅寶主伐亂。繞綖主亂孳。驚理主相屠。大奮祀主招邪。

天鋒彗象，形似矛鋒，見則兵起，有亂臣。⑨昭星有三彗，兵出，有大盜，不成，又主滅邪。蓬星大如二斗器，色白，出東南方，東北主旱，或大水。長庚星如一匹布著天，見則兵起。四填大而赤，可二丈，爲兵。地維藏光星如月，始出，大而赤，去地二丈，東南，旱；

西北，兵；出東北，大水。老子星色白，爲善爲惡，爲饑爲凶，爲喜爲怒。營頭星有雲如壞山墜，所墜下有覆軍流血。積陵出西南，長三丈，主兵，小饑。昏昌出西北，氣青赤色，中赤外青，主國易政。莘星出西北，狀如環，大則諸侯失地。白星如削瓜，主男喪。菀昌有赤青環之，主水，天下改易。濛星赤如牙旗，長短四面，西南最多，亂之象。長星出西方。

歲星之精，化爲天棓、天槍、天滑、天衝、國皇、及登，蒼彗。火星之精，化爲昭旦、蚩尤之旗、昭明、司危、天欃，赤彗。土星之精，化爲五殘、六賊、獄漢、大賁、昭星、絀流、茀星、旬始、蚩尤、虹蜺、擊咎，黃彗。太白之精，化爲天杵、天柎、伏靈、天敗、司姦、天狗、天殘、卒起，白彗。辰星之精，化爲枉矢、破女、拂樞、滅寶、繞綖、驚理、大奮祀，黑彗。

而月旁祅星，亦各有所生。天槍、天荆、真若、天猨、天樓、天垣，歲星所生也，見以甲寅日，有兩青方在其旁。天陰、晉若、官張、天惑、天雀、赤若、蚩尤，熒惑所生也，出在丙寅日，有兩赤方在其旁。天上、天伐、從星、天樞、天翟、天沸、荆彗，填星所生也，出在戊寅日，有兩黃方在其旁。若星、帚星、若彗、竹彗、牆星、權星、白蘿，太白所生也，出在庚寅日，有兩白方在其旁。天美、天毚、天社、天林、天麻、天蒿、端下，辰星所生也，出以壬寅日，有兩黑方在其旁，見則爲水、旱、兵、喪、饑、亂。⑩

【注】

①妖星五行乖戾之氣也：古人認爲，五行的正氣生成五星，乖戾之氣生成妖星。乖戾，不和諧。

②妖星……占爲兵饑水旱亂亡：妖星的形狀不同，但造成兵、饑、水、旱、亂、亡之災的性質則是相同的。

③蓋妖星長大則期遠而殃深短小則期近而殃淺：本志把妖星統釋爲有長尾之星，即彗星，故曰星長則災期遠且深，星短則災期近且淺。實際從下文可知，妖星不僅僅包括彗星。

④蚩尤旗：爲較典型的尾曲彗星。

⑤天衝……滅國：天衝星，其特點是無尾且不移動，有可能是新星或變星一類的星。

⑥國皇大而赤……旦見則主弱：《史記·天官書》的描述有較大差異：“國皇星，大而赤，狀類南極。所出，其下起兵。兵強，其衝不利。”故國皇星仍是超新星之類的天體。

⑦獄漢青中赤表……數動：《史記·天官書》也有如下描述：“獄漢星，出正北北方之野。星去地可六丈，大而赤，數動。”本志與《史記·天官書》相比，多出“下有三彗”而省掉“出正北北方之野”等。綜合考之，當爲北極光無疑。由此可見，本志省去“出正北北方之野”是不可以的。

⑧天殘主貪殘……上下亂：中華書局校點本標點數處有錯亂，其中天殘、卒起、枉矢、破女等均爲星名。今標點如下：“天殘，主貪殘。卒起，有謀反，主驚亡。枉矢色黑，蛇行，望之如有毛、目，長數匹者，見則兵起。破女，君臣憂，上下亂。”

⑨天鋒彗象……有亂臣：言天鋒星形象似彗星，長似矛鋒。可見這個天鋒星，與斗柄前的天鋒星座不同。

⑩歲星之精……爲水旱兵喪饑亂：言將這些妖星，分別以青、赤、黃、白、黑分類，分別屬於歲星、熒惑、土星、太白、辰星所化、所生。

所有這些説法都衹是星占術士的胡亂猜測，没有科學依據。這些妖星名稱，也分類太細，没有必要，他處也無這種説法。

雲氣

《周禮·保章氏》："以五雲之物，辨吉凶水旱，降豐荒之祲象。"①故魯僖公日南至登觀臺以望，漢明帝升靈臺以望元氣，吹時律，觀物變。蓋古者分至啓閉，必書雲物，爲備故也。②迨乎後世，其法寖備。瑞氣則有慶雲、昌光之屬，妖氣則有虹蜺、牂雲之類，以候天子之符應，驗歲事之豐凶，明賢者之出處，占戰陣之勝負焉。③

【注】

①《周禮·保章氏》的注曰："五雲之物：物，色也，謂五種雲色。"此句中華書局校點本的標點不準確。今改。

③……蓋古者……爲備故也：分至啓閉，指春、秋分，冬、夏至。言每逢二分二至，必記載雲的顔色，以備占驗。此句中華書局校點本的標點不準確。今改。

③瑞氣則有……戰陣之勝負焉：言瑞氣有慶雲、昌光，妖氣有虹蜺、牂雲，不同類别各有徵兆。

日食①

建隆元年五月己亥朔，日有食之。二年四月癸巳朔，日有食之。

乾德三年二月壬寅朔，日當食，不食。五年六月戊午朔，日有食之。

　　開寶元年十二月己酉朔，日有食之。三年四月辛酉朔，日有食之。四年十月癸亥朔，日有食之。五年九月丁巳朔，日有食之。七年二月庚辰朔，日有食之。八年七月辛未朔，日有食之。

　　太平興國二年十一月丁亥朔，日有食之，既。六年九月乙未朔，日有食之。七年三月癸巳朔，日有食之。八年二月戊子朔，日有食之。

　　雍熙二年十二月庚子朔，日有食之。三年六月戊戌朔，日有食之。

　　淳化二年閏二月辛未朔，日有食之。三年二月乙丑朔，日有食之。四年二月己未朔，日有食之。八月丙辰朔，日有食之。五年十二月戊寅朔，日有食之，雲陰不見。

　　咸平元年五月戊午朔，日有食之。十月丙戌朔，日有食之。二年九月庚辰朔，日有食之。三年三月戊寅朔，日有食之。五年七月甲午朔，日有食之。

　　景德元年十二月庚辰朔，日有食之。三年五月壬寅朔，日有食之，雲陰不見。四年五月丙申朔，日有食之，陰雨不見。

　　大中祥符二年三月丙辰朔，日有食之，陰雨不見。五年八月丙申朔，日有食之。六年十二月戊午朔，日有食之。七年十二月癸丑朔，日當食，不食。八年六月己酉朔，日有食之。

　　天禧三年三月戊午朔，日有食之。五年七月甲戌朔，日有食之。

乾興元年七月甲子朔，日食幾盡。

天聖二年五月丁亥朔，日當食不食。四年十月甲戌朔，日有食之。六年三月丙申朔，日有食之。七年八月丁亥朔，日有食之。

明道二年六月甲午朔，日有食之。

景祐三年四月己酉朔，日當食不食。

寶元元年正月戊戌朔，日有食之。

康定元年正月丙辰朔，日有食之。

慶曆二年六月癸酉朔，日有食之。三年五月丁卯朔，日有食之。四年十一月戊午朔，日當食不食。五年四月丁亥朔，日有食之，雲陰不見。六年三月辛巳朔，日有食之。

皇祐元年正月甲午朔，日有食之。四年十一月壬寅朔，日有食之。五年十月丙申朔，日有食之。

至和元年四月甲午朔，日有食之。

嘉祐元年八月庚戌朔，日有食之。三年八月己亥朔，日有食之。四年正月丙申朔，日有食之。六年六月壬子朔，日有食之，雲陰不見。

熙寧元年正月甲戌朔，日有食之。二年七月乙丑朔，日有食之，雲陰不見。六年四月甲戌朔，日有食之，雲陰不見。八年八月庚寅朔，日有食之，雲陰不見。

元豐元年六月癸卯朔，日當食不食。三年十一月己丑朔，日有食之。四年十一月癸未朔，日當食不食。五年四月壬子朔，日有食之，雲陰不見。六年九月癸卯朔，日有食之。

元祐二年七月庚戌朔，日有食之，陰雨不見。六年五月己未朔，日有食之。

紹聖元年三月壬申朔，日有食之。二年二月丁卯朔，日當食不食。四年六月癸未朔，日有食之，雲陰不見。

元符三年四月丁酉朔，日有食之。

建中靖國元年四月辛卯朔，日有食之，雲陰不見。

大觀元年十一月壬子朔，日有食之。二年五月庚戌朔，日有食之。四年九月丙寅朔，日有食之。

政和三年三月壬子朔，日有食之。五年七月戊辰朔，日有食之。

重和元年五月壬午朔，日有食之。

宣和元年四月丙子朔，日有食之。五年八月辛巳朔，日有食之，陰雲不見。

建炎三年九月丙午朔，日食于亢。

紹興五年正月乙巳朔，日食于女。七年二月癸巳朔，日食于室。是年，當金之天會十五年，《金史》不書日食。八年至十二年，日食多在夜，史蒙蔽不書。十三年十二月癸未朔，日食于牛，陰雲不見。十五年六月乙亥朔，日食于井。十七年十月辛卯朔，日食于氐。是年，乃金之皇統七年，《金史》不書日食。十八年四月戊子朔，日有食之，陰雲不見。十九年三月癸未朔，日有食之，陰雲不見。二十四年五月癸丑朔，日有食之，陰雲不見。二十五年五月丁未朔，日有食之，陰雲不見。二十八年三月辛酉朔，日有食之，陰雲不見。三十年八月丙午朔，日食于翼。三十一年正月甲戌朔，太史言日當食而不食。三十二年正月戊辰朔，日食于女。

隆興元年六月庚申朔，日食于井。二年六月甲寅朔，日有食之，陰雲不見。

乾道五年八月甲申朔，日食在翼，陰雲不見。九年五月壬辰朔，日食在井，陰雲不見。

淳熙元年十一月甲申朔，日食在尾，陰雲不見。三年三月丙午朔，日有食之，陰雲不見。四年九月丁酉朔，日有食之，陰雲不見。十年十一月壬戌朔，日食于心。十五年八月甲子朔，日食于翼。十六年二月辛酉朔，日有食之，陰雲不見。

慶元元年三月丙戌朔，日食于婁。四年正月己亥朔，日有食之，陰雲不見。五年正月癸巳朔，日有食之，陰雲不見。六年六月乙酉朔，日有食之，陰雲不見。是年，乃金承安五年，《金史》不書日食。

嘉泰二年五月甲辰朔，日食于畢。三年四月己亥朔，日有食之。《金史》不書。

開禧二年二月壬子朔，日當食，太史言不見虧分。

嘉定三年六月丁巳朔，日有食之。四年十一月己酉朔，日當食，太史言不見虧分。《金史》不書。七年九月壬戌朔，日食于角。九年二月甲申朔，日食于室。十年七月丙子朔，日食于張。十一年七月庚午朔，日有食之。十四年五月甲申朔，日食于畢。十六年九月庚子朔，日食于軫。

　　寶慶三年六月戊申朔，日有食之。

　　紹定元年六月壬寅朔，日有食之。六年九月壬寅朔，日有食之，陰雲不見。

　　端平二年二月甲子朔，日當食不虧。

　　嘉熙元年十二月戊寅朔，日有食之。

　　淳祐二年九月庚辰朔，日有食之。三年三月丁丑朔，日有食之。五年七月癸巳朔，日有食之。六年正月辛卯朔，日有食之。九年四月壬寅朔，日有食之。十二年二月乙卯朔，日有食之。

　　寶祐元年二月己酉朔，日有食之。

　　景定元年三月戊辰朔，日有食之。二年三月壬戌朔，日有食之。

　　咸淳元年正月辛未朔，日有食之。三年五月丁亥朔，日有食之。四年十月戊寅朔，日有食之。六年三月庚子朔，日有食之。七年八月壬辰朔，日有食之。八年八月丙戌朔，日有食之。

　　德祐元年六月庚子朔，日食，既，星見，鷄鶩皆歸。明年，宋亡。②

【注】

　　①日食：本志自此以上三垣、二十八宿、七曜、星變、雲氣等，專載中國古代星占理論。正如本志開篇所言："今合累朝史臣所録爲一志，而取歐陽修《新唐書》《五代史記》爲法，凡徵驗之説有涉於傅會，咸削而不書，歸於傳信而已。"故以下所載日食、月食、月五星凌犯、流隕等，均祇載出没時間和記録，不涉占驗，文字通俗易懂，下文除了一些特殊需加以説明，就無需一一詳加注釋了。

由於古代統治者自比太陽，故星占家將日食當作星占中最重要的占法之一來看待，自古以來都十分重視。古人把太陽比作君主，君主出現了問題，或者受到了侵犯，就會在太陽本身或日食方面表現出來，星占家是專門爲君王行占的，故在這個方面如果略有疏忽，就可能引來殺身之禍，尤其是發生日食，是不允許不向中樞報告的。歷代正史中的《天文志》，都會以很大的篇幅記載日食的道理正源於此。

《乙巳占》的作者李淳風即認爲，發生日食，是天子失德的表現，它表現在臣下蔽上以掩其光明上。日食，可以應驗在君死、“國”亡上，可以表現爲兵災，天下大亂、民衆死亡、失地上。發生災害的性質，是可以從天象的具體表現和觀測判斷出來的，即日食從上面開始出現，爲天子行政失誤所致；從旁邊開始出現，將發生內亂，有大兵起，有更立天子之兆；從下面開始出現，是后妃或大臣自恣，行爲失律所致。災變發生的地域，也可以從日食發生時太陽所在宿分上看出來。

②宋代的日食記録非常完整，有着重要的研究價值。這些記録，絕大多數是在北宋都城開封和南宋都城臨安實際觀測的實録，前人朱文鑫《歷代日食考》（商務印書館，1934）和陳遵嬀《中國天文學史》第三冊（上海人民出版社，1984）載有宋代日食記録與奧泊爾子（1841—1886）《日月食典》的對照表。今加以改編，專據《宋志》列表於下。在已經整理出的一百六十一條宋代日食記録中，本志共載一百五十九條，僅有紹興元年三月朔和紹興八年十二月朔兩條記録由《文獻通考》等補入。在宋代（960—1279）三百多年中，所載日食記録的總數與實際發生的總數比較，僅漏載至道三年五月，景德四年十月，天禧五年七月，寶元元年六月，元祐九年三月，元符二年十月，大觀二年五月、五年三月，宣和二年十月、四年二月，紹興十年七月，慶元六年十一月，嘉定三年十二月、四年十一月，寶祐元年二月，計十五條，可見當時對日食觀測的精勤。

《宋史・天文志》日食記錄表

號數	年號	日期			干支	公曆			《日月食典》號數
		年	月	日		年	月	日	
1	北宋太祖建隆	元	五	朔	己亥	960	5	28	5150
2		二	四	朔	癸巳	961	5	17	5152
3	乾德	三	二	朔	壬寅	965	3	6	5161
4		五	六	朔	戊午	967	7	10	5166
5	開寶	元	十二	朔	己酉	968	12	22	5169
6		三	四	朔	辛未	970	5	8	5173
7		四	十	朔	癸亥	971	10	22	5176
8		五	九	朔	丁巳	972	10	10	5178
9		七	二	朔	庚辰	974	2	25	5181
10		八	七	朔	辛未	975	8	10	5184
11	北宋太宗太平興國	二	十一	朔	丁亥	977	12	13	5189
12		六	九	朔	乙未	981	10	1	
13		七	三	朔	癸巳	982	3	28	5199
14		八	二	朔	戊子	983	3	17	5201
15	雍熙	二	十二	朔	庚子	986	1	13	5208
16		三	六	朔	戊戌	986	7	10	5209
17	淳化	二	閏二	朔	辛未	991	3	19	5219
18		三	二	朔	乙丑	992	3	7	5223
19		四	二	朔	己未	993	2	24	5225
20		四	八	朔	丙辰	993	8	20	5226
21		五	七	朔	辛亥	994	8	10	5228
22		五	十二	朔	戊寅	995	1	4	5229
23	至道	三	五	朔	甲子	997	6	8	5234
24	北宋真宗咸平	元	五	朔	戊子	998	5	28	5237
25		元	十	朔	丙戌	998	10	23	5238
26		二	九	朔	庚辰	999	10	12	5240

（續表）

號數	年號	日期			干支	公曆			《日月食典》號數
		年	月	日		年	月	日	
27		三	三	朔	戊寅	1000	4	7	5241
28		五	七	朔	甲午	1002	8	11	5246
29	景德	元	十二	朔	庚辰	1005	1	13	5252
30		三	五	朔	壬寅	1006	5	30	5255
31		四	五	朔	丙申	1007	5	19	5257
32		四	十	朔	甲午	1007	11	13	5258
33	大中祥符	二	三	朔	丙辰	1009	3	29	5261
34		五	八	朔	丙申	1012	8	20	5270
35		六	十二	朔	戊午	1014	1	4	5273
36		七	十二	朔	癸丑	1014	12	25	5275
37		八	六	朔	己酉	1015	6	19	5276
38	天禧	三	三	朔	戊午	1019	4	8	5285
39		四	九	朔	己酉	1020	9	20	5289
40		五	七	朔	甲戌	1021	8	11	5291
41	乾興	元	七	朔	甲子	1022	8	1	
42	北宋仁宗天聖	二	五	朔	丁亥	1024	6	9	5297
43		四	十	朔	甲戌	1026	1	12	5302
44		六	三	朔	丙申	1028	3	29	5307
45		七	八	朔	丁亥	1029	9	11	5310
46	明道	二	六	朔	甲午	1033	6	29	5318
47	景祐	三	四	朔	己酉	1036	4	29	5325
48	寶元	元	一	朔	戊戌	1038	3	8	5329
49		元	六	朔	戊午	1038	9	1	5330
50	康定	元	一	朔	丙辰	1040	2	15	5334
51	慶曆	二	六	朔	壬申	1042	6	20	5339
52		三	五	朔	丁卯	1043	6	10	5341

（續表）

號數	年號	日期			干支	公曆			《日月食典》號數
		年	月	日		年	月	日	
53		四	十一	朔	戊午	1044	11	22	5344
54		五	四	朔	丁亥	1045	4	20	5345
55		六	三	朔	辛巳	1046	4	9	5349
56	皇祐	元	一	朔	甲午	1049	2	5	5355
57		四	十一	朔	壬寅	1052	11	24	5365
58		五	十	朔	丙申	1053	11	13	5367
59	至和	元	四	朔	甲午	1054	5	10	5368
60	嘉祐	元	八	朔	庚戌	1056	9	12	5373
61		四	七	朔	己亥	1058	8	22	5378
62		四	一	朔	丙申	1059	2	15	5379
63		六	六	朔	壬子	1061	6	20	5385
64	北宋英宗治平	三	九	朔	壬子	1066	9	22	5398
65	北宋神宗熙寧	元	一	朔	甲戌	1068	2	6	5402
66		二	七	朔	乙丑	1069	7	21	5405
67		六	四	朔	甲戌	1073	5	10	5413
68		八	八	朔	庚寅	1075	9	13	5420
69	元豐	元	六	朔	癸卯	1078	7	12	5427
70		三	十一	朔	己丑	1080	12	14	5432
71		四	十一	朔	癸未	1081	12	3	5436
72		五	四	朔	壬子	1082	5	1	
73		六	九	朔	癸卯	1083	10	14	5440
74	北宋哲宗元祐	二	七	朔	庚戌	1087	8	1	5449
75		六	五	朔	己未	1091	5	21	5457
76		九	三	朔	壬申	1094	3	19	5465
77	紹聖	二	二	朔	丁卯	1095	3	9	5467
78		四	六	朔	癸未	1097	7	12	5474

（續表）

號數	年號	日期			干支	公曆			《日月食典》號數
		年	月	日		年	月	日	
79	元符	二	十	朔	甲寅	1099	11	15	5480
80		三	四	朔	丁酉	1100	5	11	5482
81	北宋徽宗建中靖國	元	四	朔	辛卯	1101	4	30	5484
82	崇寧	五	七	朔	庚寅	1106	8	1	5497
83	大觀	元	十一	朔	壬子	1107	12	16	5500
84		二	五	朔	庚戌	1108	6	11	5501
85		四	九	朔	丙寅	1110	10	15	5507
86		五	三	朔	庚寅	1111	4	10	5509
87	政和	三	三	朔	壬子	1113	3	19	5513
88		五	七	朔	戊辰	1115	7	23	5520
89	重和	元	五	朔	壬午	1118	5	22	5527
90	宣和	元	四	朔	丙子	1119	5	11	5529
91		二	十	朔	戊辰	1120	10	24	5532
92		四	二	朔	庚寅	1122	3	10	5537
93		五	八	朔	辛巳	1123	8	23	5540
94	南宋高宗建炎	三	九	朔	丙午	1129	10	15	5555
95	紹興	五	一	朔	乙巳	1135	1	16	5568
96		七	二	朔	癸巳	1137	11	15	5575
97		十	七	朔	癸卯	1140	9	13	5583
98		十三	十二	朔	癸未	1144	1	7	5591
99		十五	六	朔	乙亥	1145	6	22	5594
100		十七	十	朔	辛卯	1147	10	26	5600
101		十八	四	朔	戊子	1148	4	20	5601
102		十九	三	朔	癸未	1149	4	10	5603
103		二十四	五	朔	癸丑	1154	6	13	5617
104		二十五	五	朔	丁未	1155	6	2	5619

（續表）

號數	年號	日期			干支	公曆			《日月食典》號數
		年	月	日		年	月	日	
105		二十八	三	朔	辛酉	1158	4	1	
106		三十	八	朔	丙午	1160	9	2	5632
107		三十一	一	朔	甲戌	1161	1	28	5633
108		三十二	一	朔	戊辰	1162	1	17	5636
109	南宋孝宗隆興	元	六	朔	庚申	1163	7	3	5639
110		二	六	朔	甲寅	1164	6	21	5641
111	乾道	三	四	朔	戊辰	1167	4	21	5648
112		五	八	朔	甲申	1169	8	24	5655
113		九	五	朔	午辰	1173	6	12	5664
114	淳熙	元	十一	朔	甲申	1174	11	26	5667
115		三	三	朔	丙午	1176	4	11	5672
116		四	九	朔	丁酉	1177	9	24	5675
117		十	十一	朔	壬戌	1184	1	17	5691
118		十五	八	朔	甲子	1188	8	24	5703
119		十六	二	朔	辛酉	1189	2	17	5704
120	南宋寧宗慶元	元	三	朔	丙戌	1195	4	12	5719
121		四	一	朔	己亥	1198	2	8	5727
122		五	一	朔	癸巳	1199	1	27	5729
123		六	六	朔	乙酉	1200	7	13	5732
124		六	十一	朔	癸丑	1200	12	8	5733
125	嘉泰	二	五	朔	甲辰	1202	5	23	5737
126		三	四	朔	己亥	1203	5	13	5739
127	開禧	二	二	朔	壬子	1206	3	11	5747
128	嘉定	三	六	朔	丁巳	1210	6	23	5758
129		三	十二	朔	乙卯	1210	12	18	5759
130		四	六	朔	辛巳	1211	6	12	5760

（續表）

號數	年號	日期			干支	公曆			《日月食典》號數
		年	月	日		年	月	日	
131		四	十一	朔	己酉	1211	12	7	5761
132		五	九	朔	壬戌	1212	10	26	5763
133		七	九	朔	壬戌	1214	10	5	5767
134		九	二	朔	甲申	1216	2	19	5772
135		九	閏七	朔	壬午	1216	8	15	5773
136		十	七	朔	丙子	1217	8	4	5775
137		十一	七	朔	庚午	1218	7	24	5777
138		十四	五	朔	甲申	1221	5	23	5785
139		十六	九	朔	庚子	1223	9	26	5792
140	南宋理宗寶慶	三	六	朔	戊申	1227	7	15	5802
141	紹定	元	六	朔	壬寅	1228	7	3	5804
142		元	十二	朔	庚子	1228	12	28	5805
143		六	九	朔	壬寅	1233	10	5	5817
144	端平	二	二	朔	甲子	1235	2	19	5820
145	嘉熙	元	十二	朔	戊寅	1237	12	19	5828
146	淳祐	二	九	朔	庚辰	1242	9	26	5840
147		三	三	朔	丁丑	1243	3	22	5841
148		五	七	朔	癸巳	1245	7	25	5848
149		六	一	朔	辛卯	1246	1	19	5849
150		九	四	朔	壬寅	1249	5	14	5857
151		十二	二	朔	乙卯	1252	3	12	5864
152	寶祐	一	二	朔	己酉	1253	3	1	5866
153	景定	元	三	朔	戊辰	1260	4	12	5884
154		二	三	朔	壬戌	1261	4	1	5886
155	咸淳	一	一	朔	辛未	1265	1	19	5896
156		三	五	朔	丁亥	1267	5	25	5902

（續表）

號數	年號	日期			干支	公曆			《日月食典》號數
		年	月	日		年	月	日	
157		四	十	朔	戊寅	1268	11	6	5905
158		六	三	朔	庚子	1270	3	23	5909
159		七	八	朔	壬辰	1271	9	6	5912
160		八	八	朔	丙戌	1272	8	25	5914
161	德祐	一	六	朔	庚子	1275	6	25	5922

日變①

周顯德七年正月癸卯，日既出，其下復有一日相掩，黑光摩盪者久之。②

開寶七年正月丙戌，日中有黑子二。

景德元年十二月甲辰，日有二影，如三日狀。③三年九月戊申，日赤如赭。四年四月甲申，日無光。

寶元二年十二月庚申，日赤如朱，④踰二刻復。

慶曆八年正月乙未，日赤無光。

熙寧十年二月辛卯，日中有黑子如李，至乙巳散。

元豐元年閏正月庚子，日中有黑子如李，至二月戊午散。十二月丙午，日中有黑子如李大，至丁巳散。二年二月甲寅，日中有黑子如李，至癸亥散。

崇寧二年五月癸卯，日淡赤無光。三年十月壬辰，日中有黑子如棗大。

政和二年四月辛卯，日中有黑子，乍二乍三，如栗大。八年十一月辛亥，日中有黑子如李大。

宣和二年正月己未，日蒙蒙無光。五月己酉，日中有黑子如棗大。三年十二月辛卯，日中有黑子，如李大。四年二月癸巳，日蒙蒙無光。

靖康元年閏十一月庚申，日赤如火，無光。

建炎三年三月己卯，日中有黑子，至壬寅始消。

紹興元年二月己卯，日中有黑子如李大，三日乃伏。⑤六年十月壬戌，日中有黑子如李大，至十一月丙寅始消。七年二月庚子，日中有黑子如李大，旬日始消。四月戊申，日中有黑子，至五月乃消。八年二月辛酉，日中有黑子。十月乙亥，日中有黑子。十五年六月丙午，日中有黑氣往來。丁未，日中有黑子，日無光。

乾道五年正月甲申，日色黃白，昏霧四塞。

淳熙十二年正月癸巳，日中生黑子，大如棗。戊戌至庚戌，日中皆有黑子。十三年五月庚辰，日中生黑子，大如棗。

紹熙四年十一月辛未，日中有黑子，至庚辰始消。

慶元六年八月乙未，日中有黑子如棗大，至庚子始消。十二月乙酉，又生，至乙巳始消。

嘉泰二年十二月甲戌，日中生黑子，大如棗。丙戌，始消。四年正月癸未，開禧元年四月辛丑，日中皆有黑子大如棗。

嘉熙二年十月己巳，日中有黑子。

德祐二年二月丁酉朔，日中有黑子，如鵝卵相盪。⑥

【注】

①日變：《宋志》寫日變的意圖是記載太陽黑子。據今人觀測分析，

太陽黑子的出現，似有一個二十二年的周期。

②其下復有一日相掩黑光摩盪者久之：這種現象似與黑子無關，而是大氣現象，也就是所謂二日并出，即傳統星占者認爲的預示着二帝并峙的局面。

③日有二影如三日狀：即如三日并出狀。

④日赤如朱：赤與朱均爲紅色，但紅的程度不同，赤爲火紅色，朱色更深。

⑤黑子如李大三日乃伏：黑子大如李子，經過三天纔消失。

⑥《宋志》形容黑子的大小有一些比較對象，如棗、如栗、如李、如鵝卵。棗最小，栗次之，鵝卵最大。

日煇氣①

建隆元年迄開寶末，凡冠氣七，珥百，抱氣七，承氣六，赤黃氣三，黃白氣三，青氣二，繽一，暈一百五十六，半暈四十五，重暈五十九，重半暈七，交暈一十八，背氣二百三十一，紐氣戟氣三。

太平興國迄至道末，凡冠氣一十八，戴氣三，抱氣一十三，珥七十七，承氣三，赤黃氣璩氣一，青氣三，暈五十九，半暈二十三，重暈一十二，交暈三，背氣四十四，紐氣三，戟氣一，直氣一十五。

咸平元年迄乾興末，凡重輪二十四，彗一，②五色氣一，冠氣二百六十六，珥四十一，戴氣一百九十七，抱氣五十七，承氣一百八十四，直氣七十七，光氣一，黃氣九，赤黃氣四，紫氣五，赤黃交氣二，赤黃綠碧氣二，青赤氣二十一，黃白氣一，黑氣二，白氣五，繽三，戟氣一，紐氣二，背氣二百九十九，暈一千二百三十一，半暈六百五十三，重暈二十七，交暈一十三。

天聖元年訖嘉祐末，凡日黄曜有光一，煇氣一十九，龍鳳雲一，慶雲二，五色雲八，紫黄雲五，赤黄雲一，紫雲二，③青黄紫暈八百五十五，周暈二十六，重暈一十六，交暈五，連環暈一，珥八百四十七，冠氣一百四十，戴氣二百五十六，承氣一百，重承氣一，抱氣一十八，負氣一，背氣一百七，格氣二，直氣五，白虹貫日四，白氣如繩貫日并暈一。

治平元年訖四年，凡五色雲八，煇氣一，暈一百二十八，周暈三，重暈十二，交暈二，珥八十九，冠氣十一，戴氣三十九，承氣五，背氣三十三，白虹貫日一，白虹貫珥一。

治平以後訖元豐末，凡日暈一千三百五十六，周暈二百七十七，重暈七十四，交暈四十九，連環暈一，珥八百八十二，冠氣四十二，戴氣二百七十一，承氣五十，抱氣二，背氣二百四十六，直氣二，戟氣一，纓氣五，璚氣一，白虹貫日九，貫珥三，五色雲二十六。

自元豐八年三月五日訖元符三年正月十二日，暈五百二十八，周暈二百五十七，重暈六十八，交暈六十七，五色氣暈二，珥五百五十六，冠氣六十一，戴氣一百五十，承氣三十三，背氣一百七十四，直氣三，戟氣四，纓氣一，格氣五，白虹貫日一十六，貫珥一，五色雲十二。

自元符三年正月訖靖康二年四月，凡日暈九，暈戴三，半暈一，暈珥背一，半暈重背一，暈纓一，珥背三，珥十三，暈珥七，冠氣七，暈背四，戴氣六，承氣二，抱氣四，背氣一十七，五色氣暈一，直氣四，環氣戴氣二，戟氣一，履氣二，半暈重履一，半暈再重一。④

建炎三年春，明年二月辛丑，白虹貫日。四年十一月癸卯，日生背氣。

紹興元年正月壬戌，日生背氣。二年四月壬申，五月戊寅，日皆生戴氣。閏四月丙申，日生背氣。三年二月乙卯，日生戴氣。六月甲申朔，日生背氣。四年正月壬子，日生承氣。三月壬戌，日暈于軫。甲子，又暈于婁。辛未，又暈于胃，是日，日生抱氣。五月甲戌，日生背氣。六月壬辰，日暈于井。五年正月庚申，日有戴氣。六年二月丙寅，日暈于婁。三月戊寅，日暈于張。丁亥，又暈于胃。四月己亥，日生戴氣。庚子，復生，仍有承氣。十一月庚寅，日左右生珥并背氣。癸巳，日又生背氣。七年二月辛丑，氛氣翳日。八年二月辛巳，白虹貫日。二十一年閏四月壬申，日生赤黃暈周匝。二十七年二月壬寅，白虹貫日。二十八年二月戊申，日生赤黃暈周匝。二十九年正月癸酉，日連暈，上生青赤黃色戴氣，日左右生珥。三十一年四月戊辰，日生赤黃暈周匝。六月辛酉，日上暈外生赤黃色，有背氣。七月辛卯，日上暈外生背氣。

隆興二年二月壬申，日生赤黃色暈，日左右生青赤黃珥。癸未，日生赤黃色暈周匝。三月庚戌，日生赤黃色暈周匝。六月甲子，日有戟氣。七月甲申朔，日生赤黃暈不匝，上生重暈，又生背氣及青珥。丁亥，日生重暈，上生青赤黃色背氣。癸卯，日生赤黃暈不匝，暈外生背氣，⑤赤黄，兩頭向外曲。

乾道元年六月丁未，日暈周匝，下暈外生格氣，橫在日下。二年二月庚辰，日左生赤黄色直氣長丈餘，及半暈背氣。三年三月丁巳，日暈于婁，外生赤黄承氣。四月辛卯，日暈，赤黄色周匝。五月戊戌朔，日赤黄暈周匝。甲辰，日下暈外有青赤黄承氣。六月丙子，日赤黄暈周匝。四年六月丁巳，日赤黄暈周匝。五年正月己巳，日生黄色戴氣承氣。六年三月丁丑，日暈不匝，下生承氣。閏五月壬辰，日半暈再重，生戴氣承氣。丁酉，日左生珥。八年六月辛丑，日暈不匝，左右生珥。壬寅，日暈周匝。丁未，日暈不匝，外生承氣，日下暈。九年二月丙子，日暈于奎。

淳熙元年三月辛丑，日暈于胃。二年七月甲辰，日生背氣。三年二月庚子，日暈不匝，外日半暈再重。四年二月戊子，日暈不匝，日上連暈生戴氣，日下暈外生承氣。五年三月癸卯，四月乙酉，六月庚辰，皆日暈周匝。十二月乙未，日生兩珥，一戴氣。六年二月癸丑，日半暈再重。六月己丑，日暈周匝。十二月辛亥，日暈外生戴氣。八年正月己酉，日生戴氣，後日左生青赤黄珥。閏三月丙申，日暈周匝。七月己卯，日半暈外生背氣。十一年正月戊申，日半暈再重。十三年五月己卯，日暈周匝。十五年二月己卯，日赤黄暈周匝。六月丙申，日上生青赤黄色背氣。十六年三月壬寅，日半暈再重。

紹熙元年五月庚辰，日半暈再重。六月甲申，日生赤黄暈周匝。二年二月壬寅，日生戴氣，青赤黄色。三月辛未，日生青赤黄暈周匝。四月癸未，日生戴氣。七月庚申，日暈外生背氣。壬戌，日有背氣。四年二月癸亥，日暈周匝。十一月辛巳，日暈外生背氣。五年四月乙卯，日暈周匝。六月丙午，日上暈外生背氣。

慶元元年正月丙辰，白虹貫日。二月辛巳，日上暈外生青赤黄背氣。四月己未，日生赤黄色格氣。二年五月己丑，日生背氣，其色青黄。

嘉泰元年六月辛卯，日暈周匝。

嘉定四年七月己卯，巳初刻，日有赤黄暈不匝，至酉初後，日上暈外生青赤黄背氣。六年四月己卯，日赤黄暈周匝。七年三月壬申，日生赤黄暈，外有青赤黄承氣，後暈周匝。十一年二月丙辰，日有赤黄暈，白虹貫日。丙寅，日有戴氣。十五年二月己亥，日暈于婁，周匝，有承氣。十七年六月辛卯，日生背氣。

寶慶三年十二月己酉，日旁有氣如珥。

紹定三年二月丙申，日有背氣。四年七月己丑，日生承氣。五年三月丁酉，日生抱氣承氣。

端平元年四月甲申，日生赤暈。六月戊子，日生赤黄暈，上下有格氣。二年六月戊寅，日有承氣。三年二月辛亥，日暈周匝。

嘉熙元年二月己酉，日暈周匝。三月癸亥，七月壬申，日有背氣。四年二月丙申朔，日生背氣。辛丑，白虹貫日。

淳祐元年二月戊寅，午後日暈。三年七月甲午，日生格氣。五年五月戊申，日生赤黄暈，外有背氣。六月甲子，日暈周匝。六年三月癸巳，日暈周匝，生珥氣。四月丁丑，日暈周匝。七年二月戊申，日暈周匝。八年六月己酉，日暈于井，赤黄，周匝。

　　寶祐元年正月戊戌，日生戴氣。二年二月辛酉，日暈周匝。四年三月乙卯，日暈周匝。

　　景定四年四月戊辰，日生赤黄暈。五年三月己丑，日暈于婁，周匝，赤黄，自午至申。六月庚午，日生赤黄暈。九月己丑，日生格氣。

　　咸淳元年六月壬午，日生承氣。七年春三月辛巳，日暈，赤黄，周匝。⑥

【注】

　　①日煇氣：太陽邊緣的光輝和氣。整個太陽是一團灼熱的氣體，越到裏面溫度越高。太陽表面的氣體不斷撓動，噴射到高空再落下。氣流升至高空時溫度降低，落下時便成爲黑子。升至高空時的物質和氣體流，正面在日面上不易察覺，在太陽邊緣看到的便是日珥。升至高空的稀薄氣體便是日冕。古人對太陽周圍的氣體分辨不細，其中也包括看到的太陽周圍的地球大氣，所謂蜺虹貫日、日抱、日背、日冠等，就屬於地球大氣現象。日煇氣將這些現象混在一起記述。

　　②彗一：《孝經雌雄圖》曰：“日彗者，君有火德，天下大豐。”又《春秋漢含孳》曰：“日垂芒，戰争。”故此處所述之彗非指彗星，而是指日彗，即日有芒刺。

　　③龍鳳雲一……紫雲二：此處載各種雲的記錄含義不明，疑作者雜采衆書時選擇不精而混入，因爲“日煇氣”這一部分專述太陽上的煇氣，而與雲無關。尤其是“慶雲”等，明顯與太陽無關，故不屬這個範圍。日煇氣的範圍，包括日珥、太陽邊緣及周圍的光芒和各種形狀的氣，如日冠、

日抱、日背、日戴、日承、日紐、日載、日直等，都是氣，當然，白虹貫日、日暈也是氣，不過，這些氣明顯地是屬於地球大氣現象。

④建隆元年……半暈再重一：這是對北宋各朝日煇氣現象所作次數的籠統統計，未載各種現象的具體年、月、日，也許作者衹掌握這些資料。

⑤暈外生背氣：日暈的外面生有背氣。古人所載太陽光球周圍所生抱氣、背氣等，究竟是太陽大氣現象，還是地球大氣現象，似不明白。但日暈爲大氣現象則是明白的，故日暈可多至七重十重。月亮也有月暈。此處明載日背生於日暈之外，可見日背等也是地球大氣所生。日生背氣，按古代星占理論，當有叛離的大臣出現。

⑥建炎三年……赤黃周匝：此部分記載了南宋各朝日煇氣多種具體天象的年月日情况。可能是南宋北宋兩部分記載來源於不同的資料，故兩者編排方式不同，風格也不同，顯得不協調。

月食①

開寶元年十一月庚寅，月食。二年十月戊子，月食。三年四月乙酉，月食。五年八月壬寅，月食。七年八月庚寅，月當食不食。②

太平興國二年六月甲辰，月食，既。十一月壬寅，月食。三年十月丙寅，月食，雲陰不見。③五年八月乙卯，月食，既。

雍熙元年正月丙寅，月食。二年七月戊午，月當食不食。四年五月丁丑，月食。

端拱二年三月丁酉，月當食不食。

淳化元年正月庚寅，月食。二年八月壬午，月食，既。三年正月癸卯，月食。八月丙子，月食，雲陰不見。五年六月乙未，月食。十二月癸巳，月食，既。

至道元年六月己丑，月食，雲陰不見。十二月丁亥，月食。二年十月辛亥，月食。

咸平元年十月庚子，月食。二年九月乙未，月食。三年二月壬戌，月食。八月庚申，月食。四年八月甲寅，月食。五年正月辛亥，月食。七月戊申，月食。六年正月甲辰，月食。七月壬寅，月食。

景德元年十一月乙丑，月食。二年五月壬戌，月食。十月庚寅，月食。三年十一月癸丑，月食。四年五月辛亥，月食，雲陰不見。九月戊寅，月當食不食。

大中祥符元年九月癸酉，月食。二年九月丁卯，月當食不食。三年閏二月甲子，月食。五年正月甲申，月食，陰翳不見。七月庚辰，月食。十二月丁丑，月食。八年十月辛卯，月食。九年四月己丑，月食，雲陰不見。

天禧元年四月壬午，月食。十月庚辰，月食。三年二月壬寅，月食。四年八月癸巳，月食。

天聖二年五月壬寅，月當食不食。四年五月戊午，月食。

慶曆二年六月丁亥，月食。五年四月庚子，月食。九月戊戌，月食。六年九月壬辰，月食。

皇祐二年七月庚子，月食。四年十一月丙辰，月食。五年十月辛亥，月食。

至和二年九月庚午，月食。

嘉祐元年八月甲子，月食，既。二年二月壬戌，月食。八月戊午，月食。三年閏十二月辛巳，月食。四年六月戊寅，月食。十二月乙亥，月食，既。五年十二月己巳，月食。七年十月己丑，月食。八年十月癸未，月食，既。

治平元年四月庚辰，月食。四年二月甲午，月食。

熙宁元年七月乙酉，月食。二年闰十一月丁未，月食。三年五月乙巳，月当食，云阴不见。四年五月己亥，月食。十一月丙戌，月食。六年三月戊午，月食。九月乙卯，月食。七年九月己酉，月食，既。九年正月壬申，月食，云阴不见。十年正月丙寅，月食。七月癸亥，月食，云阴不见。

元丰元年正月庚申，月当食，有云障之。六月戊午，月食。二年六月壬子，月当食，云阴不见。三年十月甲戌，月食，云阴不见。四年四月辛未，月食，既。十月己巳，月食。五年十月癸亥，月食。六年八月丁亥，月当食不食。七年二月乙酉，月食，云阴不见。八月辛巳，月食，云阴不见。八年八月丙子，月食，既。

元祐元年十二月戊戌，月当食，云阴不见。三年六月庚寅，月食，既。十二月丁亥，月当食，云阴不见。四年五月甲申，月食，云阴不见。五年五月戊寅，月食，云阴不见。六年四月癸卯，月食，云阴不见。七年三月戊戌，月食，既。八年九月己丑，月食，云阴不见。

绍圣三年七月癸卯，月食，云阴不见。四年正月庚子，月食，云阴不见。

元符元年五月壬戌，月当食不食。二年五月丙辰，月食，既。十月甲寅，月食，既。三年十月戊申，月食。

崇寧二年二月甲子，月食，既。八月辛酉，月食，既。三年二月己未，月食。八月丙辰，月食。四年十二月戊寅，月食。五年六月乙亥，月食。十二月壬申，月食，既。

大觀三年十月丙戌，月食。四年四月甲申，月食，既。九月庚辰，月食，既。

政和元年三月戊寅，月食。九月甲戌，月食。三年二月丁酉，月食。十月甲午，月食。四年正月辛卯，月食，既。六年十一月乙巳，月食。七年十一月己亥，月食。

重和元年五月丙申，月食。

宣和二年三月丙辰，月食。六年正月癸亥，月食。十二月戊午，月食，既。

建炎三年二月壬午，月食于軫。

紹興元年八月己卯，月當食，雲陰不見。二年二月丙子，月未當闕而闕，體如食，色黃白。④七月甲戌，月食于室，既。三年七月戊辰，月食于危。四年十二月庚寅，月食于井。五年十一月乙酉，月食于井，既。六年五月辛巳，月食于南斗。十一月己卯，月當食，雲陰不見。八年三月辛丑，月當食，雲陰不見。九月丁酉，月當食，雲陰不見。九年九月壬辰，月食于胃，既。十二年七月丙午，月食，雲陰不見。十三年六月庚子，月食，既。十二月戊戌，月當食，陰雲不見。十四年六月甲午，月食于女。十五年五月己未，月當食，陰雲不見。十六年四月甲寅，月食。二十一年二月丙辰望，月當食，陰雲不見。二十五年五月壬戌望，月當食，以山色遮映不見虧分。二十七年九月丁丑，月食。三十年正月甲午望，月當食，陰雲蔽之。

隆興二年五月己亥，月當食，陰雲蔽之。

乾道元年四月甲午，月當食，陰雲蔽之。四年二月丁未，月食，既。五年二月辛丑，月當食，陰雲不見。六年十一月辛酉，月當食，陰雲不見。八年六月壬子，月當食，陰雲不見。

淳熙元年四月壬申，月當食，陰雲不見。二年四月丙寅，月食于房，既。九月癸亥，月當食，雲陰不見。三年三月庚申，月當食，雲陰不見。五年二月己卯，月當食，雲陰不見。六年正月甲戌，月食，既。八年十一月丁亥，月食。九年十一月辛巳，月食。十年五月己卯，月食。十二年三月戊戌，月食。九月乙未，月當食，雲陰不見。十三年三月壬辰，月當食，陰雲不見。八月庚寅，月食，既。十四年八月甲申，月當食，陰雲不見。十六年十二月辛丑，月當食，陰雲不見。

紹熙元年六月丁酉，月當食，陰雲不見。十一月乙未，月當食，陰雲不見。二年六月壬辰，月當食，陰雲不見。三年四月乙巳，月當食，陰雲不見。五年九月癸卯，月當食，陰雲不見。

慶元二年八月壬戌，月食。三年七月己未，月食，既。四年七月庚戌，月食。六年五月庚午，月當食，陰雲不見。

嘉泰二年五月己未，月當食，陰雲不見。三年三月癸未，月當食，陰雲不見。

開禧元年三月壬申，月當食，陰雲不見。閏八月己巳，月當食，陰雲不見。三年正月壬辰，月食。七月戊子，月食。

嘉定元年二月丙戌，月當食，陰雨不見。⑤十二月庚辰，月食。二年六月丁丑，月食。三年十一月己亥，月食。五年十月戊子，月食。七年二月庚戌，月食。八月丁未，月食。八年八月辛丑，月食，既。九年二月己亥，月當食，雲陰不見。閏七月乙未，月當食，雲陰不見。十年十二月戊午，月食。十一年六月乙卯，月食。十二月壬子，月食，既。十二年五月庚戌，月當食，既，雲陰不見。十一月丙午，月食。十三年五月甲辰，月當食，雲陰不見。十四年十月丙寅，月食。十五年三月癸亥，月當食于氐，既，雲陰不見。十六年三月丁巳，月當食，雲陰不見。

寶慶元年正月丁丑，月食。七月癸酉，月食，陰雨不見。二年七月戊辰，月食，陰雨不見。

紹定元年十一月甲申，月食。二年十一月己卯，月食。四年四月庚午，月食。五年三月乙未，月食。六年二月庚寅，月食。

端平二年十二月癸卯，月食。三年十二月丁酉，月食。

嘉熙元年六月乙未，月食。三年四月甲寅，月食。四年四月戊申，月食。

淳祐元年九月庚子，月食。四年七月癸丑，月食。

五年七月戊申，月食。七年五月丁卯，月食。八年十月
己丑，月食。十一年三月乙亥，月食。九月壬申，月
食。十二年八月丙寅，月食。

　　寶祐二年閏六月丙戌，月食。三年十二月丁丑，月
食。五年十月丁酉，月食。六年四月癸巳，月食。十月
辛卯，月食。

　　開慶元年四月戊子，月食。十月乙酉，月食。

　　景定二年七月甲戌，月食。

　　咸淳二年六月丁丑，月食。十一月甲辰，月食。四
年七月癸亥，月食。五年九月丁巳，月食。六年三月乙
卯，月食。九月辛亥，月食。九年正月戊辰，月食。十
二月壬戌，月食。⑥

【注】

　　①月食：《晉書·天文志》曰：“月爲太陰之精，以之配日，女主之象；
以之比德，刑罰之義；列之朝廷，諸侯大臣之類。”含義是，月亮是與太陽
相匹配的，如果將太陽比作天子，那麼月亮象徵皇后；如果比德治理國家和
百姓，那麼它象徵刑法，治理國家祇講仁義道德而沒有刑法的配合是不行
的；如果將日月與朝廷相比，那麼太陽象徵君主，月亮象徵大臣，天子沒有
大臣輔助是不行的。有了這樣的定位，月亮在星占方面的作用也就清楚了。

　　從古代星占的觀念出發，發生月食的根本原因與日食的相同，都是由
於人君失政，以致群臣蔽陽所致。但月食的主要危害對象則是大臣，也是
大臣執法行刑不當所致，正所謂失刑導致怨氣大盛而發生月食。依月食占
辭，發生月食的月份不可以出軍，如果出軍，當然戰鬥是不利的。同時，
古代星占家在發生日食或月食時都有告誡。如果必須發生戰鬥，也一定要
從發生的方向出軍，不然必敗。月食的占辭與月食所在宿度也有密切關
係，行占時，其占辭與所在星宿的本性也有關。

②（開寶）七年八月庚寅月當食不食：本志月食記録除了這條，還有如下記録：雍熙“二年七月戊午，月當食不食”；“端拱二年三月丁酉，月當食不食”；景德四年“九月戊寅，月當食不食”；大中祥符“二年九月丁卯，月當食不食”；元豐“六年八月丁亥，月當食不食”；“元符元年五月壬戌，月當食不食”。事實上，還有若干記載“月當食，雲陰不見”，其中也隱含着“當食不食”。考查相應日期的《食典》，這屬於本不該發生月食而誤推，故這些均不該當作月食記録。這表明宋代預報月食仍然不很準確。

③月食雲陰不見：其中包含兩種情況，一種是確實發生了月食而因有雲不見，另一種情況是并没有月食，而因爲有雲分辨不當。其中當然不排除不見月食而使用托辭。

④紹興二年二月丙子月未當闕而闕體如食色黄白：按当時曆法推算該日不當有月食，但人們看到了月食。查《食典》該日確有月食，爲公曆1132年3月3日。這次月食預報失誤，爲食限誤差太大所致。

⑤嘉定元年二月丙戌月當食陰雨不見：據《食典》，當年有六月和十二月兩次月食，而十二月的記録又正好與《食典》相合。由於月食祇能每隔半個食年產生一次，故此“二月”當爲“正月”之誤。日的干支亦誤。這次月食發生的日期爲公曆1208年7月29日。

⑥陳遵嬀《中國天文學史》載有中國月食表，現據《宋志》資料，改編爲《宋史·天文志》月食記録表，個別缺漏部分，由《金志》補入。後附相應《食典》的日期和號數以示核對。將表和記録對比可知，《宋志》所載大部分記録是正確的，可見古人對月食關心和觀測的精勤。對比的另一個結果是，筆者不得不遺憾地告知大家，這些月食記録中的失誤率幾乎占了記録的一半，即幾乎有一半的月食記録是錯誤的。月食本來比日食容易預報，但上述結果令人困惑。考其原因，大約出於政治因素，長期以來人們祇重視日食的研究和觀測，忽略了月夜。而現有的月食記録，又有許多由推算混入，并非實際觀測記録，推算失誤如此之高的原因，一是食限推算太粗，把許多不入食限的均作爲有月食發生了，二是時間推算不精，把中國是白天不可見的月食，也當作月食記録混入了。例如，開寶年間五次記録中，有元年、三年、七年并未發生月食。

《宋史·天文志》月食記錄表

號數	紀　事	公曆			《日月食典》號數
		年	月	日	
1	宋太祖開寶二年十月戊子，月食	969	11	26	3363
2	宋太祖開寶五年八月壬寅，月食	972	9	25	3367
3	宋太宗太平興國二年六月甲辰，月食既	977	7	3	3374
4	宋太宗太平興國五年八月乙卯，月食既	980	10	26	3378
5	宋太宗雍熙元年正月丙寅，月食	984	2	19	3383
6	宋太宗雍熙四年五月丁丑，月食	987	6	14	3389
7	宋太宗淳化五年六月乙未，月食	994	7	25	3400
8	宋太宗淳化五年十二月癸巳，月食既	995	1	19	3401
9	宋太宗至道元年六月己丑，月食，雲陰不見	995	7	14	3402
10	宋真宗咸平元年十月庚子，月食	998	11	6	3406
11	宋真宗咸平五年正月辛亥，月食	1002	3	1	3411
12	宋真宗咸平五年七月戊申，月食	1002	8	25	3412
13	宋真宗景德二年五月壬戌，月食	1005	6	24	3417
14	宋真宗大中祥符五年正月甲申，月食，陰翳不見	1012	2	10	3427
15	宋真宗大中祥符五年七月庚辰，月食	1012	8	4	3428
16	宋真宗大中祥符五年十二月丁丑，月食	1013	1	29	3429
17	宋真宗大中祥符九年四月己丑，月食，雲陰不見	1016	5	24	3434
18	宋真宗天禧四年八月癸巳，月食	1020	9	4	3441
19	宋仁宗慶曆二年六月丁亥，月食	1042	7	5	3476
20	宋仁宗慶曆五年四月庚子，月食	1045	5	3	3480
21	宋仁宗慶曆五年九月戊戌，月食	1045	10	28	3481
22	宋仁宗皇祐四年十一月丙辰，月食	1052	12	8	3492
23	宋仁宗嘉祐元年八月甲午，月食既	1056	9	26	3498
24	宋仁宗嘉祐四年六月戊寅，月食	1059	7	27	3502
25	宋仁宗嘉祐四年十二月乙亥，月食既	1060	1	20	3503
26	宋仁宗嘉祐八年十月癸未，月食既	1063	11	8	3509

（續表）

號數	紀　　事	公曆			《日月食典》號數
		年	月	日	
27	宋英宗治平四年二月甲午，月食	1067	3	8	3514
28	宋神宗熙寧三年五月乙巳，月當食，雲陰不見	1070	6	26	3519
29	宋神宗熙寧七年九月己酉，月食既	1074	10	7	3526
30	宋神宗熙寧十年七月癸亥，月食，雲陰不見	1077	8	6	3530
31	宋神宗元豐元年正月庚申，月當食，有雲障之	1078	1	30	3531
32	宋神宗元豐元年六月壬子，月食	1078	7	27	3532
33	宋神宗元豐四年四月辛未，月食既	1081	5	25	3536
34	宋神宗元豐四年十月己巳，月食	1081	11	19	3537
35	宋神宗元豐八年八月丙子，月食既	1085	9	6	3543
36	宋哲宗元祐三年六月庚寅，月食，亥之五刻虧初，至子六刻食既，丑四刻復在斗度	1088	7	6	3547
37	宋哲宗元祐三年十二月丁亥，月當食，雲陰不見	1088	12	30	3548
38	宋哲宗元祐四年五月甲申，月食，雲陰不見	1089	6	25	3549
39	宋哲宗元祐七年三月戊戌，月食既	1092	4	24	3553
40	宋哲宗紹聖三年七月癸卯，月食，雲陰不見	1096	8	6	3560
41	宋哲宗元符二年五月丙辰，月食既	1099	6	5	3563
42	宋哲宗元符二年十月甲寅，月食既	1099	11	30	3564
43	宋徽宗崇寧二年二月甲子，月食既	1103	3	25	3569
44	宋徽宗崇寧二年八月辛酉，月食既	1103	9	17	3570
45	宋徽宗崇寧五年六月乙亥，月食	1106	7	17	3574
46	宋徽宗崇寧五年十二月壬申，月食既	1107	1	13	3575
47	宋徽宗大觀四年四月甲申，月食既	1110	5	5	3580
48	宋徽宗大觀四年九月庚辰，月食既	1110	10	29	3581
49	宋徽宗政和四年正月辛卯，月食既	1114	2	21	3586
50	宋徽宗政和六年十一月己亥，月食	1116	12	11	3592
51	宋徽宗重和元年五月丙申，月食	1118	6	5	3593

（續表）

號數	紀　事	公曆			《日月食典》號數
		年	月	日	
52	宋徽宗宣和六年十二月戊午，月食既	1125	1	21	3603
53	宋高宗紹興二年二月丙子，月未當闕而闕，體如食，色黃白	1132	3	3	3615
54	宋高宗紹興二年七月甲戌，月食於室，既	1132	8	28	3616
55	宋高宗紹興五年十一月乙酉，月食於井，既	1135	12	22	3621
56	宋高宗紹興六年五月辛巳，月食於南斗	1136	6	15	3622
57	宋高宗紹興九年九月壬辰，月食於胃，既	1139	10	9	3627
58	宋高宗紹興十三年六月庚子，月食既	1143	7	28	3633
59	宋高宗紹興十六年四月甲寅，月食	1146	5	27	3638
60	金海陵貞元元年十二月庚午，月食	1154	1	1	3650
61	宋高宗紹興二十七年九月丁丑，月食	1157	10	19	3657
62	金海陵正隆六年七月乙酉，月當食，陰雲蔽之	1161	8	7	3663
63	宋孝宗隆興二年五月己亥，月當食，陰雲蔽之	1164	6	6	3668
64	金世宗大定四年十一月丙申，月食既	1164	11	30	3669
65	宋孝宗乾道元年四月甲午，月當食，陰雲蔽之	1165	5	27	3670
66	宋孝宗乾道四年二月丁未，月食既	1168	3	25	3674
67	宋孝宗乾道八年六月壬子，月當食，陰雲不見	1172	7	7	3681
68	宋孝宗淳熙二年四月丙寅，月食於房，既	1175	5	7	3686
69	宋孝宗淳熙二年九月癸亥，月當食，雲陰不見	1175	10	31	3687
70	金世宗大定十九年正月甲戌，月食既	1179	2	23	3692
71	金世宗大定二十二年十一月辛巳夜，月食既	1182	12	11	3698
72	金世宗大定二十三年五月己卯，月食既	1183	6	7	3699
73	金世宗大定二十六年三月壬辰，月食	1186	4	5	3703
74	宋孝宗淳熙十三年八月庚寅，月食既	1186	9	10	3704
75	金世宗大定二十九年十二月辛丑，月食既	1190	1	23	3709
76	金章宗明昌元年六月丁酉，月食既	1190	7	18	3710

（續表）

號數	紀　事	公曆			《日月食典》號數
		年	月	日	
77	宋光宗紹熙三年四月乙巳，月當食，陰雲不見	1193	5	18	3715
78	金章宗明昌四年十月戊申，月食	1193	11	10	3716
79	金章宗承安二年二月己未，月食既	1197	3	5	3721
80	宋寧宗慶元三年七月望，月食於翼既	1197	8	29	3722
81	金章宗承安五年五月庚午，月食	1200	6	28	3726
82	金章宗泰和四年九月乙亥，月食	1204	10	10	3733
83	金章宗泰和八年正月丙戌，月食	1208	2	3	3738
84	宋寧宗嘉定元年六月丙戌，月當食，陰雨不見	1208	7	29	3739
85	宋寧宗嘉定八年八月辛丑，月食既	1215	9	9	3750
86	宋寧宗嘉定十一年十二月壬子，月食既	1219	1	2	3755
87	金宣宗興定三年五月庚戌，月食既	1219	6	29	3756
88	金宣宗興定六年三月癸亥，月食	1222	4	27	3759
89	宋理宗寶慶二年七月戊辰，月食，陰雨不見	1226	8	9	3766
90	宋理宗紹定二年十一月己卯，月食	1229	12	2	3771
91	宋理宗紹定六年二月庚寅，月食	1233	3	27	3776
92	宋理宗端平三年十二月丁酉，月食	1237	1	12	3782
93	宋理宗嘉熙元年六月乙未，月食	1237	7	9	3783
94	宋理宗嘉熙四年四月戊申，月食	1240	5	7	3787
95	宋理宗淳祐五年七月戊申，月食	1245	8	9	3794
96	宋理宗淳祐十一年三月乙亥，月食	1251	4	7	3804
97	宋理宗淳祐十一年九月壬申，月食	1251	10	1	3805
98	宋理宗寶祐六年四月癸巳，月食	1258	5	18	3815
99	宋理宗寶祐六年十月辛卯，月食	1258	11	12	3816
100	宋理宗開慶元年四月戊子，月食	1259	5	8	3817
101	宋度宗咸淳二年六月丁丑，月食	1266	6	19	3828
102	宋度宗咸淳五年九月丁巳，月食	1269	10	11	3834
103	宋度宗咸淳九年正月戊辰，月食	1273	2	3	3839

月變①

天禧四年四月乙酉，西南方兩月重見。②

月煇氣③

建隆元年迄開寶末，凡珥一十九，煇氣一十三，暈二十九，重暈一，半暈一十四，交暈二，紐氣二。

太平興國元年迄至道末，凡冠氣一，珥六，煇氣五，赤氣二，抱氣一，暈八，半暈三，背氣一。

咸平元年迄乾興末，凡重輪三，珥一百二十，冠氣十二，暈氣十二，承氣八，抱氣三，戴氣九，赤黃氣十七，五色氣十一，青赤氣二，黃紅氣一，暈三百九十四，五色重暈二十，背氣一。

天聖元年迄嘉祐末，凡揚光一，光芒氣一，紅光煇氣一，煇氣五，五色煇氣一，暈二百五十七，周暈三十三，交暈四，連環暈一，珥七十二，冠氣五，戴氣一十三，承氣五，背氣一，白虹貫月一，黃虹貫月二。

治平元年迄四年，凡五色煇氣一，五色暈氣一，暈五十一，珥一十五，冠氣一，戴氣四，背氣二。四年迄元豐末，凡五色煇氣十一，五色暈氣六，暈四百二十三，周暈二百四十七，交暈二，珥一百三十四，冠氣七，戴氣五十，承氣五，背氣一十，白虹貫月五，貫珥一。

自元豐八年三月五日至元符三年正月十二日，凡五色暈氣九，暈八十九，周暈二百五十一，重暈一，交暈三，珥一百三，冠氣七，戴氣二十七，背氣八，白虹貫月二，貫珥一。

自元符三年正月迄靖康二年四月，凡暈五，暈珥二，五色暈五，珥二，暈冠一，交暈一，重暈一，白虹貫月一，五色雲一。

建炎四年十月己卯，暈生五色。

紹興二年四月壬申，暈於軫。五月乙亥，暈生五色。四年六月壬午，暈生珥。④五年正月戊午，暈於東井。

乾道元年三月丁巳，暈周匝，著太微西扇星。三年五月壬午，生黃白暈，左右珥。四年三月壬寅，生黃白暈周匝。五年二月庚子，黃白暈周匝。

嘉泰三年七月壬午，白虹如半暈貫月中。

淳祐六年閏四月辛丑，暈五重。十月辛丑，生珥。八年二月戊子，暈生黃白。

寶祐四年三月乙卯，四月庚午，景定三年十月甲子，十二月辛酉，四年二月戊午，暈皆周匝。

德祐二年正月己卯，暈東井。

【注】

①月變：月變這一名稱，由日變衍生而來。按《宋志》作者的觀念，既然月與日是對應的，日有日食、日變、日煇氣，月也應有月食、月變、月煇氣。但據現代科學研究表明，日與月是兩個完全不同的天體，太陽爲一團高溫能自身發光的氣體，而月亮則是地球的衛星，性狀與地球類似，但月球大氣十分稀薄，没有地球雲氣的變化。日變記載了重日和太陽黑子，月亮也應有相應的現象，但没有發現月變，這是客觀事實，故《宋志》祇記載一次"兩月重見"。

②兩月重見：這是地球大氣折射產生的光學現象，是人們的一種視象

幻覺。

　　③月煇氣：日有日煇氣，故月也應有月煇氣，這是《宋志》作者獨有的觀念。事實上，"二十四史"中其他志書均不載月煇氣這種内容。由於月球上看不到雲層或大氣的變化，故所謂月煇氣的各種狀態與月亮本身無關，而衹能是觀察到的月球周圍的地球大氣現象。

　　④暈生珥，以及下文的"生黄白暈，左右珥"，類似觀念，似乎是説月珥是由月暈産生的，其實，它是地球上的雲氣，與日珥的觀念完全不同。

《宋史》卷五十三

志第六

天文六

月犯五緯　月犯列舍上①
月犯五緯②

建隆二年十一月癸未，月犯歲星。三年二月乙巳，又犯。

開寶三年九月乙卯，犯填星。

太平興國三年七月己亥，掩熒惑。八月甲戌，與太白合。八年七月辛巳，凌歲星。

端拱元年二月戊申，犯填星。辛亥，犯歲星。六月丁卯，掩填星。

淳化元年十一月丙申，與熒惑合。二年六月己丑，犯歲星。三年三月癸亥，與太白合。九月戊午，掩熒惑。十二月甲申，與熒惑合。四年十月癸未，與辰星合。五年二月己亥，犯歲星。

至道元年三月乙卯，又犯。三年八月戊申，犯填星。十二月癸丑，犯歲星。

咸平元年三月乙丑，犯荧惑。五月己巳，掩岁星。七月甲子，又犯。十二月甲午，犯填星。二年二月戊子，犯太白。十一月乙未，犯荧惑。三年二月壬子，犯太白。九月辛丑，又犯。四年十月辛酉，掩荧惑。十一月己丑，又犯。五年二月癸巳，犯岁星。六年十一月癸卯，犯填星。十二月庚午，又犯。

景德元年八月壬申，犯填星。二年五月辛卯，犯填星。七月庚午，犯岁星。

大中祥符二年十一月丙子，犯岁星。三年十月丙辰，犯荧惑。四年正月丁丑，犯太白。二月壬辰，犯填星。八月丙寅，犯太白。五年三月癸未，犯填星。六月乙巳，又犯。六年正月壬子，犯填星。二月丙戌，犯岁星。四月辛巳，又犯。七月癸卯，又犯。十月甲申，犯太白。七年十二月丁丑，犯填星。八年三月己亥，犯填星。四月丙辰，掩荧惑。八月癸未，犯填星。九年五月己巳，犯岁星。十月戊戌，犯太白。十二月丙戌，犯荧惑。

天禧元年正月戊申，犯岁星。三年四月乙未，犯荧惑。五月癸亥，又犯。九月己卯，犯岁星。四年二月乙未，又犯。三月癸亥，又犯。七月辛亥，犯太白。八月庚子，犯荧惑。五年五月辛卯，犯填星。九月己卯，又犯。

天圣三年正月丁未，犯荧惑。五年七月己未，犯岁星。八月丁亥，犯荧惑。十一月戊申，掩岁星。六年九月己酉，犯填星。

明道元年九月戊子，犯填星。

景祐二年四月丁巳，掩太白。

寶元元年三月己酉，犯填星。四月庚寅，犯歲星。

慶曆元年八月庚子，掩歲星。十月丙申，犯填星。四年七月壬午，犯熒惑。六年三月丙申，犯歲星。七月乙酉，又犯。

皇祐元年七月丙午，犯歲星。二年六月壬申，犯填星。四年十月己丑，犯歲星。

至和二年五月庚辰，犯填星。十一月己酉，犯歲星。十二月辛丑，犯填星，甲辰，掩歲星。

嘉祐元年三月丙寅，掩填星。閏三月癸巳，掩歲星。五月戊子，犯填星。二年四月庚申，犯熒惑。六月戊申，犯太白。乙卯，犯熒惑。四年五月丁酉，犯太白。十月甲戌，犯熒惑。十二月甲戌，又犯；庚午，掩之。五年三月甲午，掩熒惑。六年閏八月辛丑，犯填星。十一月癸亥，又犯。八年七月壬戌，掩歲星。

治平四年正月辛亥，犯辰星。八月辛未，犯太白。癸酉，犯歲星。九月壬寅，犯太白。十月戊辰，掩填星，又犯熒惑。

熙寧元年二月丁巳，犯填星。四月壬子，犯歲星。五年四月癸亥，犯填星。閏七月庚申，犯熒惑。六年九月甲辰，掩太白。十年九月庚午，犯歲星。十二月壬辰，犯歲星。

元豐七年十月甲午，犯辰星。八年八月戊寅，犯填星。十一月戊戌，犯歲星。庚子，犯填星。

元祐三年七月庚午，犯太白。十月壬辰，犯歲星。四年三月丙子，又犯。七月辛卯，犯填星。十月癸丑，掩填星。六年九月癸卯，犯熒惑。十二月甲戌，掩歲星。八年十二月丁巳，犯熒惑。

紹聖元年六月甲戌，犯太白。九月辛酉，犯填星。十二月癸未，又犯。二年正月庚戌，又犯。三月壬申，又犯。三年九月戊戌，犯歲星。四年七月丁丑，犯熒惑。

元符二年八月壬辰，犯歲星。十一月辛巳，十二月戊申，皆犯。三年六月癸卯，犯熒惑。

建中靖國元年五月辛未，犯填星。

崇寧元年七月丁亥，犯太白。五年二月戊子，犯熒惑。

大觀二年十二月戊子，犯熒惑。四年七月戊午，犯歲星。

政和元年正月己巳，犯歲星。

宣和元年正月乙卯，犯填星。三年八月戊申，犯熒惑。四年八月庚戌，犯填星。七年十一月乙酉，犯熒惑。

建炎四年六月戊寅，犯熒惑。

紹興元年九月己未，犯太白。六年五月壬午，犯填星。十六年六月庚申，掩填星。二十年二月己未，犯歲星。二十四年八月戊子，犯歲星。二十七年六月甲辰，犯太白。三十年六月壬子，犯熒惑。三十二年正月癸巳，犯太白。二月己亥，犯歲星。

隆興元年三月丙申，四月丙子，七月戊戌，皆犯填星。

乾道元年十一月庚午，犯熒惑。四年十月庚子、十一月戊申，皆掩犯熒惑。七年三月辛巳，又犯。

淳熙三年五月庚午，掩犯太白。六年十一月己未，犯歲星。九年十一月癸巳，犯太白。

慶元四年七月己亥，宿于歲星。

嘉泰三年四月，犯太白。四年十月辛丑，掩犯歲星。十二月丙申，又掩犯。

嘉定二年六月甲申，掩食填星，不見。乙丑，掩食熒惑。五年九月丁未，犯歲星。十二年八月甲申，犯熒惑。十三年十月辛酉，犯太白。十五年三月壬子，掩食太白。

端平二年正月丁酉，犯太白。

嘉熙元年四月丁亥，犯熒惑。五月丙辰，又犯。七月辛酉，犯歲星、填星。

淳祐元年二月癸酉，掩食熒惑。六年四月壬戌，犯太白。

寶祐四年正月乙巳，掩歲星。己酉，犯熒惑。六年八月癸未，又犯。

景定元年八月己酉，掩填星。三年十月己未，犯歲星。③

【注】

①月犯五緯月犯列舍上：這是《天文志六》的標題和主要内容。《宋志》的分卷，首先是取決於篇幅的大小，然後纔依據内容。這樣的分法，就將月占紀録分割成志六、七兩部分。

②月犯五緯：中國古代稱五星爲五緯，以二十八宿之入宿度表示經度差，稱爲經，月犯五緯，即月與五星的凌犯。星占家所以關注這樣的觀測，是因爲古人往往將月比作大臣和后妃，大臣和后妃受到侵犯，亦是非常嚴重的事件，故需密切加以關注。

月犯五星的占辭中，用到了月食五星，换一種説法是五星入月中。其實際含義也是月食五星。如前注所述，月犯五星的理論基礎是，首先月爲陰性，代表女主。對於所犯對象來説，五星中各個星體又有不同的本性，故當月食五星時，主要與女主、大臣、戰争、國土、刑罰有關。從强調五星本身的特性出發，犯熒惑爲有賊星宫中，犯太白表示有兵，犯辰星表示有大水和刑事，犯木星表示植物受損而導致饑荒，犯土星則象徵失去土地。

③從以上月犯五星的用詞來看，除了犯字，還有凌、合、掩、掩食、宿等用詞。下犯上曰犯，上犯下曰凌，統而言之曰凌犯。亮星相接，一尺之内曰凌犯，暗星可近至七寸。經研究，大致一尺爲一度。合就是重合，爲經緯同度。掩爲掩蓋之義，與掩食、和合的含義大致相同。

月犯列舍①

建隆三年四月壬辰，月犯輿鬼。庚子，犯氐。五月甲子，犯左執法。六月丙申，犯房第一星。②十二月庚戌，入南斗魁。

乾德四年二月癸卯，犯五車。五年正月壬子，犯南斗魁。七月丁未，犯昴。十月己巳，掩昴。

開寶元年正月辛卯，犯昴。二年正月丙戌，犯昴。

三年六月乙未，犯東井。十月癸未，犯天關。五年七月庚辰，犯東井。六年三月丁巳，犯畢大星。

太平興國五年七月乙丑，掩五諸侯。七年二月丙子，犯輿鬼。三月丙申，犯昴。八年三月癸未，入南斗魁。八月戊寅，犯昴。壬午，犯輿鬼。庚寅，犯角。十月癸未，犯東井。乙巳，犯心後星。九年正月庚申，掩五車東南。③甲戌，入南斗魁。二月壬辰，犯七星。丁巳，犯五諸侯。丙午，犯輿鬼。五月甲寅，掩星第三星。④六月壬寅，犯昴。七月甲子，又犯。癸酉，犯五諸侯第三星。九月丁未，犯南斗魁。甲子，犯昴。己巳，入輿鬼，掩積尸。⑤十二月丙戌，掩昴。

雍熙二年正月庚午，入南斗魁。二月丙戌，犯輿鬼西北星。三月戊申，犯昴。四月己丑，掩心後星。五月丙辰，犯房第二星。閏九月丁亥，掩昴。十月辛酉，犯軒轅，掩御女。

端拱元年八月壬戌，掩建第一星。甲戌，掩建星。⑥十二月乙亥，犯房。二年四月辛酉，犯角左星。

淳化元年四月丙辰，犯角大星。⑦七月甲午，犯畢。丙申，掩畢左股第二星。⑧九月辛巳，犯牽牛。十一月乙未，犯角大星。二年四月庚辰，犯氐東南星。六月乙亥，入氐。十二月乙亥，犯畢。丙戌，入氐。三年十一月癸卯，入畢，掩大星。乙卯，入氐。四年九月癸巳，掩牽牛。閏十月丁未，入太微端門。五年正月丙寅，犯軒轅大星。⑨五月丁未，入畢。十月庚子，凌軒轅大星。

丙午，入氐，犯東北星。

至道元年六月辛巳，入太微。十一月乙卯，犯畢大星。甲子，入太微。三年九月癸未，入軒轅。

咸平元年六月壬辰，入太微。二年八月戊午，入南斗魁。九月癸巳，犯右執法。辛巳，犯軒轅。十月癸亥，犯昴。庚午，又犯太微屏星。三年二月乙丑，犯心中星。⑩五月壬午，犯右執法。戊子，犯心中星。丙申，犯太微上相。⑪六月丁未，與熒惑犯右執法。辛未，入畢。九月庚子，入太微。十月己巳，犯角右星。十二月丙寅，掩心。四年正月戊子，犯太微上將。丁酉，犯南斗魁。四月丁未，又犯。六月癸丑，掩房次相。八月乙巳，犯心後星。丙寅，犯軒轅大星。九月乙亥，犯南斗魁。丁酉，犯角大星。十月乙丑，犯五車。十一月乙未，犯心後星。十二月庚戌，犯五車。己未，犯角。壬戌，犯心前星。五年四月庚辰，犯心後星。五月戊申，犯南斗魁。七月壬寅，掩箕。甲寅，犯昴。八月庚午，犯南斗魁。辛丑，掩昴。丙戌，犯五諸侯。九月丙辰，犯軒轅大星。十月壬午，犯軒轅小星。甲申，犯右執法。十二月甲申，掩心前星。六年正月戊戌，犯昴。辛亥，犯房上將次將、⑫心小星。三月丁未，犯心後星。五月甲午，犯軒轅大星。七月甲寅，犯五諸侯東南星。八月甲申，犯軒轅大星。九月癸卯，犯昴。己巳，犯五車。十月庚申，犯南斗魁。丙子，犯輿鬼。十一月戊戌，犯畢。

景德元年三月庚戌，犯輿鬼。四月辛未，入南斗

魁。五月乙丑，入太微端門，犯屏星。六月甲子，掩
心後星。丙子，犯昴。戊寅，犯五車東南星。九月戊
子，犯南斗魁。十二月辛丑，犯房。二年正月乙卯，
犯昴。七月甲寅，掩心中星。庚午，犯東井北轅。十
一月庚申，犯輿鬼。辛未，犯心前星。三年二月己卯，
犯昴。十一月己酉，又犯。四年六月壬午，掩南斗。
戊午，犯天關。七月庚午，掩氐。辛未，犯房次相。
八月甲寅，犯東井。九月己巳，犯建星。十一月丙戌，
犯氐。

　　大中祥符元年六月壬寅，犯建星。八月丁未，犯
畢。戊申，犯天門。己酉，掩東井。⑬九月癸亥，掩南斗
杓。十一月甲午，犯牽牛。十二月丁酉，犯畢。丙午，
掩角左星。己酉，犯房上相。二年八月丁亥，在氐。戊
子，犯房。乙巳，入東井。九月壬申，又入東井。乙
亥，犯軒轅。十月丙戌，犯建星。丁酉，犯畢。十一月
丁卯，入東井。丙子，入氐。三年正月壬戌，入東井。
丁卯，在執法南。庚午，犯氐距星。丙子，犯牽牛。二
月丁亥，犯畢。閏二月辛未，犯牽牛。三月庚辰，入太
微端門。甲申，犯東井。四月甲寅，在軒轅西南。五月
丁亥，在氐西北。七月戊戌，犯畢大星。八月乙丑，犯
畢。戊辰，犯東井。十月庚申，犯畢。乙丑，在軒轅西
南。戊辰，犯左執法。庚午，入亢距星。十一月丙申，
犯進賢。十二月丁巳，犯東井。四年正月壬午，犯畢。
三月乙酉，入太微。五月癸未，在氐。戊子，犯牽牛。
六月庚戌，入氐。戊辰，在東井。七月戊寅，犯西咸。

癸未，犯牽牛。癸巳，掩畢大星。八月乙巳，在氐。己酉，犯建。庚戌，犯牽牛。十月乙卯，犯畢。辛酉，犯軒轅御女。十一月乙酉，犯東井。十二月戊午，入太微，掩左執法。己未，在進賢西南。辛酉，入氐。五年二月戊申，入東井。壬子，入太微。癸丑，犯執法。三月庚辰，入太微，犯屏星。五月甲戌，犯太微上將。壬午，犯建。癸未，犯右執法，六月壬寅，又犯。丙午，入氐。七月丁丑，犯建星。戊寅，犯牽牛。八月己酉，犯建星。乙卯，犯畢。九月乙酉，入東井。十月庚子，犯牽牛。庚戌，犯畢。戊午，入太微。閏十月丁丑，犯畢。丙戌，入太微端門。十一月丁未，入東井。丁巳，入氐。十二月庚辰，入太微。六年正月壬寅，入東井。二月己巳，又入。癸酉，犯軒轅大星。乙亥，入太微。三月壬寅，又入。四月甲子，在東井。戊辰，犯軒轅大星。庚午，入太微。犯右執法。甲戌，入氐。五月丁未，入太微。甲辰，昏度犯南斗。七月己亥，犯牽牛。庚戌，犯畢。癸丑，掩東井。八月丙戌，入太微端門。九月丁未，犯東井。甲寅，入太微。十月辛未，入畢。庚辰，入太微。乙酉，入氐。十一月己亥，犯畢。壬寅，入東井。甲辰，犯輿鬼。辛亥，入氐。十二月己巳，犯東井。七年二月甲子，又入。三月庚寅，犯天關。丁酉，入太微。四月己巳，入氐。六月庚申，入太微。甲子，入氐。丁卯，犯南斗杓。庚辰，入東井。七月丁未，九月壬寅，又入。十一月癸卯，入太微。癸亥，掩天關。八年正月己丑，犯畢。二月己未，掩東

井。乙丑，入太微。三月乙酉，掩天關，又入太微。閏
六月壬寅，掩東井。七月乙卯，犯罰星。壬申，犯輿
鬼。八月辛巳，入氐。壬午，犯鉞。癸卯，入太微。十
月壬辰，入東井。辛丑，入氐。十二月丁酉，又入。戊
戌，犯房上相。⑭九年正月甲寅，在東井。庚申，犯太微
右執法。二月戊子，在太微。三月甲寅，又入。四月丙
子，在東井。戊寅，犯輿鬼。癸未，入太微。己丑，掩
天江第二星。⑮五月甲寅，在氐。七月乙丑，掩東井。八
月丙申，犯軒轅第五星。⑯戊戌，犯太微屏星。九月丁
未，犯南斗。十月戊子，犯五諸侯。壬辰，犯太微。十
一月甲子，在氐。丁卯，犯天江。十二月丁亥，入
太微。

　　天禧元年三月丙午，犯輿鬼。戊午，犯南斗杓。四
月丁丑，入太微。辛巳，入氐。五月甲辰，犯太微。六
月丙子，入氐。七月庚子，入太微，犯上相。九月庚
申，入太微。十月甲申，犯輿鬼。戊子，入太微端門。
十一月丙辰，犯太微上相。十二月壬午，犯右執法。二
年正月甲寅，入氐。戊午，犯南斗距星。二月丁丑，犯
太微屏星。三月乙巳，入太微。六月壬辰，入太微西
垣。己亥，犯房。八月乙卯，入太微。九月癸未，入太
微，犯屏星。十月庚戌，入太微。三年五月壬戌，又
入。八月壬辰，入南斗魁。⑰癸卯，犯昴。九月己卯，入
太微。十月癸卯，犯軒轅次星。⑱乙巳，犯右執法。丙
午，犯角大星。十一月癸酉，入太微。戊寅，犯房。四
年正月庚辰，掩昴。二月壬寅，犯箕。癸卯，犯南斗。

三月癸亥，犯右執法。乙丑，掩角右星。戊辰，掩心後星。庚午，入南斗魁。四月乙未，掩房次將。丙申，犯天江。丁酉，犯箕。戊戌，掩南斗魁。五月癸亥，掩心後星。乙丑，入南斗魁。六月丁亥，犯角南星。十一月庚申，掩昴。丁卯，犯軒轅大星。辛未，掩角距星。[19]閏十二月庚申，犯輿鬼。戊辰，犯房。辛未，犯南斗魁。五年正月壬午，掩昴。甲申，掩五車東南星。壬辰，犯房上相。丙申，掩心後星。戊戌，入南斗魁。二月己未，入太微端門。三月丙午，犯太微屏星。癸巳，犯南斗。五月庚子，犯五車東南星。六月庚午，犯五諸侯。[20]七月辛巳，掩昴。八月壬戌，犯五車東南星。九月戊子，犯昴。壬辰，犯五諸侯。乙未，掩軒轅大星。十月乙卯，掩昴。丁巳，犯五車。戊午，掩東井。

乾興元年正月丁丑，犯昴。己卯，又犯五車東南星。辛卯，犯房。四月丙辰，犯南斗魁第二星。五月癸未，犯南斗。七月戊寅，又犯。辛卯，犯東井。癸巳，犯輿鬼。十一月己卯，犯五車。

天聖元年正月壬申，犯昴。丁亥，掩心大星。五月丙子，掩房。六月丙午，犯南斗魁。閏九月乙巳，犯昴。二年二月丁卯，犯鬼，因掩積尸。四月辛未，掩房南星。六月丁卯，犯天江。戊寅，犯昴下三星。八月己卯，掩軒轅大民星。[21]十月庚午，犯井鉞。[22]辛巳，犯氐。三年六月甲子，犯建。丙子，犯東井。七月戊子，犯房。八月丙子，又犯。九月丁亥，犯建。十二月辛酉，犯東井。四年正月戊子，犯東井。十月己丑，犯東井。

十二月丁亥，犯畢距星。㉓五年九月癸卯，犯建。丁巳，犯東井。十月壬申，犯牽牛中星。甲申，犯東井。辛卯，掩角南星。壬辰，入氐。十一月庚申，犯氐。六年正月癸丑，犯角南星。二月甲戌，犯東井。戊子，犯牽牛。六月壬申，又犯氐。七月丙辰，犯畢。己卯，犯東井。七年四月庚子，犯氐。六月庚戌，掩畢。九月壬申，犯畢距星。八年六月乙巳，犯畢。十月甲午，掩畢柄第二星。九年八月辛丑，犯軒轅大星。九月壬戌，犯畢。十月戊戌，犯右執法。十一月甲申，掩畢大星。丁酉，犯氐。

明道元年二月丙午，犯畢大星。六月壬戌，又犯。七月壬辰。犯東井。九月癸巳，入太微。十月乙卯，犯鬼西南星。十一月戊子，犯謁者。㉔二年二月辛丑，入畢口。八月己亥，入氐。九月戊子，入太微。十二月丁未，犯積尸。

景祐元年閏六月丁卯，掩東咸。㉕庚辰，犯畢。八月甲子，犯南斗。十一月庚戌，犯房。十二月壬申，入太微。二年二月丙寅，又入。四月己未，犯鬼。六月丙辰，入太微。九月乙巳，又入。三年六月己卯，犯氐。八月乙卯，犯南斗。四年六月壬午，犯南斗魁。

寶元元年三月戊申，入太微。四月丁丑，犯角。庚辰，犯心前星。六月乙亥，犯心。八月辛未，犯箕。㉖二年五月癸卯，犯心大星。十月壬戌，犯南斗。

康定元年四月辛卯，犯軒轅大星。七月癸亥，犯南斗。十一月己巳，犯軒轅御女。十二月己丑，犯昴。

慶曆元年正月辛未，犯房次將。六月庚子，犯昴。癸卯，犯東井。七月丙辰，掩心後星。戊午，掩南斗天相。八月庚子，犯積尸。九月己巳，犯軒轅御女。二年二月甲申，犯輿鬼。四月戊子，犯房次將。三年七月戊子，犯東井。九月癸未，入東井。丙戌，犯軒轅右角。[27]四年七月甲申，犯東井。八月癸丑，十月丙午，又犯。五年十二月癸酉，犯房上相。六年七月壬午，犯左角。丁亥，犯斗天府。[28]九月甲申，犯牛。十一月己丑，犯畢距星。辛卯，犯東井。庚子，犯氐距星。七年七月己卯，犯氐。八月壬戌，犯畢大星。乙丑，犯東井。八年二月癸酉，犯畢，六月己丑，又犯。十一月丙午，掩畢。

皇祐元年二月戊辰，又掩。五月庚子，犯太微上相。癸卯，入氐。七月戊戌，犯氐。九月丙午，犯畢。十一月辛丑，掩畢。十二月戊辰，犯畢。二年三月丁酉，犯軒轅大星。八月庚申，入氐。壬申，入東井。十一月丙申，犯畢。己酉，入氐。十二月辛卯，犯畢大星。三年三月癸丑，犯畢。四月己丑，入太微。癸巳，入氐。六月壬寅，犯畢。九月甲子，犯畢距星。四年正月丙辰，犯東井。八月丙申，犯輿鬼。五年八月丁巳，犯東井。

至和二年二月辛丑，犯氐。壬寅，犯心前星。閏三月癸巳，犯太微左執法。丙申，犯氐。五月壬辰，掩心前星。七月己丑，犯南斗。壬辰，犯壁壘陣。八月甲戌，犯軒轅大星上第二星。[29]

嘉祐元年十一月己丑，犯昴。庚子，犯角左星。癸卯，犯心。十二月，犯房。二年四月庚申，犯心。乙卯，又犯。七月己卯，犯角大星。九月丁丑，犯心後星。己丑，犯昴。戊戌，犯太微西垣上將。三年正月庚寅，犯左角。³⁰二月癸亥，入斗魁。三月乙亥，犯五車東南星。四月乙巳，犯五諸侯東星。³¹乙卯，掩房距星。³²五月乙酉，掩南斗距星。戊子，掩壁壘陣。七月庚辰，入南斗魁。辛卯，犯五車東南星。八月辛亥，犯壁壘陣。辛酉，犯五諸侯。壬戌，犯輿鬼。甲子，犯軒轅大星。九月甲戌，掩箕。己卯，犯壁壘陣。甲申，犯昴。丁亥，犯東井。十一月甲戌，犯壁壘陣。己卯，犯昴。癸未，犯五諸侯。丙戌，掩軒轅大星。十二月甲寅，犯軒轅左角少民。閏十二月己卯，犯輿鬼。四年正月戊申，掩軒轅大星。丙辰，犯心後星。二月庚午，犯五車。四月庚寅，掩昴。五月乙巳，犯房距星。戊申，掩南斗魁。辛亥，犯壁壘陣。六月癸酉，掩心後星。八月癸酉，犯壁壘陣。³³九月丁未，犯昴。十月丁丑，犯東井。己卯，犯輿鬼。辛巳，犯軒轅御女。十一月己酉，犯軒轅左角少民。十二月己巳，掩昴。甲戌，掩輿鬼。五年正月癸卯，犯軒轅御女。辛亥，犯心。三月辛卯，犯昴。乙巳，犯心後星。戊申，犯南斗距星。四月癸亥，掩輿鬼西北星。³⁴癸酉，犯心。五月庚子，犯房距星。六月戊辰，犯心。七月庚戌，掩東井。八月壬戌，犯房距星。乙丑，犯南斗。九月庚寅，夜漏未上，掩心中央大星。壬寅，掩昴。十一月丁酉，犯昴。十二月丁卯，犯東井。己巳，犯輿鬼。戊寅，犯房距星。六年正月丙午，掩心大星。二月己未，犯昴。三月己丑，犯東井。七月庚寅，掩心大星。辛卯，犯天江。癸卯，犯昴。八月庚午，掩昴。癸酉，掩東井。九月乙丑，犯昴。十月乙未，犯東井。十一月庚申，犯昴。七年三月乙卯，犯軒轅右角。六月己亥，犯天街。八月己卯，犯房距星。九月丙寅，犯軒轅右角。十二月乙酉，犯井鉞。八年二月庚辰，犯東井。庚寅，犯房。三月丁未，犯井鉞。六月癸未，犯建。七月庚戌，又犯。八月甲戌，犯房。己卯，犯牽牛。辛卯，犯東井。九月己未，又犯。十一月癸丑，又犯。

【注】

①月犯列舍：以月爲占，主要反映在月食和月犯列宿兩個方面。月犯列宿的範圍，初看起來巨大無比，其實具體分析，所涉及的星座還是很有限的。爲了具體解剖月與列宿凌犯的狀態，明代編寫的《七政推步》還專門畫出黃道帶的十三幅分區星圖，共包括角宿、亢宿、氐宿、房宿、心宿、斗宿、牛宿、建星、罍壁陣星、畢宿、井宿、鬼宿、軒轅星、太微垣計十四個星座。也就是説，月犯列宿，主要祇與以上十四個星座有關。那麼，所謂月犯列宿，也就可以主要縮小到十四個星座範圍之內。局限在十四個星座，則觀測和推算凌犯狀態，及其對社會政治所産生的“影響”，就要簡單很多。之所以會縮小到這麼小的範圍，是因爲月道與黃道的夾角祇有五度多一點，那麼考察月亮凌犯的範圍，就越不出黃道南北十度的範圍。當然，在月亮凌犯的範圍內，還包括所謂宿和量這兩種狀態，其範圍就要寬泛得多。不過，這兩種狀態於星占而言，就次要得多。因此，我們在探索月犯列宿時，可以主要圍繞這十四個星座展開。

②犯房第一星：指房宿一，房爲凌犯入宿之一。星位的表示通常有三種方法，一是房宿一，二是房南第一星，三是房北第一星，此處載“房第一星”有些含糊。

③犯五車、掩五車東南兩種説法均指五車東南星。在五車五星中，僅

五車東南星（五車五）入凌犯範圍。

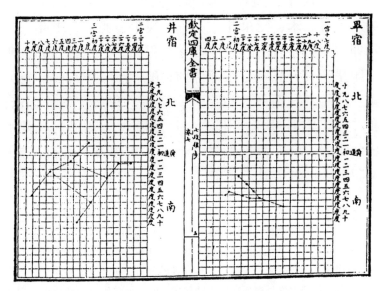

《七政推步》凌犯入宿圖之一——畢宿、井宿

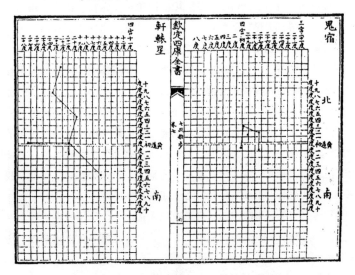

《七政推步》凌犯入宿圖之二——鬼宿、軒轅星

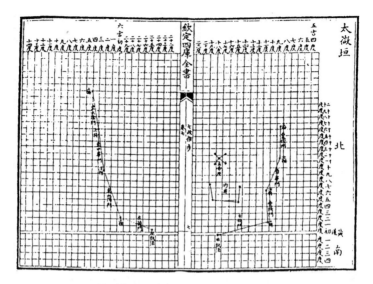

《七政推步》凌犯入宿圖之三——太微垣

《七政推步》凌犯入宿圖之四——角宿

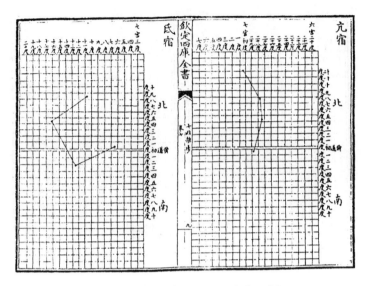

《七政推步》凌犯入宿圖之五——亢宿、氐宿

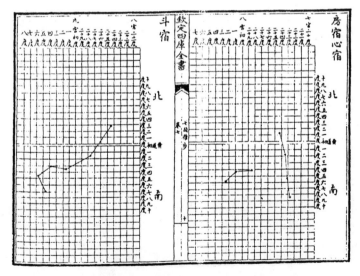

《七政推步》凌犯入宿圖之六——房宿、心宿、斗宿

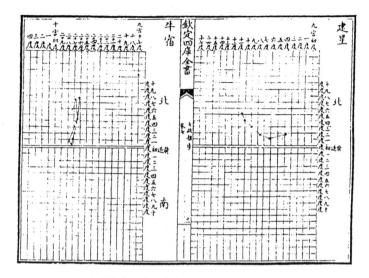

《七政推步》凌犯入宿圖之七——建星、牛宿

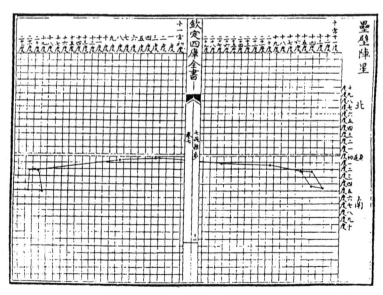

《七政推步》凌犯入宿圖之八——壘壁陣星

④ "犯輿鬼""掩星第三星"及下文的"犯輿鬼西北星"：輿鬼爲入凌犯圖星座之一，位於黃道上，全部星體均在凌犯範圍之內，故有犯西北星、東北星、掩積尸的記載。

⑤入輿鬼掩積尸：記載了月亮進入鬼宿并掩食積尸氣的過程。

⑥掩建星：建星爲入凌犯圖星座之一，在黃道北。

⑦犯角大星：角有二星，均入凌犯範圍，爲入凌犯圖星座之一，南爲大星。

⑧掩畢左股第二星：畢八星分爲兩股，左在下（東），右在上（西）。左右的方向易發生混亂。此處左股第二星疑指畢宿二。《漢書·天文志》曰："月去中道，移而西入畢，則多雨。"

⑨犯軒轅大星：軒轅爲著名的大星座，黃道從其南部通過。通常是軒轅十二至十六入凌犯範圍。軒轅十四爲大星，又稱女主，其北十三、十二爲妃，東爲左（小）民星，西爲右（大）民星，大星南爲御女星。

⑩犯心中星心前星心後星：心宿三星，中爲大星，又名大火星（天王），前星爲上星（太子），後星爲下星（庶子）。

⑪犯太微上相：太微爲三垣之一，計有三十個星座，黃道從其南部通過，故左右執法，左右上相次相，右上將、次將、内屏、五帝座等，均屬凌犯範圍。上相有東西之別，此處可能是指東上相。

⑫犯房上將次將：本志三曰："下第一星，上將也；次，次將也；次，次相也；上星，上相也。"此比附語出隋。

⑬八月丁未犯畢戊申犯天門己酉掩東井：關鍵的問題是，天門不是星，而祇是一種比附。對於天門，首先想到的是角爲天門，其次是天關爲天門，孰是孰非呢？以上這段文字正好爲一組連貫的文字，解決了這一疑問。月亮在恒星間每天行十二度，丁未、戊申、己酉爲相連的三天，畢宿、天關、東井亦正好相連，可見此天門爲天關而非角宿。

⑭犯房上相：據上注，上相爲房宿四。

⑮掩天江第二星：天江爲尾北黃道附近的小星座，天江第二星爲天江二。

⑯犯軒轅第五星：非指軒轅五，而是自下向上數第五星，即軒轅十三。

⑰犯南斗、犯南斗距星、入南斗魁：南斗即斗宿，因其形似北斗而叫南斗。南斗四星爲斗魁，二星爲斗杓。杓與魁交接處斗宿一爲距星。《荆州占》曰："月變於南斗，易相，近臣死。"

⑱軒轅次星：指軒轅十三。

⑲角距星：角宿一大星，亦即角南星。

⑳犯五諸侯：五諸侯星，大都位於黄道北五度處，月是能相犯的。

㉑掩軒轅大民星：月掩蓋大民星即軒轅十五。

㉒犯井鉞：井宿横跨黄道南北，鉞一星附於井右扇頂端。《黄帝占》曰："月犯東井，有水事，若水令。"

㉓犯畢距星：畢距星爲畢宿一，爲右股上第一星。

㉔犯謁者：謁者一星，在左執法星上方。

㉕掩東咸：東西咸星各四，在房北，似房宿的兩扇大門。

㉖犯箕：箕主八風，又主"蠻夷"。

㉗犯軒轅右角即犯大民星。

㉘犯斗天府：南斗的天府，故有此説。

㉙軒轅大星上第二星指軒轅十二。

㉚犯角左星、犯角大星、犯左角：角二星南北列，下大星偏右，爲角宿一，故左角爲角宿二。

㉛五諸侯東星：東星爲五諸侯五。

㉜掩房距星：房距星指房宿一。

㉝犯壁壘陣：《史記·天官書》僅"軍西爲壘"數字，《後漢書·天文志》災异也從未記載"壁壘陣"，疑此星名可能是魏晋後纔有，壁壘陣星在黄道附近跨越兩個多時區，但《宋志》天象記載也不够詳細，當爲古時較少重視的一個凌犯入宿星。

㉞掩輿鬼西北星：犯鬼宿二。

治平元年正月丁未，掩天關。戊申，犯東井。三月庚戌，犯角。丁巳，犯牽牛中星。①四月己巳，犯天關。②庚午，犯東井。閏五月戊戌，犯氐。七月甲申，掩

畢。八月甲寅，入東井。九月庚辰，犯天關。十月丙
申，犯牽牛中星。丙午，犯畢。戊申，犯東井。二年正
月戊寅，犯左角。二月丁未，入氐。辛亥，犯建。壬
子，犯牽牛。三月丙寅，犯東井。四月癸巳，入東井。
五月己巳，掩氐距星。甲申，犯畢。六月丁酉，入氐。
甲寅，入東井。七月戊辰，犯建。壬午，入東井。八月
丙午，犯畢。己酉，入東井。十月庚寅，犯牽牛中星。
庚子，犯畢。壬寅，犯東井。十一月戊辰，犯畢。辛
未，入東井。三年十一月癸亥，掩畢右股。丁丑，犯
罰。十二月甲辰，掩西咸。四年正月庚申，入東井。甲
子，犯軒轅大民。二月己酉，犯畢西第二星。戊子，入
東井。癸巳，犯靈臺。③丁酉，犯亢。癸卯，犯牽牛。三
月乙卯，入東井。閏三月庚辰，犯畢大星。癸未，入東
井。四月庚戌，又入。己未，犯亢距星。庚申，入氐。
壬戌，犯天江。甲子，犯建。乙丑，犯牽牛。五月甲
申，犯左執法。戊子，入氐。辛卯，犯建，辛丑，犯畢
北第四星。甲辰，入東井。六月乙卯，入氐。己未，掩
建東第二星。辛未，入東井。八月庚戌，犯氐。乙卯，
犯牽牛。癸亥，犯畢。庚午，犯軒轅御女。辛未，犯靈
臺。壬申，犯右執法。九月庚辰，犯南斗西第一星。辛
巳，犯建南第三星。壬午，又犯牽牛。辛卯，犯畢大
星。癸巳，入東井。十月戊午，犯畢西第三星。辛酉，
入東井。甲子，犯軒轅大民。丙寅，犯靈臺。丁卯，犯
右執法。戊辰，犯上相。庚午，犯亢距星。辛未，入氐。
十一月己卯，犯壁壘陣。戊子，入東井。壬辰，犯軒轅

御女。十二月乙卯，犯東井西南第二星。庚申，犯軒轅少民。辛酉，入太微。戊辰，掩西咸第一星。庚午，犯建星。

熙寧元年正月庚辰，犯畢右股第二星。二月丁巳，入太微。庚申，入氐。三月癸未，入太微。四月壬子，犯東上相。甲寅，犯亢第三星。[④]乙卯，入氐。五月丙子，犯軒轅御女。癸未，掩氐北第二星。[⑤]甲申，犯罰南第一星。六月乙巳，犯西上相。庚戌，入氐。丙寅，入東井。七月癸酉，入太微垣軌道，無所犯。[⑥]丙子，犯亢距星。甲午，入東井。八月乙巳，掩氐東北星。丙午，犯罰北第二星。[⑦]辛酉，入東井。九月戊子，入東井。壬辰，犯軒轅御女。甲午，入太微。十月乙巳，犯牽牛。丙辰，入東井。庚申，犯軒轅少民。辛酉，入太微。十一月辛巳，犯畢大星。癸未，犯東井西第二星。己丑，入太微。十二月戊申，犯畢。甲寅，犯軒轅御女。丙辰，入太微。辛酉，犯氐。二年正月戊寅，入東井。癸未，犯西上相。戊子，入氐。二月己酉，犯軒轅大星。甲寅，犯亢距星。乙卯，入氐。三月丙子，犯軒轅大星。戊寅，入太微。癸未，犯氐東北星。四月庚子，入東井。庚戌，入氐。五月甲戌，犯東上相。壬辰，掩畢大星。六月乙巳，入氐。己未，犯畢。七月壬申，入氐。辛巳，入羽林軍。己丑，入東井，犯東南第二星。八月甲寅，犯畢大星。丙辰，入東井。九月辛巳，犯畢。丁亥，犯軒轅大星。己丑，入太微。十月壬寅，犯壁壘陣。辛亥，犯東井東北第三星。丙申，入太微。十

一月己巳，犯壁壘陣。丙子，犯畢。戊寅，入東井。癸
未，犯靈臺北第一星。甲申，入太微。閏十一月丙午，
入東井。十二月辛未，犯畢大星。癸酉，犯東井西北第
二星。戊寅，入太微，三年正月丙午，又入。庚戌，入
氐。二月戊辰，入東井。甲戌，入太微。戊寅，入氐。
壬午，犯建。三月癸巳，犯畢。庚子，入太微；四月戊
辰，又入。壬申，入氐。五月乙未，入太微。甲辰，犯
建西第一星。六月癸亥，入太微。丁卯，入氐。七月己
亥，犯建。辛亥，犯東井鉞星。八月乙丑，犯天籥。⑧己
卯，犯東井東第二星。九月乙巳，掩天關。丙午，犯東
井距星。戊申，犯輿鬼東北星。辛亥，入太微。十月丙
寅，犯羽林軍。癸未，入氐。十一月癸巳，入羽林軍。
辛丑，入東井。丙午，入太微。戊申，入氐。十二月癸
酉，犯西上將。四年正月辛卯，犯畢。乙未，犯天關。
辛丑，入太微。癸卯，掩犯平道東星。⑨甲辰，犯亢。乙
巳，入氐。二月辛酉，犯畢距星北第二星。癸亥，掩犯
東井距星。戊辰，入太微。甲戌，犯東咸。三月甲午，
犯軒轅大星北一星。庚子，入氐。四月丁卯，又入。庚
午，犯天江。丙子，入羽林軍。五月庚寅，入太微。甲
辰，入羽林軍。六月戊午，入太微。癸亥，犯鍵閉。七
月丙戌，入太微。己丑，入氐。八月甲子，犯壁壘陣第
一星。九月乙巳，犯軒轅。丁未，入太微。十月辛酉，
入羽林軍。丁卯，犯畢北第三星。己巳，犯東井。甲
戌，入太微。丁丑，犯亢距星。戊寅，入氐。十一月戊
子，入羽林軍。壬寅，入太微。十二月壬戌，犯畢距

星。甲子，犯東井東北第一星。丁卯，犯軒轅大星北一星。五年正月丁酉，入太微。庚子，入氐。二月壬戌，犯軒轅大星北一星。甲子，入太微。三月丙戌，犯東井東北第一星。甲午，犯亢距星。乙未，入氐。五月甲申，掩軒轅大星。丙戌，入太微。六月乙卯，犯平道東星。丙辰，掩犯亢距星。丁未，入氐。戊午，犯房北第一星。辛酉，犯南斗距星。七月癸巳，犯羽林軍西一星。閏七月甲寅，犯天江東第三星。辛酉，入羽林軍。八月癸卯，入太微。九月乙卯，入羽林軍。壬戌，犯天街南星。十月癸未，入羽林軍。甲申，犯壁壘陣東第一星。乙未，掩軒轅大星北一星。十一月庚戌，入羽林軍。⑩己未，犯東井東北一星。甲子，入太微。丁卯，犯亢距星。戊辰，入氐。己巳，犯鉤鈐東星。⑪六年正月壬子，犯諸王西第一星。庚申，入太微。癸亥，入氐。甲子，犯東咸西南第二星。⑫乙丑，犯天江西南第二星。二月己卯，犯天街西南星。乙酉，犯軒轅大星北一星。庚寅，入氐。三月甲寅，入太微。戊午，入氐。四月辛巳，入太微。癸未，犯進賢。癸巳，犯羽林軍。五月己酉，入太微。六月辛巳，犯東咸西一星。七月甲辰，入太微。丁未，入氐。戊申，犯房北第二星。辛亥，掩南斗西第五星。⑬八月癸未，入羽林軍。甲申，犯壁壘陣東第二星。戊戌，入太微。九月甲辰，犯天江南第二星。乙丑，入太微。十月辛巳，犯外屏西第五星。甲申，犯月星。癸巳，入太微。丙申，入氐。十一月丙午，犯壁壘陣西北星。壬子，犯天街南星。⑭十二月己卯，掩月星。辛巳，犯司怪北第二星。丁亥，入太微。七年正月乙卯，入太微，二月壬午，又入，三月己酉，又入。辛亥，犯進賢。癸丑，入氐。乙卯，犯天江南一星。四月乙亥，掩軒轅大星北一星。五月甲辰，入太微。六月辛未，又入。己卯，犯南斗西第五星。己丑，掩犯天陰北第一星。庚寅，犯天街北星。七月甲辰，犯心大星。己酉，犯壁壘陣西第一星。丙辰，犯天陰西南星。八月己卯，犯壁壘陣東第四星。辛卯，犯軒轅大星北一星。九月戊申，犯外屏西第三星。辛亥，犯天陰中央星。十月戊寅，犯天陰西南星。[15]己卯，犯月星。戊子，入太微。十一月丙辰，犯左執法，又入太微。十二月癸酉，掩犯天陰第三星。八年正月癸卯，犯司怪北一星。乙巳，犯五諸侯西第四星。庚戌，入太微。二月戊辰，犯昴距星。[16]丁丑，入太微。戊寅，犯左執法。甲申，犯箕東北星。四月壬申，入太微。丁丑，犯心距星。壬午，犯壁壘陣。閏四月己亥，入太微。辛亥，入羽林軍。壬子，犯壁壘陣東北第一星。丙辰，犯天陰西南星。五月丁卯，犯右執法。辛巳，犯外屏西第二星。六月甲午，入太微。己亥，犯日星。壬寅，入南斗魁。丙午，入羽林軍。七月庚午，犯狗國西南星。癸酉，入羽林軍。己卯，犯昴西南第二星。癸未，犯五諸侯。八月甲午，犯心距星。辛丑，入羽林軍。十月戊戌，犯外屏西第三星。庚子，犯天陰西北星。己酉，犯長垣南一星。庚戌，犯西上將。十一月丁丑，犯靈臺北第一星。庚辰，犯角距星。十二月庚戌，犯日星。九年正月辛未，犯長垣南一星。四月庚子，犯心大星。五月丁卯，犯房距星。壬申，犯壁壘陣。甲戌，又犯。六月乙未，掩心東星。庚子，犯壁壘陣西第五星。丙午，犯天陰西北星。七月甲戌，犯昴東北星。戊寅，犯五諸侯東一星。八月癸巳，掩狗國西北星。乙未，犯壁壘陣西第五星。癸卯，犯五車西南星。九月丁巳，犯心東星。壬戌，犯壁壘陣西南星。丙寅，犯外屏西第二星。[17]辛未，犯司怪北第一星。丁丑，犯靈臺南第二星。十月辛卯，犯壁壘陣西第八星。庚子，犯五諸侯西第四星。十一月庚申，犯外屏西第一星。十二月乙未，犯五諸侯東一星。丙申，犯輿鬼東北星。戊戌，犯軒轅大星。己亥，掩靈臺南第二星。丙午，犯心東星。十年正月戊午，犯昴西北一星。乙亥，犯箕東北星。二月庚子，犯房距星。癸卯，入南斗。甲辰，犯狗國東北星。[18]四月甲辰，犯外屏西第一星。六月庚寅，犯心東星。丙申，犯壁壘陣西一星。七月癸酉，犯五諸侯東一星。八月庚寅，犯壁壘陣西第二星。戊戌，犯五車東南星。九月辛酉，犯外屏西第一星。丙寅，犯司怪北第一星。[19]十月乙酉，犯壁壘陣西第四星。己亥，犯靈臺北第二星。[20]癸亥，犯積薪。十二月癸未，犯外屏西一星。丙戌，犯昴西北星。辛卯，掩輿鬼西北星。辛丑，犯心東星。

元豐元年正月壬戌，犯明堂東北星。辛未，掩南斗西第五星。閏正月戊子，犯軒轅少民。乙未，犯房距星、次相。二月壬子，犯五諸侯東一星。癸亥，犯心大星。三月癸巳，入南斗，掩東第二星。四月丁巳，犯房南第二星。庚申，入南斗。庚午，犯昴西北星。五月乙酉，犯心東星。六月乙卯，犯南斗東南第一星。七月甲午，犯司怪北第二星。九月癸巳，犯軒轅御女。十月庚戌，犯雲雨東北星。丙辰，犯司怪北一星。丁巳，犯東井東北第一星。戊午，犯積薪。十一月丙戌，犯輿鬼，入犯積尸。十二月己酉，犯昴西北星。癸亥，犯心星。丙寅，犯狗西星。二年正月己卯，犯東井東北第一星。辛巳，犯輿鬼距星，又入犯東南星并積尸。甲申，犯靈臺。二月庚戌，犯軒轅御女。辛亥，犯靈臺南一星。三月辛未，犯昴西北星。壬午，犯天門東星。乙酉，犯心大星。四月乙卯，犯南斗。五月己卯，犯日星，犯房距星。六月甲辰，犯天門東星。甲寅，犯泣西星。七月己卯，犯羅堰。癸未，犯雲雨東北星。壬辰，犯輿鬼西南星。八月辛酉，犯軒轅御女。九月庚午，犯天江。甲戌，犯羅堰。丙子，犯泣西星。壬午，犯昴距星。十月乙巳，犯雲雨西南星。庚戌，犯天街東北星。十一月丁丑，犯昴距星。己卯，犯司怪。庚辰，入東井。辛巳，犯水位。十二月戊申，犯天罇東北星。庚戌，犯軒轅大民，又犯酒旗。三年正月壬申，掩昴宿東北星。甲戌，犯司怪。乙酉，犯心距星。二月壬寅，入東井。乙巳，犯軒轅大民。三月庚午，犯天罇南星。㉑丁丑，犯天門。庚辰，犯心大星。壬午，犯南斗。四月丁未，犯心距星。壬子，犯牽牛南星及羅堰。五月己巳，犯明堂西第二星。甲戌，犯日星，又犯房。己卯，犯牽牛。壬午，犯虛梁西第一星。六月己亥，犯泣西星。戊午，犯東井距星。七月己巳，犯心距星。戊寅，入雲雨。癸未，犯昴。八月丙申，犯日星。甲辰，犯虛梁。九月辛未，犯泣西星。戊寅，犯天街東北星。庚辰，犯東井距星。辛巳，犯天鐏南星。閏九月丙申，犯牽牛南星。庚子，犯雲雨西北星。乙巳，犯昴。丁未，犯司怪南第二星。戊申，入犯東井東北第三星。辛未，犯酒旗。十月辛酉，犯氐。壬申，犯天陰西北星。十一月乙未，犯雲雨。庚子，犯昴。庚戌，犯天門。十二月壬戌，犯雲雨西北星。庚午，入東井。癸酉，犯軒轅右角。乙亥，犯明堂。辛巳，犯天江。癸未，犯建西第二星。四年三月壬辰，入東井。五月辛亥，犯月星。六月己巳，犯羅堰南第二星。己卯，犯諸王西第二星。辛巳，入東井。七月戊申，犯東井鉞星。八月庚申，犯天江西南第三星。壬戌，犯建西第三星。癸酉，犯月星。己卯，犯軒轅大民。九月己丑，犯建西第一星。庚寅，犯天雞東南星。[22]辛卯，犯羅堰北第二星。十月辛酉，掩犯虛梁西第三星。壬戌，犯雲雨西北星。戊辰，犯天街西南星。庚午，犯東井西北第二星。十一月甲午，犯天陰西南星。乙未，犯月星。戊戌，入東井。癸卯，犯明堂西第二星。戊申，犯東咸西南第二星。己酉，犯天江東北第二星。十二月癸亥，犯天街西南星。乙丑，犯東井西北第二星。五年正月辛卯，犯諸王東第二星。癸巳，犯東井東南第二星。二月庚申，入東井。辛酉，犯水位星西第一星。三月戊子，入東井。庚子，犯建西第一星。五月乙酉，犯酒旗南第二星。[23]甲午，犯天籥西北星。己亥，犯虚梁西第二星。六月丙子，入東井。七月丁亥，犯東咸西第二星。辛卯，犯牽牛距星。甲午，犯虛梁西第三星。甲辰，入東井。八月甲寅，犯鈎鈐西星。甲子，犯外屏西第一星。辛未，入東井，九月戊戌，又入。十月壬子，犯建西第五星。癸丑，犯牽牛距星。丁巳，犯雲雨西南星。㉔甲子，犯諸王西第五星。十一月癸未，犯虛梁西第三星。丙戌，犯外屏西第一星。癸巳，入東井。甲午，犯水位星西第一星。十二月己未，犯天關。庚申，入犯東井。六年正月己卯，犯雲雨西星。乙酉，犯畢距星。丁亥，犯司怪南第一星。戊子，入東井。二月乙卯，又入。壬申，犯虛梁西第三星。三月癸未，入東井。四月庚戌，又入。己未，犯氐距星。五月乙未，入雲雨。七月丙辰，犯虛梁西第一星。八月丁丑，犯鍵閉。辛巳，犯牽牛距星。乙酉，入犯雲雨東北星。癸巳，犯東井西北第二星。九月辛亥，犯虛梁西第三星。戊午，掩畢距星。辛酉，入東井。甲子，犯酒旗南第二星。十月戊子，入東井。十一月乙卯，又入。乙丑，入氐。丙寅，犯房北第一星。十二月庚辰，掩犯畢距第二星。七年正月辛亥，犯水位星西第一星。丙辰，犯明堂。二月戊寅，入東井。丁亥，入氐。辛卯，犯建。三月壬寅，犯畢距星。乙巳，入東井。戊申，犯酒旗。四月戊寅，犯明堂東北第一星。壬午，入氐。丁亥，犯羅堰。壬辰，犯外屏西第二星。六月壬午，犯羅堰南第二星。七月辛酉，入東井。八月戊子，入犯東井。九月丙辰，入犯東井東南第一星。十月壬午，犯司怪南第一星。癸未，入東井。己丑，犯明堂。甲午，犯心大星。十一月庚戌，入東井。十二月辛未，犯外屏西第二星。乙亥，入犯畢。辛巳，犯酒旗。戊子，入氐。己丑，犯罰。八年正月壬寅，犯畢西第二星。乙巳，入東井。乙卯，入氐。二月壬申，入東井。甲申，犯東咸東第一星。三月庚戌，入氐。辛亥，犯罰。甲寅，犯建星西第五星。乙卯，犯牛距星。庚午，犯畢。四月丁卯，入井。五月己酉，犯天雞西北星。六月壬申，入氐。丙子，犯建星西第四星。七月甲辰，犯天雞。癸丑，犯畢，又行入畢。丙辰，入井。八月丁卯，入氐。辛未，犯建星西第四星。壬申，犯牛距星。甲戌，犯泣東星。九月辛亥，入井，犯東南第一星。十月丁卯，犯羅堰北一星。乙亥，犯畢西第二星。戊子，入氐。十一月甲午，犯牛距星。癸卯，入畢，又犯畢大星。乙巳，入井。己酉，犯軒轅御女。癸丑，犯進賢。十二月丁卯，犯外屏。庚午，掩畢距星。

【注】

①犯牽牛中星及其前後的犯牽牛等：此處的牽牛即指牛宿，爲入凌犯圖星座之一。牛宿六星由兩個小三角形組成，由牽牛中星（牛宿一）相連接。

②犯天關：天關一星在觜宿北，近黃道南，即前文注所述天門。

③犯靈臺：靈臺三星，在太微垣西南，近黃道。

④“犯亢第三星”及下文“犯亢距星”：亢宿位於黃道北附近，爲入凌犯圖星座之一。亢宿四星，自下向上順次爲四、一、二、三，故距星爲亢宿一，亢第三星爲最上一星。

⑤“掩氐北第二星”及上文“掩氐距星”：氐位於黃道之上，爲入凌

犯圖星座之一。氐宿四星，自西南至東南，向北順次排列，故氐距星爲西南星，氐北第二星爲氐宿三。

⑥（熙寧元年六月）丙寅入東井七月癸酉入太微垣軌道無所犯：這時月亮正進入星座密集區，觀察到月亮一路所經而無所犯，是一件不容易的事情。可見當時觀察得很細心認真。

⑦犯罰南第一星犯罰北第二星：罰三星，在房宿北，東西咸間。自東北向西南排列，故罰南第一星爲罰三、罰北第二星爲中間星。

⑧犯天籥：天籥八星在斗建之間，臨黃道，故月相犯。

⑨掩犯平道東星：平道橫跨角宿二星，似秤衡，在黃道附近，故有月凌、犯、掩、食之事。

⑩入羽林軍：羽林軍星隔壘壁陣與黃道相望，月能犯及。《後漢書·天文志》多有犯羽林而無犯壘壁陣的記錄。

⑪犯鈎鈐東星：鈎鈐二星爲房宿附座，“東星”在下。

⑫犯東咸西南第二星：指東咸三。

⑬掩南斗西第五星：指斗宿五。

⑭犯天街南星：天街二星，介於昴畢間，其南北星月均可凌犯。

⑮犯天陰西南星：天陰五星在昴西南黃道上。

⑯犯昴距星：犯昴距星的説法分得過細。昴距星爲其西南第一星。

⑰犯外屏西第二星：外屏在奎南，跨黃道，西第二星爲外屏二。

⑱犯狗國東北星：狗國爲南斗旁的小星。

⑲犯司怪北第一星：司怪四星，南北列，在天關南。

⑳犯靈臺北第二星：靈臺三星，在太微西南，南北列，北第二星爲中間星。

㉑犯天罇南星：天罇三星，在井宿東，南星爲天罇三。

㉒犯天雞東南星：天雞二星，在斗牛間，南北列。

㉓犯酒旗南第二星：酒旗三星介於黃道與柳宿之間，故月可犯酒旗，但不犯柳。

㉔犯雲雨西南星：室壁大方塊與黃道之間，有雷電、霹靂、雲雨三個小星座，由於室壁遠在黃道北，而雲雨靠近黃道，故月不犯室壁而可能犯雲雨星。

《宋史》卷五十四

志第七

天文七①

月犯列舍下

元祐元年正月丁酉，犯畢。庚子，入井。乙巳，犯靈臺。丙午，犯右執法。己酉，犯亢。丁卯，入東井。戊辰，犯水位。甲戌，犯左執法。乙亥，犯進賢。②戊寅，犯氐。閏二月壬辰，掩畢。乙未，入東井。乙巳，入氐。三月壬申，又入。戊辰，犯右執法。戊寅，犯羅堰。③四月癸巳，犯軒轅御女。辛丑，犯罰。甲辰，犯建。五月癸亥，入太微。丁卯，入氐。辛巳，犯畢。六月庚寅，入太微。辛亥，入井。七月戊午，入太微。壬戌，入氐。八月癸卯，入畢，犯畢大星。九月辛酉，犯建星。丁丑，犯軒轅少民。戊寅，犯上將，又入太微。④己卯，入太微。十月丁酉，犯天廩。⑤戊戌，犯畢，入畢內。⑥庚子，犯井。乙巳，犯靈臺。丙午，入太微垣，犯右執法。丁未，犯太微垣東扇上相星。十一月戊辰，入井。癸酉，行入太微。甲戌，犯左執法。戊寅，入氐。

十二月癸巳，犯天高，⑦又犯附耳。⑧乙巳，犯井。丙申，犯水位。⑨己亥，犯軒轅左角。辛丑，入太微。壬寅，犯太微東扇上相。乙巳，入氐。二年正月壬戌，犯井。戊辰，入太微。癸酉，入氐，犯東北星。甲戌，犯罰。二月庚寅，入井。乙未，犯太微上將。庚子，入氐。三月丁巳，入井。戊午，犯水位。辛酉，犯軒轅左角。乙丑，犯平道。丁卯，入氐。壬申，犯建。四月戊子，犯軒轅大星，掩御女。己丑，犯靈臺。庚寅，入太微。甲午，入氐。丙申，犯罰星。五月戊辰，犯羅堰。辛未，犯壁壘陣。六月乙酉，入太微。己丑，入氐。己亥，犯壁壘陣。甲辰，犯附耳。丙午，入井。七月丁巳，犯氐。庚午，犯天廩。辛未，入犯畢。癸酉，犯井。丁丑，犯軒轅大星。八月甲申，入氐。庚寅，犯牛。甲午，犯壁壘陣。乙丑，犯天廩。丙寅，掩犯畢大星。戊辰，入井。壬申，犯軒轅左角少民。癸酉，犯上將。甲戌，入太微。十月乙酉，犯羅堰。戊子，犯壁壘陣。辛丑，入太微。乙巳，入氐。十一月甲寅，犯壁壘陣。甲戌，犯罰星。十二月戊子，犯畢。乙未，犯靈臺，又犯上將，入太微。三年正月戊午，入東井。己未，犯水位。甲子，入太微。二月乙未，入犯氐西北星。三月壬子，犯東井西扇北第二星。丁巳，犯靈臺南第三星。庚申，犯平道。四月乙酉，入太微，犯內屏。⑩辛卯，犯東咸。甲午，犯建。丁酉，犯壁壘陣。五月壬子，入太微垣。辛酉，犯建。辛未，犯天廩。六月甲申，入氐。壬辰，犯壁壘陣。七月癸丑，犯東咸。己未，犯壁壘陣。

丁卯，犯天高。己巳，入東井。庚午，犯水位。八月己卯，入氐。己丑，犯壁壘陣。庚寅，犯天溷。⑪癸巳，犯天廩。甲午，入畢。乙未，犯天關。丙申，犯東井北第二星。戊戌，犯鬼距星。九月辛酉，犯畢。癸亥，犯司怪。甲子，犯天罇。十月甲申，犯壁壘陣。己丑，犯天高。辛卯，入東井，犯東扇北第三星。壬辰，犯水位。丙申，入太微。十一月戊午，入東井，犯西扇北第二星，己未，犯天罇西北星。庚申，入鬼，犯積尸氣。癸亥，入太微。十二月辛卯，又入之。閏十二月辛未，入畢。癸丑，犯東井西扇北第二星。甲寅，犯天罇。戊午，入太微，犯內屏。己未，犯太微三公。庚申，犯平道。四年正月丙戌，入太微。庚寅，犯氐。辛卯，犯罰。二月戊申，入井。壬子，犯長垣。⑫癸丑，入太微，犯內屏。甲寅，犯三公。乙卯，犯平道東星。丁巳，入氐。三月丙子，犯天罇。丁丑，入鬼，犯積尸氣。庚辰，入太微。乙酉，入氐。丁亥，犯天江。四月戊申，入太微。壬子，入犯氐。乙卯，犯天籥。壬戌，犯壁壘陣。五月乙亥，入太微。丁丑，犯平道。己卯，入氐。六月癸卯，入太微。丙午，入氐。己未，犯外屏。壬戌，犯畢。甲子，犯井。乙丑，犯天罇。七月甲戌，入氐。乙亥，犯罰。癸未，入羽林軍。甲申，犯壁壘陣。八月辛丑，入氐。己未，入井。九月甲申，犯畢。丙戌，入犯井。戊子，犯鬼。辛卯，入太微。十月癸丑，犯井鉞。乙卯，犯水位。己未，入太微。十一月己卯，犯畢。辛巳，入井。丙戌，入太微，犯內屏。十二月丙辰，犯亢。丁巳，入氐。五年正月丙子，犯東井。戊寅，犯輿鬼。辛巳，入太微，犯内屏。乙酉，入氐。丙戌，犯東咸。丁亥，犯天江。二月癸卯，犯鉞，又犯東井。戊申，入太微。辛亥，犯亢。癸丑，犯鍵閉。⑬乙卯，犯天籥。三月己巳，犯諸王。⑭庚午，犯司怪。丙子，入太微，犯内屏。四月甲辰，入太微，犯三公。乙巳，犯平道。庚戌，犯天籥。丙辰，入羽林軍。五月庚午，入太微。庚寅，掩畢。六月癸卯，犯東咸。乙巳，犯南斗。庚戌，入犯羽林軍。七月乙丑，入太微。丁卯，犯平道。己巳，入氐，犯壁壘陣。丁亥，入東井。己丑，犯輿鬼東北星。八月丙申，入氐。癸卯，犯壁壘陣。壬子，犯畢。九月壬申，犯羽林軍。辛巳，犯司怪。丁亥，入太微。十月乙未，犯南斗。庚子，入犯羽林軍。辛丑，犯壁壘陣。己酉，入東井。庚戌，犯五諸侯。六年正月丙子，入太微。戊寅，犯平道。二月甲辰，入太微，犯内屏。辛亥，犯斗。四月壬寅，入氐。五月丙寅，入太微。戊辰，犯平道。庚午，入氐。戊寅，入羽林軍。戊戌，犯鍵閉。乙巳，入羽林軍。七月戊辰，犯斗。癸酉，入羽林軍。甲戌，犯壁壘陣。八月庚子，入羽林軍。閏八月戊辰，又入。辛未，犯外屏。丙子，犯司怪。丁丑，犯東井。戊寅，犯五諸侯。壬午，入太微。九月甲午，入羽林軍。丙申，犯壁壘陣。戊戌，犯外屏。壬寅，犯諸王。庚戌，入太微。十月壬戌，入羽林軍。己巳，犯天街。乙亥，犯軒轅大星。丁丑，入太微，犯内屏。庚辰，犯亢。辛巳，入氐。十一

月己丑，入犯羽林軍。戊戌，犯司怪。庚子，犯五諸
侯。甲辰，犯太微次將。丙午，犯進賢。戊申，入氐。
十二月甲子，犯諸王。壬申，入太微。七年正月己亥，
入太微。壬寅，犯亢。二月戊午，犯月星。^⑮壬戌，犯五
諸侯。丁卯，入太微。戊辰，犯進賢。戊寅，入羽林
軍。三月壬辰，犯軒轅大星。甲午，入太微，犯內屏。
乙未，犯太微上相。丁酉，犯亢。戊戌，入氐。四月壬
戌，入太微。癸亥，犯進賢。乙丑，犯氐距星。癸酉，
入羽林軍內。甲戌，犯壁壘陣。丙子，犯外屏。五月己
丑，入太微。六月丙辰，入太微，犯內屏。庚申，入
氐，犯東南星。壬戌，犯天江。戊辰，入羽林軍。甲
戌，犯月星。七月辛卯，入南斗。壬寅，犯諸王。八月
壬戌，入羽林軍。九月甲申，犯天江。戊子，犯哭、
泣。辛卯，犯壁壘陣。乙未，犯天陰。丙申，犯月星。
戊戌，犯司怪。庚子，犯五諸侯。癸卯，犯軒轅次北
星。乙巳，入太微，犯內屏。十月丁巳，入羽林軍。甲
子，犯天街，又犯諸王。癸酉，入太微。丙子，犯氐距
星。十一月甲申，入羽林軍。庚寅，犯天陰。癸巳，犯
司怪。庚子，入太微。十二月癸丑，犯壁壘陣。戊午，
犯月星。壬戌，犯五諸侯。乙丑，犯軒轅次北星。丁
卯，入太微，犯內屏。庚午，犯亢。壬申，犯房。八年
正月甲午，入太微。丙申，犯進賢。己亥，犯日星。^⑯二
月癸亥，犯太微上相。丁卯，犯心大星。三月甲申，犯
五諸侯。丁亥，犯軒轅大星北第一星。己丑，入太微，
犯內屏。庚寅，犯左執法。乙未，犯天江。丙申，犯

箕。辛丑，入羽林軍。壬寅，犯壁壘陣東北星。四月丙辰，入太微。五月丁亥，犯亢。甲午，犯壁壘陣西南星。六月乙酉，犯軒轅。甲子，犯壁壘陣。七月己卯，入太微。甲申，犯心距星。庚寅，犯五諸侯西第三星。九月壬午，犯狗國。庚寅，犯天陰。壬辰，犯司怪。乙未，犯五諸侯。庚子，入太微。十月辛亥，犯壁壘陣。乙卯，犯外屏。戊午，犯天陰。壬子，入羽林軍。壬戌，犯五諸侯。丁卯，入太微，犯上將。十一月庚辰，入羽林軍。乙酉，犯天陰。己亥，犯氐。十二月壬子，犯天陰。乙卯，犯司怪。丁巳，犯五諸侯。壬戌，入太微。癸亥，犯左執法。

　　紹聖元年正月丁亥，犯長垣。己丑，犯太微上將。二月庚戌，犯坐旗。[17]庚申，犯角距星。甲子，犯箕距星。乙丑，犯斗。三月己卯，犯五諸侯東第二星。四月丙午，犯五諸侯西第三星。閏四月己卯，入太微，犯右執法。甲申，犯房距星。丁亥，入斗，犯東第二星。五月壬子，犯心距星。六月己卯，犯房距星。辛巳，犯箕。八月丙子，犯箕東北星。九月戊申，入羽林軍。丁巳，犯五諸侯東第二星。癸亥，犯太微左執法。十月甲戌，入羽林軍。壬辰，犯角距星。乙未，犯房距星。十一月壬寅，入羽林軍。乙巳，犯外屏西第二星。戊申，犯昴西北星。壬子，犯五諸侯西第四星。癸丑，犯鬼東北星。癸亥，犯心大星。十二月庚午，入羽林軍。己卯，犯五諸侯西第三星。甲申，犯太微上將。二年正月乙巳，犯坐旗南第一星。辛亥，犯靈臺。甲寅，犯角距星。丁巳，犯日星。二月庚午，犯昴。己卯，入太微，犯右執法。乙酉，犯心東星。三月乙卯，入斗。己未，入羽林軍。四月癸酉，犯太微西扇上將。乙亥，犯角南星。己卯，犯房南第二星。五月甲辰，犯天門東星。[18]己酉，犯箕東北星。六月甲戌，犯房距星。辛巳，入羽林軍。戊子，犯五車東南星。七月壬寅，犯心東星。戊申，入羽林軍，犯壁壘陣西第六星。丙辰，犯坐旗南星。八月辛未，犯箕北第一星。戊寅，犯外屏西第一星。丙戌，犯鬼東北星。九月癸卯，入羽林軍。甲辰，犯壁壘陣西第八星。十月庚午，犯屏西第一星。丙子，犯昴西北星。乙巳，犯五車東南星。丁未，犯五諸侯西第五星。戊申，犯輿鬼東北星。辛亥，犯靈臺南第二星。戊午，掩心宿後星。三年正月乙未，犯外屏。戊戌，犯昴。乙巳，犯軒轅左角。二月庚午，犯鬼西北星。壬申，掩軒轅大星。癸酉，犯靈臺。四月丁卯，犯軒轅左角。甲戌，犯日星，又犯房距星。庚辰，犯代星。[19]辛巳，犯壁壘陣。五月乙未，犯靈臺。壬寅，犯心宿東星。乙巳，犯南斗。六月壬午，犯昴。七月丙午，犯外屏。癸丑，犯五諸侯。八月丁卯，入犯南斗。戊寅，犯五車。辛巳，犯輿鬼。甲申，犯靈臺。九月甲午，犯南斗。辛丑，犯外屏。甲辰，犯昴。丙午，犯司怪。戊申，犯水位。壬子，犯明堂。十月壬戌，犯狗星。十一月己亥，犯昴。癸卯，犯輿鬼。壬子，犯日星。十二月壬戌，入犯雲雨。庚午，犯五諸侯。辛未，入輿鬼，掩積尸氣。四年正月戊戌，犯鬼西北星，入鬼。辛丑，犯靈臺南第一星。二月乙亥，犯心東星。閏二月辛卯，犯井東扇北第一星。壬辰，犯五諸侯西第五星。癸巳，入鬼，又犯輿鬼。乙未，犯軒轅左角。己亥，犯天門東星。乙巳，入斗，犯斗西第四星。三月癸亥，犯靈臺南第一星。己巳，犯日星，又犯房距星。壬申，犯斗距星。戊辰，掩雲雨西南星。四月己丑，犯軒轅御女星。丁酉，犯心東星。庚子，犯狗西星。庚戌，犯昴西北星。五月丁卯，掩斗西第四星。癸酉，入犯雲雨。六月甲午，入斗。乙未，犯狗東星。庚子，犯雲雨西南星。七月壬戌，犯狗西星。[20]壬申，掩犯昴西北星。乙亥，犯司怪北第二星。丙子，犯積薪。[21]八月己丑，犯斗西第四星。癸巳，犯哭、泣東星。乙未，掩犯雲雨東北星。甲辰，入犯鬼及犯積尸氣。九月丙辰，犯北距星。己未，犯秦西星。十月甲午，犯昴西北星。丁酉，入井，犯東扇北第一星。戊戌，犯積薪，又犯水位東第一星。庚子，犯軒轅御女星。壬寅，犯明堂南第三星。十一月丁巳，入犯雲雨星。十二月辛卯，犯司怪北第二星。壬辰，犯井東扇北第一星。乙未，犯軒轅太民。丙申，犯靈臺南第一星。丁酉，犯明堂。壬寅，犯心距星。癸卯，犯天江南第一星。

元符元年正月庚申，犯天罇。辛酉，入犯鬼。己巳，犯日星，又犯房距星。二月丁亥，犯天罇。辛卯，犯靈臺。甲辰，犯哭、泣。三月癸丑，犯司怪。己巳，犯羅堰，又犯牛。癸酉，犯雲雨。四月癸未，犯鬼距星。甲申，犯酒旗。甲午，犯斗。五月己未，犯心距星。庚申，犯天江。戊辰，犯雲雨。六月乙未，又犯。庚子，犯昴西北星。八月壬午，犯天江。九月丙辰，犯虛梁。壬戌，犯昴。甲子，犯司怪。乙丑，入井。十月戊寅，犯斗。癸未，犯虛梁西第二星。㉒己丑，犯天陰。癸巳，犯天罇。甲午，犯鬼距星。庚子，犯天門。十一月戊申，犯羅堰。壬子，犯雲雨。丁巳，犯昴距星。庚申，入井。庚午，犯心大星。十二月戊寅，犯虛梁。丁亥，入井。戊子，犯水位。庚寅，犯酒旗，又犯軒轅右角。壬辰，犯明堂。戊戌，犯天江。二年正月甲寅，犯司怪北第三星。丙辰，犯水位西第三星。壬戌，犯天門東星。㉓甲子，犯日星，又犯房距星。己巳，掩牛南第一星。二月己卯，犯昴距星。壬午，入井。乙酉，犯酒旗南第三星，又犯軒轅右角。丁亥，犯明堂西南第二星。壬辰，犯心距星。癸巳，犯天江西南第二星。己亥，犯虛梁西第一星。三月己酉，犯井距星。庚戌，犯天罇南星。丁巳，犯天門東星。庚申，犯天江西南第一星。甲子，犯羅堰南星。戊辰，犯雲雨東北星。四月丙子，犯司怪北第三星。丁丑，入井，又犯井東扇北第三星。丁亥，犯心距星。辛卯，犯牛南星。甲午，犯虛梁西第三星。乙未，犯雲雨西北星。庚子，犯天陰北星。五月乙巳，犯水位西第二星。丙辰，犯天籥下東星。丁巳，犯建星西第二星。辛酉，犯虛梁西南第一星。六月辛巳，犯日星。丙戌，犯牛南星，又犯羅堰南第二星。庚寅，犯雲雨東北星。丙寅，犯天街東北星。戊戌，入井。七月庚戌，犯天江西南第四星。壬子，犯建星西第三星。

丙辰，犯虚梁西第三星。丁巳，犯雲雨西北星。壬戌，犯天陰西北星。乙丑，犯司怪北第三星。丙寅，入井，犯東扇北第三星。八月癸未，犯虚梁西第一星。庚寅，犯昴東南星。辛巳，犯諸王西第二星。癸巳，入井。丙申，犯酒旗南第三星。九月丁巳，犯天陰北星。閏九月甲申，犯天陰西北星。辛卯，犯軒轅右角。十月辛丑，犯建西第一星。壬寅，犯天雞東南星。乙巳，犯虚梁西第一星。壬子，犯月星。癸丑，犯諸王西第二星。乙卯，入犯井東扇北第二星。丙辰，犯水位西第二星。戊午，犯酒旗南第二星。庚申，犯明堂西第二星。十一月壬午，犯井鉞星，又犯井距星，又入井。十二月庚子，犯虚梁西第二星。丙午，犯天陰西北星。丁未，又犯月星。庚戌，入井，犯東扇北第二星。辛亥，犯水位西第二星。癸丑，犯酒旗南第二星，又犯軒轅右角太民。乙卯，犯明堂西第二星。三年正月乙亥，犯諸王西第一星。丁丑，入東井。四月庚戌，犯東咸西第三星。五月辛卯，犯昴。七月乙酉，犯天陰西南星。九月癸未，入東井。十二月甲辰，犯司怪北第二星。丙辰，入氐。

【注】

①《天文七》專門記載宋哲宗以後月犯列宿天象。

②犯進賢：進賢一星，在太微東南。

③犯羅堰：羅堰三星爲牛宿東南的小星。羅堰表示農業灌溉設施，月犯之，象徵農業歉收。

④犯上將又入太微：先犯上將，再入太微，月自西向東行，故此處指西上將。

⑤犯天廩：天廩四星，在胃宿東南，近黃道。天廩表示天子庫房，月犯之象徵庫空。

⑥犯畢入畢內：畢宿分東西兩股，月先犯西股，再進入兩股之間。

⑦犯天高：天高四星在畢宿東、黃道南。其北五車。白道與黃道成五度夾角，故既能犯黃道北的五車五，又可犯南面的天高星。

⑧又犯附耳：附耳爲畢東股附星，在天高西。此處記載月先犯天高、再犯附耳有違順序。

⑨犯水位：水位四星在井宿東、黃道南。

⑩犯內屏：內屏四星，在太微垣內五帝座南，近黃道。

⑪犯天涵：天涵星在胃宿，近黃道南。

⑫犯長垣：長垣在太微西，跨黃道南北。

⑬犯鍵閉：鍵閉星在房北，介兩咸間。

⑭犯諸王：諸王六星，在畢宿北、黃道上。

⑮犯月星：月星在昴東南，近黃道。

⑯犯日星：日星在氐東，在黃道上。日星與月星是相對的。日在東方，月在西方，日星位於東方之氐宿，月星位於西方之昴宿。

⑰犯坐旗：坐旗（座騎）九星在井北，遠離黃道，參旗九星在畢東，距黃道近，疑此"坐旗"爲"參旗"之誤。

⑱五月甲辰犯天門東星：甲辰距己酉五天，月約行五宿，故此"天門"當爲角宿。

⑲犯代星：代星在女宿西南，近黃道。

⑳犯狗東星、犯狗西星：狗兩星，在斗宿東北，近黃道。

㉑犯積薪：積薪一星，在北河戍南，近黃道。

㉒犯虛梁西第二星：虛梁四星在危宿東南，近黃道，西南第二星即虛梁二。

㉓庚子犯天門，壬戌犯天門東星，此均指角宿。

　　建中靖國元年正月己巳，犯月星。二月己亥，犯井鉞。癸卯，犯軒轅右角太民。四月乙巳，犯罰星。五月丙子，犯牛大星。^①六月己酉，犯外屏西第二星。七月己巳，犯南斗。八月丁酉，犯建西第二星。九月丁丑，犯司怪北第四星。十一月癸酉，入東井。十二月丁酉，犯天街西南星。

崇寧元年正月丁卯，入東井。己巳，犯水位西第一星。二月癸卯，入氐。三月庚午，犯角距星。六月丁亥，犯軒轅大星。九月癸巳，犯壁壘陣。十月乙丑，入畢口。二年二月乙卯，犯天高。四月壬戌，入氐。五月己亥，犯雲雨東北星。七月戊子，犯建星西二星。九月丙戌，犯泣。十一月庚寅，入井。三年正月乙未，入氐。丙申，犯鍵閉。二月辛酉，犯亢距星。四月戊午，犯房北第一星。^②七月癸未，犯建星西第二星。甲申，犯牛大星。九月辛卯，犯井西扇北第二星。十一月己丑，入太微。四年正月戊寅，犯諸王西第二星。閏二月甲戌，犯井距星。癸卯，犯水位。五月乙巳，犯亢距星。丙午，入氐。七月丙辰，入畢口。八月癸酉，犯建星西第三星。十月庚辰，入井。十二月丁丑，犯鬼東南星。五年正月戊申，入太微。三月辛亥，犯建距星。五月辛丑，入氐。七月壬寅，犯牛大星。甲辰，犯壁壘陣西五星。九月戊申，犯井距星。^③十一月丁未，犯長垣南一星。戊申，入太微。

大觀元年正月甲辰，入太微。五月甲午，犯進賢。六月甲子，入氐。八月乙亥，入畢。九月己丑，犯天籥。癸巳，犯壁壘陣。十二月丁未，犯建。二年正月庚申，犯井鉞。甲子，犯軒轅。二月癸巳，入太微，犯內屏。四月庚子，入羽林軍。五月己未，入氐。六月癸巳，犯壁壘陣。九月壬申，入太微。十一月辛酉，犯井。三年正月辛酉，犯太微西扇次將。二月己丑，入太微，犯內屏。三月癸亥，犯南斗。四月己卯，犯五諸侯。六月庚辰，犯平道。七月庚戌，犯房。八月甲午，犯井。九月壬子，入羽林軍。十月甲午，犯太微西扇次將。乙未，犯謁者。十二月壬辰，掩亢。四年正月戊申，犯天街。二月辛卯，犯南斗。三月甲寅，犯亢。六月乙亥，犯進賢。七月戊申，犯南斗。八月甲戌，犯天江。十一月己卯，犯五諸侯。

政和元年二月乙卯，犯南斗。三月庚辰，犯東咸。六月己酉，入羽林軍。七月壬申，犯狗。八月丙申，犯心距星。二年三月甲子，犯五諸侯。三年三月壬戌，犯長垣。甲子，入太微。四月丙戌，犯五諸侯西第四星。五月甲午，入南斗。丁酉，犯壁壘陣。七月庚寅，犯狗國。九月癸巳，犯昴。十月壬戌，犯五車。乙丑，犯鬼。己巳，犯右執法。四年二月庚戌，犯昴。五月己丑，入南斗。六月甲寅，犯心東星。④八月癸亥，犯司怪。五年正月壬辰，犯心大星。三月丙戌，犯房。五月庚寅，犯雲雨。六月壬子，犯狗。九月甲申，犯昴星。十月丙辰，入鬼星。十二月甲寅，犯明堂。六年閏正月癸卯，犯司怪。二月辛巳，犯房。四月己卯，犯南斗。六月辛未，犯心大星。八月乙丑，犯日星。九月庚戌，犯天罇。十月乙丑，犯羅堰。七年正月己酉，犯心。甲戌，犯天門。⑤四月辛未，犯日星。七月庚子，犯哭、泣。八月乙丑，犯牛。十月壬申，入井。十一月丁酉，犯天街。

重和元年二月乙丑，犯酒旗。六月己巳，犯雲雨。八月丙辰，犯房。

宣和元年十一月己未，犯鬼。二年正月己酉，犯畢。七月辛亥，犯牛。九月丁巳，入井。十二月辛卯，犯東咸。三年二月壬申，掩角。五月丙午，入氐。十一月丙戌，犯罰。四年七月戊辰，犯建。十月壬寅，入井。十一月癸酉，犯軒轅御女。五年正月壬戌，犯畢。三月己巳，入氐。七月甲子，犯牛。六年正月己巳，入氐。六月辛酉，犯壁壘陣。十月丁巳，犯畢。七年正月甲申，犯鬼。六月丁巳，入羽林軍。十二月丙辰，入太微。

靖康元年二月庚戌，入太微。甲寅，入氐。三月戊寅，入太微。庚辰，入氐。四月丁未，犯平道。己酉，入氐。辛亥，犯天江。五月己巳，犯鬼。壬申，入太微。六月己未，犯畢。七月戊辰，入太微。壬申，入氐。癸酉，犯罰。己卯，入羽林軍。己丑，入井。八月戊戌，入氐。丙午，入羽林軍。乙卯，犯天關。丙辰，入東井。九月癸未，犯井鉞。十月辛丑，入羽林軍。丙辰，入太微。十一月丁丑，犯天關。戊寅，入井。庚辰，犯鬼積尸氣。十二月癸酉，入井。乙亥，犯鬼積尸氣。二年三月乙未，入井。辛丑，入太微。四月壬戌，犯天關。⑥

【注】

①犯牛大星：犯牛宿一，爲牛宿中間一星。

②犯房北第一星：房宿四。

③犯井距星：指井宿一，爲西扇上星。

④心東星：指心宿三（庶子星）。

⑤犯天門：按干支推算，爲角宿星。

⑥以上建中靖國、崇寧、大觀、政和、重和、宣和、靖康，爲宋徽宗年間月犯列宿記録。

建炎三年三月乙未，入氐。四年六月辛巳，犯心。七月辛亥，入南斗魁中。八月辛卯，犯五諸侯。十二月壬辰，掩心大星。

紹興元年三月癸卯，犯五諸侯西第五星。四月癸酉，犯軒轅大星。辛巳，犯心。戊子，入羽林軍。六月丙子，犯心。癸未，犯昴。八月辛未，犯心宿東星。癸未，犯昴。九月辛丑，入南斗。乙巳，入羽林軍。辛巳，犯五諸侯。十一月己酉，犯五諸侯東第一星。十二月癸未，犯角。二年二月辛未，犯五諸侯西第四星。乙亥，入太微。三月己酉，犯心大星。五月戊寅，入羽林軍。六月乙巳，七月癸酉，又入。辛丑，入南斗魁中。七月乙丑，犯房距星。八月戊申，犯司怪。三年四月辛丑，入南斗魁中。五月丙寅，掩心第三星。七月癸亥，入南斗魁中。九月戊午，入南斗，犯西第五星。十月壬寅，犯軒轅大星。十一月丁巳，犯壁壘陣西第六星。乙丑，犯五車。丁卯，犯五諸侯西第四星。己卯，犯斗。

十二月辛卯，犯昴。丙申，犯鬼。丁酉，犯軒轅御女。甲辰，掩心前星。四年正月壬戌，犯五諸侯東第一星。癸亥，犯鬼西北星。三月乙卯，犯司怪。四月癸巳，犯房。八月癸未，犯心後星。^①十二月丙戌，犯昴西北星。^②五年四月癸未，犯房。十月庚辰，犯南斗。壬戌，入井。十一月甲申，又入。甲午，入氐。六年正月己卯，入井。三月甲申，犯心大星。四月辛丑，入井。六月己未，犯昴。九月戊子，犯軒轅右角大民。十月辛亥，犯司怪北第二星。十二月丙午，入井。七年正月辛未，犯天街。二月辛丑，入井。三月戊辰，犯井鉞。^③六月丁巳，犯井。七月甲申，又犯。九月己卯，又犯。十月丁未，閏十月甲戌，十二月己巳，皆犯井。三月辛巳，犯斗宿西第一星。^④四月乙未，犯司怪。閏十月癸酉，又犯之。五月丁丑，犯建。八月己亥，又犯。丙午，犯房北第二星。八年三月癸亥，犯井。四月戊午，七月丁未，八月甲戌，九月辛丑，十月己巳，十二月甲子，皆犯井。乙亥，犯房北第一星。九年正月辛卯，入犯東井。四月癸丑，六月乙亥，八月己巳，九月丙申，十月甲子，十二月己未，皆入犯東井。二月己巳，入氐。四月癸亥，六月戊午，八月癸丑，皆入氐。六月乙未，犯建西第四星。九月丙辰，掩角距星。壬戌，犯天高。十二月丁巳，又犯。十年正月丙戌，犯入井。三月辛巳，四月戊申，閏六月丁酉，八月辛巳，十月丁亥，皆犯入井。三月辛卯，入氐。六月癸丑，七月戊申，八月乙亥，十二月辛卯，皆入氐。閏六月乙未，犯畢。九

月丁巳，犯畢距星。十二月壬子，又犯畢。十一年正月
戊午，犯氐。二月甲戌，犯畢。八月乙酉，皆犯畢。三
月甲辰，入井。六月乙亥，入氐。十一月乙卯，入太微
垣，犯左執法。丙辰，犯進賢。己未，犯氐東北星。十
二月乙亥，入畢，掩大星。十二年正月壬寅，犯畢距
星。⑤四月辛未，入太微。十一月，行犯權大星，并掩御
女。⑥十三年正月癸卯，犯權星并御女。八月己酉，復掩
權大星。十四年正月庚申，入畢，掩大星。六月丁亥，
犯亢距星。十六年八月壬寅，犯鈎鈐。十七年二月己
未，入羽林軍，是歲，凡六。三月己卯入氐，五月甲
戌，六月壬寅，十一月乙酉，皆入氐。七月癸酉，入南
斗。十月乙未，又入。十一月甲戌，犯司怪。十八年三
月乙丑，犯五諸侯。壬午，入羽林軍，是歲，凡八。⑦四
月壬寅，入氐。五月丙寅，入太微，犯東上相。六月丁
酉，入氐。七月乙丑，犯房。戊辰，入南斗。閏八月癸
亥，又入。十九年正月辛丑，犯亢。二月甲戌，入南
斗。丁丑，入羽林軍，是歲，凡八。六月庚申，犯房。
癸亥，入南斗。八月戊午，又入。二十年四月丁巳，犯
角。六月戊午，入南斗，是歲，凡三。壬戌，入羽林
軍，是歲，凡五。七月己卯，犯角距星。壬午，犯房。
八月癸亥，犯昴距星。十一月乙未，犯角距星。二十一
年正月丙申，入南斗。二月辛酉，犯心東星。三月丙
申，入羽林軍，是歲，凡七。閏四月己丑，犯壁壘陣。
八月乙亥，入南斗。十月癸未，犯壁壘陣。十一月戊
申，犯昴。二十二年正月丙辰，犯心東星。二月庚午，

犯昴，是歲，凡三。乙亥，犯鬼。三月癸丑，入南斗，
是歲，凡四。二十三年正月癸卯，二月庚午，犯輿鬼。
壬申，犯權御女星。三月戊申，犯南斗。七月乙未，犯
房距星。十月癸酉，犯司怪。十一月辛丑，入東井。二
十四年正月庚申，犯昴。六月丙午，十二月庚寅，皆犯
司怪。戊戌，犯昴距星。九月己巳，十二月辛卯，皆入
東井。二十五年四月庚辰，七月己巳，又入東井，是
歲，凡六。六月辛丑，犯鉞。十月庚寅，犯天關。十二
月乙酉，犯司怪。二十六年正月壬子，十月乙酉，十一
月庚辰，皆犯司怪。癸丑，入東井，是歲，凡八。八月
丙子，犯房。十月乙亥，犯牛。二十七年正月甲戌，犯
天關。庚寅，犯建。二月癸卯，三月庚午，皆入東井，
是歲，凡七。四月己酉，犯房鈎鈐，又犯鍵閉。六月甲
辰，犯罰，又犯東井。七月庚午，入氐。丙子，犯羅
堰。乙酉，犯天關。十一月乙丑，犯牛。十二月辛亥，
犯角宿距星。二十八年正月辛未，入東井，是歲，凡
五。二月甲寅，犯牛。三月庚辰，犯建。四月己酉，犯
羅堰。五月丙子，犯牛。⑧六月丁酉，犯氐。壬寅，掩
建。八月丁酉，又掩。八月辛卯，犯亢。壬辰，入氐。
丁未，入畢口內，犯大星。九月甲戌，掩犯畢。十月癸
巳，掩牛宿距星。癸丑，犯氐距星。十一月辛巳，十二
月戊申，入氐。丁未，犯亢。二十九年正月丙寅，犯入
東井，是歲，凡六。乙亥，犯氐距星。二月癸卯，入氐
方口內，是歲，凡四。甲辰，犯西咸。三月己未，犯天
高。壬申，犯東咸。乙亥，犯建星。四月辛卯，犯權右

角大民。甲辰，犯羅堰。五月甲子，犯亢。六月戊申，犯附耳。庚申，入氐。丙寅，犯羅堰。七月癸巳，掩牛宿距星。九月丁酉，入畢口，犯大星。⑨十一月壬辰，犯畢。十二月己巳，犯亢距星。壬申，犯東咸。三十年正月戊戌，入氐。二月乙丑，又入，是歲，凡五。三月甲申，入東井，是歲，凡三。七月戊子，犯牛。八月乙卯，又犯。九月庚辰，犯南斗。十月庚申，掩入畢。十一月庚寅，入犯東井。三十一年正月甲申，犯東井，是歲，凡五。二月乙卯，犯權星御女。庚申，入氐。三月戊子，又入，是歲，凡五。四月辛亥，犯太微垣西上將星。辛巳，犯平道星。戊子，犯牛距星。戊戌，犯畢距星。七月丁丑，犯西咸。癸未，犯牛。癸巳，入畢大星。九月丙申，犯太微東左執法星。十一月壬午，掩畢。辛卯，掩太微東上相星。十二月壬子、甲寅，犯輿鬼，掩積尸。三十二年正月丁丑，掩畢宿大星，犯附耳。庚辰，犯東井，是歲，凡七。戊子，入氐，是歲，凡二。己丑，犯西咸。二月庚戌，犯酒旗。壬子，入太微西，掩右執法星。乙卯，犯亢。己亥，犯太微西上將。庚辰，入太微。辛巳，犯進賢。四月癸未，犯牛。五月庚午，犯太微東上相星。庚辰，入羽林軍。九月壬寅，十一月、十二月，皆入。戊子，入畢，掩犯大星及附耳。七月甲辰，掩建。十月丙寅，又掩。九月庚戌，入畢。十二月壬申，又入。十月己卯，犯司怪。⑩

【注】

　　①心大星、心宿東星、心第三星、心後星：心宿是一個十分重要的星

座，前星爲西星、上星、距星、太子星；中星爲心大星、帝星；後星爲東星、第三星、庶子星。

②犯昴西北星：指昴宿二。

③犯井鉞：犯井宿附座鉞星。

④犯斗宿西第一星：指犯斗宿三，爲杓端星。

⑤犯畢距星：指犯畢宿一，右扇頂端星。

⑥犯權大星并掩御女：下文還有犯權星并御女。權星、權大星，均指軒轅大星即軒轅十四。軒轅大星與御女星幾在同一經綫上，相距一度半多，故曰月犯軒轅大星和御女是可能的，但説同時犯大星、掩御女，就有些勉强了。

⑦入羽林軍是歲凡八：附近還有凡五、凡六等記載。石氏認爲月犯羽林軍，"兵大起"。這些天象，正是針對南宋初年與金兵常發生大戰而衍生的。

⑧月犯東井、犯牛、犯羅堰是水災、歉收、饑荒的對應占辭，正是北宋末年南宋初年天災人禍之期。

⑨入畢口犯大星：月進入兩股間爲入畢口，犯大星指犯畢宿五。

⑩以上建炎、紹興兩朝，爲南宋高宗在位時月犯列宿時的天象。

隆興元年二月己巳，入東井，是歲，凡六。癸酉，犯權大星。七月丙申，十月壬子，皆入氐。壬寅，犯壁壘陣西勝星。①十月甲子，又犯。癸卯，入羽林軍，是歲，凡三。十月丙午，犯權。十二月丁卯，掩天高。戊辰，犯天關。二年正月戊子，入羽林軍，是歲，凡六。甲午，掩入畢。二月甲子，入東井，是歲，凡五。己巳，犯長垣。辛未，入太微，掩犯左執法并上相星。三月辛卯，犯東咸。四月丙申，入氐。七月丁亥，入太微，犯内屏星。八月乙丑，犯壁壘陣。十月丁卯，犯畢。庚辰，入氐。十一月丁亥，入羽林軍。丙辰，掩司

怪。己亥，犯舆鬼，掩積尸。丁未，入氐。戊申，犯西
咸。閏十一月壬戌，犯天高。己巳，犯長垣。

乾道元年二月甲申，五月癸酉，十月庚寅，皆掩犯
諸王星。戊戌，犯東咸。庚申，入太微，犯内屏。六月
壬午，又如之。甲子，入氐。六月丙戌，又入。辛未，
入羽林軍，是歲，凡八。五月辛酉，掩天江。七月丁
巳，犯南斗。八月壬午，掩犯鈎鈐。十二月戊戌，又
掩。甲申，犯天鑰。乙酉，掩南斗。九月壬子，又掩。
九月庚午，入太微。十月丁酉，十二月壬辰，皆入太
微。十月庚辰，犯狗。十一月丁巳，犯天街，掩諸王。
二年正月壬子，犯諸王。二月己卯，又犯。乙卯，掩犯
五諸侯。二月乙酉，犯權。己亥，入羽林軍。五月辛
酉，又入。五月甲寅，犯鍵閉。六月辛巳，入氐。八月
丙子，又入。壬子，犯房。乙酉，犯南斗，入魁。八月
庚辰，又入。乙未，犯月。八月辛巳，掩犯狗國。九月
庚戌，犯哭。十一月戊午，犯權。十二月壬辰，入氐。
三年二月戊子，掩犯東咸。辛卯，入南斗。三月甲寅，
入氐。四月辛巳，又入。四月壬申，犯五諸侯。九月癸
未，十一月戊寅，皆犯。五月乙巳，入太微。癸丑，掩
犯南斗。丁丑，犯房。庚辰，入南斗魁。七月乙巳，犯
心大星。閏七月丁丑，犯周星。[2]戊寅，犯哭，又入羽林
軍。八月乙巳，犯代。九月庚辰，犯月星。十月戊午，
犯亢。十二月壬寅，犯昴。甲寅，入氐，掩東南星。四
年正月辛未，犯五車。二月丁巳，入羽林軍，是歲，凡
九。三月庚午，犯權。四月庚子，犯左執法。乙巳，犯

心前星。五月乙亥，入南斗。十月壬辰，又入。六月丙申，犯角。七月壬午，犯五車。丙辰，入太微。八月丁未，掩天陰。十月乙未，犯壁壘陣。戊戌，又犯。丙午，犯五諸侯。庚午，犯昴。壬申，犯司怪。癸未，犯心。十二月乙巳，入太微，犯左執法。丁未，掩犯角。五年正月癸酉，入太微，犯左執法。戊寅，掩心東星。二月壬辰，八月癸卯，十一月乙丑，皆犯昴。乙亥，犯長垣。三月癸亥，六月壬子，九月甲戌，十一月己巳，皆掩犯五諸侯。戊辰，犯左執法。己卯，入羽林軍，是歲，凡七。四月庚子，犯心。五月甲子，犯角距星。庚午，入南斗。六月辛亥，犯五車。九月壬申，又犯。七月甲子，犯箕。十月丁亥，入南斗魁，又掩第五星。六年正月庚申，犯昴。戊辰，犯右執法。癸酉，犯心東星。二月辛卯，犯五諸侯。癸酉，入犯南斗。丁未，入羽林軍，是歲，凡三。三月壬戌，犯靈臺。庚午，入南斗魁。五月乙丑，七月丁亥，皆如之。五月壬戌，掩日星，又犯房。閏五月庚寅，犯心東星。七月戊戌，犯昴。庚子，犯五車。九月壬午，犯狗。十月壬戌，犯五車東南星。七年正月甲申，犯五車。三月甲申，犯權星御女。四月戊午，犯心大星。六月癸丑，掩心東星。乙卯，掩犯南斗。九月丁丑，十二月丙寅，皆如之。十月乙卯，犯昴。十一月乙未，犯房宿日星。八年正月辛卯，犯心距星。三月丁丑，犯鬼。丙戌，犯心大星。四月癸丑，犯房。九月戊子，犯鬼宿距星。九年四月丙子，犯心。六月辛未，掩犯心大星。

　　淳熙元年七月戊申，入東井。十一月戊戌，十二月乙丑，皆入。八月乙亥，犯井鉞。十二月癸亥，犯天街。二年正月壬辰，犯井鉞。二月庚申，入東井。四月乙卯，九月戊戌，十月癸巳，皆入。六月癸亥，犯南斗。七月戊子，犯房。閏九月乙卯，犯牛。十月癸卯，入氐。三年正月乙丑，七月己酉，又入氐。三月庚戌，九月辛酉，皆入東井。四月乙酉，犯角宿距星。七月丁未，犯角。十一月甲寅，犯畢。四年正月庚申，入氐。二月戊寅，入東井。七月壬戌，十月甲申，十二月己卯，皆入。七月庚戌，犯牛宿距星。八月丁亥，入畢宿方口內。九月甲寅，犯畢。五年正月乙卯，入氐。閏六月己亥，十二月庚戌，皆如之。三月辛丑，入東井，是歲，凡四。閏六月乙卯，入畢宿方口內。十一月壬申，掩畢宿附耳星。六年正月甲戌，犯太微右執法星。二月甲午，犯畢。四月辛卯，入東井，是歲，凡三。五月丁卯，入氐。十月戊申，犯左執法，又行入太微垣。乙亥，又入。十二月丁未，犯壁壘陣西七星。③七年正月庚午，入太微，犯左執法。癸酉，入氐。三月戊辰，四月乙未，六月庚寅，十一月甲戌，十二月辛丑，皆如之。四月壬辰，入太微。六月丁亥，十二月丁酉，皆如之。六月乙巳，掩畢大星。七月乙亥，入東井，是歲，凡三。八月丙午，犯權大星。十一月戊辰，又犯。十月甲午，犯畢。十二月己丑，又犯。十一月甲戌，入氐。八年正月己未，入東井，是歲，凡六。二月丙申，入氐。四月戊午，六月癸丑，皆入。三月己未，入太微。閏三月丁亥，八月庚午，十月癸巳，又入。六月丁卯，入畢。八月壬戌，九月己丑，皆入。九年六月壬戌，又入。八月己未，入東井。十二月己未，入氐。十年正月丙子，入東井，是歲，凡二。二月己酉，入太微。三月丁丑，六月庚子，七月丙寅，十一月壬午，閏十一月庚戌，皆入。三月辛巳，入氐。六月癸卯，七月辛未，皆入。九月癸酉，入羽林軍。十二月乙亥，犯權大星。十一年正月己酉，入氐。七月癸巳，八月庚申，皆如之。二月甲子，犯諸王。七月丁酉，犯南斗。十一月辛卯，入羽林軍。十二年正月戊申，入南斗。八月癸酉，犯五諸侯。十三年四月己巳，入羽林軍。五月甲申，入太微。七月甲申，犯心大星。八月己卯，亦如之。丁亥，犯南斗。十四年三月戊申，犯心距星。四月甲申，行犯房北第三星。辛卯，入羽林軍，是歲，凡二。五月壬子，犯心大星。六月庚寅，行入斗。七月丙午，掩犯房。九月乙丑，掩犯角宿距星。十五年正月庚申，入南斗魁。六月丁丑，九月己亥，十二月戊子，皆如之。二月乙酉，掩心後星。六月己丑，犯昴。丁巳，犯五車東南星。十月己卯，又犯五車。十六年三月庚戌，入南斗魁。

紹熙元年六月乙未，宿斗距星西北。④四年七月乙亥，犯天關。十月庚戌，入東井。十二月乙巳，又入。五年三月丁卯，閏十月癸酉，皆入。十二月丁丑，入氐。

慶元元年六月辛酉，十二月壬申，皆入。己卯，入東井。三年二月辛亥，入畢。四年六月庚寅，犯畢西第二星。壬申，入井。壬寅，入氐宿方口内。九月乙巳，犯壁壘陣西第八星。⑤甲寅，入東井。戊午，行入太微垣内。十月癸酉，犯壁壘陣。十一月乙卯，十二月壬午，亦如之。五年三月戊戌，入東井。七月甲寅，十二月辛未，亦如之。四月壬申，行入太微。六年二月壬申，又入。

嘉泰元年七月乙卯，入氐。二年四月甲申，入太微。戊子，入氐。九月己酉，犯斗。三年四月辛丑，又犯。丙午，入太微。十月癸卯，入羽林軍。辛酉，入氐。四年三月壬申，犯權。六月戊申，入羽林軍。七月丙子，又入羽林軍。十月壬子，入太微。癸丑，犯天江。

開禧元年正月庚午，犯五諸侯。三月乙丑，又犯。三月己巳，入太微。四月戊申，入羽林軍。二年六月丙寅，又入。七月己丑，入斗。十月辛亥，又入。三年二月癸丑，犯五車東南星。乙丑，犯心東星。六月丁巳，入南斗魁。丁卯，犯昴。十二月癸丑，犯五車。

嘉定元年二月丙午，犯昴。三月乙亥，犯五車。六月丁丑，犯房。二年十月乙丑，犯斗。三年九月庚寅，犯心中星。四年閏二月己丑，入東井。五年正月丁巳，又入。己酉，犯南斗。六年二月庚辰，入東井。十月辛亥，犯畢。庚申，犯角宿距星。七年六月辛丑，入氐。八年正月戊辰，犯畢。七月己卯，又犯。辛未，入東井。十一月辛未，又如之。九年正月丙寅，入東井。乙亥，入氐。十二月戊子，犯畢。十年三月庚辰，入畢。五月丁亥，入氐。十二月丙寅，又入。十一月壬辰，犯權大星。十一年二月庚戌，入東井。九月戊子，十二月庚戌，皆如之。四月辛亥，入太微。六月庚戌，入氐。九月丙戌，入畢。十二年四月癸酉，入太微。九月丙辰，又如之。八月癸未，入東井。十月庚午，入羽林軍。十三年正月戊戌，犯畢。九月甲辰，又犯。二月癸酉，入太微。九月癸巳，犯南斗。丙午，入東井。十四年正月乙巳，入氐。七月己丑，又入。三月丙申，入太微。四月辛未，犯南斗。八月丙寅，入羽林軍。十五年五月丁巳，入氐。八月癸未，入南斗。十六年六月辛巳，犯心前星，又犯中星。⑥十一月庚申，入太微。

寶慶三年七月乙酉，犯心後星。

端平元年五月己酉，入氐。二年六月壬申，又入。十二月庚子，入井。三年四月丙申，入太微。十一月甲戌，又入。五月辛巳，入畢。七月壬戌，入氐宿。戊寅，入東井。

嘉熙元年七月癸酉，入井。二年四月乙酉，入太微。閏四月丁未，入井。三年八月辛丑，入氐。四年正月辛巳，入太微。五月庚午，又入。甲戌，入氐宿方口內。

淳祐元年正月丁未，入氐。六年七月丁卯，犯斗西第五星。八月辛卯，犯房宿距星。七年七月己未，犯心宿中央星。十一年七月乙丑，入氐宿方口內。八月癸巳，又入。十二年五月戊申，犯畢宿大星。十二月壬申，入氐宿方口內。

寶祐元年九月壬辰，入畢。三年五月辛酉，又入。六月甲戌，入氐。七月辛丑，八月己巳，皆入。四年十月壬戌，犯斗。五年六月辛卯，入氐宿方口内。七月丙子，入井。六年十一月甲子，犯權。

景定元年十一月戊子，犯房。二年七月辛未，犯斗。三年二月乙巳，入氐。六月乙未，入氐宿方口内。八月癸卯，犯昴宿距星。十月丁卯，犯五車。四年四月乙卯，犯權。五月庚寅，入氐宿方口内。[7]五年二月甲子，犯房。丁卯，犯斗。四月癸丑，入太微。六月甲寅，犯心。十月丙午，犯斗。

咸淳十年二月壬子，犯畢。[8]

【注】

①犯壁壘陣西勝星：壘壁陣十二星，沿黃道一字排開，似營壘。此處西勝星與東勝星相對應，爲宋代獨有的星名，西勝星爲西頭營壘四星，東勝星爲東頭營壘四星。

②犯周星：周二星，在女宿東南，近黃道，故月有可能犯之。

③犯壁壘陣西七星：壘壁陣十二星很分散，西七星在中腰偏西。

④宿斗距星西北：斗距星爲斗宿一。宿斗距星西北，爲位於距星西北方，尚未及犯，大致在一度以外。

⑤犯壁壘陣西第八星：指壘壁陣八，在第七星西。

⑥犯心前星又犯中星：由凌犯星座圖即可看出，此二星黃緯相距不足半度，同時犯二星是有可能的。

⑦入氐宿方口内：氐宿四星，成正方形，故曰方口。月入犯氐時多次曰入氐方口，但前載月入畢方口内，似不妥。

⑧以上月犯列宿記録，共包括孝宗、光宗、寧宗、理宗、度宗五帝時期，其記録數量僅與高宗時期相當，可見每年記録多少不一，這與各朝對星占重視程度有關。度宗十年間僅一條記録，而恭帝、端宗朝一條也没有，可見當時朝政衰弱，顧不及了。

《宋史》卷五十五

志第八

天文八

五緯犯列舍①
歲星②

建隆二年四月乙巳，犯左執法。五月己丑，犯東井。十月乙巳，犯亢。③

太平興國八年七月丙寅，入張。④

雍熙元年正月辛巳，犯靈臺第一星。

至道元年十一月庚戌，犯右執法。三年十月丁巳，入氐。

咸平元年三月乙酉，退行入氐。⑤六月庚戌，入亢。

景德二年八月壬子，入太微。⑥十二月壬辰，犯天罇。三年十月戊寅，犯軒轅大星。四年閏五月己巳，犯軒轅大星。九月乙亥，入太微。

大中祥符元年正月甲子，犯右執法。四月丁未，入太微。七月己未，又在太微。二年十月庚戌，入氐。三年四月庚申，退行入氐。丙子，守氐。⑦四年六月己巳，

犯天江。五年三月丁丑，犯牽牛。六年四月乙丑，犯壁
壘陣。九年五月辛未，失度。⑧

　　天禧三年九月壬戌，入太微。丙寅，犯右執法。十
一月乙丑，犯右執法。四年二月己酉，犯右執法。三月
庚申，犯輿鬼、積薪，又犯哭星。五月乙丑，七月乙
卯，犯右執法。五年十二月丁未，犯房。⑨

　　乾興元年正月丁丑，犯鍵閉。二月庚午，犯房。

　　天聖元年八月戊午，犯天籥。三月五月辛卯，犯壁
壘陣。七月乙未，又犯。六年八月庚午，犯鈇。十月丙
寅，又犯。七年八月己亥，犯輿鬼。九月己未，犯積
尸。八年九月丁未，犯軒轅。九年十月戊戌，犯左
執法。

　　明道元年正月辛巳，掩左執法。五月戊戌，犯太微
左執法。⑩

　　景祐元年正月己巳，犯東咸。四月丙申，犯鈎鈐。
戊申，犯房。甲寅，掩房上相。七月戊子，又犯房。二
年五月丁未，犯天籥。

【注】

　　①五緯犯列舍：它記錄了宋代歷朝當時所觀察到的五星犯列舍記錄。
觀察這些現象干什麼？在古人看來，關係可大了。歲星爲福星，填星爲吉
星，熒惑爲災星，太白爲戰星，辰星爲水和刑獄之象，它們與以官員和政
府機構命名的星座相掩犯，古代星占家認爲預示各種相應的社會政治現
象，帝王如果早得知這類預警，可以加以補救和防範。故一個好的星占
家，就是帝王身邊的高級參謀。

　　②歲星：以下是歲星凌犯列舍的記錄。經後代觀測和研究，發現歲星

運行軌道與黃道成一點三度的夾角，通稱軌道傾角。歲星與列舍的掩犯，受到軌道傾角大小的影響。古人不明白這個道理，而且在明代以前也不懂得推算行星緯度變化的方法，衹是日復一日地實際觀測，并把觀測到的天象及時報告給皇帝，再根據皇帝的需要，形成相應的占辭，以供帝王行政時參考。

③犯亢：歲星犯亢宿。亢宿四幾乎位於黃道上，故可能有歲星犯亢的天象發生。

④入張：歲星進入張宿的範圍。由於張宿遠在黃道之南，不可能與五星相犯。入張的含義，爲進入張宿入宿度的範圍。衹有二十八宿纔具有這樣的功能。

⑤退行入氐：五星與月亮的最根本區別在於月亮是地球的衛星，而五星則是圍繞太陽運行的行星。人們在地球上看到的月亮視運動衹有順行，而看到的五星視運動，則有順行、逆行等變化。逆行即退行。

⑥景德二年八月壬子入太微："太微"當爲"東井"之誤。歲星行動遲緩，平均三年行七宿，十二年一周天，故用以記歲，稱爲歲星。平均每年行經三十度，不到兩宿半。該年八月如果歲星在太微，那麼，十二月絕不能逆行五宿至東井宿内與天罇相犯，也不可能於下一年再犯軒轅大星，第三年再回到太微垣。故衹有視"太微"爲"東井"之誤，纔能完成以下一系列行程。

⑦三年四月庚申退行入氐丙子守氐：這裏記載了歲星運動的一個復雜的過程：在四月庚申以前，歲星已順行通過了氐宿，庚申日，歲星又逆行向西回到氐宿，并於丙子日守在氐宿不動，然後繼續順行東去。

⑧失度：歲星失去推算的應有行度。實際是推算不精所致的不合天象。

⑨天禧三年九月……五年十二月丁未犯房：這裏記述歲星凌犯有多處莫名其妙的失誤：天禧三年九月丙寅"犯右執法"，"十一月乙丑，犯右執法。四年二月己酉，犯右執法"，"七月乙卯，犯右執法"。即自三年九月至四年七月共記載了四次犯右執法，即使發生順逆的變化，也不可能出現這種天象，故其中必然有誤。其次，記載四年"三月庚申，犯輿鬼、積薪，又犯哭星"。積薪在東井宿内，哭星在虛宿，其間相隔十七個星宿，

不可能於同一天相犯。因此筆者以爲，正確的記錄爲："天禧三年九月壬戌，入太微。丙戌，犯右執法。……五年十二月丁未，犯房。"中間"十一月乙丑，犯右執法，四年二月己酉，犯右執法。三月庚申，犯輿鬼、積薪，又犯哭星。五月乙丑，七月乙卯，犯右執法"均爲混入的衍文，當刪除。

　　⑩正月辛己掩左執法五月戊戌犯太微左執法：這裏記載了該年歲星運動的複雜過程，先是看到歲星順行，於正月辛己掩食左執法星，向東順行，之後於五月戊戌向西逆行仍回至左執法處，但歲星的緯度已發生變化，不再掩食，而祇是與他星相犯。

　　康定元年六月丁未，犯井鉞。七月戊午，犯東井。十月庚子，又犯。

　　慶曆元年八月庚辰，犯鬼。丙戌，犯積尸。十一月癸酉，退犯輿鬼。二年四月乙酉，犯輿鬼。庚寅，犯積尸。①三年九月庚寅，犯左執法。四年二月戊午，犯左執法。

　　嘉祐二年八月乙巳，犯氐。三年五月乙酉，退犯東咸第二星。七月辛卯，順行，又犯。四年正月丙申，犯建。五年七月己亥，退犯十二諸國代星。

　　治平元年閏五月癸未，入東井。八月丁未，犯天罇。二年四月癸巳，犯天罇。七月丙辰，犯輿鬼。三年九月庚午，犯靈臺。十月甲午，犯太微上將。四年正月壬子，犯西上將。二月戊子，犯靈臺。四月甲子，又犯。五月丙申，犯西上將。六月乙丑，入太微。十月丁卯，犯進賢。

　　熙寧元年七月壬申，犯進賢。十一月丙戌，入氐。

二年七月辛巳，犯氐。丁亥，入氐。八年六月己未，犯
諸王。八月庚戌，又犯。九年六月辛卯，入東井。七月
丁丑，犯天罇西星。十月戊戌，犯天罇東北星。十年三
月戊寅，犯天罇西星。②

元豐元年八月丁巳，犯靈臺北第一星。九月乙亥，
犯西上將。十月戊申，入太微。二年正月己丑，又犯。
三月辛未，犯靈臺北星。三年十月辛酉，犯氐距星。③庚
午，入氐。四年二月壬午，退入氐。五年九月癸未，犯
天江北第一星。七年四月壬午，犯壁壘陣西第六星。七
月癸卯，又犯西第五星。十一月丙辰，又犯。十二月庚
午，犯天罇。④

元祐四年二月壬子，犯天罇。五年五月壬辰，犯軒
轅大星。十月癸巳，入太微。庚戌，犯右執法。七年十
月庚申，入氐。八年四月癸亥，退入氐。十二月丁卯，
犯天江。

紹聖元年三月乙巳，犯天籥。三年三月丁未，犯壁
壘陣。四月戊子，入羽林軍。七月辛丑，又犯壁壘陣。
十一月甲辰，又犯。

元符元年正月己未，犯外屏。二年六月甲申，犯諸
王東第一星。十一月丁亥，又犯。

建中靖國元年十二月己酉，犯軒轅大星。

崇寧元年六月甲辰，犯軒轅左角少民。二年正月戊
戌，退行入端門。⑤三年八月乙卯，犯亢距星。四年正月
辛巳，犯房北第一星。閏二月庚辰，犯房鈎鈐。五年十
月辛未，犯南斗西第二星。

　　大觀元年二月庚午，犯斗。二年十月庚辰，犯壁壘陣。三年十二月丙申，犯外屏。四年六月癸未，犯天陰。

　　政和元年八月甲寅，犯鉞。二年三月乙亥，犯司怪。八月丁酉，犯積薪。九月丁卯，犯鬼。三年三月戊寅，犯積薪。閏四月壬戌，犯鬼，入犯積尸氣。八月甲辰，犯軒轅。四年正月丁亥，犯軒轅大星。八月己巳，入太微垣。十月辛酉，犯左執法。五年正月丁丑，又犯。二月辛酉，入太微。六年閏正月己酉，犯亢。七月辛亥，又犯。十一月丙辰，犯房。七年三月丙辰，又犯。

　　重和元年五月甲午，犯斗。

　　宣和元年五月乙亥，犯牛。二年二月甲戌，犯壁壘陣。四年三月甲戌，犯昴。五年八月壬午，犯井。

　　靖康元年十月癸卯，犯左執法。二年二月壬戌，又犯。丁卯，入太微。六月甲申，犯諸王東第一星。

　　建炎三年五月丙午，逆行犯房。七月癸未，犯鈎鈐。

　　紹興二年八月庚寅，逆行犯壁壘陣。五年四月壬子，犯井鉞。七月丁丑，十月丙午，十一月庚午朔至戊子，逆行入井。六年三月庚午，入井。壬辰，復入，留二十日。⑥七月壬辰，犯鬼。癸巳，犯積尸氣。十二月壬戌，又如之。十二月庚申，逆行犯鬼東南星。辛酉，入鬼宿內。七年正月癸亥，三月壬午，逆行入鬼，犯積尸氣。八年九月己丑，犯太微垣東左執法。十年正月戊子，七月辛未，入氐。十一年七月戊午，犯東咸西第二星。十七年七月壬戌，順行入東井，不犯星。十一月丙戌，退行入井。二十一年十一月辛丑，順行犯氐。戊申，又入氐。二十二年七月辛亥，入氐。二十八年七月丁丑，順行犯諸王。二十九年六月己酉，閏六月辛酉，順行入犯東井。七月戊戌，順行犯天鐏。十二月己巳，入犯東井。三十二年正月戊寅，退行入太微。二月戊戌朔，退行犯太微垣西上將星。乙巳，退行逆出太微西門。⑦五月庚子，順行犯太微垣西上將星。乙巳，復順行犯太微。乙酉，順行犯右執法。十月庚午，順行犯進賢。

隆興元年十月戊子，順行犯氐。十一月庚寅，又入氐。二年二月己卯，退行入氐。六月壬申、癸未，犯氐。

乾道三年十月乙巳，犯壁壘陣。四年九月丙戌，留守壁壘陣。⑧六年六月癸丑，十一月丁丑，犯諸王。七年六月癸酉，犯天鐏。十一月癸巳，又如之。八年三月丁丑，犯天鐏。十一月癸未，留守權大星。九年五月乙卯，犯權大星。十月庚午，十二月庚午，犯太微右執法。

淳熙元年二月壬午，犯太微垣西上將星。二年四月庚申，犯進賢。十月丁亥，入氐。三年五月己未，留守氐。五年四月壬午，留守牛。六年五月癸亥，留入羽林軍。六月乙巳，十一月壬戌，犯壁壘陣西第六星。八月丁未，留守壁壘陣西第五星。九年十一月庚申，守諸王星。十年七月己巳，犯天罇。十一年九月癸卯，十月辛巳，皆犯守權大星。十二年十月辛亥，犯太微右執法。十五年正月壬子，犯房北第一星。二月己巳，留守房。五月癸亥，留守氐。十六年六月乙未，留守天江。

紹熙五年八月壬辰，犯司怪。十一月庚戌，犯諸王。

慶元二年八月乙亥，犯權大星。四年三月乙巳，入太微，犯右執法。五年十二月己卯，犯房。六年三月丙寅，犯房。

嘉泰二年八月丙戌，留守牛。三年七月戊午，行入羽林軍。

開禧二年七月乙未，犯井鉞。八月庚戌，犯東井。三年九月甲戌，順行入鬼，在積尸氣、鎮星西南。⑨

嘉定元年閏四月壬申，順行入鬼，犯積尸氣、鎮星。七月辛酉，順行犯權大星。二年二月丙戌，犯守權大星。三年二月己巳，退行入太微，犯左執法。四月乙亥，留守太微。四年十一月甲子，犯房。五年四月乙巳，退行犯房宿。七月丙辰，順行犯房。辛酉，順行犯鈎鈐。六年三月丙寅，留守建星。八年八月甲午，犯壁壘陣，入羽林軍。十年七月壬寅，留守畢。十一年七月甲戌，順行犯井鉞。八月丙午，順行入東井。九月己丑，留守東井。十二年七月辛酉，順行犯鬼。十三年二月庚寅，順行犯鬼。十四年二月乙丑，退行犯權左角少民星。⑩十五年三月甲子，退行犯太微左執法。十六年正月戊申，留守氐距星。

紹定三年六月乙酉，順行入井。十一月丁未，退行入井。

端平元年四月戊寅，退守太微東上相。二年二月癸酉，留氐。八月癸巳，順行入氐宿。

嘉熙元年五月庚午朔，留守建星。二年五月壬寅，退行壁壘陣。

淳祐二年六月丁丑，順行犯井宿。六年十一月癸亥，入氐。

咸淳三年十月甲寅，順行犯權大星。

【注】

①慶曆元年八月……犯積尸：這裏記述了歲星於鬼宿前後經歷一次逆行的複雜過程：先於慶曆元年八月庚辰，歲星順行犯鬼宿，六天後又犯積尸氣，繼續向東順行，又於十一月癸酉退行犯輿鬼，以後繼續逆行，至第二年四月乙酉又順行犯輿鬼，庚寅日進犯積尸氣。

②犯天罇東北星犯天罇西星：天罇三星，在井宿東。三顆星均近黃道，其東北星距黃道北約三度，亦能相犯。

③犯氐距星：指犯氐宿一。氐宿四星，四方似口，僅氐宿一在黃道上，故能相犯。

④十二月庚午犯天罇：此八字當爲衍文，應刪除。上文十一月丙辰歲星犯天壘西第五星，至十二月庚午計十五天，歲星犯天罇，相隔十宿，這不可能，故爲衍文當刪。

⑤退行入端門：端門在太微垣左右執法星之間，在黃道附近，爲太微垣南門即正門。

⑥留二十日：順、逆、守、留，爲行星的不同運動狀態。留即在恒星間停留不動，留二十日，爲歲星逆行後停留的時間間隔。

⑦退行逆出太微西門：歲星逆行向西退出太微西門，又稱太陽西門，介於上將、次將之間。

⑧留守壁壘陣：歲星在壘壁陣星處守衛停留。守與留往往是相連貫的動態。

⑨順行入鬼在積尸氣鑽星西南：這次歲星進入鬼宿，既不犯鬼，也不犯積尸氣。鑽星即積尸氣。

⑩退行犯權左角少民星：其前後還有多次犯少民星、權大星。少民星、權大星，均在黃道上，故常有凌犯現象，而大民星及軒轅其它星則均在黃緯南北四度以上，故不發生凌犯現象。由此可見，宋代的天象記錄，幾乎全都是符合實際的觀測記錄。必須言明，《七政推步》所載凌犯入宿圖，載有各星距黃道的度數，也可作爲五星凌犯極好的參考文獻。但其凌犯入宿圖主要是爲月亮凌犯服務的，故其中有些星圖，如心宿、箕宿、女宿、昴宿等，由於距黃道稍遠，對歲星來説，就不會發生凌犯現象了。

熒惑①

建隆元年十月癸酉，犯進賢。十一月乙卯，犯氐。二年八月戊申，犯哭星。九月乙酉，犯壁壘陣。三年十月甲辰，犯氐。十二月庚戌，入天籥。

乾德三年九月乙亥，犯司怪。四年四月壬子，入輿鬼，犯積尸。五月辛卯，犯軒轅。五年九月戊申，犯輿鬼。十二月戊辰，犯五諸侯。

開寶元年五月壬子，犯太微上將。六月壬戌，掩心大星。②二年七月乙亥，犯輿鬼。八月戊寅，掩積尸。三年八月壬辰，犯房。五年二月己卯，退入太微，犯上相。七月甲子，入氐。

太平興國八年七月癸亥，入輿鬼。

雍熙元年七月乙卯，入東井。十二月辛巳，逆犯軒轅第二星。三年七月癸巳，入輿鬼。九月乙亥，犯軒轅大星。

端拱元年六月己丑，入輿鬼，犯積尸。八月戊午，又犯軒轅大星。九月甲申，犯靈臺。壬辰，犯太微上將。乙巳，犯右執法。十月癸亥，又犯左執法。十一月甲申，犯進賢。二年二月辛未，退行犯亢。六月壬申，犯氐東南星。③八月丙寅，犯天江。十一月庚辰，犯哭星。十二月己巳，犯房，又犯鈎鈐。

淳化元年八月戊申，犯軒轅大星。壬申，犯靈臺。九月庚辰，犯太微上將。壬辰，犯右執法。癸巳，犯左執法。二年正月丙戌，犯房第一星。四月丁亥，犯天江。三年十月乙巳，犯左執法。十一月己亥，入氐。四年四月戊辰，入羽林。丙子，犯氐。五年三月甲戌，犯東井西垣第一星。④十月己未，入氐。十一月癸丑，犯房第一星。

至道二年正月丁卯，守昴。三月，守東井。閏七月丁亥，犯畢北小星。⑤十月己未，入太微。甲子，入氐。十一月丁亥，又入太微。三年五月庚午，入太微端門。八月庚子，掩南斗魁。己未，入東井。

咸平元年四月癸巳，入輿鬼。二年十一月戊申，退行犯輿鬼。三年二月癸酉，又犯。四月辛酉，犯軒轅大星。六月丁未，犯右執法。四年八月甲子，犯輿鬼。十月庚子，犯軒轅。十一月庚寅，犯太微上將。五年四月庚辰，又犯。甲申，犯太微西垣。壬辰，犯右執法。七月丁巳，犯氐。八月丙子，犯房。六年七月壬寅，犯輿鬼。八月庚申，犯軒轅大星。九月戊申，犯靈臺。十月己未，入太微，犯上將。十一月庚寅，犯左執法。壬辰，犯進賢。甲辰，犯太微上相。⑥十二月甲子，又犯進賢。

景德元年三月丙申，犯太微上將。戊戌，犯次相。己酉，犯執法。⑦七月乙巳，犯氐。閏九月庚戌，犯南斗。二年八月丁丑，犯軒轅大星。甲戌，犯左執法。十二月乙酉，犯氐。三年正月己巳，犯房上相。庚午，犯次相。二月甲戌，犯鈎鈐。丙寅，犯房次相。⑧三月丁未，守心。⑨乙丑，犯鈎鈐。丙寅，又退行犯房次相。七月丁酉，犯天江。四年八月丙申，與歲星犯太微上將。己酉，犯右執法。十一月丙寅，犯氐。丙戌，犯西咸。

大中祥符元年九月戊辰，犯壁壘陣。二年十一月乙卯，犯氐。十二月庚寅，犯東井。三年四月辛卯，犯右執法。四年三月庚寅，犯東井。五月乙亥，入輿鬼。五年七月辛卯，犯畢。閏十月丁卯，在諸王北。六年正月己亥，犯畢。丁巳，犯司怪。二月甲戌，掩犯東井。三月己未，犯輿鬼。五月辛丑，犯軒轅大星。七年七月己酉，犯井鉞，又犯東井。八月己卯，犯天罇。八年二月乙亥，犯五諸侯。三月辛丑，犯輿鬼。四月癸丑，掩井鉞。五月丁亥，入太微。庚寅，犯軒轅大星。辛丑，犯太微上將。丙子，犯右執法。九年七月丁巳，犯天罇。八月丙戌，犯輿鬼。己丑，犯積尸。十月丁丑，犯軒轅大星。十二月丁酉，又犯軒轅。

天禧元年五月戊戌，犯靈臺。己酉，掩太微上相。丁酉，犯右執法。六月丙子，犯左執法。二年五月庚寅，入東井。七月癸酉，犯輿鬼。九月辛巳，犯靈臺。

十月壬辰，犯太微上將。十一月丙寅，犯左執法。甲申，又犯太微上將。十二月壬辰，又犯。乙巳，入太微。己酉，犯氐。三年三月戊辰，入太微。四月己丑，又入太微，犯右執法。四年九月丁卯，犯靈臺。庚午，犯五諸侯。十月辛巳，入太微。丁亥，犯右執法。辛丑，犯左執法。十一月丙寅，掩進賢。閏十二月辛未，入氐。五年三月辛卯，退行犯亢。六月甲寅，入氐。壬申，犯房。七月庚子，犯天江。八月庚戌，掩南斗魁第二星。⑩壬戌，犯南斗。

乾興元年七月甲午，犯軒轅大星。九月辛未，入太微。己丑，出太微端門，犯左執法。十一月庚辰，犯亢。

天聖元年正月丙寅，犯房。丁卯，犯鈎鈐、鍵閉。癸酉，犯罰。二月庚申，犯天籥。四月戊午，犯南斗魁。八月癸巳，又犯南斗距星。閏九月乙巳，犯壁壘陣。二年十一月戊申，犯房。三年正月辛卯，犯天籥。三月庚戌，又犯壁壘陣。五月辛卯，犯羽林。六月壬戌，又犯壁壘陣。七月戊子，又犯。十一月乙巳，犯外屏。四年正月己亥，犯天陰。二月癸酉，犯天高。八月甲午，犯東井。九月壬申，犯氐。十二月戊寅，犯天街。六年三月甲辰，犯東井。七年七月壬午，犯井鉞。丙戌，又犯井距星。八年正月己卯，犯東井。九年九月丁巳，犯輿鬼。壬戌，犯積尸。

明道元年正月庚子，犯輿鬼東北星。⑪二月甲辰，掩鬼。二年八月癸卯，犯積尸。

景祐元年四月辛亥，犯太微上將。五月壬申，犯右執法。丁亥，犯左執法。八月戊午，犯房。丁卯，犯東咸。甲申，犯天江。九月丙午，犯南斗。二年七月甲午，入鬼。九月丁亥，犯牽牛。甲午，犯靈臺。己亥，入太微。十月庚午，犯左執法。十二月辛亥，犯平道。戊辰，犯太微上相。三年正月壬辰，犯亢。三月己亥，犯進賢。七月甲辰，犯房次將。九月癸巳，犯南斗。

寶元元年正月辛丑，犯房。三月丙午，犯軒轅。六月庚午，犯心前星。⑫七月癸卯，犯天江。八月辛未，犯南斗。九月丙申，犯天雞。

康定元年正月乙酉，犯建星。

慶曆五年二月甲寅，犯東井。四月丙午，犯鬼積尸。五月乙酉，犯軒轅大星。六年七月乙巳，犯東井。九月甲午，犯輿鬼。七年正月壬寅，犯五諸侯。三月丁亥，犯鬼積尸。六月庚申，犯左執法。八年八月辛未，犯鬼積尸。⑬

皇祐元年五月甲辰，犯右執法。二年八月庚申，入鬼，犯積尸。十月庚午，犯太微上將。閏十一月丙辰，犯太微東上相。三年四月丙戌，犯左執法。七月戊午，犯氐。八月辛丑，犯天江。四年十月乙酉，犯太微左執法。五年六月丙戌，犯氐。閏七月壬午，犯天江。八月乙巳，犯南斗。

至和元年十一月，犯亢。丁丑，犯氐距星。二年九月甲申，犯壁壘陣。

嘉祐元年十月甲子，犯氐。二年三月戊子，犯壁壘陣。五月戊子，又犯壁壘陣東星。三年三月庚子，入東井。十一月癸未，犯鉤鈐。十二月丁未，犯天江。四年二月丁酉，犯羽林。七月己酉，犯畢距星。九月戊午，退犯天街。十月癸酉，犯月星。五年二月丙戌，犯東井。四月庚午，犯輿鬼。癸酉，掩積尸。六月壬戌，犯軒轅左角，光相接。⑭六年八月丁巳，犯司怪。己巳，入東井。閏八月癸巳，犯天鐏。十月乙亥，退犯五諸侯東一星。七年三月乙卯，犯輿鬼西北星。辛酉，犯鬼積尸。五月丙寅，犯靈臺。六月壬午，入太微，不犯。八年六月癸酉，犯諸王。八月戊戌，犯輿鬼。辛丑，犯積尸。十二月甲申，犯軒轅。

治平元年五月己未，犯太微西垣上將。閏五月癸酉，犯右執法。七月癸巳，入氐。二年六月辛丑，入東井。七月乙酉，犯鬼鑽。十月壬辰，犯靈臺。三年三月辛巳，犯太微西上將。四月己酉，犯右執法。七月壬午，入氐。四年六月辛酉，犯積薪。七月丁丑，犯輿鬼，又犯積尸。八月辛亥，犯軒轅大星。癸亥，又犯少民。九月甲申，犯西上將。戊戌，犯右執法。十月壬子，犯左執法。壬戌，犯上相。十一月丙子，犯進賢。十二月乙卯，犯亢。

熙寧元年六月丙寅，犯氐東南星。丁卯，又入氐。七月丙戌，犯房北第二星。乙未，犯東咸南第一星。八月甲寅，犯天江南第二星。二年九月甲戌，犯西上將。丙戌，入太微。閏十一月乙巳，犯氐距星。己酉，入氐。十二月戊寅，犯房。戊子，犯罰。三年正月癸巳，

犯東咸第二星。二月辛卯，入天籥。五月癸巳，正月乙
巳，犯罰。八月戊午，犯南斗。十月戊午，犯壁壘陣西
北星。四年三月乙未，犯諸王西第二星。十月戊寅，犯
亢南第一星。⑮十一月辛卯，犯氐距星。乙未，入氐。十
二月戊辰，犯罰。五年正月己丑，犯天江東第一星。癸
卯，入天籥。五月丙午，入羽林軍。十二月戊午，犯外
屏西第二星。六年正月庚戌，犯天陰西南第一星。庚
午，犯月星。二月丁丑，犯天街西南星。甲申，犯諸王
西第二星。三月戊辰，入東井。四月庚子，犯積薪。十
月辛巳，犯氐距星。癸未，入氐。十一月戊申，犯鈎鈐
西第一星。七年四月壬申，犯壁壘陣西第八星。十二月
辛巳，犯天陰西南第一星。八年正月辛亥，犯月星。二
月甲子，犯諸王西第一星。三月丁酉，犯司怪北第二
星。丙辰，入犯東井東北第一星。⑯四月己丑，犯積薪。
閏四月辛丑，入輿鬼。九年七月壬戌，犯諸王東第三
星。八月戊戌，犯井鉞。壬寅，犯東井距星。丁未，入
東井。十月戊戌，犯東井東北第一星。十一月丁卯，犯
司怪。十年正月丙寅，犯司怪第二星。四月丙戌，又犯
輿鬼東北星。戊子，入輿鬼。

　　元豐元年六月己巳，犯司怪南二星。七月庚辰，入
井。戊戌，犯天罇西北星。八月戊午，犯積薪。九月壬
申，犯輿鬼西北星。丁丑，入輿鬼，犯積尸。二年二月
壬戌，入犯輿鬼東北星。三年七月丁卯，入東井。甲
申，犯天罇西北星。八月辛丑，犯積薪。乙卯，犯輿鬼
積尸。閏九月丁巳，犯長垣。十月戊辰，犯靈臺北星。

癸未，入太微。四年四月甲申，犯右執法。七月庚戌，入氐。五年七月辛丑，犯輿鬼西北星。乙巳，入輿鬼。十月癸丑，犯西上將。丁巳，入太微。十一月壬午，犯左執法。甲午，犯西上將。六年三月戊寅，犯進賢。己亥，犯東上相。閏六月戊戌，入犯氐東南星。七月丙辰，犯房北第二星。甲子，犯東咸西第一星。八月癸未，犯天江南第二星。七年八月己未，犯靈臺。九月己亥，犯西上相。[17]丁未，入太微。乙丑，犯左執法。十月己丑，犯進賢。十一月戊午，犯亢距星。十二月辛巳，入氐。八年正月戊午，犯房北第一星。二月乙丑，犯鍵閉。癸酉，犯罰北第一星。乙酉，犯東咸。三月壬戌，犯壁壘陣。七月己未，犯天江。十月戊寅，犯秦星。[18]十一月丙午，犯壁壘陣西第六星。十二月壬戌，順行犯壁壘陣。

【注】

①火星的軌道傾角爲一點八度，與歲星差不多，故火星所凌犯的對象也大致相當。火星爲著名的災星，凡是災難、饑荒、死喪、疾疫、兵災等都與它有關，而以帝后大臣等命名的星座被它所凌犯時，其相應官員的命運也就可想而知了。遇到相應的機構也將有災難發生。故人們對此很關注。

②掩心大星：由以上記錄可以看出，歲星掩犯心大星的事從未發生過。這是由於歲星與心大星不能相犯的緣故。統觀歷史上的五星凌犯記錄，幾乎未發生過熒惑凌犯心大星，即使是熒惑守心，也是極受人們重視的事。按星占家通常的觀念，這次發生熒惑掩心大星，預示着宋太祖必死無疑。可是，他却活得好好的。從科學原理上説，能發生熒惑掩心大星麽？由前引心宿凌犯圖可知，心大星在黃道南四度，即使凌犯也不可能發

生，可見這一記録出自誤載或僞造。

③犯氐東南星：氐東南星爲氐宿二。從氐宿凌犯圖可知，氐宿二在黃道南三度，是可以相犯的。

④犯東井西垣第一星：指井宿一。據此記録可知，井東西兩扇，亦可稱爲東垣、西垣。

⑤犯畢北小星：指畢宿一。由於其光度較低，故稱小星。

⑥犯太微上相：先犯太微東之進賢，後犯太微上相，可見此時熒惑逆行，此上相一定是東上相。實際上，西上相遠離黃道，熒惑是不能相犯的。

⑦三月丙申犯太微上將戊戌犯次相己酉犯執法：言三月丙申，熒惑犯太微垣西上將，第三天戊戌，又犯次相，十二天後的己酉，再犯執法星。這裏犯次相的記録有問題，西次相遠在黃道北十一度，熒惑不能相犯，即使是西次將，也在黃道北六點五度，嚴格地説也不能相犯。

⑧犯房上相次相：犯房宿四、三，在黃道旁。

⑨守心：熒惑是災星，心象徵天子。熒惑守心，預示天子受到侵犯，歷來是爲人關注的嚴重天象。

⑩掩南斗魁第二星：指掩斗宿四。但據凌犯斗宿圖，斗宿四距黃道四度，熒惑實際不能相掩。下文載犯南斗距星（斗宿一）也很勉強。

⑪犯輿鬼東北星：犯鬼宿三，在黃道北二度餘，熒惑正好能相犯。

⑫犯心前星：心前星在黃道南四度，曰守心前星更確切一些。

⑬犯鬼積尸：積尸氣爲一團似雲之氣，面積較大，故累有相犯。

⑭光相接：爲接近於掩的天象。

⑮犯亢南第一星：指亢宿四，在黃道上。

⑯犯東井東北第一星：指井宿五。

⑰犯西上相：當爲西上將之誤。

⑱犯秦星：秦二星在女宿下，近黃道。

元祐元年閏二月丙辰，犯天街。八月甲寅，入太微。十月丙午，犯亢。十一月己未，犯氐距星，入氐。

十二月丁亥，犯房。己丑，犯鈎鈐。辛卯，犯鍵閉。三
年二月乙巳，犯天街。三月壬子，犯諸王。四月丙申，
入犯東井。十月丁未，犯亢南第一星。十一月戊申，犯
氐距星，己酉，入氐。十二月甲辰，犯天江。甲寅，犯
天籥。四年二月丁未，犯壁壘陣。三月丁丑，又犯壁壘
陣。六月甲寅，犯外屏。八月己未，退行，又犯外屏。
十二月己未，犯天陰西南星。五年二月戊戌，犯諸王。
三月癸未，入東井。甲申，犯之。六年八月乙巳，犯諸
王。七年二月戊辰，犯東井。四月乙卯，犯輿鬼。丙
辰，又入輿鬼。五月辛亥，犯長垣。八年四月乙卯，犯
外屏。八月庚戌，入東井。庚午，犯天罇。九月乙未，
犯積薪。十月辛酉，犯輿鬼。

　　紹聖元年二月丙寅，犯五諸侯東第一星。三月丁
酉，犯鬼西北星。五月戊申，犯靈臺北第一星。二年七
月乙未，入井。八月丙戌，入鬼。三年正月戊戌，退犯
軒轅。五月癸巳，犯靈臺。辛丑，犯太微上將。丙辰，
犯太微右執法。八月丁丑，入氐。四年六月丙戌，入犯
井。己亥，犯天罇西北星。七月丁巳，掩犯積薪。丁
卯，犯鬼西北星。庚午，入鬼，犯積尸氣。八月丁未，
犯軒轅大星。十月癸未，犯太微西垣上將。甲申，入太
微。十一月甲戌，犯太微東垣上相。丁丑，掩之。

　　元符元年正月壬戌，犯太微東垣上相。乙丑，入太
微垣，行軌道。[①]四月丙午，犯太微左執法。六月丙午，
犯亢。七月乙丑，入氐。己巳，又犯之。八月乙酉，犯
房南第三星。辛卯，犯東咸。十一月壬戌，犯代星。十

二月戊寅，犯壁壘陣。乙未，又犯壁壘陣。二年七月庚申，入鬼，犯積屍氣。八月丙申，犯軒轅大星。九月丁卯，犯太微西垣上相。閏九月壬申，入太微。甲午，犯太微左執法。十月甲辰，犯太微東垣上相。己未，犯進賢。十一月庚寅，犯亢距星。十二月壬戌，入氐。三年正月辛未，犯氐東南星。四月壬寅，退行犯亢南第一星。八月丁巳，犯南斗西第二星。

建中靖國元年九月己未，入太微。十月甲辰，犯平道西第一星。

崇寧元年五月丁巳，退行入南斗魁。戊辰，又犯南斗西第二星。二年二月壬戌，犯昴西南星。②丙子，犯天街北星。十月甲子，犯亢南第一星。三年四月壬子，犯壁壘陣西五星。四年三月壬寅，犯井鉞。甲寅，犯井距星。乙巳，又入井。五年八月乙卯，犯天街南星。十月乙丑，犯昴東南星。甲申，犯天陰東北星。

大觀元年正月辛丑，犯畢。三月癸巳，入井。四月癸未，犯鬼及犯積屍氣。五月己酉，犯酒旗。六月壬戌，犯軒轅大星。七月乙酉，犯靈臺。二年六月辛卯，犯天街。七月癸酉，犯司怪。八月己丑，入井。三年正月庚午，又犯井。三月丙寅，犯鬼。六月癸未，入太微。七月己酉，犯太微左執法。己巳，犯進賢。四年六月庚午，犯月星。七月辛酉，入井。閏八月丙辰，犯鬼，又犯積屍氣。

政和元年五月乙酉，犯右執法。二年六月辛亥，入井。三年正月乙亥，犯太微垣內屏。四月丙午，犯太微上將。閏四月乙丑，犯太微右執法。七月癸巳，入氐。
九月庚辰，犯天江。四年九月乙未，犯上將。十月甲
子，又犯左執法。十一月庚寅，犯進賢。五年正月乙
亥，犯亢。七月庚辰，犯氐。八月乙丑，犯天江。六年
八月丁丑，犯靈臺。九月癸巳，入太微。庚戌，又犯太
微左執法。十二月癸亥，入氐。七年正月丁酉，犯鍵
閉。七月乙未，犯天江。

重和元年正月丁亥，犯外屏。閏九月癸亥，犯進
賢。十月戊申，又入氐。

宣和元年九月癸亥，犯壁壘陣。二年十月庚辰，犯
亢。三年正月戊申，犯南斗。丙辰，又入南斗。四年正
月辛未，犯天街。五年六月乙未，犯天陰。九月己未，
犯司怪。六年閏三月庚辰，犯五諸侯。七年九月壬辰，
犯鬼。

靖康元年正月乙酉，又犯五諸侯。丁亥，又守五諸
侯。三月戊寅，又入鬼。己卯，又犯鬼積尸氣。

建炎三年八月癸丑，入鬼，犯積尸。甲子，犯太微
垣西上將星。丙寅，又入太微。十月乙巳，出太微垣東
左掖門。③己酉，犯垣東上相，徘徊不去。④四年三月乙
亥，犯左執法。七月戊辰，犯房。八月丁丑，犯東咸。
乙未，犯天江。十一月乙卯，入壁壘陣。

紹興元年正月己亥朔，入羽林。九月丙辰，入太
微。十月丁丑，犯左執法。庚辰，順行出太微垣內左掖
門。十一月辛丑，犯進賢。二年正月丙申，入氐。五月
乙亥，犯氐東南星。七月乙丑，犯天江。八月戊戌，犯

斗西第二星。三年九月壬子，順行入太微。甲寅，犯右執法。乙丑，出端門。丙寅，犯左執法。十月癸巳，犯進賢。十一月丁巳，犯亢南第一星。辛未，犯氐。甲戌，入氐。十二月辛丑，犯房北第一星。壬寅，犯鈎鈐。癸卯，犯鍵閉。四年正月辛亥朔，犯東咸。十月丙子，犯壁壘陣。戊戌，又犯西第六星。己亥，入羽林軍。五年四月甲辰，入井。十月乙丑，入氐。十一月丙戌，犯房。丁亥，犯鈎鈐。乙未，犯東咸。十二月乙卯，犯天江。六年五月戊寅，犯壁壘陣。七年二月己酉，犯諸王西第二星。四月甲午，入井。五月庚辰，入鬼，犯積尸。九年四月己巳，入鬼，犯積尸。十年十月庚子，犯五諸侯。十一年三月乙卯，入鬼。十二年七月乙未，犯司怪。丁未，入井。八月，入鬼，犯積尸。十二月丙戌，逆行犯權大星北第一星。⑤十四年八月庚辰，犯積尸。十五年九月辛酉，犯天江南第一星。十六年十月丙午，犯左執法。甲寅，出太微左掖門。十七年七月己卯，順行犯房宿。己丑，順行犯東咸。八月戊申，順行犯天江。十月乙酉，順行犯壁壘陣。庚寅，晦，順行入羽林軍。十八年閏八月戊辰，順行犯太微西上將。九月癸巳，犯太微左執法。十一月甲辰，順行入氐。十二月壬申，順行犯房。十九年七月戊申，犯南斗。十月辛未，順行犯壁壘陣，入羽林。二十年十一月丙戌，順行犯氐。二十一年四月戊辰，入羽林。庚午，行犯壁壘陣。二十二年二月壬申，順行犯天街。三月丙午，順行犯司怪。十一月癸卯，順行犯房宿鈎鈐。十二月癸酉，順行犯天江。二十三年三月戊午，順行入羽林。二十五年八月壬寅，順行入東井。十月壬寅，退行犯東井。⑥十一月癸酉，退行犯司怪。二十六年二月丁亥，順行犯東井、鈎鈴。六月甲午，順行犯太微垣西上將。七月庚申，順行犯太微左執法。二十七年六月癸亥，順行犯司怪。七月癸酉，又入東井。癸巳，順行犯天鐏。九月乙丑，順行犯輿鬼，又犯積尸。二十八年二月癸丑，順行犯輿鬼。乙卯，又如之。六月乙未，順行犯太微垣西右執法。二十九年六月壬子，順行犯司怪。閏六月壬戌，順行入東井。是月戊辰，又如之。庚辰，順行犯天鐏。七月戊申，順行犯輿鬼。辛亥，入鬼，犯積尸氣。十月辛未，順行犯太微垣西上將。十二月辛酉，留太微垣内屏西南星十日。三十一年四月庚申，犯太微垣西上將。八月戊申，順行入氐。九月庚寅，犯天江。十一月乙酉，犯牛。三十二年閏二月壬午，退行犯進賢。五月癸巳，順行入犯氐。

隆興元年八月壬午，犯長垣。九月乙未，犯太微垣西上將。十月庚申，入太微垣東，犯左執法。癸未，犯進賢。十二月甲戌，入氐。二年正月辛亥，犯房。甲寅，犯鍵閉。二月辛未，順行犯東咸。三月辛亥，退行犯東咸。⑦四月戊寅，退行犯房。七月壬子，犯天江。己卯，順行犯南斗。十月乙丑，順行犯周星。己巳，犯秦星。乙亥，犯代星。十一月庚子，犯壁壘陣。癸卯，順行入羽林軍。

乾道元年三月甲寅，犯諸王星。八月乙酉，順行犯太微垣西上將星。辛丑，入太微。九月庚戌，犯太微垣左執法。壬申，犯進賢。十一月丙辰，順行入氐。十二月癸未，順行犯房，又犯鉤鈐。二年正月乙卯，順行犯天江。九月庚戌，順行犯壁壘陣西勝星。辛亥，入壁壘陣。丙辰，入羽林軍。甲子，犯壁壘陣。十月乙未，犯壁壘陣西第八星。三年二月壬辰，犯月星。四月乙亥，犯司怪。九月庚寅，犯亢。十月乙巳，入氐。十一月庚午，犯鉤鈐。十二月己亥，犯天江。四年三月甲子，犯壁壘陣。辛巳，犯壁壘陣及入羽林軍。七月丙戌，留守天囷。⑧十二月乙卯，犯天陰。五年正月乙亥，犯月星。甲申，犯天街。三月丁丑，犯東井。十一月戊子，犯天江。六年二月甲申，犯牛。七月己亥，犯諸王。七年二月壬戌，犯東井。四月癸丑，入鬼，犯積尸。五月己丑，犯權大星。八年八月丙午，入東井。癸亥，犯天罇。十月癸卯，犯鬼。辛亥，又犯。戊午，犯積尸氣。十一月己巳，又犯鬼。九年四月丁丑，犯權。五月庚戌，犯太微垣西上將星。六月癸亥，犯太微垣西右執法。

淳熙元年七月辛卯，入東井。丙午，入天罇。八月乙亥，犯鬼。二年正月庚子，犯權大星。五月甲午，犯太微西上將。八月乙亥，入氐。三年十月乙亥，犯太微西上將。十一月丙寅，犯太微東上將。四年正月己巳，入太微。七月庚申，入氐。辛酉，犯氐。八月己卯，犯房。五年九月乙亥，犯太微右執法。十月壬辰，出左掖門。十二月壬子，入氐。六年二月己酉，入氐。三月辛未，犯氐宿距星。四月丙午，守亢。六月丙申，犯氐。七月己未，犯房。八月己丑，犯天江。十一月乙亥，入羽林軍。丁丑，犯壁壘陣西第七星。七年九月乙丑，入太微。庚午，出。十二月壬午，犯氐。甲申，又入。八年五月己卯，入南斗。六月庚戌，守箕。癸酉，犯南斗。七月戊寅，入南斗。庚寅，犯狗。九月戊寅，犯秦星。壬辰，犯壁壘陣。十月辛酉，入羽林軍。九年十一月庚午，犯氐距星。辛未，入氐。十二月戊戌，犯鈎鈐。十年五月甲子，入羽林軍。六月庚子，入壁壘陣。八月癸丑，又犯。九月戊辰，退入羽林軍。十一年二月壬戌，犯諸王星。十二年三月丁未，入羽林軍。十三年四月丙子，犯輿鬼。十四年七月壬寅，犯諸王星。甲子，犯司怪。癸未，入井。十月庚辰，留守五諸侯。十五年六月庚寅，犯右執法。十六年閏五月丙戌，犯諸王。六月丙辰，入東井。八月乙巳，犯輿鬼。乙卯，順行入鬼，犯積尸氣。

紹熙元年五月丙辰，犯靈臺。二年七月丁未，入東井。庚寅，入鬼，犯積尸氣。十一月庚戌，入太微。三年正月己酉，入太微垣內留守。三月乙未，入太微垣西，犯上將星。四月丁巳，犯太微右執法。七月乙酉，入氐。八月丁未，犯房北第二星。四年十月丁酉，入太微垣內，徘徊內屏者凡四閱月。⑨十一月己巳，犯上相。五年七月癸酉，犯氐。八月壬辰，犯房。十一月庚寅，犯壁壘陣。

慶元元年九月丙戌，入太微垣內。戊申，始出。二年三月癸卯，退犯天江。五月甲辰，守犯心大星。⑩十月戊戌，犯氐宿距星。四年五月庚子，入羽林軍。五年十一月癸巳，入氐。

嘉泰元年五月丁丑，失行不由黄道。三年二月壬寅，犯井宿。

開禧元年正月庚辰，留守五諸侯西第四星。四月丁巳，犯權大星。六月丙午，犯太微西右執法。甲戌，入東井。十一月甲辰，入太微。十二月戊午，留守太微垣。三年二月己未，退留守權星。

嘉定元年九月辛酉，入太微順行。二年二月乙酉，退行犯太微上相。三月癸卯，退行犯左執法。己酉，留守太微垣。六月壬戌，順行入房。己丑，順行犯天江。九月己酉，順行犯南斗。三年十月己未，入太微垣，犯右執法。四年正月辛卯，入氐宿方口内。二月丁丑，犯房。四月丙戌，退行入氐。五月丙寅，犯氐。六月乙巳，犯東咸。八月壬辰，犯南斗。十一月壬子，犯壁壘陣。五年八月癸卯，入太微。九月戊申，又犯右執法。十一月丙寅，入氐。六年閏九月庚午，犯壁壘陣。十月戊戌，入羽林。七年十月甲寅，順行犯氐。八年四月戊午，入羽林軍。十年九月丁亥，留守天關。十一月壬午，退行犯月星。辛卯，留守昴宿月星。十一年四月壬戌，順行入鬼，犯積尸氣。十二年七月壬戌，順行入井。十四年七月己丑，順行犯司怪。十六年十月丁酉，入太微。十七年正月戊申，留守太微垣東上相星。

寶慶二年正月戊寅，入氐。

绍定元年七月戊戌，犯南斗。十月戊申，犯壁垒陣。十一月癸酉，顺行入羽林軍。二年十一月己丑，顺行入氐。三年七月丁巳，退行入羽林軍。六年二月癸卯，犯東井。

端平元年九月辛丑，入井。十二月，犯司怪。二年六月己丑，入太微。三年七月庚午，入井。

嘉熙元年正月癸酉，守鬼宿。四月庚子，犯權。五月丙子，犯將星。二年七月壬寅，顺行入鬼，犯積尸氣。九月壬午，犯權大星。十月丁卯，入太微。三年五月辛未，犯太微垣執法星。八月己亥，入氐。丁巳，犯房。四年八月乙巳，犯太微垣左執法。十一月辛巳，犯太微垣東上相。甲子，顺行入太微垣。

淳祐元年六月乙酉，犯氐宿東南星。丙戌，入氐宿方口内。三年正月庚辰，顺行入氐。十一年八月丁酉，顺行入井。十二年四月壬申，犯權。

寶祐二年二月甲辰，又犯。三年十一月丁巳，犯太微垣上相星。五年十二月丁未，入氐。六年三月庚午，退行入氐。

開慶元年閏十一月己卯，入氐。十二月丁未，入房宿鈎鈐星。

景定元年五月壬午，退行斗宿。三年五月壬戌，犯壁垒陣西方勝星。

德祐元年四月乙丑，犯天江。八月戊午，犯南斗。十月壬戌，犯壁垒陣。

【注】

①入太微垣行軌道：進入太微垣，按軌道運行，即没有异常運動。

②犯昂西南星：指昂宿一，約在黄道北四度。

③出太微垣東左掖門：熒惑順行，從左執法與東上相間的左掖門出去。

④己酉犯垣東上相徘徊不去：接上注文，熒惑順行出了左掖門，四天後即徘徊不去，向上犯東上相，處於停留狀態。

⑤犯權大星北第一星：指犯軒轅十三。按軒轅凌犯圖，軒轅十三在黄緯北四度。

⑥八月壬寅順行入東井十月壬寅退行犯東井：熒惑先於八月順行通過東井，又於十月退行返回，并發生凌犯，具體犯何星未記載。

⑦順行犯東咸退行犯東咸：這是東咸比西咸更靠近黄道，熒惑能够相犯之故。尚未見熒惑犯西咸的記録。

⑧留守天囷：停留、守候在天囷星旁。天囷在婁宿、黄道南，未能相犯，故曰留守。

⑨徘徊内屏者凡四閏月：熒惑在内屏星南徘徊計四個月。古代星象學認爲，這是賊星侵犯五帝座的嚴重天象，預示着有危害皇帝的勢力出現。

⑩守犯心大星：這是熒惑接近心大星的籠統提法，亦是顯示帝位不穩之象。

填星①

開寶五年七月乙丑，犯東井。

端拱元年閏五月庚寅，退行犯建星，相去五寸許。

咸平二年七月辛巳，犯畢。四年六月丙申，犯東井。十月辛丑，犯井鉞。己未，犯東井。五年三月戊戌，犯鉞。六年九月戊戌，守輿鬼。

景德二年十月丙子，守軒轅。三年五月癸亥，犯軒轅。九月戊辰，犯靈臺。四年八月辛亥，入太微右掖。乙卯，又入太微。

大中祥符二年正月辛巳，入太微。十月癸巳，犯進賢。十一月乙卯，犯平道。三年三月辛卯，犯進賢。五月癸卯，又犯。十一月戊寅，犯亢。四年十二月壬寅，入氐。五年正月甲戌，守氐。九月戊辰，入氐。十月己巳，又入。六年四月癸未，入氐。十二月丙戌，犯東井。七年三月丁未，犯罰。五月乙酉，犯鍵閉。丙戌，犯輿鬼。六月辛酉，犯房上將。②

天禧元年二月癸酉，犯建星。三年五月丁卯，犯牽牛。

天聖四年十月庚寅，犯右更。③

明道二年七月癸巳，犯鬼。十二月壬子，又犯。

景祐元年正月丁卯，犯南斗，又犯鬼。三月戊子，又犯。三年九月辛巳，犯太微上相。四年十月己卯，犯左執法。

康定元年三月戊寅，犯平道。

慶曆七年六月庚申，犯建。

嘉祐三年六月丙寅，犯畢。九月庚辰，犯畢。五年六月己巳，犯井鉞。甲申，犯東井。十月甲申，退犯東井距星。六年七月己亥，犯天罇。七年八月己丑，入鬼。十一月乙巳，退犯輿鬼距星。

治平元年七月壬辰，犯軒轅大星。二年九月戊辰，犯靈臺。四年九月癸卯，犯東上相。

熙寧元年正月庚辰，退犯上相。二月乙巳，入太微。十月乙亥，犯東上相。二年十一月丙子，犯亢距星。三年正月丁巳，犯亢。十一月壬寅，入氐。五年五月丙午，又入。十一月己酉，犯罰南星。六年四月戊寅，犯罰南第一星。五月庚申，又退犯鍵閉。八月甲申，犯罰。七年正月丁未，犯天江東北第一星。八年八月丁巳，犯天籥西北星。九年正月壬午，犯建西第二星。

元豐二年二月丙午，犯十二國代東星。三年七月丙寅，犯壁壘陣西第五星。十月丁亥，又犯之。七年六月乙未，犯外屏。

元祐三年七月己未，犯諸王。五年六月乙巳，入東井。七月甲子，十一月丁亥，皆犯東井。六年三月庚辰，犯東井。四月己亥，入太微垣，行軌道。④十一月癸巳，犯水位。七年七月己丑，入輿鬼。十二月丁丑，犯輿鬼。八年正月甲申，犯輿鬼。壬辰，退入輿鬼。丁酉，入鬼，犯積尸。

紹聖二年八月己丑，入太微垣上將。九月庚申，入太微垣軌道。三年二月己卯，入太微，犯上將。是月庚戌，四月庚辰，五月丙申，俱犯。甲辰，入太微垣，行軌道。九月乙巳，又入太微。十月甲戌，犯太微左執法。四年正月丁未，又犯。十月癸巳，犯進賢。

元符元年正月丙辰，又犯。七月癸亥，又犯。

建中靖國元年五月辛酉，犯氐東南星。

崇寧元年四月庚戌，犯房北第一星。四年十二月己卯，犯建西第二星。五年六月戊辰，又犯。

大觀元年閏八月丙午，犯泣星。

政和七年十月丙辰，犯畢。

重和元年二月甲戌，犯天街。

宣和七年十月庚子，入太微。

靖康二年正月丁巳，犯上相。

建炎三年三月乙未，犯亢。

紹興二年三月己未，犯東咸第三星。八月戊申，復犯第三星。五年閏二月庚戌，三月癸卯，五月丁丑，皆犯建星。七年六月己未，犯牛宿南星。十一年八月甲午，入羽林軍。十八年八月辛丑，順行犯東井鉞星。二十年正月辛卯，退留守東井。二十四年八月庚戌，順行入太微。二十五年三月戊午，退行犯太微垣西上將。二十六年十一月庚辰，犯平道。二十七年正月癸巳，退行犯進賢。三十年十一月辛巳，順行犯房。壬寅，順行犯鍵閉。三十一年三月己亥，退行犯鍵閉。八月庚戌，順行犯房。

乾道元年七月丙寅，留守建星。二年二月甲午，犯牛。三月庚申，留守牛宿。五月己未，掩狗國星。三年七月乙丑，犯周星。四年八月乙卯，守壁壘陣。五年四月戊子，入羽林軍。五月丙辰，留守羽林軍。七月丙戌，犯壁壘陣。九月甲戌，守壁壘陣。六年六月戊午，退入羽林軍。九月庚寅，又入守之。七年八月丁卯，退行犯壁壘陣東勝星。⑤十月乙卯，十一月庚寅，又犯守之。

淳熙三年十月己丑，犯畢。四年六月丁丑，十月甲申，犯天關。五年正月壬戌，留守諸王。五月辛卯，入井。八月丙辰，留守東井。十一月辛巳，又犯。六年正月壬申，留守井鉞星。是月戊子，二月戊申，皆犯入東井。九月庚午，留守水位。十二月戊戌，犯天罇。七年八月壬辰，入鬼，犯積尸氣。戊申，犯鬼。十一月丙辰，又如之。八年四月戊午，入鬼。九年十一月己丑，留守權左角。十年三月辛巳，留守權大星。十月癸卯，犯太微上將。癸丑，入太微。十二月壬戌，犯上將。十一年九月甲辰，入太微。十一月己亥，留守太微垣。十二年四月庚午，守太微垣右執法。十三年三月壬午，犯太微東上相星。四月乙丑，入太微。乙巳，留守太微垣。十五年三月丁巳，五月癸亥，犯亢。十月辛卯，入氐。十六年正月辛丑，留守氐。

紹熙三年二月辛丑，留守天江。

慶元四年七月乙丑，犯壁壘陣西第五星。

嘉泰四年七月己卯，留守天廩。

開禧元年八月甲辰，留守畢。二年八月壬子，留守諸王。三年七月辛卯，犯井鉞。九月甲戌，留守井。

嘉定元年四月辛亥，犯井。二年正月癸亥，犯守井。六年三月壬戌，留守權左角少民星。閏九月己丑，順行入太微。十一月丙子，留太微垣，守右執法。七年十二月戊戌，留守太微垣東上相星。十一年正月辛巳，守氐距星。六月辛亥，留守亢。十一月丙子，入氐。十二年四月壬申，退行入氐。五月乙卯，留守氐。十三年七月乙巳，犯房。

端平二年十月己未，退行犯畢宿距星。十二月己亥，留守天街。三年正月丁卯，順行犯畢距星。

嘉熙元年八月乙酉，順行犯井東第二星。

淳祐四年四月癸未，留守太微垣，守右執法。五年四月甲申，退守上相。七年四月丁亥，犯亢。

景定元年正月庚辰，入尾。五年七月甲午，留守于畢。

咸淳二年八月庚午，入井。

【注】

①填星：填星犯列舍記録的簡稱。首先需要注意的是填星軌道對黄道的傾角爲二點五度，也就是説，它與歲星和熒惑的凌犯範圍差不多，祇是它們稍有寬泛而已。其凌犯的範圍，大致可以限定於黄道南北四度以内。按古代星占家的觀念，填星是福星，其所在分野有福。不過於凌犯而言，情況又有不同。尤其是對犯太微而言，又有更主換代之説，這些都是需要密切關注的。填星是五星中行動最遲緩的行星，它差不多每年纏行進一個星宿。於此辨認起來也更爲方便。

②六年四月癸未入氐……犯房上將：在六年四月至七年六月，這個期間填星一直位於氐宿和房宿之間。填星一年行一宿，這是合理的。但是，此中載六年"十二月丙戌，犯東井"，七年五月"丙戌，犯輿鬼"，就毫不相關，完全錯了。在這期間填星行動軌迹是清楚的，由氐宿進入罰星處，然後向下犯鍵閉，再犯鈎鈐，再犯房上將。故志文"東井"當爲"西咸"之誤，"輿鬼"當爲鈎鈐之誤。

③犯右更：右更五星，在奎宿南黄道上，由於星光微弱，較少爲人們所關注。右更爲收養牲畜之官。

④四月己亥入太微垣行軌道：以上十字爲衍文，原因是據上下文，填星不可能作此跨越式運動。東井與太微相隔鬼、柳、星、張四宿，即使有逆行，跨度也不可能如此之大。水位介於天罇與積薪間，均在東井宿内。

⑤犯壁壘陣東勝星：前文多次載西勝星，今又有東勝星，可見宋代時的壘壁，有西勝星、東勝星的專有星名，大約是指壘壁陣西東兩頭的四顆星。

太白①

建隆二年九月丁丑，犯南斗。

乾德三年八月庚申，犯太微上將。四年六月辛丑，犯右執法。五年八月辛酉，又犯。

開寶元年十一月庚寅，犯房。四年四月己巳，犯東井。五年十一月己未，犯哭星。

太平興國六年八月戊子，入太微，犯右執法。

雍熙元年二月壬辰，犯昴。八月壬寅，掩軒轅第一星。十一月戊戌，入氐。戊午，又犯心前星。己未，又犯大星。②二年閏九月癸未，入南斗魁。四年十月癸卯，犯進賢。

端拱元年十月辛巳，犯哭星。癸未，犯天壘。③二年五月己亥，犯畢右股第一星。六月乙卯，犯天關。七月壬申，犯輿鬼東南星。八月壬子，犯軒轅大星。九月庚辰，犯左執法。

淳化元年六月庚申，犯太微垣，入端門。三年九月辛丑，犯右執法。癸卯，犯太微端門。十月壬午，入氐。四年十月乙丑，犯南斗魁第二星。

至道元年三月癸巳，凌東井第一星。五月壬戌，犯軒轅大星，相去一尺許。④十一月庚戌，入氐。三年八月戊申，犯太微上將。

咸平元年七月癸酉，犯角左星。⑤八月，犯軒轅。九月癸亥，犯南斗魁。庚辰，犯太微次將。十一月癸酉，又入軒轅。乙亥，入太微。二年正月己卯，入南斗魁。四月己未，入太微，犯次將，守屏星。甲子，又入。六月丁丑，入東井。三年二月甲寅，犯昴。八月己未，犯軒轅大星。九月壬午，犯右執法。四年九月乙亥，犯房、心。十月丙午，入南斗。閏十二月丙戌，犯角大星。己酉，犯房。辛卯，犯箕。壬辰，犯南斗魁。五年正月丁巳，犯心後星。⑥二月庚申，掩昴。壬申，掩五車。⑦六年四月庚辰，犯輿鬼。五月乙巳，犯軒轅。九月戊申，犯左執法。十一月癸巳，入氐。

景德元年閏九月丙寅，犯南斗。十月丙午，犯哭。二年五月己未，掩心前星。六月己丑，犯南斗。七月甲寅，犯輿鬼積尸。八月己丑，犯太微上相。三年十一月甲子，犯西咸。⑧

大中祥符元年七月丁卯，犯水位。庚辰，犯輿鬼。丁亥，犯權。八月辛丑，犯軒轅大星。丁未，犯軒轅少民。二年八月壬寅，入氐。九月戊午，在心。戊辰，犯天江。三年正月戊辰，犯牽牛。四年四月甲子，犯輿鬼。五月戊子，犯軒轅大星。丙申，犯軒轅少民。九月己丑，犯右執法。乙未，犯左執法。十月戊申，在進賢西南。十一月丁亥，犯房上相。十二月壬戌，犯建星。五年十月戊申，犯箕。十一月甲辰，犯壁壘陣。六年正月丁酉，犯右更。五月戊午，犯天關。六月乙丑，犯罰星。辛未，犯東井。己卯，犯天罇。七月乙未，犯輿鬼。甲寅，犯軒轅大星。八月，犯建。丁丑，掩畢，又犯右執法。七年四月甲子，犯東井。六月甲子，犯太微上將。辛未，犯執法。七月丁酉，犯角南星。十一月戊子，入氏。九年二月己卯，犯昴。甲辰，犯五車。八月癸未，犯軒轅大星。己丑，犯軒轅東南。丙申，在靈臺南，相去一尺。九月丙午，犯右執法。壬子，犯左執法。

天禧元年七月戊戌，犯右執法。八月甲午，犯房次相。十月己巳，入南斗。三年九月己巳，犯左執法。十月庚寅，犯進賢。甲辰，犯亢。十一月乙卯，入氏。四年七月丁巳，掩房。己未，犯箕。庚申，入南斗魁。辛未，犯昴。八月乙酉，犯心後星。丁亥，入南斗魁。戊戌，犯昴。庚子，掩五車。五年六月甲寅，入東井。七月戊寅，犯輿鬼。壬午，犯五諸侯。⑨丙申，犯軒轅大星。八月壬子，犯太微上相。戊午，犯右執法。

乾興元年五月庚午，犯鬼及積尸。七月己卯，犯角。

天聖元年正月庚午，犯建。二年二月丙戌，犯五車。八月庚午，犯軒轅東星。甲申，自右掖門行入太微。辛巳，犯太微上將。九月戊子，犯右執法。甲午，犯左執法。三年六月己卯，犯太微上將。十月乙卯，犯南斗。五年九月辛丑，犯靈臺。乙巳，犯明堂。庚申，犯左執法。七年五月己巳，犯畢距星。八年四月辛亥，犯輿鬼。

明道元年二月庚午，犯五車。六月乙丑，犯東井。

八月壬子，掩軒轅左角。九月丙子，犯左執法。二年八月戊午，犯房。十月癸巳，犯南斗。十一月癸亥，又犯。

景祐二年三月壬寅，犯東井。四月乙卯，犯五諸侯。己巳，入鬼。九月甲午，犯右執法。十一月甲申，入氐。四年六月癸酉，犯東井。七月辛丑，犯鬼。己未，犯軒轅大星。

寶元元年四月己巳，犯東井。癸巳，犯輿鬼。七月甲辰，犯角南星。

康定元年正月乙酉，犯昴。六月丁未，犯東井。

慶曆三年五月己卯，犯軒轅大星。九月甲申，犯左執法。五年六月辛酉，犯東井。六年七月丙戌，犯左執法。八年閏正月丙寅，犯昴。二月丁酉，犯五車東南星。六月庚辰，犯東井。八月庚午，犯軒轅大星。

皇祐元年九月戊午，犯斗天相。四年十月丙子，犯南斗。五年六月癸酉，犯畢。乙未，犯井鉞。

至和二年三月壬午，犯五車。四月辛巳，犯畢。七月癸巳，犯輿鬼。八月庚申，犯軒轅大星。九月庚辰，犯太微左執法。

嘉祐元年十月丁巳，入氐。戊辰，犯房。二年九月庚子，犯南斗。四年八月甲子，犯軒轅右角。⑩九月丁未，犯太微左執法。十月癸酉，犯亢。癸未，入氐。十月庚子，犯罰南星。癸卯，犯東咸。十二月辛未，犯建。五年九月庚寅，犯房。乙巳，犯天江。十一月戊戌，犯壁壘陣。丁未，退犯井鉞。六年六月乙卯，犯畢

距星。七月甲申，犯東井。庚寅，犯天罇。甲辰，犯輿
鬼距星。八月甲子，犯軒轅大星。戊午，犯靈臺北星。
七年三月癸酉，入東井。十一月乙巳，入氐。己未，犯
西咸南星。癸亥，犯罰。

　　治平元年二月辛卯，犯昴。閏五月丙寅，入畢，不
犯。六月甲子，犯東井。七月壬申，犯輿鬼。癸巳，犯
軒轅大星。八月己酉，犯靈臺。甲寅，入太微。丙寅，
犯右執法。十月丙申，入氐。壬子，犯心前星。二年八
月乙未，犯氐。己酉，入太微。庚戌，犯右執法。九月
壬午，犯斗距星。十月庚寅，入氐。丙午，犯心距星。
四年閏三月庚寅，犯東井東第一星。⑪癸卯，犯五諸侯東
第一星。四月丁巳，犯輿鬼東北星。八月丁未，犯軒轅
大民。⑫甲寅，犯軒轅御女。庚午，犯靈臺。九月辛巳，
犯右執法。壬午，掩之。戊子，入太微。十月乙卯，犯
亢。丙寅，入氐。十一月丁丑，犯房。己卯，犯鍵閉。
丁酉，犯天江。

　　熙寧元年八月己未，入氐。十一月辛巳，犯壁壘陣
西第二星。⑬二年六月辛亥，犯天關。庚申，犯東井距
星。辛酉，入東井。七月辛未，犯天罇，犯輿鬼東南
星。八月丙午，犯軒轅大星。三年五月壬子，犯靈臺。
六月乙丑，犯右執法。十月癸酉，犯亢距星。十一月庚
寅，入氐。丁未，犯罰。四年十一月辛丑，犯十二國代
星。庚戌，犯壁壘陣西第五星。五年二月甲戌，犯昴東
北第二星。六月己酉，犯畢距星。七月丁亥，入東井。
十月戊寅，入氐。十一月己酉，犯罰。六年六月癸未，

犯東上相。丁酉，犯左執法。八月丁丑，掩氐東南星。九月甲辰，犯天江南第二星。丙寅，犯南斗距星。丁卯，入南斗。七年二月乙未，犯壁壘陣西第七星。⑭八年二月庚寅，犯天陰中星。三月戊戌，犯月星。癸卯，犯天街北星。辛酉，犯司怪北第二星。閏四月戊戌，犯輿鬼西北星。八月丁酉，犯軒轅御女。九月癸亥，犯右執法。辛未，犯左執法。十月丁酉，犯亢距星。丙午，入氐。九年九月丁巳，犯東咸西第一星。辛巳，犯南斗西第二星。十月庚寅，犯狗國西北星。十一月辛酉，犯壁壘陣西北星。十年六月壬寅，犯東井距星。癸卯，入東井。⑮九月己酉，入太微。

　元豐元年十月丙辰，犯亢距星。庚午，入氐。十一月己丑，犯罰南第二星。十二月壬戌，犯建西第二星。二年十一月壬辰，犯壁壘陣西第五星。十二月戊戌，犯壁壘陣。三年正月甲戌，又犯外屏西第二星。二月甲寅，犯昴距星。六月癸巳，犯畢距第二星。乙未，入畢口。七月戊辰，犯東井西北第二星。己巳，入東井。戊子，犯水位西第三星。八月丙申，犯輿鬼。九月戊寅，入太微。乙酉，犯左執法。閏九月丙申，犯進賢。丁巳，犯氐距星。十月己未，入氐。四年八月甲戌，犯心距星。九月戊申，犯南斗距星。庚戌，入南斗。六年二月壬申，犯天陰東北星。三月癸未，犯司怪北第二星。四月丁卯，犯五諸侯。八月己卯，犯軒轅御女。九月乙巳，犯右執法。丁巳，犯東上相。甲子，犯進賢。十月戊寅，犯亢距星。戊子，入氐。七年十一月己酉，犯壁壘陣西第五星。十二月辛巳，犯雲雨。八年六月甲戌，順行犯天關。癸未，順行犯井距星。甲申，順行入井。七月乙未，犯天罇。八月甲戌，犯軒轅少民。辛巳，犯靈臺。

【注】

①太白：太白凌犯列舍記錄的簡稱。首先需要注意的是，它與黃道的軌道傾角爲三點四度，與歲星、熒惑相比，已經有了明顯的差距。歲星、熒惑不可能發生的某些凌犯現象，對太白來説就可能發生。簡言之，它的凌犯範圍，將達到黃緯正負四度半。太白是戰鬥之星，凡是與軍事行動、戰鬥有關的事情，星占家都以太白在列宿的狀態來判斷。

②犯心前星又犯大星：這是與歲星、熒惑、填星之間出現的明顯差別，以上三顆行星，原則上均不與心宿相犯。

③犯天壘：天壘是壘壁陣星的又一名稱。

④相去一尺許：兩星相去一尺左右。這是星占家采用的通常尺度。一尺大致等於一度。

⑤犯角左星：指犯角宿二。角宿二在黃道北左方，這一記錄不够準確。

⑥犯心後星：指犯心宿三。據心宿凌犯圖，心宿三在黃道南五度多，大致能够相犯。

⑦掩五車：掩食五車星。五車系距黃道最近的星爲五車五，距黃道不足五度，大致可以相犯。

⑧犯西咸：西咸四星在房宿北，與東咸相對，距黃道較東咸遠。木、火、土三星原祇有犯東咸，現在太白記錄中，犯西咸也出現了。

⑨犯五諸侯：諸本在“五諸侯”後原有“箕”字，中華書局校點本亦有。五諸侯在井宿北，與箕宿相距十三宿，不可能在同一天被犯。犯五諸侯與前犯輿鬼僅差四天，可見其他版本在五諸侯後的“箕”爲衍文。今删。

⑩犯軒轅右角：指犯大民星，亦即軒轅十五。在《宋志》五星凌犯記

録中，至今第一次出現。據軒轅凌犯圖，大民星在黃道南四度餘，正好合於凌犯條件。

⑪犯東井東第一星：指犯井宿五。據井宿凌犯圖，井宿五在黃道北一度半。

⑫犯軒轅大民：即前注軒轅右角星。衹有太白星纔符合相犯條件。

⑬犯壁壘陣西第二星：指犯壘壁陣二星，爲壘壁陣赤緯最南的星，在西勝星内。據壘壁陣凌犯圖，位於黃道南四度半，正好合於凌犯條件。

⑭犯壁壘陣西第七星：指犯壘壁陣七。此處叙述星名用辭不够簡明，此星位置處於壘壁陣正中間。

⑮十年六月壬寅犯東井距星癸卯入東井：諸本文字多相同，"東井距星"作"東距星"。但此處涉嫌漏掉星名，如僅曰"犯東距星"，何處東距星呢？不可能是上文去年十一月犯的壘壁陣，下文又有"癸卯入東井"，癸卯正是壬寅下一天，故可知此處"東"後漏"井"字。今補。

元祐元年閏二月丙辰，犯諸王。十月戊戌，犯亢。壬子，入氐。二年十二月己丑，犯壁壘陣。三年二月己亥，犯昴。六月癸未，犯天高。七月辛亥，入東井。壬戌，犯天罇。庚午，犯水位。八月丁丑，犯鬼。戊戌，犯軒轅大星。九月甲寅，犯太微垣上將。庚申，入太微，犯右執法。丁卯，犯左執法。十月丁未，犯亢南第一星。十一月甲辰，入氐。丁巳，犯罰。四年六月丙午，犯太微垣西上將。戊申，入太微。九月壬辰，入斗。五年正月丁亥，犯羅堰。十一月戊戌，犯壁壘陣。六年正月乙酉，犯外屏。二月甲寅，犯天陰。三月癸酉，犯平道。丁丑，犯天江。四月己酉，犯五諸侯。閏八月辛酉，犯軒轅御女。丁卯，犯軒轅左角。九月丁亥，犯右執法。己丑，入太微。十月庚午，入氐。十一月丙戌，犯罰。七年八月丙寅，入氐。己巳，犯月星。
辛未，犯司怪。丁丑，犯房，又犯鉤鈐。十月庚戌，犯
南斗。十一月庚辰，犯伐。甲申，犯壁壘陣。十二月壬
戌，犯雲雨。八年六月乙酉，犯諸王東第二星。丙辰，
犯天關。丙寅，入東井。庚午，犯東井。八月庚戌，犯
軒轅大星。甲戌，入太微。

紹聖元年五月戊午，犯靈臺北第一星。十月甲午，
入氐。十一月丙午，犯西咸南第一星。癸丑，犯罰南第
二星。二年正月乙巳，犯羅堰南第一星。十一月辛亥，
犯壁壘陣西星。庚申，犯壁壘陣西第六星。三年二月庚
戌，犯昴。庚辰，入昴。五月戊午，犯畢。六月庚申，
又入。戊辰，入犯天高。庚辰，犯天關。丙戌，犯司
怪。七月壬辰，犯東井。癸巳，入東井。八月庚申，犯
輿鬼。庚辰，犯軒轅大星。九月乙酉，犯軒轅左角。乙
未，犯太微上將。己亥，入太微垣，行軌道。己酉，犯
太微左執法。甲寅，犯太微上相。癸未，入氐。十一月
辛丑，犯東咸。四年四月壬寅，犯五諸侯西第五星。五
月己卯，犯長垣南第一星。[1]六月乙酉，犯靈臺北第一
星。丁亥，犯太微垣西上將星。戊子，入太微。壬寅，
犯太微左執法。八月壬午，犯氐東南星。壬辰，犯房南
第三星。庚子，犯心大星。己酉，犯天江南第一星。十
二月戊申，入建。

元符元年正月庚戌，犯建。丙辰，犯天雞。己巳，
犯羅堰。二月乙未，犯壁壘陣。十二月乙亥，犯代星。
己亥，犯壁壘陣。二年正月己酉，犯壁壘陣東北星。[2]二

月乙未，犯天陰東南星。三月甲辰，犯月星。庚戌，犯諸王西第一星。丁卯，犯司怪北第二星。四月辛卯，犯五諸侯西第五星。五月乙巳，入犯鬼西北星。九月癸卯，犯軒轅御女。丁巳，犯靈臺南第二星。戊辰，入太微。己巳，犯太微右執法。閏九月丙子，犯左執法。十月壬子，入氐。壬戌，犯西咸南第一星。戊辰，犯罰星南第一星。十二月乙亥，犯建西第二星。三年七月己巳，犯角南星。八月丙申，犯亢南第一星。九月丁亥，犯南斗西第二星。

建中靖國元年四月丁酉，犯外屏西第二星。③六月辛亥，入東井。

崇寧元年三月壬申，犯月星。四月戊戌，犯井鉞。六月庚辰，犯進賢。十月甲戌，犯亢距星。二年正月乙巳，犯壁壘陣西第五星。八月丙子，入氐。九月戊子，犯房鉤鈐。三年二月癸亥，犯昴距星。七月戊戌，犯積薪。八月壬寅，犯鬼積尸氣。四年五月甲寅，犯軒轅大星。八月庚辰，犯罰。十二月庚辰，犯建西三星。五年正月丁未，犯靈臺，犯牛東南星。

大觀元年正月丁未，犯外屏。二月丙戌，犯月星。三月庚寅，犯天街。壬辰，犯畢。四月戊午，入井。十月辛酉，犯左執法。丙子，犯角大星。閏十月丙戌，犯亢。丁未，犯房。十一月壬子，犯心。三年七月丁丑，犯亢。八月丙戌，入氐。庚子，犯房鉤鈐。三年二月癸卯，犯壁壘陣。五月辛亥，犯天陰。六月壬辰，入井。四年四月己卯，犯井鉞。庚辰，犯井。辛巳，入井。十月戊午，入氐。十一月庚寅，犯天江。

政和元年十一月甲戌，犯天江。三年六月戊午，入太微垣，犯右執法。四年十二月乙卯，入羽林軍。五年三月辛未，犯天街。四月乙卯，犯五諸侯。十一月壬辰，犯罰。六年九月庚戌，犯南斗。十一月庚寅，犯壁壘陣。七年八月癸酉，入太微。

重和元年六月庚午，犯上將。十一月壬申，犯天江。

宣和二年五月丁丑，犯天陰。三年八月己亥，犯鈎鈐。十月丁未，入井。四年二月辛丑，犯壁壘陣。五年五月甲寅，犯鬼。十一月庚午，犯房。六年七月庚子，犯亢。七年五月壬辰，犯畢。

靖康元年四月丁未，犯井東扇北第一星。五月壬申，入鬼，犯積尸氣。十一月庚午，犯亢。壬午，入氐。閏十一月戊戌，犯鍵閉。

建炎三年七月辛巳，入太微。閏八月丙戌，犯心前星。四年正月癸亥，犯建星。

紹興元年九月丁酉，犯軒轅左角。乙卯，入太微。丙辰，犯右執法。癸亥，復犯。十月戊辰，入太微。己丑，犯亢南第二星。④十一月己亥，入氐。二年九月庚申，犯天江。三年六月甲午，入井。八月乙酉，犯軒轅左角少民星。四年四月庚辰，犯司怪。五月辛亥，犯輿鬼。十一月甲子，入氐。五年正月乙卯，犯建。十一月己丑，犯壁壘陣。庚寅，入羽林。六年五月辛卯，犯畢。六月辛酉，入井。七月己巳，復犯井東北第二星。⑤

己卯，犯水位。八月戊申，犯軒轅大星。九月戊辰，順行入太微垣，乙酉，始出。丁亥，犯進賢。十月辛丑，入亢。己酉，入氐。辛亥，又如之。七年五月辛巳，犯鬼宿西北。六月丙辰，犯太微垣西上將。八年十二月戊午，入羽林軍。乙亥，經行壁壘陣，入羽林軍。九年二月壬申，犯月星。四月癸亥，犯五諸侯西第五星。五月甲申，入鬼，犯積尸氣。九月乙巳，入太微垣，犯左執法，丁未，始出。十年四月丙子，入氐。十一年六月乙亥，犯井距星。十二年五月甲午，犯鬼西北星。乙未，犯積尸氣。十七年四月丙午，順行犯五諸侯。九月己卯，順行入太微垣。庚辰，順行犯右執法。十一月乙丑，順行入氐。十九年六月乙卯，犯井鉞。丙辰，犯東井。丁巳，入東井。二十一年十一月己酉，順行入羽林軍。二十二年六月甲子，犯東井。乙酉，入東井。七月辛亥，順行入鬼，犯積尸氣。九月壬辰，順行入太微垣。庚子，犯左執法。十月甲戌，入氐。二十三年八月辛酉，順行犯亢。二十五年四月戊子，順行犯五諸侯。八月癸卯，順行犯權左角少民。十月癸卯，順行入氐。二十六年七月壬戌，順行犯太微左執法。八月丁亥，順行犯亢距星。戊戌，順行入氐。九月乙丑，順行犯天江。十月甲申，順行犯南斗。閏十月辛酉，順行犯壁壘陣。二十七年六月丙申，順行犯井鉞。己亥、甲辰，皆入東井。七月戊子，順行犯權左角少民星。二十八年三月甲申，犯司怪。十一月庚午，順行入氐。二十九年十一月癸未，順行犯壁壘陣西勝星。戊戌，順行入羽林軍。三十年六月丙辰，順行犯天關。壬申，入東井。八月癸亥，順行犯權大星。丁巳，犯權左角少民星。十月庚申，順行入氐。三十一年六月戊辰，掩犯太微右執法。七月壬辰，順行犯角宿距星。三十二年正月丁亥，順行犯建。二月己亥，順行犯牛。

　　隆興元年六月丙子，入東井。八月乙酉，犯權左角少民星。九月辛丑，入太微。庚戌，犯左執法，入守垣內，壬子，始出。十月辛酉，順行犯進賢。十一月戊戌，犯房。庚子，犯鍵閉。十二月庚申，順行犯天籥。辛未，犯建。二年八月庚辰，順行入氐。辛巳，犯氐。十月己卯，犯天籥。丙寅，順行犯南斗。己巳，順行犯狗。十一月甲申，順行入天田。⑥甲辰，順行犯壁壘陣。

　　乾道元年五月戊午，順行犯諸王。六月辛巳，入東井。丁未，順行犯鬼。八月癸未，入太微。十二月庚子，順行入羽林軍。二年三月己酉，順行犯天街。己亥，順行入鬼。九月己酉，犯明堂。十一月辛亥，順行入氐。十二月壬辰，順行犯南斗。三年十一月丁丑，犯羽林軍。四年五月己卯，犯畢。辛巳，入畢口內。六月丁酉，犯天關。癸卯，犯司怪。辛亥，入東井。七月庚申，犯天罇。甲戌，犯鬼。八月己亥，犯權。丙辰，入太微，九月丙寅，出。十月丁酉，入氐。五年九月庚申，犯心宿大星。七年八月丁卯，犯權左角少民星。九月甲申，犯右執法，入太微垣，甲午，出。十月丁卯，入氐。十一月己卯，犯房。丙戌，犯東咸。八年八月壬戌，入氐。甲子，犯氐東南星。九月癸酉，犯房。甲戌，犯鉤鈐。戊子，犯天江。十一月丁亥，犯壁壘陣。

淳熙元年十一月甲午，入氐。辛亥，犯罰。十二月壬午，犯建。二年十一月丁卯，入羽林軍。三年五月癸亥，犯畢。六月己卯，犯天關。丁亥，犯井鉞。辛卯，入東井。八月戊戌，入太微，犯右執法。四年七月乙卯，犯角宿距星。九月辛丑，犯心前星。六年六月乙未，入東井。八月癸卯，犯權、御女星。十月戊申，入氐。七年八月乙巳，入氐。八年五月甲辰，入東井。九年十一月乙亥，入氐。十年閏十一月己亥，犯壁壘陣。十一年七月壬申，入東井。八月丁巳，犯權大星。十二年六月癸酉，犯太微右執法。十四年六月甲戌，入井。九月丁未，入太微。戊申，順行犯太微右執法。丙寅，犯進賢。十五年九月丙申，犯房。十月辛未，犯南斗魁。十六年閏五月丙戌，入井。

紹熙元年十一月戊午，入氐。三年七月己卯，犯天江。八月甲辰，犯權左角少民星。四年九月甲戌，犯心東星。⑦

慶元元年六月丁卯，入東井。九月戊子，入太微，戊戌，始出。⑧

嘉泰三年六月甲寅，入井。十月甲寅，入氐。四年六月乙未，犯斗。

開禧元年六月壬子，入井。二年五月辛卯，犯權大星。十一月壬戌，入氐。三年十一月癸巳，順行入壁壘陣。

嘉定元年六月甲戌，犯井鉞。四年六月庚子，入井。八月庚寅,犯轅大星。七年十一月丙寅,順行入氐。十年七月乙酉,犯角。十二年六月庚辰,順行入井。八月壬申,順行犯轅星、御女。丁丑,犯轅左角少民星。十三年十月丁巳,順行犯南斗。十五年十一月丙午,順行入氐宿方口内。

紹定五年七月甲申,順行入井。

端平二年七月丙午,順行入井。八月丁巳,犯太微右執法。

嘉熙二年十月戊辰,順行入氐。四年六月己亥,順行犯畢距星。癸丑,犯天關。七月乙丑,順行入井。八月己酉,順行犯轅大星。

淳祐元年十月庚辰,順行入氐。三年閏八月丁丑,順行犯轅大星。十月丙戌,順行入氐。四年九月癸亥,順行犯斗。六年五月壬戌,順行犯轅大星。十月己酉,順行入氐。八年七月戊申,入井。九年七月癸酉,犯進賢。十月辛丑,十一月辛未,順行入氐。十一年二月甲寅,順行犯昴。七月壬申,順行入井。閏十月癸亥,順行入氐。十二年九月丙午,順行犯斗宿距星。

寶祐四年六月丁亥,順行入井。

開慶元年七月辛亥,順行入井。八月庚子,順行犯轅。

景定元年八月壬子,犯房。三年十月庚午,順行入氐。五年六月戊午,順行犯天關。己巳,與太陰并行入井。

咸淳四年七月庚午,順行入斗。

德祐元年七月丙子，入東井。十一月辛巳，犯房。

【注】

①犯長垣南第一星：指犯長垣四，在太微垣西黃道南約四度。在《宋志》五星尤其是木、火、土、金凌犯記錄中尚爲第一次出現。

②犯壁壘陣東北星：指犯壘壁陣東勝星。

③犯外屏西第二星：指犯外屏二，在奎宿南。

④犯亢南第二星：指犯亢宿二，約在黃道北四度。木、火、土三星傾角較小，不入犯，今金星可入凌犯範圍。

⑤犯井東北第二星：指井宿六，在黃道南。

⑥順行入天田：天田二星，在角宿北，距黃道較遠，五星均不能相犯，故曰“入天田”。

⑦犯心東星：指心宿三，位於黃道南五度。

⑧九月戊子入太微戊戌始出：太微垣是一個較大的天區，太白雖運行較快，通過太微垣也用了十一天。

辰星①

景德四年九月戊子，見東方，在亢。

大中祥符四年六月己巳，犯軒轅大星。六年十月壬戌，入氐。

天聖八年四月壬寅，犯鬼積尸。

熙寧四年十一月丁亥，犯罰南第一星。五年九月癸酉，入氐。

元豐八年十月癸未，入氐。

元祐五年七月丁亥，犯軒轅大星。六年十月庚午，犯鍵閉。

元符元年五月戊午，入輿鬼，犯積尸氣。十月辛丑，犯西咸。二年閏九月壬辰，入氐。

紹興二十一年十月庚午，二十八年十月癸卯，俱入氐。

隆興二年十月壬申，入氐，至戊寅出，凡七日。^②

【注】

①辰星：辰星凌犯列宿的簡稱。辰星的軌道與黃道的夾角達到七度，是五星中軌道傾角最大的一顆行星。辰星又名水星，星占學上與水有關。辰星又主刑獄，故當辰星與水利設施和刑獄機構、官員星名相遇時，即爲水旱災害、刑獄失理的徵候。

②整個宋代留下的有關辰星犯列星的記錄共十多條，與其它四星相應的記錄相比，少得不成比例，由此可以看出，宋代的天文學家對辰星的觀測是很不重視的。而且從這些記錄中也看不出有多少可取之處。考其原因，一是由於辰星衹在太陽周圍三十度的範圍内運行，且光度較低，實際確實不容易看到。二是從星占上就其引發災異的寓意，對於帝王的利益來說，相對要小一些，故較少關注。在這十多條記錄中，相犯記錄衹有七條，其餘記錄，衹是記載辰星的"入""在"星座，完全不能判斷入犯的程度。

《宋史》卷五十六

志第九

天文九

歲星晝見　太白晝見經天　五緯相犯　老人星　景
星　彗星　客星①
歲星晝見②

嘉祐五年三月乙未，歲星晝見。六年六月壬申，晝
見。七年六月丙子，晝見。八年七月癸亥，晝見。

治平元年六月壬戌，晝見。

元符二年八月癸未，晝見。③

【注】

①《宋史·天文九》的内容比較瑣碎，共包括歲星晝見、太白晝見經
天、五緯相犯、老人星、景星、彗星、客星計七項内容。前已述及，《宋
志》的分卷標準首先要考慮各卷篇幅上的對應，由於五星的内容比較多，
一卷容納不下，故將歲星、太白晝見和五緯相犯，與彗星、客星等異常天
象記録融爲了一卷。

②歲星晝見：指日出後或日落前的白天見到歲星。除了日月，太白和
歲星，是全天較亮的兩個星體，故人們在日出後或日落前陽光不是很强烈

時可以看到它們。以往的天文志，均將歲星、太白晝見歸入五星凌犯一類，而且記錄很少。《宋志》將它們單獨分出，可見宋人對這兩種異常天象更爲重視，記錄也增多了。

歲星晝見，主要預示着臣强壓主。

③《宋志》關於歲星晝見僅有六條記錄，而且僅集中在嘉祐、治平、元符三朝。這并不是説其他朝就沒有發生歲星晝見，而是時人覺得沒有必要去關注它。人們關注這些記錄，都是帝位不穩、臣强專權之時。

太白晝見經天①

開寶元年六月丁丑，太白晝見。戊寅，復見。

淳化元年六月庚午，七月丁丑，十一月戊戌，皆晝見。

咸平三年六月己未，晝見。四年十二月丙寅，晝見在南斗。六年五月甲午，八月庚午，皆晝見。

景德元年十一月辛亥，晝見。二年四月甲辰，晝見。三年七月乙巳，晝見。庚申，又見。十二月癸酉，又見。

大中祥符元年七月庚申，晝見。四年六月丙午，八月乙巳，皆晝見。六年四月壬午，晝見。七年七月癸卯，晝見。九年五月庚午，晝見。

天禧三年六月辛卯，復見。四年七月丁巳，晝見。五年六月丙午，晝見。

乾興元年十一月壬辰，又見。

天聖三年六月壬戌，十二月戊寅，皆晝見。五年五月壬寅，晝見。

明道元年七月，晝見三十日。②

慶曆三年八月甲寅，晝見。

皇祐三年四月丙午，晝見。

至和元年五月壬辰，九月己丑，十月辛卯，皆晝見。三年四月己丑，晝見。

嘉祐二年六月己未，晝見。四年正月庚寅，晝見。七月辛丑，晝見。五年九月庚寅，晝見。六年六月乙丑，晝見。七年五月戊午，晝見。七月己酉，經天，復見。十月乙未，晝見。

治平元年正月戊戌，晝見。六月辛酉，晝見。二年七月丁丑，晝見。十二月辛亥，又見。四年二月丁酉，晝見。閏三月癸未，晝見。五月辛巳，晝見。七月癸卯，八月丁未，晝見。

熙寧元年十一月癸酉，晝見。二年六月壬戌，晝見。三年五月癸巳，九月壬子，五年二月癸亥，五月丙午，八年三月戊午，七月戊寅，皆晝見。九年十月乙酉，晝見。十年五月甲戌，晝見。

元豐元年四月癸亥，晝見。三年七月戊子，晝見。四年七月己丑，晝見。六年八月己卯，晝見。七年十月乙卯，晝見。

元祐元年六月庚戌，晝見。十月庚寅，晝見。三年二月辛丑，晝見。七月辛未，又見。六年四月壬寅，晝見。閏八月乙丑，又見。七年十一月辛巳，晝見。八年四月己未，晝見。

紹聖元年五月己酉，晝見。九月庚申，又見。二年十一月丙申，晝見。三年五月壬子，晝見。四年六月己酉，晝見。

元符二年五月甲辰，晝見。八月癸巳，又見。

崇寧元年六月己酉，晝見。三年正月癸卯，晝見。

大觀二年十一月丁未，晝見。四年十月戊戌，又見。

政和三年十二月辛酉，晝見。六年十月乙丑，晝見。七年三月辛未，晝見。

重和元年十月己卯，晝見。

宣和二年六月丁丑，晝見。六年十一月丙子，晝見。

建炎元年十月甲戌，紹興元年四月壬申，晝見。四年六月庚子，十一月戊申，晝見經天。六年正月壬辰，晝見經天。十七年七月辛巳，晝見。二十八年六月壬辰，晝見。

隆興元年七月丙申，經天晝見。二年六月戊辰，晝見。七月庚子，經天晝見。

乾道元年三月甲寅，晝見。乙亥，晝見經天。二年四月甲申，晝見。五月甲寅，經天晝見。庚午，晝見。三年九月戊子，四年五月乙丑，晝見，與日爭明。[3]六月辛卯，經天。五年六月庚寅，晝見。十一月甲子，晝見。庚午，晝見。

淳熙三年五月癸酉，經天晝見。四年十一月壬戌，又見。六年七月乙丑，晝見。癸未，經天。九年六月庚申，晝見。甲子，經天。九月癸巳，十一年五月乙卯，十二年六月戊寅，晝見。七月丁酉，經天晝見，至八月壬申始滅。④十四年六月辛卯，晝見。七月辛丑，經天。

紹熙元年五月丙子，晝見，與日争明。四年七月乙丑，十一月甲戌，晝見。

慶元元年三月庚寅，經天晝見。七月己亥，晝見。四年九月壬寅，晝見。癸卯，經天。

嘉泰元年六月丙午，經天晝見。十一月己巳，晝見。十二月己卯，經天晝見。三年六月癸亥，經天晝見。

開禧元年三月庚申，二年五月壬寅，三年十二月乙巳，晝見，與日争明。

嘉定元年五月甲子，四年七月壬戌，五年九月丙午，六年二月丁丑，晝見。七年五月丁丑，八月乙巳，九月壬戌，晝見。九年五月癸酉，十年五月乙丑，晝見。癸酉，經天。十一月庚辰，晝見。戊戌，經天。十二年二月庚子，晝見。三月丁亥，經天晝見。六月辛未，晝見。辛亥，經天，晝見。十三年九月甲午，十四年三月甲午，十五年五月庚戌，九月辛未，晝見。十七年六月丁卯，晝見經天。

寶慶元年六月辛卯，晝見。

紹定五年四月丁丑，晝見。五月癸巳，經天。

端平元年十一月壬戌，經天。二年四月丁亥，七月戊戌，晝見經天。

嘉熙元年二月己酉，二年五月辛巳，八月辛酉，晝見經天。三年十二月辛酉，四年二月丁未，淳祐元年六月庚寅，晝見。十月戊戌，晝見。乙巳，經天。⑤二年十二月壬戌，晝見。三年七月己亥，四年八月壬辰，五年二月辛卯，晝見經天。六年四月辛酉，八月壬子，晝見。九月戊辰，晝見經天。七年十月辛巳，九年十二月戊申，十一年二月乙卯，七月癸亥，寶祐二年九月丁卯，三年十月甲戌，四年五月丁未，五年七月己未，開慶元年六月壬寅，景定三年四月庚寅，閏九月甲申，五年四月戊午，晝見。五月乙亥，咸淳元年七月丁酉，四年九月癸酉，德祐元年七月丙子，晝見。

【注】

①太白晝見經天：太白白天見到，并出現在天頂的記錄。由於太白是除了日月全天最亮的星體之一，故祇要細心尋找觀看，便經常可以看到它。夜間有星光，這是好事。白天因太陽照耀，天空已足够明亮。天子自比太陽，若白天還有另外的天體發出光芒，就被認爲與日爭明，在政治上便象徵着與天子爭奪統治權，這是向天子挑戰爭奪統治權的信號。因此，石氏曰："凡太白不經天，若經天，天下革政，民更主，是謂亂紀，人民流亡。"孟康曰："過午爲經天。"晋灼曰："午上爲經天。"也就是说，太白晝見，與日爭明，威脅到天子的統治地位，故發現太白經天，那又是最爲嚴重的天象了。這時將發生改易帝王、人民流亡、天下大亂的事情。《荆州占》也说："太白經天，海内悲泣，九州搖動，奮兵負糧。"這些都屬於嚴重的政治動亂，故帝王和星占術士都密切關注。

②晝見三十日：以上均祇載晝見，未涉及經天。不過，連續三十天均晝見也不容易。金星的亮度有變化，可能正逢明亮之時。

③與日爭明：這是星占上的術語。

④至八月壬申始滅：始不晝見。

⑤十月戊戌晝見乙巳經天：這裏明確將晝見與經天分開。祇有日初出後、日落前陽光較弱時纔能見到金星，又祇當金星距太陽夾角最大時，纔能見到金星出現在中天方位，這時纔稱爲經天。通常所見，祇稱爲晝見。

五緯相犯[①]

建隆元年正月甲子，太白犯熒惑于婁。[②]十月壬申，又相犯于軫。三年十一月甲戌，熒惑犯歲星于房。

乾德四年六月甲辰，太白犯熒惑于張。[③]

開寶四年十月甲辰，太白犯熒惑于牽牛。

太平興國八年三月乙巳，熒惑犯歲星。

端拱二年正月丁亥，辰星犯歲星于須女。十一日壬辰，熒惑犯歲星。

淳化二年三月癸丑，太白犯歲星于婁。五年六月丙午，太白、歲星相犯于柳。十一月丙子，太白犯辰星于虛。

至道元年五月戊午，熒惑犯填星于奎。

咸平元年二月甲寅，太白犯填星。三年四月癸亥，辰星掩太白。六年正月庚戌，太白犯填星。

景德二年六月己亥，太白犯歲星。三年七月戊辰，辰星犯歲星。己酉，太白犯歲星。四年七月癸巳，熒惑犯歲星。八月乙未，熒惑又犯歲星。

大中祥符元年九月壬申，太白犯填星。二年十一月癸亥，熒惑犯歲星。四年十一月庚午，太白犯填星。辛未，辰星犯填星。五年正月壬午，熒惑犯歲星。七年三月乙巳，熒惑犯歲星。九年六月甲戌，熒惑犯歲星。

天禧元年四月壬辰，太白犯歲星。二年六月戊午，太白犯歲星。七月癸酉，辰星犯太白。五年九月庚子，太白犯歲星。十月己巳，熒惑犯填星。

天聖元年三月丁丑，熒惑犯歲星。二年九月戊申，太白犯熒惑，十一月壬子，辰星犯太白。三年五月癸未，太白、辰星相犯于井。五年六月辛卯，熒惑犯填星。壬辰，掩填星。七年五月辛未，太白犯填星，在畢宿一度半。④八年六月乙酉，太白犯熒惑。

景祐元年閏六月庚辰，太白犯填星。十一月甲寅，又犯熒惑。二年五月丁亥，又犯填星。九月辛巳，熒惑犯填星，在張六度。四年七月己未，太白犯熒惑。九月辛亥，熒惑犯填星，在翼十五度。

康定元年九月壬申，辰星犯填星。

慶曆三年九月甲申，太白犯歲星。

皇祐三年十一月丁丑，熒惑犯填星。

嘉祐元年九月乙巳，太白犯歲星。三年閏十二月甲戌，熒惑犯歲星，躔斗四度。五年正月壬辰，太白犯歲星。六年三月癸巳，熒惑犯歲星，在營室。七月己丑，太白犯填星，躔井十二度。閏八月己亥，太白犯辰星，⑤在軫四度。七年正月庚申，太白犯歲星，在營室。六月丁丑，太白犯熒惑，在翼一度半。八年四月己丑，太白犯歲星，在胃。是日，熒惑晨見東方。五月庚辰，熒惑犯歲星，在昴四度。

治平元年十一月庚午，辰星犯太白，在尾十六度。二年四月丁巳，太白犯歲星。五月癸亥，辰星犯太白。戊子，太白犯填星，在張五度。八月己亥，熒惑犯歲星，躔柳七度半。十月丙申，又犯填星，在翼二度。三年十二月癸卯，太白犯熒惑，躔危四度。四年九月癸巳，太白犯填星。丙申，犯歲星。十月甲子，熒惑犯填

星。十一月己卯，又犯歲星。十二月丁卯，太白犯
熒惑。

熙寧元年十一月己丑，太白犯熒惑。三年正月己
未，熒惑犯歲星。十月乙酉，太白犯填星。八年三月庚
寅，太白犯填星。十年七月癸酉，太白犯歲星。

元豐二年五月庚寅，熒惑犯歲星。四年十月乙亥，
熒惑犯太白。五年三月丙戌，太白犯填星。十二月丙
寅，辰星犯歲星。七年十一月甲寅，太白犯歲星。

元祐元年閏二月戊申，太白犯熒惑。八年四月乙
卯，太白犯熒惑。

紹聖元年閏四月庚午，熒惑犯填星。三年九月丙
午，太白犯填星。

元符元年十二月乙未，太白犯熒惑。二年閏九月癸
未，辰星犯填星。十月乙巳，太白犯填星。十二月辛
亥，熒惑犯填星。三年四月丙辰，熒惑犯填星。

崇寧元年十一月壬寅，太白犯填星。三年十一月庚
寅，太白犯辰星。

大觀元年十二月乙酉，太白犯熒惑。二年正月甲
寅，太白犯歲星。二月壬午，熒惑犯歲星。十月丁酉，
太白犯填星。十一月壬申，太白犯歲星。三年三月辛
未，太白犯歲星。四年二月辛未，太白犯歲星。五月甲
辰，熒惑犯歲星。

政和元年二月辛丑，太白犯填星。十二月乙未，又
犯。三年七月乙丑，熒惑犯太白。四年十月甲子，熒惑
犯歲星。七年正月癸卯，熒惑犯歲星。

宣和二年十月己卯，太白犯熒惑。三年閏五月壬午，熒惑犯歲星。六年二月己卯，熒惑犯歲星。七年七月乙未，太白犯歲星。

靖康元年六月辛丑，太白犯歲星。

紹興十九年六月壬戌，太白犯填星。二十年九月戊子，熒惑犯歲星。二十一年閏四月甲午，辰星犯填星。二十六年七月癸亥，太白犯熒惑。二十七年四月壬寅，太白犯歲星。二十八年十月乙未，辰星犯填星。三十年七月己亥，太白犯歲星。

隆興元年九月丁酉，太白犯熒惑。十二月甲子，太白犯填星。二年正月丁亥至己丑，熒惑犯守歲星。十一月甲午，辰星犯歲星。

乾道三年十一月乙亥，太白犯歲星。四年三月丁卯，熒惑犯填星。六年七月乙巳，熒惑犯歲星於畢。八年五月癸巳，太白犯歲星。九年二月庚申，熒惑犯歲星。七月丁巳，太白犯歲星。

淳熙二年閏九月丁巳，太白犯熒惑。八年七月丁丑，太白犯填星。十一年七月庚戌，太白犯歲星。十四年十月庚辰，填星犯太白。十六年五月乙未，太白犯熒惑。

紹熙二年十二月戊子，太白犯歲星。

慶元元年九月戊子，太白犯熒惑。四年十月壬午，太白犯歲星。五年十一月辛丑，熒惑犯歲星。十二月辛未，太白犯填星。六年四月癸巳，熒惑犯填星。

嘉泰二年五月庚戌，熒惑犯填星。

開禧二年六月甲寅，熒惑犯歲星。三年十月丁未，太白犯熒惑。

嘉定十年七月戊子，熒惑觸歲星。

寶慶二年十月辛亥，熒惑犯填星。十一月辛酉，熒惑犯歲星。

紹定元年十月甲子，五年六月乙丑，端平元年六月辛巳，三年六月丁未，嘉熙四年八月癸丑，寶祐四年十二月戊午，熒惑俱犯填星。

開慶元年九月戊辰，太白犯熒惑。

咸淳十年十月丙寅，熒惑犯填星。

德祐二年正月癸酉，熒惑犯歲星。

【注】

①五緯相犯：五星相互凌犯的記録。這裏所説的凌犯是指兩顆行星相遇在一尺之内的情況。五星都很明亮，其中任何兩顆星相遇，都會受到人們的關注。在古人看來，任何一顆行星都有着自己的獨立本性，兩種不同本性相遇，就是侵犯，就會産生災變。例如，歲星爲木性，有樹木、植物、糧食的含義，這是它對人類的賜予，故被稱爲福星。填星爲土性，有土地、國土的含義。土地養育人民，疆土是國家的財富。熒惑象徵火，象徵火熱、燃燒、災、疫、病、死。太白象徵金，金屬可造兵器，爲兵災、戰争、殺人、死亡的象徵。辰星有水的特性。水與火合，爲旱、爲饑；水與金合爲兵；水與木合，爲澇、爲饑；木與土合爲壅塞；金與火合，爲軍憂、金與木合，爲旱、爲饑、爲兵；金與土合，爲白衣會、爲水；火與木合，爲饑、爲旱；火與土合，爲旱、爲兵；木與土相合有兵。星占家日復一日觀察五星凌犯，就以此作爲占辭的判斷依據。

②太白犯熒惑于妻：五星凌犯顯示的結果，除了依據兩行星相互的本性作出判斷，還有第三種因素，即發生凌犯時所在星宿。這是爲了判斷發

生災變的對應地區，由分野觀念作爲依據。因此，所在星宿衹可能是二十八宿而不可能是其它星座，這是因爲主要衹有二十八宿纔有對應的分野。

③太白犯熒惑于張：通過以上記錄可以判斷出一個普遍規律：運行速度高的行星，如水星、金星，永遠都是産生凌犯的主動方，而行動遲緩的如木星、土星，爲被犯對象。

④在畢宿一度半：此"一度半"，爲發生凌犯時所在畢宿的入宿度。

⑤太白犯辰星：也有少數五星凌犯記錄表現爲以慢犯快，但這是特殊情况。當時快行星正處於停留狀態，而慢行星却在順行，故看上去是以慢犯快。

五緯相合①

歲星②

建隆三年十一月壬申，與熒惑合于房。

開寶元年正月壬寅，與填星、太白合于婁。③

淳化五年六月丙午，與太白合于柳。

至道元年五月庚戌，與太白、太陰同度不相犯。④

景德四年九月戊子，與填星合于翼。

天禧二年八月癸丑，與熒惑合于張。

紹興十六年三月乙丑，與填星、太白合于昴。十月戊戌，與填星合于畢。十七年七月壬戌，與太白合。二十二年十二月乙丑，與熒惑合于尾。三十一年六月甲寅，與太白合于張。

隆興元年十一月庚寅，與太白合。

乾道元年十二月庚子，與填星合于南斗。二年十一月丁巳，與填星合于牛。六年五月戊寅，與太白合于畢。七年六月庚戌，與太白合于井。

淳熙十四年四月癸未，與填星合于軫。十月己丑，與太白合于氐。

慶元元年四月辛酉，與太白合于井。

開禧元年七月癸未，與填星合。二年二月甲子，與填星合于昴。

端平二年十月己未，與太白合于心。

嘉熙四年五月甲子，與太白合于婁。

寶祐三年八月丁卯，歲星、熒惑在柳。

景定元年正月庚辰，與熒惑行入尾。

熒惑⑤

雍熙二年七月丙戌，與歲星合于軫。

建炎四年六月戊子，與填星合于亢。九月壬戌，與歲星合于斗。

紹興二年六月丙午，與填星合于房。十一月乙亥，與歲星合于室。三年八月戊子，與太白合于張。四年二月戊子，與填星合于箕。五年閏二月丙午，與歲星合于昴。六年正月丁亥，與填星合于斗。七年五月甲申，與歲星、太白合于柳。閏十一月丁卯，與辰星合于氐。八年二月己未，與填星合于女。十三年九月辛未，與太白合于尾。十五年八月庚寅，與太白合于氐。二十年三月甲午，與太白合于畢。九月戊子，又合于軫。十一月戊子，與太白行入氐。二十二年十月己卯，與太白合于氐。十一月壬子，與歲星合于心。二十六年七月庚申，與填星合于軫。二十九年閏六月己未，與歲星合于井。三十年七月庚子，與填星合于氐。三十一年十一月丁未，與歲星合于翼。三十二年八月辛未，與填星合于尾。十一月壬戌，與太白合于羽林軍。⑥

隆興元年七月壬寅，與辰星合于柳。十二月壬申，與歲星合于氏。二年四月癸未，與歲星合于氏。八月癸酉，與填星合于箕。

乾道元年八月辛巳，與太白合于翼。二年二月乙酉，與歲星合于斗。三月癸酉，與填星合于牛。四年二月庚申，與填星合。五月壬戌，與歲星合。五年十一月甲子，與太白合于房。戊辰，與辰星合于心。辛巳，又合于尾。六年二月甲申，與太白合。辛卯，合于女。三月戊午，合于危。乙丑，與填星合于室。七月辛巳，與歲星合于土。九月癸卯，合于畢。八年四月辛丑，與填星合于奎。九年三月辛丑，與歲星合于柳。四月乙丑，又合于星。

淳熙二年六月丙寅，合于軫。四年九月己亥，合于尾。六年十一月甲子，合于危。九年二月壬寅，合于胃。十一年三月甲寅，合于井。

紹熙三年九月乙亥，與填星合于尾。

慶元四年五月庚子，又合。八月甲戌合于虛。六年四月癸巳，合于室。

嘉泰四年五月乙亥，合于胃。

開禧三年十月丙辰，與太白合于箕。

嘉定元年五月戊辰，與填星合于井。八月庚寅，與歲星合于張。六年三月癸卯，合于斗。七年三月辛巳，與太白合于參。八年四月戊午，與歲星合于室。九年十月庚午，與辰星合于房。十年七月戊寅，與歲星合于昴。十五年五月丁丑，合于軫。

寶慶二年十月辛亥，與歲星、填星合于女。

紹定元年十月丁巳，與填星合于危。二年正月丁亥，與歲星合于婁。三年十月己巳，與填星合于室。五年六月乙丑，與填星合于婁。

端平元年六月庚午，與填星合于胃。三年六月癸卯，合于畢。

嘉熙三年八月癸亥，與太白合于斗。四年七月己丑，與太白合于鬼。八月己酉，與填星合于柳。

淳祐四年九月癸丑，合于軫。

寶祐元年五月丁酉，與歲星合于昴。

景定三年四月庚子，合于危。十一月丁未，與填星合于婁。五年六月戊辰，與歲星合。八月壬寅，與填星合。

咸淳十年十月丙寅，與填星行在軫。⑦

填星⑧

端拱二年九月乙巳，與熒惑合于危。

淳化二年正月癸丑，與太白合于須女。

至道元年五月乙卯，與熒惑合于東壁。

紹興十年十二月戊子，十一年三月庚子，與太白合于室。

隆興二年十月辛巳，合于斗。

乾道二年五月己未，與歲星合于南斗。

淳熙五年閏六月己酉，與熒惑合于井。

淳祐六年十月乙未，與歲星、熒惑合于亢。

寶祐六年十一月甲戌，與熒惑順行在危。十二月辛丑，與太白、熒惑合于室。

太白⑨

乾德四年六月己亥，與熒惑合于張。

開寶三年五月庚戌，與填星合于畢。六月乙未，與歲星合于東井。五年十月甲辰，與熒惑合于牽牛。

雍熙四年十二月丁巳，與填星、歲星合于南斗魁。

淳化二年三月癸丑，與歲星合于婁，太白在南。三年正月丙辰，與熒惑合于婁，歲星在胃。

至道元年五月丙辰，與歲星合于七星，不相犯。

大中祥符元年九月乙酉，與歲星合于角、亢。

建炎四年十一月辛丑，與歲星合于南斗。十二月壬午，與熒惑合于危。

紹興元年九月丁酉，與熒惑合于張。十一月乙卯，與填星合于心。二年十一月甲子，與熒惑合于危。癸未，與歲星、熒惑合于室。三年四月戊子，與歲星合于奎。四年二月丁酉，合于婁。五年正月乙卯，十月戊申，與填星合于斗。六年七月癸酉，與歲星合于井。七年四月丁巳，與熒惑合于東井。五月乙亥，與熒惑、辰星合于井。十一月癸巳，與熒惑合于尾。八年正月乙巳，與填星合于女。十一月丙午，合于虛。九年三月癸卯，與熒惑合于井。十一月壬申，與歲星合于角。十年十一月丁未，與填星合于危。十三年十二月乙巳，合于奎。十四年六月癸卯，與熒惑合于井。十七年二月庚戌，與填星合。庚申，與歲星合。十二月庚戌，與辰星合于南斗。十九年六月戊午，與填星合于井。七月丁未，與歲星、辰星合于張。二十年三月戊寅，與熒惑合于昴。四月庚戌，與填星合于東井。六月甲寅，與歲星合于翼。十月丙午，與歲星、熒惑合于軫。己巳，與熒惑合于角。二十二年九月庚申，與熒惑、辰星合于角。十月庚午，與熒惑合于亢。二十三年六月甲子，與填星合于張。九月癸卯，與歲星合于尾。閏十二月癸卯，合于南斗。二十五年九月壬申，與填星合于軫。十一月壬申，與辰星合于尾。二十六年七月丙辰，與熒惑合。壬戌，與熒惑、填星合于軫。二十七年三月辛卯，與熒惑、歲星合于奎。二十八年二月丁未，與歲星合于胃。六月乙未，與熒惑合。十一月己未，與填星合于亢。三十年七月丙申，與歲星合于柳。三十一年六月壬寅，合于星。九月庚午，與填星合于房。十二月甲辰，合于尾。

隆興元年八月庚辰，與熒惑合于張。十月丁丑，與歲星合于亢。十二月辛酉，與填星合于箕。二年八月己卯，與歲星合于氐。十月丙辰，與填星合于箕。

乾道元年七月乙亥，與熒惑合于張。三年正月癸亥，與填星、歲星合。十一月壬申，與歲星合。五年四月乙巳，與熒惑合于井。十一月甲子，合于房。十二月癸巳，合于尾。六年正月甲子，合于斗。三月壬戌，與填星合。五月乙丑，與歲星合于昴。七年二月丙寅，與歲星合于畢。三月甲午，與熒惑合于井。八年五月癸未，與歲星合于井。九年三月辛酉，與填星合于奎。七月甲寅，與歲星合于張。

淳熙元年正月丁未，與填星合于奎。十月乙丑，與歲星合于軫。二年閏九月甲寅，與熒惑合于尾。三年二月庚辰，與填星合于胃。五月乙丑，合于畢。六月癸巳，與熒惑合于井。四年九月壬子，與熒惑、歲星合于尾。五年正月庚戌，與歲星合于斗。十一月壬戌，合于牛。六年三月丁丑，六月丁酉，與填星皆合于井。八年六月壬申，合于柳。九年二月丙寅，與熒惑合于昴。五月乙亥，與填星合于柳。十一月乙亥，又與熒惑合于氐。十一年七月壬寅，與歲星合于柳。八月己卯，與填星合于翼。九月乙卯，與辰星、熒惑合于亢。十二年六月癸酉，與填星合于翼。十五年六月丙子，與填星合于亢。甲申，與歲星合于氐。

紹熙元年十一月丁丑，與填星合。五年十一月庚戌，與熒惑合于危。

慶元元年三月庚寅，與歲星合于參。六月庚午，合于井。八月癸酉，與熒惑合于張。二年十一月丙子，與填星合于牛。三年八月甲戌，與熒惑、歲星合于翼。四年十月戊寅，與歲星合于角。五年十二月辛未，與填星合于危。

嘉泰元年五月戊午，與熒惑合于柳。二年正月丁巳，與熒惑、歲星合于南斗。十二月癸酉，與歲星合于女。

開禧二年二月壬申，與填星、歲星合于昴。

嘉定元年六月戊寅，與填星、熒惑合于井。二年四月丁丑，與填星合于井。四年八月乙酉，與填星合于室。五年九月丁未，與歲星合于心。七年六月庚子，與填星合于翼。十一月丁卯，與熒惑合于氐。九年九月庚寅，與填星合于角。十二年閏三月甲寅，七月壬寅，與歲星合于井。十三年八月丙戌，與填星合于房。

寶慶二年正月壬午，與歲星、填星合于女。三年八月甲申，與熒惑合于星翼。⑩

紹定三年閏二月乙酉，與歲星合于畢。五年八月壬申，合于張。六年五月庚戌，與熒惑合在柳。

端平元年正月丁未，合于斗。二年二月壬午，與填星合于胃。三年九月庚申，與歲星合在尾。

嘉熙元年六月乙未，與填星合于井。四年七月甲戌，與熒惑合于井。

淳祐三年閏八月壬寅，與填星合于翼。六年三月戊午，與熒惑合于畢。十年十二月戊戌，與歲星合于危。十二年七月庚寅，與熒惑合于軫。九月戊戌，與填星合于箕。

寶祐五年六月丙戌，與歲星合于翼。

景定五年四月庚午，與歲星合于婁。

咸熙三年七月己亥，與填星合于井。

德祐元年十月丁巳，與填星合。

辰星⑪

景德三年七月己酉，與歲星、太白合于柳。

紹興四年三月乙亥，與太白合于畢。七年五月戊子，與熒惑、太白合于柳。九年九月乙巳，與歲星合于角。十七年三月乙卯，與填星合。二十一年閏四月壬辰，與填星合于東井。二十三年四月丙寅，與太白合于畢。二十八年十月丙申，與填星合于亢。

隆興二年十一月庚寅，與歲星合。十二月丁亥，與太白合。

乾道元年三月甲戌，與熒惑合于畢。四年二月壬子，與太白合于胃。五年六月庚寅，與歲星合。七年四月丙寅，淳熙四年五月乙巳，與太白合于井。十五年六月庚寅，與太白合于張。十二月壬戌，與歲星合于尾。

紹熙四年三月辛巳，與太白會于昴。

【注】

①五緯相合：五星相合的記錄。相合指兩個或三個行星會於同一宿內。相合與相掩不同。五緯相合，這是宋代特有的觀測記錄。

②歲星：以下是歲星與其它行星的聚合記錄。

③與填星太白合於婁：歲星與填星、太白相會合於婁宿。祇需三顆星都處於婁宿之內，不必經度相同。與它星相合亦同。

④與太白太陰同度不相犯：歲星與太白同度，亦與月亮同度，但均不相犯。

⑤熒惑：以下是熒惑與其它行星的聚合記錄。

⑥與太白合于羽林軍：這是熒惑第一次與它星合於二十八宿外的星座記錄。

⑦與填星行在軫：熒惑與填星均在軫宿中運行，即合於軫。

⑧填星：填星與其它行星聚合的記錄。

⑨太白：太白與其它行星聚合的記錄。

⑩甲申與熒惑合于星翼：諸本均同，中華書局校點本亦未改動且在星翼間加一頓號，這樣更顯現出錯誤來。太白與熒惑兩星，均不可能於甲申這一天從星宿越過張宿又合於翼宿，"星"字爲衍文，當刪。

⑪辰星：辰星與其它行星聚合的記錄。

五緯俱見①

乾德五年三月，五星如連珠，聚於奎、婁之次。②

景德四年七月，五星當聚鶉火而近太陽，同時伏。③

慶曆三年十一月壬辰，五星皆見東方。④

靖康元年六月丙辰，填星、熒惑、太白、歲星聚。⑤

乾道四年二月壬子，六月辛丑，八月己亥，六年五月乙亥，十月庚申，八年十月癸卯，五星俱見。⑥

淳熙十三年閏七月戊午，五星皆伏。⑦八月乙亥，七曜俱聚於軫。⑧

【注】

①五緯俱見：五星同時都可看到的記錄。雖然祇有十二條記錄，但作爲一個項目來寫，仍然是《宋志》首創。

②五星如連珠聚於奎婁之次：奎婁二宿相加不足三十度，這是一次真正的五星如連珠的五星聚會。

③五星當聚鶉火而近太陽同時伏：五星聚於鶉火星次，五星均伏而不見。太陽東西不見之行星，當在二十度的範圍之內。鶉火對應的星宿爲柳、星、張三宿。

④五星皆見東方：五星聚於八九十度範圍之内。

⑤填星熒惑太白歲星聚：這是一次四星聚會，缺少水星。

⑥五星俱見：五星散布在東西方範圍之内，但俱可見到。

⑦五星皆伏：如前注所述，五星皆伏，當聚集於二十度的範圍之内。

⑧七曜俱聚於軫：軫宿十八度，即宋淳熙十三年（1186）八月乙亥，發生了一次嚴格意義上的五星聚會，五星與日月均聚集於軫宿範圍之内。這幾乎是千年不遇的天象記錄。

老人星①

乾德三年八月辛酉，四年八月乙卯，②六年正月戊申，開寶二年七月丁亥，太平興國四年八月乙亥，五年八月己卯，六年八月己卯，八年八月辛卯，雍熙三年八月己酉，四年八月辛亥，端拱元年八月乙卯，二年八月己亥，淳化元年八月丁卯，二年八月辛未，三年八月戊寅，四年九月己亥，五年八月乙丑，至道元年八月己亥，二年閏七月己亥，三年八月辛丑，咸平元年八月癸丑，二年八月癸亥，三年八月丁卯，四年八月甲子，五年八月乙丑，六年八月丙子，景德元年八月癸酉，二年八月庚辰，三年八月庚寅，四年二月己卯，八月甲午，大中祥符元年正月丁亥，八月丙申，二年二月壬辰，八月乙巳，三年二月辛巳，八月己酉，四年正月戊寅，八月丙寅，七年正月癸丑，八月己巳，八年七月癸酉，九年正月甲寅，八月壬午，天禧元年八月癸巳，二年正月丁巳，八月辛卯，三年八月己亥，四年八月己亥，五年二月丙午，八月乙巳，老人星皆出丙。③

治平四年二月癸巳，八月戊申，熙寧元年正月乙未，八月己卯，二年二月乙卯，八月壬戌，三年正月甲寅，八月癸酉，四年二月己未，八月丁丑，五年二月己未，閏七月己亥，六年正月庚午，八月丁酉，七年二月甲申，八月庚寅，八年二月己丑，八月庚戌，九年二月丁酉，八月庚子，十年正月己卯，九月戊申，元豐元年二月乙酉，八月丙午，二年二月壬戌，八月乙卯，三年二月甲寅，八月己未，四年八月丁卯，五年二月甲戌，八月己巳，六年二月己未，八月丁丑，七年二月辛巳，八月己卯，八年二月庚辰，八月辛巳，元祐元年二月戊寅，八月庚子，二年二月庚寅，九月辛亥，三年二月癸巳，八月己亥，四年二月壬子，八月丁未，五年正月甲午，八月辛亥，六年二月己亥，閏八月壬戌，七年正月壬子，八月壬戌，八年二月丙寅，八月己巳，九年二月乙丑，紹聖元年八月丙子，二年二月壬午，八月丁丑，三年二月庚午，八月癸未，四年二月甲申，八月甲申，五年二月庚辰，元符元年八月辛卯，二年二月乙未，九月壬辰，崇寧元年二月壬寅，八月癸未，二年二月甲寅，八月庚戌，三年二月戊午，八月辛酉，四年二月庚申，八月丙寅，五年二月戊辰，八月甲戌，大觀元年二月乙亥，八月丁丑，二年二月甲午，八月壬午，三年二月戊子，八月癸巳，四年二月乙未，閏八月丁酉，④政和元年二月癸卯，八月己亥，二年二月乙巳，八月己酉，三年二月甲午，八月己未，四年二月己酉，八月辛未，五年二月庚申，八月甲子，六年閏正月壬戌，八月丁卯，七年正月戊午，八月丙子，重和元年二月壬申，八月乙亥，宣和元年二月癸未，八月癸未，二年二月辛巳，八月己丑，三年二月丙戌，八月癸巳，四年二月己亥，八月辛丑，五年二月庚子，八月丙午，六年二月戊申，八月辛亥，七年二月癸丑，八月庚申，建炎四年七月戊辰，皆見於丙。⑤

【注】

①老人星：這是中國古代所認識的最南方的一顆星，故又稱爲南極老

人星。《黄帝占》曰："老人星，一名壽星，色黄明大而見，則主壽昌，老者康，天下安寧；其星微小，若不見，主不康，老者不强，有兵起。"《春秋元命苞》曰："直弧比地，有一大星，曰南極老人，見則主安，不見則兵革起。常以秋分候之南郊，以慶主令天下。"由此可見，該星主壽昌，天下安寧，這是鼓勵人們觀看老人星的主要目的。老人星位於天狼星、弧矢星之南，不是任何時候都能見到的，人們常於秋分黎明前到南郊空曠處觀看老人星，并於南郊建老人廟供人們祭祀。

②乾德三年八月辛酉四年八月乙卯：據《歷代長術輯要》，乾德三年八月戊戌朔，二十四日辛酉。四年八月癸巳朔，二十三日乙卯，八月辛酉二十九日秋分。由此可見，這裏的老人星見的記録，并非都在秋分日。

③老人星皆出丙：所見老人星皆見於丙方。按二十四方位關係圖，丙方位於正南方偏東十五至三十度。《晋書・天文志》說："老人一星，在弧南，一曰南極，常以秋分之旦見于丙，春分之夕没于丁。見則治平，主壽昌，常以秋分候之南郊。"

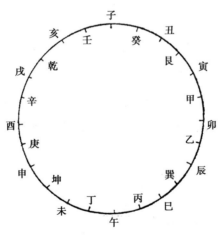

二十四方位關係示意圖

按天球運轉的原理，凡是秋分之旦見於南方之天體，春分之夕一定也能見於南方。《宋志》祇記傳統八月秋分觀看老人星的習俗。《晉志》記録得更完整一些。從實際記録也可看出，雖然百分之七十的記録出自八月，但仍有七月、九月、二月、正月見到者。正月、二月所見，并非在丙而是在丁。老人星在南緯五十度餘處，開封不到北緯三十五度，見老人星的最佳高度也祇有五度。南宋都城約在北緯三十度，老人星最佳高度十度。這表明老人星也不是南方不動之點。見於丙者，是説老人星黎明時剛從丙方升起，隨後即隱没於朝霞之中。没於丁者，是説日落的餘暉剛消失之時，纔見其出現於丁處地平綫之上，但很快就落入丁處地平綫之下不見了。這是在説老人星十分稀見，其它時間和方位是見不到的。

④四年二月乙未閏八月丁酉：宋徽宗大觀四年二月乙未、閏八月丁酉都看到了老人星。二月乙未爲二月二十六日，閏八月丁酉爲閏八月初一。秋分爲八月晦日。可見天文專業人員并非祇在秋分觀看尋找老人星。

⑤從以上記録統計可以看出，雖然老人星的記録多在八月，但二月、正月見到的機會也不少。而二月、正月實際所見的方位大都在丁而非在丙，可見其記録也有不全面和失誤之處。

景星①

開寶四年八月癸卯，景星見。

景德三年四月戊寅，周伯星見，出氐南騎官西一度，狀如半月，有芒角，煌煌然可以鑒物，歷庫樓東，八月，隨天輪入濁，十一月，復見在氐。自是常以十一月辰見東方，八月西南入濁。②

大中祥符七年正月己酉，含譽星見。其年九月丙戌，又見，似彗有尾而不長。

天聖元年二月己亥，奇星見。二年八月丙子，四年七月壬申，又見。

明道二年二月戊戌，含譽星見東北方，其色黄白，光芒長二尺許。

景祐二年正月己丑，奇星又見。

至和三年二月辛卯，八月己未，嘉祐二年八月庚午，三年八月丙辰，四年正月庚戌，八月癸未，五年八月庚午，六年正月癸丑，八月壬辰，七年正月辛亥，八年正月辛酉，治平元年二月己丑，七月癸巳，二年二月癸巳，八月己亥，三年正月庚辰，八月庚戌，奇星皆見。③

【注】

①景星：景星在上古時還祇是一個模糊的概念，又稱爲德星，祇有具有大德之人出現於世時，纔會有景星出現。例如《竹書紀年》載黄帝時景星見、帝堯時景星見。兩漢以降無景星見之説。至宋時爲之一變，非但有景星出現，而且宋代所見可以組合成一個門類。宋時景星的定義已見如前，此處祇載觀測記録。

②景德三年……西南入濁：這便是當代天文學家十分關注的 1006 年超新星爆發記録。原本人們見到其出現，很是恐懼，擔心災星出現將對社會造成極大危害。周克明力排衆議，將其定名爲周伯星，稱其爲德星即景星，從而受到宋真宗的嘉獎而升官。

③綜上所述，宋代所載景星可分爲四類，一類爲傳統所述景星，二是周伯星，三是含譽星即北極光，四爲奇星。對後三種前人大都歸入妖星類。

彗孛　彗星①

開寶八年六月甲子，出柳，長四丈，辰見東方，西南指，歷輿鬼至東壁，凡十一舍，八十三日而滅。②

端拱二年七月戊子，又出東井積水西，青白色，光芒漸長，辰見東北，旬日夕見西北，歷右攝提，凡三十日至亢没。③

咸平元年正月甲申，又出營室北，光芒尺餘，至丁酉，凡十四日滅。六年十一月辛亥，旄頭犯輿鬼。甲寅，有彗孛于井、鬼，大如杯，色青白，光芒四尺餘，歷五諸侯及五車入參，凡三十餘日没。

天禧二年六月辛亥，彗出北斗魁第二星東北，長三尺許，與北斗第一星齊，北行經天牢，拂文昌，長三丈餘，歷紫微、三台、軒轅速行而西，至七星，凡三十七日没。

景祐元年八月壬戌夜，有星孛于張、翼，長七尺，闊五寸，十二日而没。十二月己未夜，有星出外屏，有芒氣。

皇祐元年二月丁卯，彗出虛，晨見東方，西南指，歷紫微至婁，凡一百一十四日而没。

嘉祐元年七月，彗出紫微，歷七星，其色白，長丈餘，至八月癸亥滅。

治平三年三月己未，彗出營室，晨見東方，長七尺許，西南指危，泊墳墓，漸東速行近日而伏；至辛巳，夕見西南，北有星無芒彗，益東方，別有白氣一，闊三尺許，貫紫微極星并房宿，首尾入濁；益東行，歷文昌，北斗貫尾；至壬午，星復有芒彗，長丈餘，闊三尺餘，東北指，歷五車，白氣爲岐橫天，貫北河、五諸侯、軒轅、太微五帝坐內五諸侯及角、亢、氐、房宿；癸未，彗長丈五尺，星有彗氣如一升器，歷營宿至張，凡一十四舍，積六十七日，星、氣、孛皆滅。④

熙寧八年十月乙未，星出軫度中，如塡，青白，丙申，西北生光芒，長三尺，斜指軫，若彗，丁酉，光芒長五尺，戊戌，長七尺，斜指左轄，至丁未入濁不見。

元豐三年七月癸未，彗出西北太微垣郎位南，白氣長一丈，斜指東南，在軫度中，丙戌，向西北行，在翼度中，戊子，長三尺，斜穿郎位，癸卯，犯軒轅，至丁酉入濁不見，庚子晨，復出於張度中，至戊子，凡三十有六日，沒不見。

紹聖四年八月己酉，彗出氐度中，如塡，有光，色白，氣長三丈，斜指天市左星，九月壬子，光芒長五尺，入天市垣，己未，犯天市垣宦者，庚申，犯天市垣帝坐，戊辰，沒不見。

崇寧五年正月戊戌，彗出西方，如杯口大，光芒散出如碎星，長六丈，闊三尺，斜指東北，自奎宿貫婁、胃、昴、畢，後入濁不見。

大觀四年五月丁未，彗出奎、婁，光芒長六尺，北行入紫微垣，至西北入濁不見。

靖康元年六月壬戌，彗出紫微垣。

紹興元年九月，彗星見。十二月戊寅，二年八月甲寅，見于胃，丙辰，行犯土司空，至九月甲戌始滅。十五年四月戊寅，彗星見東方，丙申，復見于參度，五月丁巳，化爲客星，其色青白，壬戌，留守張，至六月丁亥乃消。⑤十六年十一月庚寅，彗星見西南危宿。二十六年七月丙午，彗星見東井，約長一丈，光芒二尺，癸丑，又犯五諸侯。三十一年六月己巳，彗星見北斗天權星東北，太史妄稱爲含譽。⑥

淳熙二年七月辛丑，有星孛于西北方，當紫微垣外七公之上，小如熒惑，森然蓬孛，至丙午始消。

嘉定十五年八月甲午，彗星見右攝提，光芒三尺餘，體類歲星，凡兩月，歷氐、房、心乃没。⑦

紹定三年十一月丁酉，有星孛于天市垣屠肆星之下，明年二月壬午乃消。五年閏九月，彗星見東方，十月己未始消。

嘉熙四年正月辛未，彗星見于室，至三月辛未乃消。

景定五年七月甲戌，彗星見于柳，芒角燭天，長十餘丈，日高方斂，凡月餘，己卯，退行見于輿鬼，辛巳，在井，丙申，見于參，戊戌，在參宿度内，八月末，光芒稍減，凡四月乃滅。⑧

【注】

①彗孛、彗星：彗星分爲兩類，有尾者稱彗星，民衆亦稱掃帚星。無尾者稱彗孛，或稱孛星。又二者通稱爲彗星。中國古代對彗星的觀測是十分認真的，認爲其與社會政治的關係密切。還有一種具體的判法爲"光芒所及爲災"，即彗尾掃的星座所對應的人物、機構及分野地區爲災。

彗星是近現代天文學中研究得最爲詳細的天象之一，也已取得很大的進展，例如，認定彗星是太陽系内的天體，而且已經發現其中有一些是周期彗星，最著名的就是哈雷彗星，已經判定它具有七十六年的回歸周期。中國古代的彗星記録中，就有很多是關於哈雷彗星的記録。宋代的哈雷彗星記録，就有四次之多。經測定，彗星的質量和彗核的體積都不大，通常的直徑僅爲幾公里，最大的彗星直徑也超不過幾百公里。關於彗星形成的機制，人們通常用髒雪球理論來解釋，即彗星在遠離太陽運行的過程中吸附了周圍的水和塵埃物質形成髒雪球，接近太陽時因受光熱而蒸發，在光壓的作用下散發到宇宙空間而形成彗頭、彗髮和彗尾。當彗星遠離太陽時因光熱的作用減少停止蒸發而使彗髮、彗尾減少，最終消失在宇宙之中。彗星的壽命一般超不過幾千年，同時產生新的彗星，在歷史上人們已經觀測到數顆彗星的瓦解過程。

②開寶八年六月……八十三日而滅：這是《宋志》記錄的宋代觀測到的第一次大彗星，從開寶八年六月甲子日看到彗星早晨出現在柳宿（似乎是夕出），豐盛尾指向西南方，彗尾有四丈長（相當於四十度）。這時太陽在井宿附近，彗星向西運動，經過鬼宿、井宿等計十一宿，直至壁宿，共計八十三日而隱没不見。

③端拱二年七月……至亢没：據考證，此是宋代第一次哈雷彗星記錄。

④治平三年三月……星氣孛皆滅：這是宋代第二次觀測到的最詳細的哈雷彗星記錄。因原文表達不夠清晰淺顯，今譯述如下：北宋英宗治平三年（1066）三月乙卯朔，初五（己未）彗星出現在營室，晨見東方，尾長七尺，指向西南方，掃向墳墓星方向。以後彗星逐漸向東運行，向着太陽方向靠近，然後隱伏於日光之中不見。至三月二十七日（辛巳），彗星又於傍晚時出現於西方。初見時祇有星而無芒無尾。在它更遠的東方，有一股白氣，寬約三尺，橫貫於紫微垣北極星和房宿之間，其頭尾都隱没於地平之下不見。以後彗星繼續東行，經歷文昌星，其彗尾貫穿北斗。至二十八日（壬午），彗星又重新能被看到彗髮和彗尾，尾長一丈有餘，尾寬三尺餘，其尾指向東北，經歷五車星時，其白氣分叉橫貫天空，分布於北河戌、五諸侯、軒轅星、太微垣內五諸侯及角、亢、氐、房間。二十九日（癸未），尾長一丈五尺，彗核周圍有氣團如一升大小。彗星自營室向東運行，共經十四宿，至張宿，計六十七日，以後彗星、彗尾、彗孛纔隱没不見。

⑤十五年四月戊寅彗星見東方：這是宋代第三次哈雷彗星記錄。

⑥太史妄稱爲含譽：剛開始見到彗星時，將其誤判爲北極光。這也是常有的事。

⑦嘉定十五年八月甲午彗星見：此爲宋代第四次哈雷彗星記錄。

⑧景定五年……凡四月乃滅：這是記載宋代觀測到的最大一次彗星，歷時四個月，芒角燭天，長十餘丈，其光日高方斂，即在太陽升高以後，彗星的光芒纔隱没不見。

客星①

建隆二年十二月己酉，出天市垣宗人星東，微有芒彗，三年正月辛未，西南行入氐宿，二月癸丑至七星没。

太平興國八年二月甲辰，出太微垣端門東，近屏星北行。

端拱二年七月丁亥，出北河星西北，稍暗，微有芒彗，指西南。

淳化元年正月辛巳，出軫宿，逆至張，七十日，經四十度乃不見。

景德二年八月甲辰，出紫微天桴側，孛孛然如粉絮，稍入垣内，歷御女、華蓋，凡十一日没。②三年三月乙巳，出東南方。③

大中祥符四年正月丁丑，見南斗魁前。

天禧五年四月丙辰，出軒轅前星西北，大如桃，速行，經軒轅大星入太微垣，掩右執法，犯次將，歷屏星西北，凡七十五日入濁没。

明道元年六月乙巳，出東北方，近濁，有芒彗，至丁巳，凡十三日没。

至和元年五月己丑，出天關東南，可數寸，歲餘稍没。④

　　熙寧二年六月丙辰，出箕度中，至七月丁卯，犯箕乃散。三年十一月丁未，出天囷。

　　元祐六年十一月辛亥，出參度中，犯掩厠星，壬子，犯九斿星，十二月癸酉入奎，至七年三月辛亥乃散。

　　紹興八年五月，守婁，魯分也。九年二月壬申，守亢，陳分也。⑤

　　乾道二年三月癸酉，出太微垣内五帝坐大星西，微小，色青白。

　　淳熙八年六月己巳，出奎宿，犯傳舍星，至明年正月癸酉，凡一百八十五日始滅。

　　嘉泰三年六月乙卯，出東南尾宿間，色青白，大如填星。甲子，守尾。

　　嘉定十七年六月己丑，守犯尾宿。

　　嘉熙四年七月庚寅，出尾宿。

【注】

　　①客星：此小節爲來星空作客的星辰記録。客星大體上可以分爲兩類，一類是位置可以移動的，移動的方位可達數個星宿，并且有彗尾，出現的日期可達數十天。第二類客星是方位固定，不見位置移動，光度有變化，經歷的日期從數十日至一年不等。古人對天象的分類并不明確和科學，後者當屬恒星中的變星和新星、超新星，前者則大多屬於彗星。

　　②以上五條記録的客星，以其活動來分析，應該全部屬於彗星。

　　③三年三月乙巳出東南方：此星象未見位置移動，可以判斷爲新星類星象。本志"景星"部分記録中也載有景德三年四月戊寅周伯星見，三月乙巳爲初三，四月戊寅爲初七，其間相隔三十餘天，不可能爲同一個客星。四月戊寅的周伯星即 1006 年爆發的超新星，是宋代爆發的光度最高

的一次，狀如半月。

④至和元年五月己丑出天關東南可數寸歲餘稍没：這是當代天文學界研究得最多、也是最爲熱門的古代 1054 年的超新星記錄。在天關星西北

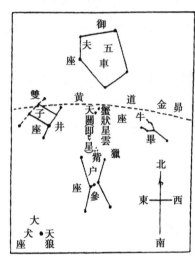

天關星附近主要星宿示意圖

數寸處有一塊星雲，被認爲是新星爆發後形成的遺存，以星雲擴張速度推算，其年代也正好相合。惟其記錄的方位與星雲的方位正好相反，記錄在“天關東南，可數寸”，星雲則在天關星西北“可數寸”。對此，人們作出了不同的可能解釋。

⑤守婁魯分也……守亢陳分也：古人認爲，客星的出現和凌犯，是社會災异的徵兆，災异則由對應的星宿分野來承擔，故有魯分、陳分之説，魯分，兖州；陳分，淮陽。

《宋史》卷五十七

志第十

天文十

流隕一^①
流隕^②

建隆元年正月戊午，有星出東北方，^③青赤色，北行，初小後大，尾迹斷續，光燭地。四月，有星出天市垣。六月癸酉，有大星赤色，出心大星。^④甲申，有星色赤，出太微垣，歷上相。乙未，有大星色赤，流虛東北。九月癸亥，有星出昴。甲子，有星如缶出卯，光明燭地。十二月戊辰，有星青赤色，出參旗西南，慢行而没，蒼光燭地。三年六月丁酉，有星出天市，入南斗魁。

乾德元年二月丙午，有星如桃，色赤，出弧矢東南没，有光明。二年二月乙丑，有星黄白色，出太微五帝坐南，速行至外廚没，其體散落，光燭地。三年六月丁巳，有星如桃，色黄赤，出北斗魁，經太微垣北，過角宿西，漸大，行五尺餘，没，尾迹凝天有光明。十二月丁巳，有星出天河，青白色，南行至天倉没，初小後大，光燭地。四年正月乙未，有星出天社，青白色，速行，尾迹三丈餘，初小後大，没，有光明。⑤四月甲寅，有星出天乳，青赤色，東南行，貫房没，⑥光燭地。閏八月己丑，有星出天船，青白色，西北速行，没於文昌。

開寶元年七月戊子，有星出大角，青白色，北行没，明燭地。九月戊子，有星出文昌，赤黄色，東北速行而没。二年六月己卯，有星出河鼓，慢行，明燭地。三年九月庚午，廣州民見衆星皆北流。⑦四年八月辛卯，有星出織女，西北行，尾迹三丈餘，没，久有聲。五年八月乙巳，有星出王良，西北行，四丈餘，有聲而散。七年九月甲午，有星出室，西北行，星體散落有聲，明燭地。⑧

【注】

①流隕一：這是《宋史·天文十》的標題。

②流隕：這是天文志中的一個門類。它包括流星和隕星兩類星象的記録。統觀《宋史·天文志》的天象記録，自第五部分後半日食開始，至第十三部分，計近九個部分，爲“二十四史”中天象記録之冠，其中尤以流隕記録特多，共達四部分，幾乎占了全部天象記録的一半。中國天文學家對於流星和隕星的觀測，自古就很重視。在歷代正史中，也都有流隕的觀測記録，但大都以日月食和五星凌犯爲主。天象記録以流隕爲最多，又成爲宋代天象記録的一大特徵。

③有星出東北方：傳統星象學認爲，流星爲天使，出東北方，象徵有使者從東北方來。

④出心大星：心大星爲天皇位，有流星出，象徵天子派出使臣。

⑤没有光明：流星隱没後，仍有光帶留存。

⑥貫房没：流星隕落之處受災。房者，將相位，今没於房，象徵將相

大臣有災。

⑦三年九月庚午廣州民見衆星皆北流：這次所見衆星北流的公曆日期爲970年11月3日，當爲金牛座流星記録。據近現代天文學家對流星的觀測研究，流星爲廣泛分布於太陽系周圍的小天體，大致可分爲兩類，一是彗星瓦解後所生，二是小行星碰撞後形成的碎塊。此二類的物質組成是有別的，前者結構鬆散易瓦解，後者大塊的物質進入大氣層後燃燒不盡，落入地球成爲隕石和隕鐵。彗星瓦解後在其軌道上留下衆多細小物質，與地球相遇，便形成流星雨。對流星雨的研究是天文學家研究太陽系深化的重要手段之一，故十分重要，也已取得很大進展，其中周期性的流星群的發現，就是重大成果之一。爲了便於了解和研究宋代的流星雨記録，現引載幾個著名的流星群要素於下表。表中首列所載流星群爲希臘星座名稱，爲對應的流星群輻射點。其對應的中國星座名稱，見《中西星空的對話》（群言出版社，2005）。所謂輻射點，是指這組流星大都從一個點向四面輻射。實際上，這是一種透視現象，所有的流星都是沿着平行於輻射點跟觀測者的連綫方向下落的。表中的"可見日期"爲該流星群能被見到的大致日期。由於分散的流星群物質在軌道上分布不均，故并不是每年這個日期都有流星雨出現，而是有一個周期。例如仙女座流星雨的周期爲六點六年，獅子座流星雨爲三十三年。表中有關彗星，是指該流星群與該彗星的物質和軌道的關係，是指該流星群物質的本源。可以看出，《宋志》的這條記録，正位於金牛座流星雨的日期範圍之内，祇是輻射點記載得不够明確。

一些主要的流星群

名　稱	可見日期	出現率 最高日期	輻射點 赤經赤緯		有關彗星
天琴座流星群	4月20日—24日	4月22日	18^h08^m	+32	1861 I
寶瓶座 η 流星群	5月2日—7日	5月5日	22　24	0	哈雷
寶瓶座 δ 流星群	7月22日—8月1日	7月31日	22　36	−8	無
英仙座流星群	7月27日—8月16日	8月12日	3　04	+58	1862 III
獵户座流星群	10月17日—25日	10月21日	6　24	+15	哈雷

（續表）

名　稱	可見日期	出現率 最高日期	輻射點 赤經赤緯		有關彗星
金牛座流星群	10 月 25 日—11 月 25 日	11 月 8 日	3　44	+18	恩克
獅子座流星群	11 月 16 日—19 日	11 月 17 日	10　08	+22	1866 I
雙子座流星群	12 月 7 日—15 日	12 月 14 日	7　22	+32	無

⑧以上爲宋太祖時代的流星記録。

太平興國三年十月甲寅，有星出天船，赤黃色，至天榜，星體散落，明燭地。①八年三月丙寅，有星晝出西南，當未地，青白色，尾迹二丈餘，没于東南，有光明。七月辛巳，有星如稱權，没于婁。八月壬寅，有星出紫微鈎陳東，赤黃色，向北速行，近北極没。

雍熙元年十月丁酉，有星出昴，赤色，東南蛇行二丈餘，没。二年正月壬戌，有星出東井，其大倍於金星，②入輿鬼没。四年六月庚戌酉初，有星出西北，色青白，入濁，當戌地，有聲如雷。八月乙亥，有星出天關東，色赤黃，尾貫月。

端拱元年四月辛亥，有星出天津，赤黃色，蛇行，有聲，明燭地，犯天津東北。閏五月辛亥丑時，有星出奎，如半月，北行而没。乙卯，有星出紫微鈎陳西，色青，尾迹短，赤光照地，北行而没。九月癸丑，有星出西南，如太白，有尾迹，至中天，旁出一小星，行丈餘，又出一小星，相隨至五車没。二年四月辛亥戌時，有星出東南，色白，墜于氐、房間。壬申，有星出漸臺，血色赤，東南急行，掩左旗，過河鼓没。

淳化元年九月辛巳，有星出羽林，色青，南行，光奪月。十一月壬午，流星出天關，南行，歷東井、郎位、攝提，至大角東北墜於地，光芒四照，聲如隤牆。③二年正月丙申，有星出水府西，色赤黃，經參旗分爲三星，相從至天苑東没，④光燭地。七月癸酉，有星出雲雨側，色青白，緩行三尺餘，没。三年三月己酉未時，西北方有星西北速行，色青白，有尾迹。四月己卯，有星出文昌，西南速行至柳分爲二星而没。六月己丑，有星出天市垣屠肆東，色青白，西北慢行丈餘，分爲三星，從而没。四年五月乙未平明，有星東南出南斗，色青白，西北行而没。五年八月己酉，常星未見，有星出東方，色青白，東北慢行，至濁没，大約出奎、婁間。九月庚午，有星出昂北，緩行，過卷舌，至礪石没。

至道元年四月乙巳，常星未見，⑤有星出心北，色青赤，急行而墜。七月癸丑，有星出危，色青白，入羽林没。二年五月辛丑，有星出紫微北，尾迹丈餘如彗而有聲，墜于壁、室間。五月己未，日未及地五尺間，⑥有星出中天，色赤黃，有尾迹，東行速行二丈餘，没。六月己卯，有星出牽牛西，歷狗國，光芒丈餘，墜東南，及地無聲。又有星出翼，貫天廟，墜于稷星東，光燭地。九月丁酉平明，有星出北方，東行三丈餘，分爲三星，從而没。三年九月丁丑，有星二，隕于西南，一出南斗，一出牽牛，有光三丈許。⑦

【注】

①星體散落明燭地：看到流星在大氣層燃燒發生爆炸，星體向四方散落，墜地時將地面都照亮了。

②其大倍於金星：流星的明亮程度比金星還大一倍。

③墜於地光芒四照聲如隤牆：隕星墜落至地，發出的光芒照亮四方，發出的聲音如倒塌的牆壁。

④分爲三星相從至天苑東没：流星在大氣中摩擦燃燒發生爆炸，分裂成三顆流星，繼續向東流逝而没。

⑤常星未見：言流星發生的時間爲剛近天暗，普通的大小星體尚未出現之時。

⑥日未及地五尺間：在太陽落入西方地平綫前五尺的高度時出現了流星。

⑦以上爲太宗時的流星記録。

咸平五年三月丙午，有星晝出心，至南斗没，赤光丈餘。①八月辛巳，有星出營室，色白。丙申，有星流出東方，西南行，大如斗，有聲若牛吼，小星數十隨之而隕。②戊戌，又有星十數入輿鬼，③至中台，凡一大星偕小星數十隨之，其間兩星，一至狼星，一至南斗没。丁未，有星晝出紫微垣，貫北斗没。壬子，有星出中天，尾迹數道如迸火，西流至狼、弧没。④六年五月乙未，有星出王良西，又出北極稍東北，至垣外没，有聲如雷。六月庚午，有星晝出東北方，色黄白，有尾迹。七月壬辰，有星出昴，尾迹丈餘，色白，隱隱有聲，至狼星没。十一月癸丑，有星出畢，至屏星北没，尾迹蛇行，屈曲三丈餘，久方没。十二月乙酉，威虜軍⑤有星歷城西北，尾迹長數里，光照地，落蕃帳，⑥有聲如雷者三。

景德元年六月戊午，有星晝出西南方，赤黄，有尾迹，速流丈餘，没。十月戊申，天雄軍⑦有星出北方，隕于西北，光丈餘。十二月庚辰，有星出文昌，慢行西北，分爲數星，至紫微垣東北没。戊子，有星出昂，至參旗迸爲數星没。二年正月丙子，日未没，有星速流西南。二月己亥，有星出太微上將，光燭地。四月癸卯，有星北流入天倉，尾迹丈餘。十月戊寅，有星出太微垣內屏北，至翼分爲三星，隨而没，尾迹青白色。十一月壬子，有星晝出南方，⑧聲如雷，光燭地。三年五月乙卯，有星出天津東北，紫微垣北，分爲四星，隨而没，赤黄，有尾迹。六月乙亥，有星出雲雨星北，至羽林天軍南，迸爲三星没。丁酉，有星出胃北，入天囷迸爲數星，光燭地。七月庚申，有星出靈臺，有短彗，聲如雷，至東北没，赤光照地。⑨十一月辛丑，有星出中台東北，速流，有聲，光燭地。四年三月庚申，有星晝出南方。六月丙辰，有星出北方，慢流至八穀，迸爲數星没，光燭地。己未，有星出天市，分爲三星，至尾没。七月辛卯，有星出敗瓜南，慢流，歷河鼓，入天市，至宗人東北，迸爲二星没，色赤黄，有尾迹。十二月癸巳，有星出弧矢，赤黄色，尾迹丈餘，光燭地，速流入濁。

大中祥符元年二月戊申，有星十餘，急流入濁，色赤黄，有尾迹。⑩五月辛未，有星如太白，出天市垣宗人東南，尾迹丈餘，闊三寸，向北慢流，至女牀西，分爲數星没。六月戊申，有星出北斗魁内，赤黄，有尾迹，稍北速行，迸爲數星没。八月己丑，有星畫出中天，如太白，有尾迹，急流東南，近日没。九月乙丑，有星出天倉，急流東南，星體散落。二年三月己未，有星出天津南，至離珠没，尾迹五丈餘，照地明。四月丙申，有星出八穀，有尾迹，速流而西，至五車東，迸爲數星没。五月乙亥，有星畫出東方，如太白，尾迹赤黄，流至日北没。八月丙申，有星出北斗杓，西南急行，至郎將西，分爲數點。九月乙丑，有星出南河，如桃，色赤，至中台没。三年三月丁未，有星出天市宗人東北，尾迹二丈，至左旗，迸爲數星没，光燭地。五月丁亥，有星出北斗魁，如桃，色青白，尾迹二丈餘。六月丁巳，有星出文昌，至上台没。乙卯，有星出傅舍，如桃，色赤黄，至紫微没。壬申，有星出建星，入南斗没，赤黄，有尾迹。七月庚辰，有星出宗人西，北流入濁，光照地。八月丁未，有星出貫索，至帝座没，尾迹光明。壬戌，有星出文昌，至北極没，尾迹丈餘。九月庚辰，有星出軒轅左，入太微垣没。十月庚戌，有星出東方，赤黄，無尾迹，分爲數星，稍南没。四年二月辛亥，有星出東方，尾迹赤黄，二丈餘。四月乙丑，有星出柳，色赤黄，至翼没。五月戊子，有星出東方，赤黄色。六月壬戌，有星出觜東北，流入濁。七月壬申，有星出紫微宮，速流至天皇没。戊寅，有星自内階流經文昌，至上台，迸爲數星，隨而没。十月戊午，有星出東北，入濁。又星出七星南，至天稷没，尾迹丈餘。五年二月戊申，有星出貫索，經庫樓，迸爲數星没。八月戊午，有星大小二十餘，皆有尾迹，北流。又一星光燭地，出紫微垣外，尾丈餘，闊三寸許，東北流，至傳舍没。庚申，星出天耗北，尾迹十丈餘，明燭地，至文昌没。⑪六年乙巳，有星晝出南方，赤光迸逸，照地明。十一月丁巳，有星出太微郎位東，色赤黄，有尾迹，至軫北，迸爲數星没。十二月癸亥，有星出西南，色青白，入東北没。七年三月丙戌，有星出南河，大如杯，至玉井没。四月辛酉，星出鈎陳，尾迹赤黄。七月丁未，有星晝出東南方，色黄，急流而北。九月辛亥，有星出軍市，至柳迸爲三星没。十一月癸未，有星晝出日西南，尾迹二丈餘，闊三寸許，青白色，西流而没。己丑，有星出南河，至弧矢没，光燭地。八年二月丁卯，有星出郎將北，迸爲三星。四月癸丑，有星出亢西，至右攝提，迸爲數星，隨而没。五月乙酉，有星青白色，出人星，至騰蛇没，光燭地。丙申，有星西南流，迸爲數星没，明照地。八月己亥，有星出參，南流入濁。九年四月庚子，有星晝出，赤黄色，急流西北没。

天禧元年四月己巳，有星出軫，至器府北没，光照地。六月，有星出河鼓，速流至天田，迸爲數星没。十二月癸巳，有星出東北，尾迹赤黄，急流西南没。二年八月乙卯，有星二，有尾迹，赤黄，一出五車，一出狼北，入濁。戊午，有星出酒旗，至明堂没，光燭地。九月戊子，有星出西南，至天園没。十一月辛酉，有星出南河，色赤黄，至柳没。三年六月乙巳，有星出昴，急流至天倉没。十二月壬寅，有星出軒轅，尾迹黄，慢流至太微垣，久之，有聲如雷。四年正月丁丑，有星出王良，明照地，至騰蛇没。五年四月丙辰，有星出軒轅前星，大如桃，狀若粉絮，犯次將，入太微垣，歷屏星，凡七十五日，入濁没。⑫己未，有星出南方，如二升器，色青赤，北流入濁，尾迹三丈許。七月辛巳，有星出文昌，光明燭地。十月乙巳，有星出天津西。

乾興元年三月庚寅，夜漏未上，⑬星出七星，曳尾緩行，至翼没。五月己巳，星出天棓，速行入紫微極星西没。癸酉，星出張，西北入濁。壬午，星出危，赤黄，有尾迹，速行而東，炸烈如迸火，隨至羽林軍南没，明燭地。己丑，星出北河，至軒轅没。九月己巳，星出羽林，流至芻稿没。己丑，星出天市垣旁，緩行經天，過天市垣，至營室没。壬辰，星出營室，行至天倉没。十月丁酉，星出右旗，如太白，西南速行，至天弁没，明燭地。十一月壬辰，常星未見，有星出五車，南行至奎没。⑭

【注】

①咸平五年……赤光丈餘：這是白天觀測到流星的記録。一般白天陽光强烈，不易察覺流星。

②丙申……小星數十隨之而隕：陳遵嬀《中國天文學史》説："丙申所見當係火流星，可能不屬於戊戌所見的流星群。"通常認爲，流星群由彗星瓦解生成，而火流星爲小行星碰撞的碎片所生，它是導致隕星的主體。

③戊戌又有星十數入輿鬼："十數"，諸本原作"千數"，《文獻通

考·象緯考》作"十數"，從天文原理判斷，於同一天的同一時刻有"千數"流星一齊"入輿鬼"是不可能的，即使同一夜看到"千數"流星也實屬罕見，今從《通考》作"十數"。

④自咸平五年八月"戊戌又有星十數入輿鬼"至"西流至狼弧没"：言咸平五年八月戊戌（初六）這一天，又有十多顆流星自輿鬼出現，流至中台星處，由一顆大星帶領數十小星相隨。其中還有兩顆星，一顆奔向天狼星，另一顆則流向南斗。這是一次獅子座流星雨記録，其輻射點記載得也較爲明確：自鬼宿出發，大都流至中台，又有兩顆，一顆流向天狼，另一顆流向南斗。這次流星雨的始發點，就在獅子座的西邊（巨蟹座）。這次流星雨，日本也有記録，《日本紀略》曰："長保四年九月六日戊戌終夜流星，七日己亥，自子時至寅時流星。"（轉引自陳遵嬀《中國天文學史》）根據日本的記録，不僅戊戌日有"終夜流星"，第二日後半夜也有流星。

⑤威虜軍：宋代太平興國六年（981）改遂城縣置，治所在今河北徐水西。景德元年改爲廣信軍。

⑥落蕃帳：流星尾迹没入蕃兵營帳。星占通常以此爲敗象。

⑦天雄軍：唐後期設置，宋初撤，改爲大名府，地在今河北大名一帶。

⑧有星晝出南方：百衲本作"有星出南晝"，中華書局校點本從百衲本。但"南晝"二字難解。局本作"有星晝出南方"。今從局本。

⑨有短彗聲如雷至東北没：百衲本作"有炬彗聲如雷至南北没"，"至南北没"方向不明，當有誤。今從局本改。

⑩大中祥符元年二月戊申……有尾迹：發生的日期爲1008年3月26日，陳遵嬀疑爲天琴座（織女星）流星雨。

⑪（大中祥符五年）八月戊午……至文昌没：該年八月戊午的日期爲1012年9月11日，庚申爲13日。傳舍在紫宮北門外，天耗實指虛宿。《爾雅·釋天》"玄枵，虛也"，注曰："虛，在正北，北方色黑。枵之言耗，耗亦虛意。"

⑫五年四月丙辰……入濁没：此處記載了五年四月丙辰這一天，有星出軒轅，入太微，歷時七十五日，而流星出没僅一二秒鐘，故這條記載明

確認爲是彗星而不是流星，當由它處混入。

⑬夜漏未上：古代用漏壺記時，白晝與夜晚分開記時，以日出前、日入後三刻爲夜時。此夜漏未上，爲夜時尚未開始。

⑭以上爲真宗在位時的流星記録。

　　天聖元年正月丙戌，星出北斗魁西，至八穀没。三月戊辰，星出貫索，至五車没。六月戊戌，星出天弁，至建星没。己丑，星出北斗星，東北入濁没。庚寅，星出五車，至五諸侯没。閏九月癸巳，星出五車，至參没。丙申，星出東壁，至天倉没。甲辰，常星未見，星出營室，至外屏没。己酉，星出翼，南行入濁。二年辛丑，星出五車，至畢没。六月丁卯，晝漏上，①星出中天，赤黄色，有尾迹，西南緩行入濁。辛巳，星出牽牛，南入濁。九月辛卯，星出太微，没于右執法。四年正月壬午，星出亢，東南流入濁。丁巳，星出靈臺，至翼没。丙午，星出北斗魁，近文昌没。其夜，又有星出箕，南行入濁。四月丙寅，星出太微從官側，南行入濁。五月辛巳，星出天市垣市樓側，東北流入濁。閏五月丙辰，星出天船，没于紫微鈎陳側。六月乙亥，星出土司空，東南入濁。八月乙未，星出天桴，近天倉没。九月丁未，星出王良，西北入濁。十一月丙辰，星出東井，没于南河側。十二月丁丑，星出鈎陳，没于天桴側。戊戌，星出太微，至文昌没。五年正月壬寅，星出天社，西南入濁。九月癸卯，星出天厨，北流入濁。丁未，星出北辰，没于天牀側。甲子，有星出北河，没于東井。六年四月甲申，夜漏欲盡，②有星大如斗器，自北方至於西南，光照地，有聲如雷，曳尾迹長數丈，久之，散爲蒼白雲。七年二月乙丑，星出天乳，貫天市，入濁。八年二月丁酉，星出軒轅大星側，如杯，速行至器府没。

明道元年三月癸巳，星出中台，貫北河，入東井没，炸烈有聲，明燭地。食頃，[③]又有星出天市垣宗人側，東流入濁。四月乙巳，星出貫索，大如杯，没于鈎陳側，光照地。八月癸亥，星出天船，近鈎陳没，明燭地。乙丑，星出胃，大如杯，有尾迹，西北緩行，迸爲六七小星，相隨没于大陵，明燭地。丙寅，星出營室，西南速行，至危没。良久，又有星出天園，至天社没，光燭地。九月丙子，星出婁，没于雲雨側，尾迹久方散。食頃，又有星出天大將軍，近奎没，尾迹久方散，明燭地。續又星出北辰，西北速行，至內階没。又有星出天苑，没于天園，明燭地。

景祐元年八月己卯，星出東井，行至厠星没，尾迹久方散，明燭地。乙酉，星出北斗魁，西北速行，入紫微東南垣没。又有星出文昌，西北速行，至紫微鈎陳没，尾迹久方散，明燭地。九月丁亥，星出天津，如太白，青色，有尾迹，没于危。良久，星出五車，没天廩。己丑，星出東井，如太白，赤黄色，有尾迹，向東速行，至柳没，光照地。其夜，星出婁，至奎没，明燭地。十一月乙卯，星出軒轅大星側，如太白，赤黄，向東速行，入濁，明照地。二年八月庚申，星出大陵，如太白，赤黄色，東南緩行，没于昴，尾迹久方散，明燭

地。九月丙午，常星未見，星出婺女，緩行，近南斗
没。十一月辛丑，星出五車，至觜觿没，明燭地。四年
閏四月癸未，夜漏未上，星出天津，大如杯，東北行入
濁。己亥，星出上台，至軒轅没。五月辛亥，星出華
蓋，至北辰没。六月壬申，星出天津，入天市垣，至宗
人没。是夜，星出王良，如太白，青白色，有尾迹，東
南速行，至婁没，明燭地。己卯，星出梗河，没于亢。
七月戊申，有星數百皆西南流，其最大者一星至東壁
没，光燭地，久之不散。④九月庚子，星出南河，東南速
行，近狼星没，青白色，有尾迹如太白，明燭地。己
酉，星出牽牛，如太白，青白色，西南入濁。丁卯，星
出紫宮，没天棓，有尾迹，明燭地。

　　寶元元年正月戊戌，星出左攝提，如太白，赤黃
色，至天市西垣没，明燭地。二月甲午，星出河鼓，至
七公没。三月辛丑，星出東井，没參側。庚戌，星出大
角，至氐没。辛亥，星出北斗魁，如太白，青白色，有
尾迹，東北速行⑤入濁，光照地。四月壬申，有星出中
台，如太白，青白色，有尾迹，向北速行入濁，明燭
地。又星出天江，如太白，有尾迹，西南速行，至房
没。八月壬申，星出東井，如太白，東北速行，没輿
鬼，明燭地。十月壬午，星出天津，至營室没。己丑，
星出東井，如太白，赤黃，有尾迹，至狼側没，明燭
地。十一月癸丑，星出中台，至軒轅没。二年正月庚
申，星出翼，如太白，行至角没。三月癸丑，星出右
旗，赤黃，有尾迹，向南速行，没于建星，明燭地。五

月庚戌，星出房，至积卒没。闰十二月甲寅，星出文昌，如太白，有尾迹，西北速行，至五车没，明烛地。

康定元年三月戊寅，有星出文昌，如太白，青白色，北行入浊。四月丁未，有星出紫宫东垣上卫侧，至北辰没。癸丑，星出北斗，北行入浊。六月庚戌，星出天弁，西北入浊，明烛地。九月戊寅，星出天船，东行，入五车没。十月壬辰，星出天津，速行至紫宫西垣没。壬戌，中天有星大如盌，赤黄，有尾迹，西南速行，没于浊，光照地，良久有声如雷。十一月乙亥，星出文昌，北行，明烛地，入浊。

庆历元年八月癸未，星出天船，如太白，东北速行入浊，青白色，明烛地。己亥，星出奚仲，大如杯，色青白，西南缓行，没于天津侧，明烛地。辛丑，有星经天廪，东南缓行入浊。乙巳，夜漏未上，星出营室，如太白，东行入浊，青白色。九月己酉，星出奎，如太白，有尾迹，西行，没于东壁，明烛地。丙辰，星出毕，如太白，有尾迹，西北速行，至王良没。丁卯，星出北辰，如太白，北行入浊，明烛地。戊辰，星出壁垒阵，如太白，赤黄，有尾迹，西南入浊，明烛地。二年二月庚子，星出房，如太白，赤黄，有尾迹，西南速行，入浊没，明烛地。三月戊寅，星出钩陈侧，如太白，赤黄，有尾迹，西行缓行，至天桴没，明烛地。四月丁丑，星出贯索，大如酸，青白色，有尾迹，东北慢行，至阁道没，明烛地。丙申，星出贯索，如太白，赤黄色，西北速行，没于中台侧，明烛地。七月壬寅，星出河鼓，大如杯，青白色，西速行，至牵牛没，明燭地。己酉，星出婺女，如太白，青白色，有尾迹，東南慢行入濁，明燭地。乙丑，星出天津，如太白，赤黄，向西速行，至貫索没，尾迹久方散，明燭地。八月壬申，星出北斗杓，如太白，青白色，西北行，没于濁。乙亥，夜漏未上，星出箕，南行入濁。又有星出天倉，如太白，東南入濁没。壬午，星出危，東南行，至濁没。九月辛亥，星出天船，如太白，東行入濁，青白色，有尾迹。庚申，星出婁，至東壁没。乙丑，星出婁，至天倉没。丁卯，星出五車，東北流，没于文昌側。閏九月辛未，星出羽林軍，⑥如太白，赤黄色，西南行入濁。乙亥，星出婁，西行入濁。十二月庚申，有星出弧矢，南行入濁，赤黄，有尾迹，燭地。三年二月壬寅，星出上台，至軒轅没，有尾迹，明燭地。四月戊申，夜漏未上，中天星出大角，如太白，西行至軒轅没。辛亥，星出女牀，至天市西垣没。丙辰，星出牵牛，如太白，西南緩行，至天淵没。七月己卯，星出北斗魁，西北行入濁。⑦甲申，星出貫索，如太白，速行至北斗柄没。甲寅，星出閣道，如太白，東北速行入濁，有尾迹，明燭地。十月戊申，星出柳，如太白，西南速行，至弧矢没，尾迹久方散。五年五月辛巳，星出紫宫鉤陳側，北行入濁。六月辛酉，星出奎，如太白，西行，至天倉没，有尾迹，明燭地。壬戌，星出營室，如太白，赤黄色，東南速行，過危，至虚没，有尾迹，明燭地。七月甲午，星出建星，如太白，向南速行，至濁没。乙巳，星出牵牛，如太白，南行，至浊没。八月甲寅，星出八谷，东北入浊。少顷，又星出天将军，如太白，西北速行，至王良没，有尾迹，其色赤黄。己卯，星出文昌，大如醆，直北速行入浊，有尾迹，明烛地。壬午，星出北河，至柳没。十月甲寅，星出毕，东南速行，至天苑没，赤黄，有尾迹。丙辰，星出张，东南速行，至浊没。丙寅，星出天津，大如杯，东南速行，至危没，赤黄，有尾迹，明烛地。六年三月乙未，星出大角，如太白，西南速行，至浊没。庚戌，星出文昌，如太白，向北速行入浊，青白色，有尾迹，明烛地。六月丁巳，星出营室，大如杯，光烛地，有声，北行，至王良没。七月癸巳，星出昴，至参没。九月辛巳，星出王良，如太白，东北速行入浊。乙巳，星出南河，如太白，东北速行，没于舆鬼侧。七年四月己酉，星出营室，东北速行入浊。戊辰，星出郎位，如太白，至梗河没，有尾迹，明烛地。六月己巳，星出天田，赤黄色，有尾迹，西南缓行，至折威没。戊辰，星出尾，西南速行入浊。九月乙亥，星出河鼓，入天市垣，至宗人没。戊寅，星出天苑，如太白，南行，至天园没，有尾迹，明烛地。庚辰，星出东井，没于狼。丙戌，星出北落师门，西南缓行，至浊没。十二月癸亥，星出五车，赤黄色，西北速行，至天船没。八年正月乙酉，星出天厕侧，西南速行入浊，有尾迹，明烛地。丁酉，星出柳，直南速行入浊。二月乙酉，星出文昌，青白色，东北速行，至浊没。四月己巳，星出奎，如太白，东北速行，至娄没。五月壬寅，星出氐，如太白，向西南速行，入浊没。戊午，星出房，色赤黄，东南入浊。六月戊寅，星出北落师门，西南速行，没于浊。己卯，星出北斗，至郎位没，有尾迹，明烛地。癸巳，星出天津，至紫宫西垣没。七月庚申，星出七公，如太白，西北速行，入浊没。八月乙亥，星出天市，西南速行入浊，有尾迹，色赤黄。是夜，星出东壁，赤黄色，东北速行，至浊没。九月壬寅，星出天仓，如太白，东北速行，至胃没。甲子，星出天苑，西南速行，入浊没。十月乙酉，星出匏瓜，如太白，向东速行，至天津没。十二月乙丑，星出南河，如太白，东南行，至弧矢没。己丑，星出天市垣，东南行，至浊没。

【注】

①昼漏上：白天的漏刻已经开始。

②夜漏欲尽：夜漏的时刻将近结束。它与昼漏上的时刻正好前后相连接。

③食顷：一顿饭的时间。

④七月戊申有星数百皆西南流……久之不散：这是记载的1037年8月21日流星雨，内容较详细，七月日在翼，可见这次流星雨记录在傍晚，这时南斗昏中，天市垣位于中天，数百流星流向西南方的翼宿和轸宿。另见一大流星流向东方，至东壁处没，光照如烛，长久不散。

⑤东北速行：流星不管东行、西行、南行、北行，都有速行、缓行之别。这是由于地球沿黄道自西向东运行，而流星的运动轨迹是无序的，与地球平行运行流入地球则缓，逆向运动相遇则速；垂直落入地面则速，相切则缓。

⑥星出羽林军：有天使从羽林军中出发，象征有紧急军情传出。

⑦星出北斗魁西北行入濁：象徵天使從帝車中出現，有使命派往西北方向。

　　皇祐元年三月庚子，星出軫，西南速行，没于翼。四月辛巳，星出織女，向南速行，入天市垣，至宗人没，明燭地。甲申，星出心，如太白，東南速行入濁。六月丙寅，星出紫宫鈎陳側，如太白，北行入濁。己巳，星出匏瓜，赤黄，有尾迹，向南速行，至建星没。丁丑，星出造父，如太白，向西南速行，至天桴没，有尾迹，明燭地。九月壬子，星出閣道，東南速行，至婁没，有尾迹，明燭地。十一月癸巳，星出文昌，向東速行，至五車没，有尾迹，明燭地。十二月乙丑，星出亢，赤黄色，向東北緩行，至天市垣西没。丁酉，星出文昌，向北速行，没于北辰側。二年四月癸未，星出氐，赤黄色，東南速行，至心没，有尾迹，明燭地。五月乙巳，星出貫索，向東速行，至女牀没。七月己丑，星出奎，赤黄色，西南緩行，没于營室側。九月辛卯，星出織女，如太白，向西速行，入濁没。十二月丁未，星出庫樓，如太白，赤黄色，至翼没。三年七月丙辰，星出南斗，赤黄色，尾迹凝天，向南緩行，至濁没。八月庚辰，星出奎，如太白，西北速行，没于濁。九月癸丑，星出上台，東北入濁。十月乙巳，星出天槍，如太白，西北速行入濁。四年三月庚申，星出郎將，東行，至貫索没。壬申，星出文昌，没于五車側。四月辛巳，星出天市垣市樓側，至南斗没。癸卯，星出東壁，没于天船側。六月庚子，星出危，如太白，東南速行入濁。壬寅，星出天船，如太白，東北入濁。八月丁酉，星出天倉，如太白，西南速行，至濁没。戊戌，星出參旗，如太白，西南速行，至天苑没。九月丙午，星出婁，西南速行入濁。戊申，星出紫宮北辰側，①赤黃色，西南速行，至貫索没，尾迹凝天，明燭地。己酉，星出營室，如太白，東南速行入濁。是夜，星出參，如太白，東南速行入濁，尾迹赤黃。甲子，有星出南河，如太白，東北入濁。十月丁丑，星出天桴，西北速行入濁，有尾迹，明燭地。丙申，星出天倉，如太白，西南速行入濁。十一月丙申，星出北河，没于北斗璇星側。五年正月壬寅，夜漏未上，星出東井，如太白，東北速行，至濁没，有尾迹，明燭地。五月庚戌，星出北斗魁側，西北速行入濁，尾迹赤黃。庚申，星出大角，如太白，西北行，至中台没，青白色，有尾迹。六月癸酉，星出紫宮北辰側，赤黃色，北行，至濁没。七月癸卯，星出王良，至天津没。甲辰，星出奎，如太白，速行没于危。是夜，星出紫宮北辰側，色赤黃，西南速行，至天市垣東没，有尾迹，明燭地。乙巳，星出王良，速行至營室没。戊午，星出貫索，西南速行，入天市垣至宦者没。八月丙戌，星出紫宮北辰側，至王良没。是夜，又星出危，没婺女側。癸亥，星出大陵，至營室没，有尾迹，明燭地。九月乙亥，星出參，如太白，西北速行，至昴没，有尾迹，明燭地。

　　至和元年七月壬戌，星出王良，色赤黃，向北速行，至天船没，有尾迹，明燭地。八月壬寅，星出上台，東北行入濁。二年七月甲申，星出牽牛，如太白，赤黄色，南行入濁，有尾迹，明燭地。九月己卯，星出弧矢，如太白，西南速行，至丈人没，尾迹青白。又有星出軒轅，向北速行，至中台没。庚辰，星出天廩，東南緩行，至天苑没。十一月戊辰，星出南河，向南行，至弧矢没。辛酉，星出弧矢，色赤黄，南行入濁。十二月甲申，星出太微東垣，如太白，赤黄色，東南速行，至軫没。辛卯，星出柳，如太白，赤黄色，直北速行入濁。

嘉祐元年三月辛酉，星出庫樓，没于尾。乙亥，星出紫微北辰東，如太白，色赤黄，西南速行，至右攝提没。壬午，星出張，至東甌没。九月壬午，星出東井，如太白，赤黄色，向北速行，至文昌没。二年正月丁酉，星出文昌，如太白，速行入紫宫北辰没。辛丑，星出華蓋，緩行至北辰没。甲辰，星出觜觿，緩行至畢没。二月甲子，星出紫宫東垣，大如杯，東北行入濁。七月乙亥，星出北斗魁西，[②]如太白，西北速行入濁。丁丑，星出王良，如太白，赤黄色，西南緩行，至亢没，有尾迹，明燭地。九月丙子，星出王良，如太白，赤黄色，向西速行，至騰蛇没，有尾迹，明燭地。丁亥，星出南河子星側。戊戌，晝漏上，中天有星出狼，大如杯，東南速行，至濁没，尾迹青白。三年正月乙未，星出參，赤黄色，向西速行，至天廩没。五月甲午，星出河鼓，如太白，赤黄色，東北緩行，至虚没。七月辛未，星出天船，東北行，至濁没。乙酉，星出北河，如太白，赤黄色，東南緩行，散爲數道，至狼没，尾迹凝天。丁酉，有星出危，西南速行入濁。其夜，又有星出天苑，緩行入濁。八月丙午，星出天綱，東南速行入濁，尾迹赤黄。戊申，星出危，西南速行入濁，有尾迹，明燭地。己未，星出牽牛西，速行至牽牛北没。癸亥，星出王良，向南速行，至天津没。③夜漏盡，有星出柳，如太白，赤黄色，西北行，至北斗没。乙丑，星出文昌，向西速行，至北極没。④九月庚午，星出婁，向南速行，至土司空没。甲申，出天將軍，如太白，青白色，向西速行，至濁没。庚寅，星出五車，如太白，赤黄色，東北速行，至北河没，有尾迹，明燭地。辛卯，星出王良，北行至鈎陳没。⑤四年二月己亥，星出翼，入濁。夜漏盡，⑥又有星出營室，没于鈎陳。⑦癸卯，星出天槍，至郎將没。乙卯，星出角，西行，至翼没。五月辛丑，星出右攝提，西行入濁。己酉，星出大角，至軫没。癸丑，星出營室，大如杯，赤黄色，西南速行，至羽林軍没，炸烈有聲。六月癸亥，星出天倉，至天苑没，有尾迹，明燭地。甲子，星出天津，至北辰没。辛未，星出胃，没于鈎陳。又星出天船，至王良没。乙亥，星出墳墓，至北落師門没。又有星出天船，東南速行，至昴没。癸未，星出氐宿，西南行入濁。己丑，星出畢，速行至五車没。八月乙亥，夜漏盡，星出興鬼，速行至五車没。又星出興鬼，速行至太微北落。⑧癸未，星出軍市，速行至弧矢没。己丑，星出天囷，至天倉没。九月己亥，星出紫宮鈎陳側，大如盌，東北速行，曳尾長五尺，初直後曲，流至北辰東没，後尾迹凝結如盤，食頃散。又有星出太微西，東北速行入濁。辛丑，星出天津，速行至織女没。癸丑，星四，皆如太白，赤黄色，有尾迹，明燭地：一出天桴，西南速行，至天市垣候星没；一出危，西南速行，至女没；一出畢，南行没于天苑側；一出五車北，速行至鉤陳没。十月乙丑，晝漏上，星出天大將軍，西南行，至濁没，色青白，尾迹凝天，良久散。其夜，星出參，至弧矢没。丁卯，星出婺女，東南至濁没。戊辰，星出東井，東行，至柳没。戊寅，星出狼，南行，至濁没。丁亥，星出天倉。乙未，星出上台南，速行至北河没。十二月甲子，星出貫索，至女牀没。五年正月辛卯，星出畢，大如盌，赤黄色，速行至天倉没，明燭地，尾迹炸烈而散，有聲如雷。四月辛未，星出氐，緩行，東南入濁没。癸酉，星出婺女，至羽林軍没。庚辰，夜漏盡，星出大角，西南行，至濁没，尾迹青白。癸未，星出女牀，東行，至河鼓没。乙酉，星出騎官，西南行，至濁没。甲午，星出天市東，如太白，向東速行，至河鼓没，尾迹赤黄。丙申，星出貫索，東北行，至北斗柄没。辛亥，星出天桴，西南行，入天市至宦者没。六月己未，星出婁，東北行，至濁没。壬戌，星出天倉，東南行，至濁没。辛巳，星出天津，西南行，至天市垣宦者没。又有星出王良，至土司空没。癸酉，星出南斗，大如杯，行入濁。八月庚申，星出東壁，東行入濁。丙寅，夜漏未上，星出虚，大如杯，東南入濁。甲午，星出五車，至文昌没。乙卯，星出天苑，南行入濁。十月乙亥，星出軒轅星北斗魁旁，⑨没，尾迹赤黄。十一月壬辰，星出五車，至畢没。十二月壬申，有星出北河，至輿鬼没。戊寅，星出弧矢，至南河没。己卯，夜漏未上，星出軫，至氐側没。六年六月丁巳，星出天市垣宦者側，没于氐。己巳，星出天市垣車肆側，西南行，至尾没。七月乙酉，星出騰蛇，至危没。其夜，又有星出婁，大如杯，赤黄色，速行入羽林没。丙戌，星出天津，至危没，尾迹赤黄。庚寅，星出文昌，北行，至濁没。八月丁巳，星出婁，東北速行，至昴没。戊辰，星出鈎陳，北行入濁。己卯，星出天市垣北，東行，入濁没。丁卯，星出狼，大如杯，至天社没，明燭地，尾迹凝天，良久散。九月甲寅，星出營室，西南行入濁。癸亥，星出柳，東行，至翼没。十一月癸丑，星出東北維，去地五丈許，大如盌，向東北緩行入濁，⑩尾迹青白。壬申，星出參旗，至濁没。丙子，星出狼，大如杯而赤黄，緩行至弧矢没，有尾迹，明燭地。十二月辛丑，星出貫索，如太白，東北速行，入天市，至候星没，尾迹青白。七年正月乙亥，星出下台，至上台没。二月己卯，星出北河，大如杯，色赤黄，速行，没于閣道側，有尾迹，明燭地。壬辰，星出東井，如太白，至畢没。四月庚子，星出太微郎位，如太白，西南緩行，至張没，尾迹赤黄。六月丁丑，星出北落師門，南行入濁。七月丁未，星出牽牛，至南斗没。又有星出羽林軍，至北落師門没。己酉，星出壁壘陣，如太白，向西速行，至敗臼没，尾迹赤黄。

辛酉，星出天紀，西北速行入濁。八月己卯，星出文昌，至下台没。乙未，星出天苑，南行入濁，尾迹赤黃。己亥，星出天津，西南入濁。九月丙辰，星出土司空，東南入濁。丁卯，星出東壁，大如杯，西行，至虛没，有尾迹，赤黃，明燭地。十月丙子，星出昴，如太白，西北速行，至天大將軍没，尾迹赤黃。丁丑，星出大陵，如太白，南行，至天倉没。庚寅，星出南河，至天社没，明燭地，丁酉，星出天廟，南入濁。己亥，星出參，如太白，西南行，至天園没，尾迹青白。八年正月辛酉，星出軫，赤黃色，東南速行，入庫樓没。三月癸卯，星出匏瓜，東南至危没，赤黃色，有尾迹，明燭地。癸亥，星出文昌，北行入濁，有尾迹，明燭地。又有星出傳舍，速行至北辰没。五月癸卯，星出天市垣宗人側，東南速行，至鼈星没。己亥，星出招搖，赤黃色，行南向，入氐没。七月乙丑，星數百，縱橫西流。[⑪]八月庚寅，星出閣道，東南速行，入濁没。甲子，星出上台，大如杯，赤黃色，向東速行，至下台没。[⑫]

【注】

①星出紫宮北辰側：有流星從紫宮的北斗星旁出現。以下所言北辰，均指北斗。

②星出北斗魁西：流星出現在斗魁與文昌之間。

③星出王良向南速行至天津没：象徵天使從紫宮北門乘車沿閣道送急信至銀河邊的關卡即天津。

④至北極没：至北極五星處没。北極五星，位於北極方向。

⑤星出王良北行至鈎陳没：象徵通過帝車向紫宮速遞信息。鈎陳六

星，在紫宮中央，後宮之屬。

　⑥夜漏盡：於黎明時的夜晝相交之時。

　⑦星出營室没于鈎陳：象徵離宮與後宮之間的沟通信息。

　⑧速行至太微北落：流星速行到太微的北部。此處的北落，爲北部、北方之義，非指北落師門星。

　⑨星出軒轅星北斗魁旁：流星出現在斗魁與軒轅星之間的中台星附近。

　⑩星出東北維……向東北緩行入濁：此年十一月癸丑日在斗，若黄昏時東北維去地五丈則在五車。

　⑪七月乙丑星數百縱横西流：這是一次較爲明顯的流星雨記録，日期爲公元 1063 年 8 月 22 日。

　⑫以上爲宋仁宗在位時的流星記録，可以看出，這是中國古代流星記録最豐富的王朝之一。

　　治平元年二月丁卯，星出紫宮鈎陳側，西北入濁没，明燭地，尾迹炸烈有聲。六月辛酉，夜漏未上，星出河鼓，東南速行，至危没。七月癸未，星出危，西南速行，入天市垣没。八月辛亥，星出北辰，大如杯，速行至鈎陳没，尾迹青黄。丁巳，星出奎，大如盌，速行至五車没。壬戌，夜漏盡，星出奎，西南行，至濁没。九月癸酉，星出北斗魁，大如醆，東北速行，至濁没，尾迹赤黄。十二月癸丑，星出軍市，東南速行，至濁没。二年二月丁酉，星出太廟，①色青白，西南入濁。乙卯，星出中台，色赤黄，西北慢行，至内階没。五月壬戌，星出北斗魁，如杯，色青白，北行，至濁没。六月己丑晝，有星出中天，大如盌，西速行，至濁没，尾迹赤黄。八月己未，星出河鼓，大如醆，色赤黄，速行至天市垣内宗星没。丁巳，星出危，至濁没。九月癸酉，星出北斗魁，東北速行，至濁没。三年四月癸巳，星出房，至濁没，明燭地，尾迹炸而散。七月庚申，晝漏未上，星出紫宮，西行，曳尾長二丈，没，尾迹青白。九月丁丑，有星出參，至天倉没。十一月己卯，星出王良，西北速行，至濁没，尾迹青黄。②

【注】

①星出太廟：無太廟星名。但可以稱作太廟的星有幾個：石氏曰："亢者，廟也；亢者，天帝廟宮。"《海中占》曰"亢爲疏廟"。又石氏曰："氐，一名天廟。"《聖洽符》曰："南斗者，天子之廟。"《史記·天官書》曰："營室爲清廟。"故星有四廟之説。

②以上爲英宗時的流星記録。《宋史·天文十》記載了太祖、太宗、真宗、仁宗、英宗計五個皇帝時期的流星記録，可見宋朝自開國時對流星的觀測就十分重視。

《宋史》卷五十八

志第十一

天文十一

流隕二^①

熙寧元年正月辛卯，星出張西南，如太白，速行入濁沒，赤黃。乙未，星出左攝提西，如太白，東南急行，至庫樓北沒，赤黃，有尾迹。二月戊午，星出常陳南，^②如太白，西慢行至軒轅東沒，赤黃，有尾迹。辛酉，星出北斗魁東，如太白，南急行，至軒轅大星南沒，赤黃，有尾迹。壬戌，星出角東，如太白，西急行，至翼沒，赤黃，有尾迹。戊辰，星出大角南，如太白，東南急行，至氐沒，赤黃，有尾迹。己巳，星出天市垣內宦者，^③如太白，西南急流，至氐沒，青白，有尾迹。四月壬寅，星出軒轅南，如太白，東南慢行，至軫沒，赤黃，有尾迹。己酉，星出天市垣內宦者西，如太白，西南慢流，至織女沒，青白，有尾迹。壬戌，星出天棓東，如太白，東北慢行，至天津沒，赤黃，有尾迹。五月乙亥，星出天棓，如太白，東北急行，至天津没，青白，有尾迹，照地明。六月癸卯，星出天槍南，如太白，西南速行，至角没，赤黄，有尾迹。又星出平星南，④如太白，西南急行，入濁没，青白，有尾迹。乙巳，星出軫東，如太白，緩行入濁没，青白，有尾迹，照地明。丁未，星出牽牛西，如太白，東南速行，入濁没，赤黄。戊申，星出騎官北，⑤如太白，南緩行，入濁没，青白。又星出壘壁陣，如太白，東南速行，至濁没。戊午，星出閣道北，如歲星，東北緩行，入濁没，青白。庚申，星透雲出天棓西，如太白，北急行，至天市垣西牆没，赤黄，有尾迹。壬戌，星出王良南，如歲星，東北急行，至天大將軍没，⑥赤黄，有尾迹。有星出紫微垣内，至鈎陳没，赤黄，有尾迹。又星出紫微垣内北極南，如太白，西北速行，至西咸北没，赤黄，有尾迹。甲子，星出尾北，如杯口，西緩行，至平星没，赤黄，有尾迹。丙寅，星出氐北，如歲星，西南急流，入濁没，赤黄，有尾迹。七月乙亥，星出虚南，如歲星，西急行，至天市垣西牆没，赤黄色，有尾迹。丙子，星出東壁東，如太白，東南急行，入濁没，赤黄，有尾迹。丙戌，星出天大將軍北，如歲星，東北慢行，入濁没，青白。乙未，星出九坎北，⑦如太白，西北緩行，至牽牛分迸而没，赤黄。又星出右旗，⑧如太白，西緩行，入濁没，青白，有尾迹，照地明。己亥，星出天廩北，⑨如太白，南急行，至天苑没，⑩赤黄，有尾迹，照地明。八月癸卯，星出天棓東，⑪如太白，北速行，入濁没，赤黄，有尾迹，照地明。甲辰，星透雲出虚北，如歲星，北緩行，至奎没，赤黄。乙巳，星出女牀東，⑫如杯口，西北急流，至天市垣牆河中北没，赤黄，有尾迹，照地明。又星出參北，如太白，東速行，入濁没，赤黄，有尾迹，照地明。又星出王良南，如太白，西南急行，至天津没，赤黄，有尾迹，照地明。丙午，星出左攝提南，如太白，西北慢行，至濁没，赤黄，有尾迹。丁未，星出牽牛，如杯口，東南緩行，入濁没，青白，有尾迹。癸亥，星出壘壁陣，如太白，西南緩行，至狗國没，⑬赤黄，有尾迹，照地明。乙丑，星出壘壁陣北，如太白，西南速行，至十二國没，⑭赤黄，有尾迹。九月甲戌，星出上台南，如太白，東北急行，至内平星没，⑮赤黄，有尾迹，照地明。庚辰，星出北斗魁中，如歲星，西北緩行，入濁没，青白。又星出弧矢西，如太白，西南急行，至天社没，⑯青白，有尾迹，照地明。辛巳，星出紫微垣内北極星北，如太白，北急行，入濁没，赤黄，有尾迹，照地明。癸未，星出紫微垣南，如太白，北急行，至北斗没，赤黄，有尾迹。戊子，星出畢南，如太白，東南慢行，入濁没，青白，有尾迹，照地明。癸巳，星出織女西，如太白，西南慢流，入天市垣内没，赤黄，有尾迹，照地明。甲午，星出中台北，如太白，東南急流，至下台没，青白，照地明。丙申，星出天津北，如歲星，西北急流，至女牀没，赤黄。丁酉，星出軒轅，如太白，西北慢流，至紫微垣内北極没，赤黄，有尾迹，照地明。十月庚子，星出羽林軍東，如太白，東急行，入濁沒，赤黃，有尾迹，照地明。又星出壘壁陣西，如杯口，西南速行，入濁沒，青白，照地明。壬寅，星出鉤陳西，如太白，北急行，至北斗沒，赤黃，有尾迹。又星出東井北，如歲星，東北急行，至柳沒，赤黃，有尾迹。又星出扶筐，⑰如太白，西北急行，至濁沒，赤黃，有尾迹，照地明。甲辰，星出壘壁陣東，如太白，南急行，入濁沒，赤黃，有尾迹，照地明。又星出天津西，如太白，西北緩行，入濁沒，青白，照地明。又星出昴南，如太白，西南緩行，至天囷沒，⑱赤黃，有尾迹，明燭地。又星出郎位東，⑲如太白，東北速行，至右攝提沒，赤黃，明燭地。庚戌，星出婁南，如歲星，西南速行，至昴沒，青白，有尾迹。乙卯，星出天市垣南牆西，如太白，西急行，入濁沒，青白。壬戌，星出軒轅西，如太白，東南急行，至張沒，赤黃，有尾迹。癸亥，星出婁北，如太白，西急流，至濁沒，赤黃，有尾迹。十一月庚午，星出鉤陳東，如太白，東北急流，至北斗魁沒，青白，有尾迹，照地明。癸未，星出營室東，如太白，西南急行，至羽林軍沒，赤黃，有尾迹。十二月己亥，星出王良北，如太白，東慢行，至五車沒，赤黃，有尾迹，照地明。庚子，星出天倉東，如太白，東南急行，至濁沒，青白，有尾迹。辛酉，星出太微垣東牆，如太白，速行至柳沒，黃白，有尾迹。

二年正月庚寅，星透雲出紫微垣內鉤陳西，如太白，西慢行，入濁沒，青白。二月甲辰，星出平星南，如太白，南急行，入濁沒，赤黄，有尾迹。三月壬辰，星出天市垣西牆東，如太白，北急行，至天紀沒，[20]赤黄，有尾迹。癸巳，星出貫索南，[21]如太白，東南慢行，至濁沒。四月庚戌，星出軒轅東，如杯口，北慢行，至北斗沒，赤黄，有尾迹。辛酉，星出閣道西，如太白，東南速行，至東壁沒，青白，有尾迹。五月己丑，星出太微垣内五帝坐，如杯口，東行至角宿沒，青白，有尾迹，照地明。六月己亥，星出心西，如歲星，西南急行，至庫樓沒，赤黄，有尾迹。乙巳，星出氐南，如太白，南緩行，入濁沒，赤黄，有尾迹。壬子，星出天津，如太白，西北速行，至天槍沒，[22]青白，有尾迹。辛酉，晝有流星；夕有星透雲出織女，西南急行，入濁沒，赤黄，有尾迹。癸亥，星出太微垣東牆，如太白，西急行，入濁沒，青白，有尾迹。甲子，星出尾北，如太白，南急行，入濁沒，青白。七月丁卯，星出危南，如太白，西南急行，至壘壁陣沒，赤黄，有尾迹。辛未，星出梗河東，[23]如太白，西北速行，至天槍沒，赤黄，有尾迹。丁亥，星出天船西，[24]如太白，東北速行，入濁沒，赤黄，有尾迹。甲午，星出天津西，如太白，西南緩行，至心沒，赤黄，有尾迹。八月丁酉，星透雲出鈎陳西，如太白，西南急流，至天桴沒，赤黄，有尾迹。癸亥，星出北斗魁北，如太白，北急流，入濁沒，青白，有尾迹。九月甲子，星出婁北，如歲星，西北急行，至王良沒，青白，有尾迹。甲戌，星出右旗，如太白，西南急行，至天市垣西牆沒，赤白，有尾迹。丁丑，星出五車東，如歲星，東北速行，至北河没，青白，有尾迹。十月乙未，星出天苑南，如太白，速行入濁没，赤黄，有尾迹。甲辰，星出畢東，如太白，南急行，至濁没，赤黄，有尾迹。癸丑，星出胃東，如太白，西南急流，至天苑没，青白，有尾迹。甲寅，星出卷舌西，㉕如歲星，西南急行，至婁没，青白，有尾迹。十一月丙寅，星出織女北，如太白，西南急行，至河鼓没，青白，有尾迹，照地明。壬申，星出羽林軍内，如歲星，西南急行，至濁没，青白。己卯，星透雲出大陵北，如太白，西南急行，至東壁没，青白，有尾迹。閏十一月辛酉，星出天倉，㉖如歲星，西南緩行，至濁没，青白。

　　三年正月丙申，星出右攝提，如太白，東北速行，入濁没，赤黄，有尾迹。己未，星出畢，如杯，西南緩行，至濁没，青白，有尾迹。二月丁卯，星出七星南，如太白，西南急行，至濁没，青白。己丑，星出太微西扇上將南，如盂，西急行，入濁没，赤黄，有尾迹，明燭地。又星出文昌中，㉗如杯，西北急行，入濁没，赤黄，有尾迹，明燭地。又星出北斗魁南，如盂，西北急行，入濁没，赤黄，有尾迹，明燭地。庚寅，星出紫微垣西牆東，如杯，北慢流，至濁没，赤黄，有尾迹，明燭地。三月戊戌，星出七公，㉘如杯，速行入紫微垣中鈎陳没，青白，有尾迹，明燭地。壬寅，星出天市垣西牆東，如杯，東南急流，至騎官没，青白，有尾迹。己未，星出軫北，如太白，西北慢行，至明堂没，赤黄，有尾迹。四月壬戌，星出紫微垣内帝星南，如太白，北急行，至鈎陳没，赤黄，有尾迹。癸未，星出文昌南，如杯，西北慢行，至濁没，青白，有尾迹，照地明。甲申，星出軒轅東，如太白，東南慢行，至太微垣左執法，赤黄。六月己巳，星出牽牛東，如太白，東急流，至濁没，赤黄，有尾迹。壬申，星出紫微垣西牆北，如太白，東北慢流，至濁没，赤黄。庚辰，星出羽林軍東，如杯，東南急流，入濁没，青白，有尾迹。七月庚子，星透雲出紫微垣西牆，如太白，南慢行，至天市垣西牆没，青白，有尾迹。八月丙戌，星出紫微垣西牆，如杯，北急行，至濁没，赤黄，有尾迹。九月己亥，星出紫微垣西牆，如太白，西北慢流，至濁没，青白，有尾迹。丁未，星透雲出天船，如太白，西慢流，至内階没，㉙赤黄，有尾迹。庚戌，星出紫微垣東牆，如太白，東北急流，至鈎陳没，青白，有尾迹。十月己未，星出奎西，如太白，南慢行，至天倉南没，青白，有尾迹。戊辰，星出天囷西，如太白，西南速行，至土司空没，赤黄，有尾迹。十一月戊戌，星出五車，如太白，西南緩行，入濁没，赤黄，有尾迹。十二月甲子，星出外屏，如太白，西南速行，入濁没，赤黄，有尾迹。

【注】

①流隕二：《宋史·天文志》十三卷中，最後四卷爲流隕。本卷爲流隕記録的第二部分，實際僅爲神宗朝熙寧十年的記録，可見宋代流隕記録的複雜。

②常陳：常陳七星，在太微垣五帝座正北。

③宦者：宦者四星，在天市帝座西。

④平星：平二星在角宿南。

⑤騎官：騎官二十七星，在氐宿南。

⑥天大將軍：天大將軍十一星，在婁宿北。

⑦九坎：九坎九星，在牛宿天田南，象徵農業灌溉設施。

⑧右旗：右旗九星在河鼓東。左右旗夾河鼓，爲軍隊指揮作戰的標志。

⑨天廩：天廩四星，在胃東，象徵天帝的庫藏。

⑩天苑：天苑星，象徵天帝牧養禽獸之所，在胃宿之南。

⑪天棓：天棓五星，又作天棒，在紫宮外左下方。

⑫女牀：女牀三星，在天市北，與紫宮南門口的天牀六星有別。

⑬狗國：狗國四星，在斗宿東，象徵北方以狗爲圖騰的部族。其附近還有狗二星，弧矢東還有天狗七星。

⑭十二國：指女宿下方的越、周、秦、代、鄭、燕、楚、趙、魏、韓、晋、齊十二諸侯國。

⑮內平星：內平四星，在軒轅星的東北方，上台的東南方，疑此處的"東北急行"，當爲東南之誤。

⑯天社：天社六星，在弧矢東南。

⑰扶筐：扶筐七星，在女宿西北，象徵採桑叶之竹籃。

⑱天囷：天囷十三星在胃宿南，表示圓形庫房。

⑲郎位：郎位十五星，在太微垣東北，東有郎將一星。

⑳天紀：天紀九星，在貫索東，主綱紀。與星宿南之天記一星有別。天記爲主禽獸年齡之官。

㉑貫索：貫索九星，在天市西北。貫索象徵賊人之牢，與紫宮貴人之牢天牢有別。

㉒天槍：天槍三星，在北斗斗柄前。

㉓梗河：梗河三星，在斗柄前。梗河者，更荷也，爲抬槍之義。

㉔天船：天船九星，在大陵、五車之間，義爲銀河中的船。

㉕卷舌：卷舌六星，在昴宿北，爲卷幼之舌，多口舌是非。

㉖天倉：天倉六星，在奎宿南，象徵天帝穀倉。

㉗文昌：文昌六星在斗柄西，爲文化昌盛之義。

㉘七公：七公七星，在貫索北。三公、三少，輔佐天子之官。

㉙内階：内階六星，在紫宫右牆外，爲紫宫台階。

　　四年正月丙午，星出五車西，如杯，南速行，入濁没，赤黄，照地明。二月甲子，星出昴西，如杯，西緩行，入濁没，青白。三月癸巳，星出天市垣内斗星西，①如太白，西北速行，至貫索西没，赤黄，有尾迹。五月己亥，星出左攝提，②如太白，東北急行，至濁没，赤黄，有尾迹。六月丁丑，星出營室西，如太白，西南急流，至壘壁陣没，赤黄，有尾迹。辛巳，星出造父西，③如太白，東南慢流，至天桴没，青白，有尾迹。七月戊申，星出天津東，如太白，西慢流，至天桴没，赤黄，有尾迹。八月己未，星出五諸侯西，④如太白，東南慢流，入濁没，青白，有尾迹，照地明。辛酉，星出天市垣西牆西，如太白，西急行，入濁没，赤黄，有尾迹。癸亥，星出北河西，如太白，西北急行，至上台没，赤黄。乙丑，星出南斗北，如太白，西南緩行，入濁没，赤黄。九月甲午，星出紫微垣西牆東，如太白，東北速行，入濁没，赤黄，有尾迹。乙巳，星出天稟，如太白，南緩行，至天苑没，青白，有尾迹，照地明。丙午，星出北落師門南，如太白，南緩行，至天苑没，青白，有尾迹，照地明。又星出北落師門南，如太白，南緩行，入濁没，青白，有尾迹。十月壬子，星出紫微垣内北極北，如太白，東北緩行，至紫微垣西牆没，青白，有尾迹。癸丑，星出外屏北，如太白，東緩行，至天囷没，赤黄，有尾迹。甲寅，星出文昌西，如杯，北速行，至紫微垣右枢没，青白，有尾迹，照地明。乙卯，星出牵牛，如太白，南速行，入浊没，赤黄，有尾迹。庚申，星出天苑南，如太白，东南慢行，至浊没，赤黄，有尾迹。戊辰，星出天囷东，如杯，东缓行，至浊没，青白，有尾迹。癸酉，星出五车东，如太白，东北急行，至浊没，赤黄，有尾迹，照地明。十一月壬辰，星出天桴西，如杯，西北缓行，至浊没，赤黄，有尾迹。庚子，星出太微垣左执法南，如太白，东南慢行，至角没，赤黄，有尾迹。

五年七月己丑，星出七公南，如太白，西南急行，至天市垣西墙没，赤黄。癸巳，星出太微垣东，如杯，西急行，入浊没，青白，有尾迹如钩，南行。十月戊寅，星出紫微垣内后宫东，如杯，北慢行，入浊没，赤黄，照地明。又星出文昌西，如杯，急行至卷舌没，赤黄，有尾迹，照地明。甲申，星出天鸡南，⑤如杯，西慢行，至浊没，赤黄。丁亥，星出紫微垣东，如杯，北慢行，至浊没，青白。戊子，星出羽林军，⑥如太白，西南急行，至浊没，赤黄，有尾迹。乙巳，星出娄南，如杯，西北急行，至七公没，赤黄，有尾迹，照地明。十一月甲寅，星出七星南，如杯，西慢行，至参旗没，⑦青白，有尾迹。十二月辛卯，星透云出五车东，如太白，东北急行，至文昌没，赤黄，有尾迹。壬辰，星出招摇东，⑧如太白，西北急行，至浊没，青白。丙申，星出角南，如太白，南慢行，至库楼没，赤黄，有尾迹。

六年正月庚申，星出天市垣東，如杯，東南急行，至濁没，青白。三月庚午，星出氐東，如盂，西慢行，入濁没，赤黃，照地明。四月丙子，星出貫索西，如杯，北慢行，至紫微垣牆上宰没，青白，照地明。戊寅，星出貫索西，如太白，西南急行，至亢没，赤黃，有尾迹。己卯，星出柳北，如太白，西南急行，至南河没，赤黃，有尾迹。五月癸卯，星出騰蛇西，⑨如杯，西北慢行，至濁没，青白，照地明。六月辛卯，星出營室北，如杯，東南急行，至壘壁陣没，赤黃，有尾迹，照地明。庚子，星出天市垣吴越東，如杯，東南急行，至牽牛没，青白，有尾迹，照地明。七月丙寅，星出壘壁陣西，如杯，南緩行，至濁没，青白，有尾迹。戊辰，星出天關，如杯，東南緩行，至東井內没，青白，有尾迹，照地明。己巳，星出天倉東，如太白，南速行，至天園没，⑩赤黃，有尾迹，照地明。八月庚辰，星出天市垣內宗正南，⑪如太白，西南速行，入濁没，赤黃，有尾迹。壬辰，星出羽林軍西，如杯，南緩行，入濁没，青白，有尾迹，分迸，照地明。乙未，星出河鼓，如杯，南速行，至建没，青白，有尾迹，照地明。九月甲辰，星出鈎陳東，如杯，北速行，入濁没，赤黃，有尾迹，照地明。丙午，星出天苑南，如杯，南速行，入濁没，青白，有尾迹，照地明。辛亥，星出天船西，如杯，西速行，穿北斗没，赤黃，有尾迹，照地明。辛酉，星出鈎陳東，如杯，西南速行，至天紀没，赤黃，有尾迹，照地明。丁卯，星出文昌西，如杯，西北速行，至王良没，⑫赤黄，有尾迹，照地明。十一月甲辰，出弧矢東，如盂，西南緩行，至天社没，青白，有尾迹，照地明。辛酉，出軒轅南，如杯，南緩行，入濁没，赤黄，有尾迹，照地明。

七年正月丁未，出角南，如太白，東南速行，至濁没，青白。丁巳，出張南，如杯，西南緩行，至濁没，赤黄，有尾迹。二月壬申，出天棓北，如杯，東北緩行，至造父没，青白，有尾迹，照地明。辛卯，出軫北，如杯，東慢行，至角没，青白，有尾迹，照地明。三月甲子，出西咸北，如杯，南急行，至氐没，赤黄，有尾迹，照地明。四月壬申，出軒轅西，如太白，西北慢行，至五車没，青白，有尾迹。又出漸臺南，⑬如杯，東北急行，至天津没，青白，有尾迹，照地明。丙戌，星出天市垣蜀星西，如杯，東北慢行，至候星没，青白，有尾迹，照地明。六月辛未，星出輦道東，⑭如太白，北急行，至鈎陳没，赤黄，有尾迹。又星出狗國南，如太白，東北慢行，至天田南，⑮曲尺東行，至天壘城没，⑯赤黄。己卯，星出天市垣内列肆西，⑰如太白，西南慢行，入濁没，赤黄色，有尾迹。庚辰，星出華蓋北，⑱如杯，東北慢行，至天船没，赤黄，有尾迹。乙酉，星出壘壁陣北，如太白，東南急行，入濁没，赤黄，有尾迹。庚寅，星出梗河西，如太白，西南急行，至氐没，赤黄，有尾迹。又星出五車北，如太白，東北急行，至北河没，青黄，有尾迹，照地明。辛卯，星出危西，如太白，西南急行，至南斗没，赤黄，有尾迹。

壬辰，星出紫微垣牆內鈎陳北，如太白，西北急行，至北斗魁內沒，赤黃，有尾迹，照地明。七月甲寅，星出王良北，如盂，北慢行，至文昌沒，赤黃，有尾迹。丁巳，星出天津北，如太白，北急行，至紫微垣牆內沒，赤黃，有尾迹，照地明。戊午，星出大陵北，如太白，東北慢行，至濁沒，赤黃，有尾迹。壬戌，星出羽林軍東，如太白，東南急行，入濁沒，赤黃，有尾迹。癸亥，星出天倉，如杯，南急行，入濁沒，青白，有尾迹。八月戊寅，星出北斗天樞南，如太白，東北慢行，至文昌沒，青白，有尾迹。癸未，星出羽林軍內，如杯，北慢行，至大陵沒，赤黃，有尾迹。乙酉，星出天紀西，如太白，東慢流，至奚仲沒，[19]赤黃，有尾迹。九月丁酉，星出羽林軍南，如太白，南慢流，至濁沒，赤黃，有尾迹。辛丑，星出王良西，如太白，西北急流，至濁沒，有尾迹。丙午，星出天囷東，如太白，東急流，至九斿沒，[20]青白，有尾迹，照地明。戊申，星出天倉北，如杯，東北慢流，至濁沒，青黃。甲子，星透雲出營室東，如太白，西南急流，至左旗沒，赤黃。十月丙子，星出天倉西，如杯，西南慢流，至敗臼沒，[21]赤黃，尾迹分裂，照地明。又星出軫東，如杯，東南急流，至濁沒，赤黃，有尾迹，照地明。丙戌，星出五車，如杯，東北慢流，至濁沒，赤黃，有尾迹，照地明。戊子，星出天苑南，如太白，西南急流，至濁沒，赤黃，有尾迹。又星出右樞星東，如太白，東北慢流，至濁沒，青白。

　　八年正月壬子，星出貫索西，如杯，東北急流，至濁没，赤黄，有尾迹，照地明。二月乙亥，星出七星，如太白，西緩行，至弧矢没，赤黄，有尾迹。三月丁酉，星出積水東，㉒如太白，西北速行，至五車東没，赤黄，有尾迹。戊戌，星出貫索東，如太白，東北速行，至織女没，赤黄，有尾迹。四月癸亥，星出北斗天樞北，如杯，北速行，至鈎陳没，赤黄。閏四月癸巳，未昏，星出土司空南，如太白，西南速行，至天廟没，㉓赤黄，有尾迹，照地明。又星出心東，如杯，南速行，至濁没，赤黄，照地明。五月壬戌，星出尾東，如太白，西南速行，至濁没，赤黄，有尾迹。戊寅，星出文昌西，如太白，西北緩行，至濁没，赤黄。六月癸巳，星出天市垣西牆西，如太白，西南緩行，入氐没，赤黄。戊戌，星出天市垣齊星東，如太白，西南緩行，至濁没，赤黄，有尾迹。又星出齊星北，如太白，西南速行，至天市垣內列肆没，赤黄，有尾迹。又星出文昌東，如太白，北行至濁没，赤黄，有尾迹，照地明。乙巳，星出北落師門南，㉔如太白，南速行，至濁没，赤黄。壬子，星出北斗魁東，如杯，北緩行，至濁没，青白，有尾迹，照地明。七月辛酉，星出天津北，如太白，東北緩行，至天船没，赤黄，有尾迹，照地明。庚午，星出北斗摇光西，如杯，北速行，至濁没，赤黄。癸未，星出奎北，如太白，東北速行，至大將軍没，赤黄，有尾迹。甲申，星出天市垣東，如太白，西南速行，至濁没，赤黄。八月癸巳，星出壘壁陣南，如太白，南緩行，至濁沒，赤黃。九月壬戌，星出織女南，如太白，西南緩行，至濁沒，赤黃。乙丑，星出織女南，如太白，西北速行，至濁沒，赤黃，有尾迹。丙寅，星透雲出河鼓北，如太白，東南緩行，至危沒，赤黃。又星出天倉南，如太白，西南速行，至濁沒，赤黃，有尾迹。又星出中台東，㉕如太白，東北速行，至濁沒，青白，有尾迹。十月壬辰，星出軍市西，如太白，西南速行，至濁沒，赤黃，有尾迹，照地明。乙未，星出弧矢西北，如杯，東南緩行，至濁沒，青白，有尾迹，照地明。丙申，星出大陵西，如杯，西北緩行，至閣道沒，㉖青白。又星出五車西，如太白，北速行，至天船沒，青白，有尾迹。

【注】

①天市垣內斗星：天市內斗五星，在天市垣西牆邊。斗，本爲量糧食的器具。

②左攝提：左攝提三星，右攝提三星，分布於大角星兩邊。

③造父：造父五星，在營室北。造父本爲周穆王御夫。

④五諸侯：五諸侯五星，在東井北。

⑤天雞：天雞二星，在南斗東北。

⑥羽林軍：羽林軍四十五星，在壘壁陣南。羽林軍本爲漢武帝創立的御用軍隊。

⑦參旗：參旗九星，在參宿西。

⑧招搖：招搖一星，在斗柄前。

⑨騰蛇：騰蛇二十二星，在營室北。

⑩天園：天園十三星，在胃宿、天苑南。

⑪宗正：宗正星、宗人星和宗星，在天市垣東牆內，均爲皇室宗親的

象徵。

⑫王良：王良五星，在奎宿閣道北。王良原爲著名御手。

⑬漸台：漸台四星，在牛宿北，象徵四面臨水的高台。

⑭輦道：輦道五星，在紫宮南門外，織女旁。輦道本爲天子御道。

⑮天田：天田四星，在牛宿南，象徵天上的農田。

⑯天壘城：天壘城十三星，在虛宿南，古代星象學認爲主北方丁零、匈奴等部。

⑰列肆：列肆兩星，在天市垣西牆內，它與尾肆、車肆，均象徵天市內商店。

⑱華蓋：華蓋十六星，在紫宮北門口，象徵天子乘坐的車蓋，表示車騎。

⑲奚仲：奚仲四星，在織女東北。奚仲本爲傳説中的造車能手，以其象徵車官。

⑳九斿：九斿九星，在參宿西南，本爲軍旗上的九條飄帶。

㉑敗臼：敗臼四星，在虛宿天壘城南。

㉒積水：積水一星，在東井五諸侯北。

㉓天廟：天廟十四星，在張宿南。

㉔北落師門：北落師門一星，在壘壁陣南，象徵天軍的大門。北落師門是全天第十八大星，由於偏南方，中國人較少關注。

㉕中台：三台六星，兩兩并列，似三層台階，在軒轅北。

㉖閣道：閣道六星，在奎北。象徵天帝御道，在紫宮北門外。

　　九年正月丙子，星出七公北，如太白，東北急行，至濁没，赤黄，有尾迹。己卯，星出天船東，如杯，西北急行，至天大將軍没，①赤黄，有尾迹，照地明。三月甲子，星透雲出天市垣內宗正西，如太白，西北慢行，至太微垣內五帝坐没，②赤黄，有尾迹。又星透雲出紫微垣西，如杯，西北急行，至濁没，赤黄，有尾迹，照地

明。丙子，星出卷舌東，如太白，南慢行，至濁沒，赤
黃，有尾迹。四月庚寅，星出天市垣，如杯，北急行，
至紫微垣沒，青白，有尾迹，照地明。辛亥，星出心
南，如太白，南急行，入濁沒，赤黃，有尾迹。五月庚
申，星出天津，如杯，東南慢行，入濁沒，赤黃，有尾
迹，照地明。丁丑，星出尾北，如太白，東南急行，入
濁沒，赤黃，有尾迹。戊寅，星出心南，如太白，南急
行，入濁沒，赤黃。壬午，星出天津北，如太白，西南
急行，至天江③沒，赤黃，有尾迹。六月丙戌，星出華
蓋西，如太白，西北急行，至濁沒，赤黃，有尾迹。戊
子，星出車府④東，如太白，東南急行，至濁沒，赤黃，
有尾迹。壬辰，星出牽牛東，如太白，南慢行，至濁
沒，赤黃，有尾迹，照地明。甲辰，星出閣道北，如
杯，西南急行，至鈎陳沒，赤黃，有尾迹，照地明。乙
巳，星透雲出虛南，如太白，南急行，入濁沒，赤黃，
有尾迹。丙午，星出東壁北，如杯，南急流，至羽林軍
沒，赤黃，有尾迹。己酉，星出閣道南，如太白，西急
行，至車府沒，赤黃，有尾迹。辛亥，星出天市垣內斛
星⑤南，如太白，東南急流，至建沒，赤黃，有尾迹。
又星出北斗內大理⑥北，如太白，東北急行，至濁沒，
赤黃，有尾迹。又星出天槍南，如太白，西南急行，至
濁沒，赤黃，有尾迹，照地明。癸丑，星出天棓南，如
太白，東南慢行，至天津沒，赤黃，有尾迹。七月乙
卯，星出羽林軍西，如太白，西南急行，至濁沒，赤
黃，有尾迹。戊寅，星出外屏西，如太白，東北急行，

至天囷没，赤黄，有尾迹。壬午，星出王良西，如杯，东北慢行，至浊没，青白，有尾迹。八月戊子，星出大角东，如太白，南缓行，至氐没，赤黄，有尾迹。又星出王良北，如太白，西北急流，至天津没，青白，有尾迹。壬寅，星出危北，如杯，西南急流，至浊没，赤黄，有尾迹，照地明。甲辰，星出梗河南，如太白，西急流，至浊没，青白，有尾迹，照地明。戊申，星出外屏北，如太白，南急流，至土司空没，赤黄，有尾迹。辛亥，星出营室西，如太白，南急流，至坟墓没，赤黄。壬子，星出参西，如太白，东南急流，至狼星没，赤黄，有尾迹，照地明。又星出紫微垣内后宫⑦东，如杯，北急流，至浊没，赤黄，有尾迹，照地明。癸丑，星出天大将军，如太白，急流至造父没，赤黄，有尾迹，照地明。九月丁巳，星出昴北，如杯，东北急流，至五车没，赤黄，有尾迹。又星出紫微垣少辅东，如杯，西北急流，至浊没，赤黄，有尾迹，照地明。戊午，星出南河东，如岁星，东慢流，至七星没，赤黄，有尾迹。辛酉，星出牵牛西，如太白，东慢流，至危没，赤黄，有尾迹。戊辰，星出王良西，如太白，西北慢流，至北斗没，青白，有尾迹。丁丑，星出危西，如太白，南慢流，至牵牛没，青白，有尾迹。庚辰，星出紫微垣墙右枢北，如太白，北急流，至浊没，赤黄，有尾迹，照地明。十月己酉，星出天囷西，如太白，东南缓行，至天苑没，赤黄，有尾迹。己丑，星出昴南，如太白，西北缓行，至内阶⑧没，赤黄，有尾迹，照地明。

庚子，星出五車西，如杯，緩行至鈎陳没，赤黄。辛丑，星出屏星^⑨，如盂，向東速行，入濁没，赤黄，有尾迹，照地明。癸卯，星出天倉北，如太白，東北緩行，至天囷没，赤黄，有尾迹。丁未，星出柳東，如太白，東速行，入濁没，青白，有尾迹。十一月甲寅，星出參旗西，如太白，南緩行，至天苑内没，赤黄，有尾迹。庚午，星出弧矢東，如太白，東南緩行，入濁没，赤黄，有尾迹。十二月癸未，星出天苑東，如太白，西南緩行，至濁没，赤黄，有尾迹。庚子，星出婁東，如杯，西南緩行，至濁没，青白，有尾迹，照地明。甲辰，星出軍井西^⑩，如太白，南緩行，至天囷没，赤黄，有尾迹。

十年正月丁丑，星出紫微垣内相^⑪南，如太白，南緩行，至太微垣右執法没，赤黄，有尾迹。辛巳，星出參西，如太白，西南速行，至天苑没，赤黄，有尾迹。二月丙戌，星出五車大星^⑫西，如太白，赤黄色，北急流，至大陵没，有尾迹。癸巳，星透雲出北斗北，如太白，速行入濁没，青白，有尾迹。戊申，星出天弁^⑬東南，如杯，東速行，入濁没，赤黄，有尾迹，明燭地。三月丁巳，星出右樞東，如太白，東北速行，至濁没，赤黄，有尾迹。四月甲申，星出河鼓北，如太白，東速行，至濁没，青白，有尾迹。甲辰，星出郎位北，如太白，西急流，至下台南没，赤黄，明燭地。己酉，星出積卒^⑭北，如杯，南急流，至濁没，青白，有尾迹，明燭地。又星出太微垣内屏南，如太白，西南慢流，至翼

南没，赤黄，有尾迹，照地明。五月甲戌，星出庫樓⑮
北，如太白，西南慢流，至濁没，赤黄。乙亥，星出五
車西南，如太白，西北急流，至文昌没，赤黄，有尾
迹。丁丑，星出天市垣内候北，如太白，東北急流，至
左旗没，赤黄，有尾迹。六月辛丑，星出天市垣西，如
杯，西北急流，至右攝提没，赤黄，有尾迹，照地明。
乙巳，星出王良東，如太白，西北急行，至紫微垣内鈎
陳没，赤黄，有尾迹。丙午，星出天鷄南，如太白，南
慢流，至濁没，青白，有尾迹。戊申，星出南斗南，如
太白，東南急流，至濁没，赤黄，有尾迹。七月庚戌，
星透雲出北斗南，如太白，西南急流，至氐宿没，赤
黄，有尾迹。又星出天市垣内宗人東，如太白，南急
流，至尾没，赤黄，有尾迹。甲寅，星透雲出氐，如太
白，西北急流，至濁没，赤黄，有尾迹。乙亥，星出人
星⑯西南，如太白，西北急流，至織女没，赤黄，有尾
迹。八月己卯，星出左攝提東，如杯，東慢流，至天大
將軍没，赤黄，有尾迹，照地明。壬午，星出鈎陳東，
如太白，東北慢流，至濁没，青白，有尾迹，照地明。
壬辰，星出天船西，如太白，西慢流，至紫微垣没，赤
黄，有尾迹。甲辰，星出軍市⑰西，如太白，東南慢流，
至濁没，青白，有尾迹，照地明。九月庚戌，星出内階
北，如杯，北慢流，至文昌没，青白，有尾迹，照地
明。戊辰，星透雲出織女，如太白，西北急流，至紫微
垣内北極没，赤黄，有尾迹，照地明。又星出紫微垣内
北極東，如太白，北急流，至濁没，青白，有尾迹。己

巳，星出司怪[18]西，如太白，東北急流，至濁没，赤黄，有尾迹，照地明。庚午，星出天船北，如太白，西北急流，至紫微垣内階没，青白，有尾迹。壬申，星出紫微垣少尉東，如杯，北急流，至濁没，青白，有尾迹，照地明。丙子，星出河鼓北，如太白，西急行，至濁没，青白，有尾迹。十月己卯，星出七星北，如太白，東急行，至濁没，赤黄。乙酉，星出天紀北，如杯，西慢行，至濁没，赤黄，有尾迹，照地明。丁亥，星出昴南，如杯，西急行，至營室北没，赤黄，有尾迹，照地明。又星出東井北，如杯，東急行至軒轅没，赤黄，有尾迹，照地明。辛卯，星出天桮北，如太白，北急流，至濁没，赤黄，有尾迹。己亥，星出霹靂[19]北，如太白，西北急行，至濁没，赤黄，有尾迹，照地明。庚子，星出紫微垣内，如太白，北急流，至濁没，青白，照地明。辛丑，星出軒轅西第三星北，如杯，東南慢流，至天狗没，赤黄，有尾迹，照地明。乙巳，星出紫微垣内鈎陳東，如太白，東北慢行，至濁没，青白。十一月癸丑，星出天廟西，如太白，西南急行，至濁没，赤黄，有尾迹，照地明。甲寅，星出天厨[20]北，如杯，西行至天桮没，赤黄。又星出天船北，如太白，西北急行，至騰蛇没，赤黄，有尾迹，照地明。乙卯，星出紫微垣内五帝坐南，如太白，東北急行，至角没，青白，有尾迹。十二月甲申，星出天廟東南，如杯，南急行，至濁没，赤黄，有尾迹。

【注】

①天大將軍：天大將軍十一星，在奎宿東北，象徵西北戰場的首領。

②五帝坐：五帝坐五星，四帝夾黃帝坐，位於太微垣中央。

③天江：天江三星，在尾宿之北，本義爲天上的江河。

④車府：車府七星，在天津東，本義爲軍車的府庫。

⑤斛星：斛四星，在天市內斗星旁，它與斗同爲量器。

⑥大理：大理二星，在紫宮南口內，主意象爲刑獄之官。

⑦後宮：指紫宮中央鈎陳六星。

⑧內階：指紫宮外文昌北內階六星。

⑨屏星：屏二星在參宿南廁旁。

⑩軍井：軍井四星，在參宿西南、屏星之北。

⑪相：相一星，在斗柄與三公之間。

⑫五車大星：指五車二，全天第五大星。

⑬天弁：天弁九星，在斗宿北。

⑭積卒：積卒六星，在心宿南，本義爲積聚官兵。

⑮庫樓：庫樓十星，在角宿南，本義爲兵營、兵庫。

⑯人星：人星四星，在虛宿北，本義爲天帝統治下的普通平民。

⑰軍市：軍市十三星，在天狼星西，象徵軍中市場。

⑱司怪：司怪四星，在越星前，其東虛宿東北處還有司非、司禄、司命星。

⑲霹靂：霹靂五星，在壁宿南，附近還有雲雨四星、雷電六星。

⑳天厨：天厨六星，在紫宮左垣外。

《宋史》卷五十九

志第十二

天文十二

流隕三①

元豐元年正月丁卯，星出天紀，向南速行，至天社北没，②赤黄。庚午，星出天紀南，如太白，西南慢行，至天社没，赤黄，有尾迹。閏正月壬寅，星出紫微垣内鈎陳北，如杯，北慢行，至濁没，青白，有尾迹。甲辰，星出柳北，如杯，西急行，至天廩没，赤黄，有尾迹，照地明。二月己酉，星出太微垣内，如杯，西南急行，至翼没，有尾迹，照地明。癸亥，星出角南，如杯，西南急行，至土司空没，青白。三月丁酉，星出箕東，如杯，西南急行，至濁没，赤黄，有尾迹，照地明。四月丙寅，星出閣道東，如杯，北急行，入濁没，赤黄，有尾迹，照地明。六月甲辰，東南方光燭地，有星如盂，出瓠瓜，③至内階没，分裂，有聲如雷。己巳，星出左攝提西，如太白，西南急行，至太微垣内五諸侯没，赤黄，有尾迹，照地明。辛未，星出外屏北，如太白，東北慢行，至濁没，青白，有尾迹。七月甲申夕，星出大角南，如太白，北慢行，至北斗没，赤黄，有尾迹。庚子，星出天市垣内列肆東，如杯，西慢行，至亢没，青白，有尾迹。八月己酉，星出紫微垣内陰德南，④如杯，北急行，至濁没，赤黄，有尾迹，照地明。乙卯，星出營室北，如盂，西北慢行，至濁没，赤黄，有尾迹，照地明。丙辰，星出貫索西北，如太白，西慢行，至濁没，青白，有尾迹。甲子，星隔雲照地明，東北急行，至濁没。九月庚辰，星出鈎陳北，如杯，西北急行，至濁没，赤黄，有尾迹。甲申，星出七公北，如太白，西北慢行，至濁没，青白，有尾迹。己亥，星出天囷南，如杯，東南慢行，至濁没，青白，有尾迹，照地明。又星出東井西，如杯，東北急行，至濁没，赤黄，有尾迹，照地明。十月乙巳，星出天津北，如太白，西北急行，至天桴没，赤黄，有尾迹，照地明。十二月丙寅，星出北河北，如杯，東南急行，至弧矢没，⑤赤黄，有尾迹，照地明。

　　二年三月戊子，星出氐内，如太白，東北緩行，至天市垣内候星没，⑥赤黄，有尾迹，照地明。五月戊辰，星出軫中，如太白，西速行，至濁没，赤黄，有尾迹，照地明。庚午，星出天厨東，如太白，東北速行，至天津没，赤黄，有尾迹，照地明。甲午，星出氐南，如太白，南速行，至濁没，青白。丙申，星出織女北，如杯，北速行，至紫微垣内太子没，⑦赤黄，有尾迹，照地明。丁酉，星出紫微垣上宰北，如杯，北速行，至右樞没，青白，照地明。六月戊戌，星出尾東，如杯，南速行，至濁没，青白，照地明。庚子，星出危東，如杯，東緩行，至濁没，青白，有尾迹，照地明。七月乙巳，星出雷電北，如太白，東速行，至霹靂，赤黄，有尾迹。庚子，星出氐北，如杯，西速行，至濁没，青白，照地明。庚寅，星出天津西，如杯，南急行，至河鼓没，赤黄，有尾迹，照地明。八月癸卯，星出天囷西，如太白，東南速行，至濁没，赤黄，有尾迹。九月戊辰，星出天弁，如太白，西南速行，至天市垣没，青白，有尾迹，照地明。十月丁未，星出天船北，如太白，西南速行，至營室没，青白，有尾迹。乙卯，星出北斗西，如太白，東北速行，至濁没，赤黄，有尾迹。十二月壬子，星出輿鬼東，如太白，東北速行，至軒轅没，赤黄，有尾迹，照地明。

三年正月癸未，星出右攝提西，如太白，青白色，東北速行，至濁没，有尾迹。二月辛丑，星出弧矢南，如太白，東南速行，至濁没，青白，有尾迹。五月庚午，星出尾南，如太白，南速行，至濁没，青白，有尾迹。辛未，星出中台北，如太白，東南緩行，至天江没，赤黄。丁丑，星出織女西，如杯，東北速行，至濁没，青白，有尾迹。六月己亥，星出南斗南，如杯，南速行，至鼈星没，⑧青白，有尾迹，照地明。壬子，星出天津東，如杯，東速行，至濁没，青白，有尾迹，照地明。七月甲子，星出天棓，如杯，北急行，至濁没，赤黄，有尾迹。丙寅，星出天棓北，如杯，西南急流，至濁没，赤黄，有尾迹，照地明。己丑，星出北斗西，如太白，東北急流，至濁没，赤黄，有尾迹，照地明。八月乙卯，星出天囷北，如太白，東南慢流，至弧矢没，赤黄，有尾迹，照地明。戊午，星出紫微垣内大理西，如太白，北慢流，至濁没，青白，有尾迹。閏九月辛卯，星出輿鬼南，如杯，急流至軒轅没，赤黄，有尾迹，照地明。庚戌，星出紫微垣内鈎陳北，如太白，北急流，至天棓没，青白，照地明。十月庚申，星出狼東，如太白，東南急流，至濁没，青白，有尾迹，照地明。十一月丙辰，星出厠星東，如太白，東南慢流，至濁没，青白。

　　四年正月戊戌，星出五車北，如杯，西南急流，至天囷没，赤黄，有尾迹，分裂。六月戊寅，星出紫微垣内厨南，如太白，南慢流，至大角没，赤黄，有尾迹。八月丁巳，星出壁壘陣南，如杯，西南慢流，至濁没，青白，有尾迹，照地明。癸亥，星出文昌北，如太白，東北慢流，至濁没，青白，有尾迹。癸酉，星出貫索南，如太白，東南至天市垣秦星没，赤黄色，有尾迹，照地明。戊寅，星出婁，大如太白，東急流，至濁没，青白。己卯，星出文昌西，如太白，北慢流，至紫微垣内鈎陳没，赤黄，有尾迹。九月己酉，星出天街，⑨如杯，北急行，穿五車北没，赤黄，有尾迹，照地明。庚戌，星出天倉南，如太白，南急行，至濁没，赤黄，有尾迹，照地明。十一月己丑，星出紫微垣内六甲，⑩如太白，東北慢行，入濁没，赤黄，有尾迹，照地明。乙未，星出鈎陳北，如太白，東北慢行，至濁没，赤黄，有尾迹，照地明。

五年四月庚申，星出角東，如太白，東南急行，至濁没，赤黄。辛未，星出紫微垣内鈎陳北，如太白，急行至濁没，青白。五月己丑，星出天津西，如太白，西北急行，至紫微垣内鈎陳没，赤黄，有尾迹。六月丁卯，星出天槍東，如太白，西急行，至天罇没，⑪赤黄，有尾迹，照地明。己卯，星出郎位，如太白，東南急行，至濁没，赤黄，有尾迹，照地明。七月辛巳，星出天市垣内列肆西北，如杯，西急行，至濁没，赤黄，有尾迹，照地明。十月庚戌，星出参南，如太白，東南急行，至濁没，青白。辛亥，星出参旗南，如杯，東急行，至軍井没，青白，有尾迹。甲寅，星出騰蛇西，如太白，南速行，入虚没，赤黄，有尾迹，照地明。甲子，星出中台南，如太白，東北速行，至濁没，赤黄，有尾迹。十一月辛巳，星出五車西南，如太白，西北速行，入雲没，赤黄，有尾迹，照地明。甲申，星出天津北，如太白，東北速行，至紫微垣内鈎陳没，赤黄，有尾迹。十二月庚申，星出東壁西，如太白，西南速行，至濁没，赤黄，有尾迹。戊辰，星出畢南，如太白，西南速行，至濁没，赤黄。壬申，星出中台北，如太白，東北速行，至濁没，赤黄。

六年四月辛酉，星出軒轅西南，如杯，西緩行，至天罇没，⑫青白，有尾迹，照地明。閏六月丙子，星出貫索東北，如杯，西南急行，至濁没，青白，有尾迹，照地明。戊寅，星出貫索西，如盂，西緩行，至濁没，赤黄，有尾迹，照地明。己卯，星出天槍東，如太白，西南急行，至濁没，赤黄，有尾迹。癸卯，星出壁壘陣西南，如太白，西南慢行，至濁没，青白，有尾迹，照地明。八月癸巳，星透雲出王良南，如太白，西南急行，至室没，青白，有尾迹。甲午，星出騰蛇北，如太白，西北急行，至濁没，青白，有尾迹。丙申，星出天船北，如太白，西北急流，至文昌没，赤黄，有尾迹，照地明。九月癸卯，星出五車東，如杯，北急行，至濁没，赤黄，照地明。乙巳，星出輿鬼東北，如太白，西北速行，至紫微垣内文昌没，赤黄，有尾迹，照地明。庚申，星出危北，如太白，西南急行，至牽牛没，赤黄，有尾迹。乙丑，星出織女西南，如太白，西北急行，至濁没，青白，有尾迹。十月辛丑，星出大角西，如太白，南慢行，至角距星没，青白，有尾迹，照地明。

　　七年四月辛未，星出牛星東，如杯，西南慢行，至濁没，赤黄，有尾迹。丙子，星出亢，如太白，西南急行，至角没，赤黄，有尾迹，照地明。六月庚辰，星出天棓南，如太白，西南急行，入天市垣内候星没，青白，有尾迹。癸巳，星出紫微垣東，如杯，東北流行，至濁没，赤黄，有尾迹。戊子，星出王良西，如杯，西北速行，至女牀没，赤黄，有尾迹，照地明。丁酉，星出鼈星南，如太白，東南急行，至濁没，赤黄，有尾迹，照地明。七月丙午，星出閣道北，如杯，北慢行，至濁没，青白。己未，星出胃東，如太白，東急行，至濁没，青白，有尾迹。八月辛未，星出文昌東，如太白，西北速行，至濁没，青白，有尾迹，照地明。癸巳，星出天津東，如太白，西南急流，至河鼓没，青白，有尾迹。十一月乙卯，星出虛南，如杯，西南急行，至濁没，赤黄，有尾迹，照地明。丁巳，星出七星東，如太白，東南急行，入濁没，赤黄，有尾迹，照地明。

八年正月丙午，星透雲出角南，如杯，東南速行，至濁没，赤黄，有尾迹，照地明。二月丙寅，星出婁南，如太白，西速行，至濁没，赤黄，有尾迹。庚辰，星出太微垣左執法北，如太白，東南速行，至濁没，赤黄，有尾迹。癸巳，星出紫微垣内鈎陳東，如盂，西北速行，至濁没，青白，有尾迹，照地明。六月己丑，星出右旗西，如杯，向南急流，至濁没，青白，有尾迹，明燭地。七月庚申，星出胃宿，如杯，急流至天囷没，青白，有尾迹，明燭地。十月壬申，透雲星出王良西，如太白，急流至織女北没，[13]赤黄，有尾迹，明燭地。丁丑，透雲星出天囷南，如太白，東南慢流，至濁没，青白，有尾迹。戊子，透雲星出奎東，如太白，西北急流，至濁没，赤黄，有尾迹，明燭地。庚寅，星出昴南，如太白，急流至濁没，青白，有尾迹，明燭地。十二月乙巳，星出紫微垣鈎陳東，如太白，向北速行，至太子没，黄赤，有尾迹，明燭地。[14]

【注】

①《宋志》之流隕記録計四卷，流隕二主要爲宋神宗熙寧十年中的流星記録；流隕三則繼載神宗元豐八年間的流星記録和哲宗元祐、紹興、元符三個年号的流星記録。

②星出天紀向南速行至天社北没：此星通常寫作天記，爲星一顆，位於柳宿天狗星南、天社星之北，而非貫索東之天紀九星。下文"星出天紀南，如太白，西南慢行，至天社没"，其中的星同此。

③瓠瓜：瓠瓜四星，在牛宿北。

④陰德：陰德二星，在紫宮大理北。

⑤十二月丙寅星出北河北如杯東南急行至弧矢没：十二月日在虚危，傍晚時北河星位於東方，故曰東南"至弧矢没"。

⑥候星：候一星，在天市垣内中央，帝座旁，爲垣内最亮之星。此星被定義爲主管農時氣候、主農業豐歉及物價。

⑦太子：太子一星，爲紫宮北極天樞五星中的南星。

⑧鼈星：鼈十四星，在斗宿南。

⑨天街：天街三星，在昴畢間。

⑩六甲：六甲六星，在紫宮北方。六甲即干支中的甲子、甲戌、甲申、甲午、甲辰、甲寅，合稱六甲，爲曆數之義。

⑪星出天槍……至天罇没：天罇三星在井宿東，太尊一星在中台北，常易混淆。此記録星出天槍，距太尊近，故此"天罇"恐爲"太尊"之誤。

⑫星出軒轅西南……至天罇没：流星由軒轅西南經鬼宿流向井宿的天罇星。

⑬十月……星出王良西……至織女北没：十月日在尾宿，傍晚時織女在西北方，王良星在東北方，流星由王良向西，經造父、天津等，至織女北没，這是傍晚時見到的天象。

⑭以上是神宗熙寧、元豐兩朝的流星記録，共包括《天文十一》和《天文十二》前半部分，可以説是中國歷代帝王關於流星記録最詳細的一

個皇帝。這與北宋政府十分重視流星的觀測有關。

元祐元年正月癸巳，星出狼星南，向東南急流，至濁没，赤黄，有尾迹，明燭地。癸丑，透雲星出近軒南，如太白，東南急流，至濁没，青白，有尾迹，明燭地。二月丙戌，透雲星出近紫微垣文昌西，向西北急流，至王良北没，赤黄，有尾迹，明燭地。又星出上台北，向西北急流，至王良南没，赤黄，有尾迹，明燭地。閏二月庚戌，星出五車南，向西北慢流，至濁没，青白。五月壬申，星出女北，向東急流，至虚東没，青白，有尾迹，明燭地。六月甲辰，星出天津西，如太白，西南急流，至尾北没，①赤黄，有尾迹，明燭地。七月丁巳，星出墳墓東，如太白，慢流至壁南没，青白，有尾迹，明燭地。九月庚申，星出天苑南，如太白，向南急流，入濁没，赤黄，有尾迹，明燭地。壬戌，星出天津北，如太白，西北急流，至濁没，赤黄，有尾迹。十月庚寅，星出羽林軍南，如太白，西南急流，至濁没，赤黄，有尾迹。辛丑，透雲星出近五車西，如太白，西南急流，至天囷北没，青白，有尾迹。丙午，星出室南，如太白，西南急流，至濁没，赤黄，有尾迹，明燭地。戊申，星出紫微垣北，如太白，西北急流，至濁没，青白，有尾迹。十二月庚寅，星出天苑南，如太白，東北急流，至濁没，赤黄，有尾迹。

二年正月癸酉，星出柳南，如杯，東南急流，至濁没，赤黄，有尾迹，照地明。辛巳，星出軒南，如杯，向南急流，至濁没，赤黄，有尾迹，照地明。壬子，星出柱史西，②如盂，西北急流，至鈎陳東没，赤黄，有尾迹。四月丙午，星出天桴南，如太白，東北急流，至天津没，赤黄，有尾迹，照地明。六月壬寅，星出文昌東，如杯，向北急流，至濁没，赤黄，有尾迹，照地明。九月甲寅，星出天市垣中山北，如太白，向西急流，至天紀西没，③赤黄，有尾迹，照地明。丁丑，星出雷電南，如太白，向西急流，入天市垣内至宗正東没，赤黄，有尾迹，照地明。

　　三年三月己酉，星出亢南，如杯，向南慢行，至濁没，赤黄，有尾迹，照地明。六月壬午晝酉時八刻後，星出西南申位，④如盂，向東急流，至卯位没，青白，有尾迹。庚子，星出壁南，如杯，東南急流，入羽林軍内没，赤黄，有尾迹，照地明。甲辰，星出天市垣魏星西，如太白，西北急流，至梗河西没，赤黄，有尾迹。又有星出霹靂南，如杯，東南急流，至羽林軍東没，赤黄，有尾迹，照地明。八月癸巳夕，有星自中天向東急流，至濁没，青白，有尾迹，照地明。十一月戊申，星出北斗天璇，如杯，流至南河没，赤黄，有尾迹，照地明。閏十二月甲子，星出天厨北，如太白，向北急流，至濁没，赤黄，有尾迹。

　　四年二月己酉，星出五諸侯西，如太白，急流至五車北没，赤黄，有尾迹，明燭地。三月戊戌，星透雲出織女東，如太白，速行至天津西没，赤黄，明燭地。己亥，星透雲出氐西，如太白，速行至濁没，赤黄，有尾迹，明燭地。四月壬寅，星出車肆南，如太白，速行至濁没，青白，有尾迹，明濁地。五月癸巳，星出天弁南，如太白，速行至尾北没，赤黄，有尾迹，明燭地。八月甲辰，星出天津東，如太白，慢流至霹靂東没，青白，有尾迹。九月己巳，星出天津東南，如太白，速行至女牀西北没，赤黄，有尾迹，明燭地。壬午，星透雲出天桴北，如太白，速行至濁没，赤黄，有尾迹。十月丁巳，星出天津東南，如太白，速行至濁没，赤黄，有尾迹，明燭地。十一月乙酉，星出司怪西南，如杯，慢流至參旗没，赤黄，有尾迹。

　　五年正月己酉，星出右攝提，如杯，西北緩行，至濁没，青白，有尾迹，明燭地。四月癸丑，星出天厨，如太白，急流北至濁没，赤黄，有尾迹，明燭地。又星出天桴，如杯，急流北至濁没，青白，有尾迹，明燭地。又星出天市垣斗星西北，如杯，急流至北斗西没，⑤青白，有尾迹，明燭地。五月癸酉，星出文昌，如太白，急流北至濁没，赤黄，有尾迹，明燭地。六月庚申，星出室北，如太白，東北緩行，至濁没，青白，有尾迹。辛酉，星出氐，如太白，西北急流，至濁没，青白，有尾迹。又星出紫微垣少尉，如太白，西北急流，至濁没，赤黄，有尾迹，明燭地。七月辛未，星出危，如太白，東南急流，至濁没，青白，有尾迹，明燭地。癸未，星出天市垣屠肆西，如太白，急流西至貫索南没，赤黄，有尾迹，明燭地。丁亥，星出自天市垣市西，如太白，西南急流，至心没，赤黄，有尾迹，明燭地。八月甲午，星出房西，如太白，東南急流，至心没，赤黄，有尾迹，明燭地。庚子，星出内厨，如太白，急流至文昌北没，赤黄，有尾迹，明燭地。癸卯，星出八穀西，如太白，東北急流，至濁没，青白，有尾迹。九月辛巳，星出軍市西，如太白，東南急流，至濁没，赤黄，有尾迹。乙酉，星出漸臺西，如太白，急流至濁没，青白，有尾迹。辛卯，星出羽林軍内，如太白，西南急流，至濁没，赤黄，有尾迹，明燭地。十月甲午，星出柳，如杯，緩北行，至濁没，有尾迹，明燭地。己未，星出車府西，如太白，急流北至天津西南没，青白，有尾迹，明燭地。又星出紫微垣柱史南，如杯，西南緩行，至天津東没，赤黄，有尾迹，明燭地。十一月壬戌，星出紫微垣内極星北，⑥如太白，急流北，至濁没，青白，有尾迹。十二月己亥，星出柳，如太白，西北流，至北河没，赤黄，有尾迹，明燭地。丙辰，星出卷舌西，如太白，急流西，至濁没，青白，有尾迹。

　　六年二月辛丑，星出翼東，如杯，東南急流，至濁没，赤黄，有尾迹，明燭地。丙辰，星透雲出郎將西，如太白，東北速行，至紫微垣内少尉没，赤黄，有尾迹，明燭地。五月乙酉，星出天市垣内宗人南，如杯，西北急流，至宋星南没，赤黄，有尾迹，明燭地。丁亥，星出貫索東，如太白，東南急流，至候東没，赤黄，有尾迹。六月丙辰，星透雲出太微垣内郎位北，如太白，西南急流，至濁没，赤黄，有尾迹。七月癸亥，透雲星二，皆如太白：一出天槍東，西南急流，至亢東没；一出奎東，西南急流，至壁壘陣東没：赤黄，有尾迹。九月甲寅，星出天津北，如太白，東北慢流，至内階没，赤黄，有尾迹，明燭地。十月壬戌，星出婁南，如太白，東南慢流，至天苑没，赤黄，有尾迹，明燭地。丁卯，星出東北方，如杯，急流至濁没，赤黄，有尾迹。又星出王良南，如太白，東南急流，至濁没，赤黄，有尾迹，明燭地。

七年二月戊午，星出敗瓜東南，如太白，急流至虚東没，赤黄，有尾迹，明燭地。甲戌，星出平星西，如太白，急流至濁没，赤黄，有尾迹。己卯，星出紫微垣帝星西北，如杯，急流至濁没，⑦青白，有尾迹，明燭地。癸未，星出心東，如太白，急流至尾南没，青白，有尾迹，明燭地。三月辛亥，星出北極天樞北，如太白，急流至濁没，青白，有尾迹，明燭地。四月癸亥，星出輦道東，如太白，急流至濁没，青白，有尾迹，明燭地。甲子，透雲星出天市垣燕星南，如太白，急流至濁没，赤黄，有尾迹。辛巳，星出牛西北，如杯，急流至壁壘陣西没，青白，有尾迹，明燭地。六月庚午，星出騰蛇南，如太白，急流至匏瓜東北没，赤黄，有尾迹，明燭地。乙亥，星出閣道東，如太白，急流至天船北没，赤黄，有尾迹，明燭地。八月辛未，星出奎距星西南，⑧如太白，急流至濁没，青白，有尾迹，明燭地。九月甲辰，星出參旗西，如太白，急流至參東南没，青白，有尾迹，明燭地。

　　八年正月甲申，星出天市垣內候南，如杯，東南急流，至箕南沒，赤黃，有尾迹，明燭地。三月庚寅，透雲星出左攝提東南，如太白，東北慢流，至濁沒，青白，有尾迹。又星出天市垣內，如太白，東北急流，至漸臺南沒，赤黃，有尾迹，明燭地。五月辛丑，透雲星出紫微垣天廚西，如太白，向北急流，至濁沒，青白，有尾迹，明燭地。六月庚申，星出氐北，如太白，慢流至角西沒，赤黃，有尾迹，明燭地。八月壬戌，星出中天，⑨如太白，東南急流，至濁沒，青白，有尾迹。庚午，星出五車北，如太白，東北急流，至濁沒，赤黃，有尾迹，明燭地。九月辛卯，星出紫微垣，如杯，向南急流，青白，有尾迹，明燭地，至五車內沒。乙未，透雲星出羽林軍南，如太白，東南急流，至濁沒，赤黃，有尾迹，明燭地。丁酉，星出敗瓜西，如太白，西南急流，至天弁北沒，赤黃，有尾迹，明燭地。又星出王良北，如太白，向北急流，至上輔西北沒，青白，有尾迹。己亥，透雲星出天苑南，如太白，東南急流，至濁沒，赤黃，有尾迹，明燭地。癸卯，星出天苑西南，如太白，西南急流，至濁沒，赤黃，有尾迹，明燭地。十月乙巳，星出營室北，如太白，西南急流，至左旗北沒，赤黃，有尾迹，明燭地。戊申，星出天棓東南，如杯，北流，至濁沒，赤黃，有尾迹，明燭地。又星出壁西，如太白，向南慢流，至羽林軍沒，青白，有尾迹，明燭地。

【注】

①天津西……至尾北没：流星自天津西，沿着銀河，從織女、牛郎間，由天市東垣，至尾宿北部没。

②柱史：柱史一星，在紫宫内鈎陳東。

③中山北：中山星在織女西南。星自中心流向西方，至天紀七星没。此天紀在天市北。

④星出西南申位：申位，諸本均作“甲位”，中華書局校點本亦作“甲位”。西南無“甲位”，甲位在東北方，當爲“申位”之誤。此流星自西南申位向東方流，至卯位没，流貫整個星空。

⑤這顆流星很有特点，自天市垣内斗星流至北斗，含有兩斗通信使之義。

⑥極星北：出北極星的下方，至北方入濁（地平）。

⑦星出……帝星西北……至濁没：古代星占學認爲這是帝星派使者往西北方向，有緊急情報的天象。

⑧奎距星：指奎宿一，在奎西南方。

⑨星出中天：流星出天頂，但未載星空方位。

紹聖元年正月壬午晝，星出中天，如太白，西南急流，入濁没，赤黄。丙戌，星出鈎陳北，如杯，東北急流，至北斗没，赤黄，有尾迹，明燭地。丁酉，透雲星出北斗摇光西，如太白，西北速行，至鈎陳没，赤黄，有尾迹，明燭地。二月丙午，透雲星出壁東，如杯，西南慢流，入濁没，青白，有尾迹。庚午，星出紫微垣内天槍西南，如杯，急流入濁没，赤黄，有尾迹，明燭地。四月辛酉，星出北斗摇光南，如太白，向南急流，至大角没，赤黄，有尾迹，明燭地。六月癸酉，星出人星南，如太白，急流至牛没，赤黄，有尾迹，明燭地。丁丑晝，有飛星出東南，如太白，西北急流，至中天没，①青白，有尾迹，明燭地。乙未，星出牛東南，如太白，西南速行，入濁没，赤黄，有尾迹，明燭地。丙申，透雲星出室北，如太白，西南速行，入天市垣，至宗正西没，赤黄，有尾迹。八月戊戌，星出奎南，如太白，東南速行，至天囷没，赤黄，有尾迹，明燭地。九月庚子，星出天囷南，如太白，急流至九州殊口没，赤黄，有尾迹，明燭地。丁巳，透雲星出羽林軍南，如太白，西南急流，入濁没，赤黄，有尾迹，明燭地。辛酉，星出天弁西，如太白，慢行至濁没，赤黄，有尾迹，明燭地。丙寅，星出室東，如太白，急流至濁没，青白。戊辰，星出紫微垣內鈎陳南，如杯，急流至濁没，赤黄，有尾迹，明燭地。十月己巳，星出紫微垣內，如太白，慢行至濁没，青白，有尾迹。癸酉，星出軒轅，如太白，急流至濁没，赤黄，有尾迹，明燭地。甲申，星出天槍南，②如太白，慢行至上台没，赤黄，有尾迹，明燭地。辛卯，星出鬼東，如太白，急流至濁没，赤黄，有尾迹，明燭地。十一月庚子，星出北斗天樞西北，如杯，急流至濁没，赤黄，有尾迹，明燭地。壬戌，星出星宿，如太白，急流至天稷西没，③赤黄，有尾迹，明燭地。又星出天廟南，如杯，慢行至濁没，青白，照地明。十二月辛未，透雲星出柳西，如太白，東南速行，至張没，赤黄，有尾迹，明燭地。壬申，星出天厨，如太白，急流至濁没，青白，有尾迹。

　　二年三月丁未，星出危西，如杯，西急流，至敗瓜南没，赤黄，有尾迹，明燭地。丙辰，星出天津東北，如杯，向東慢流，至室北没，青白，有尾迹，明燭地。四月甲申，透雲星出上台南，如太白，西北慢流，至濁没，赤黄，有尾迹，明燭地。五月癸卯，星出漸臺東，如太白，東北急流，至人星南没，赤黄，有尾迹，明燭地。甲寅，星出閣道東北，如太白，東北急流，至濁没，青白，有尾迹，明燭地。辛酉，透雲星出建西北，如太白，西南急流，至箕宿南没，赤黄，有尾迹，明燭地。六月壬午，透雲星出壁壘陣北，如太白，東南急流，至濁没，青白，有尾迹，明燭地。七月辛丑，星出九州殊口東，如太白，東南慢流，至濁没，赤黄，有尾迹，明燭地。乙巳，星出天桴北，如杯，東北急流，至内階東没，赤黄，有尾迹，明燭地。庚申，星出天槍西南，如太白，西南急流，至濁没，青白，有尾迹，明燭地。九月乙未，星出北斗天樞西南，如太白，東北急流，至濁没，青白，有尾迹，明燭地。丁酉，星出左更東，如杯，東北急流，至上台西没，赤黄，有尾迹，明燭地。庚戌，星出外厨西南，如太白，西北急流，至濁没，赤黄，有尾迹，明燭地。十月癸亥，星出厠星東，如太白，東南急流，至濁没，青白，有尾迹，明燭地。甲子，星出輦道東，如太白，西南慢流，至漸臺南没，赤黄，有尾迹。又星出騰蛇西北，如太白，西北急流，至濁没，青白，有尾迹，明燭地。丙寅，星出天倉南，如太白，向南急流，至濁没，赤黄，有尾迹，明燭地。

戊辰，星出昴東南，如太白，向西急流，至天陰西没，^④
青白，有尾迹，明燭地。甲戌，星出壁南，如太白，向
東南急流，至天倉南没，赤黄，有尾迹，明燭地。丙
戌，透雲星出參旗北，如太白，向東慢流，至觜北没，
赤黄，有尾迹。丁亥，透雲星出婁東，如杯，向東急
流，至胃北没，青白，有尾迹，明燭地。庚寅，透雲星
出張南，如太白，東南急流，至濁没，赤黄，有尾迹，
明燭地。十一月癸巳，星出外屏西，如太白，西南急
流，至羽林軍西没，赤黄，有尾迹，明燭地。庚申，星
出外屏西南，如太白，西北慢流，至濁没，赤黄，有尾
迹。十二月甲子，透雲星出中天，如杯，西南急流，至
濁没，赤黄，有尾迹，明燭地。戊辰，透雲星出五車
北，如太白，西北急流，至濁没，青白，有尾迹，明
燭地。

　　三年二月丙子，透雲星出太微垣，如太白，慢流至
濁没，赤黄，有尾迹。四月庚申，星出貫索西南，如太
白，急流至女牀東没，赤黄，有尾迹，明燭地。五月乙
未，星出平星西，如杯，急流至濁没，青白，有尾迹，
明燭地。辛丑，星出天棓南，如太白，急流至漸臺東南
没，赤黄，有尾迹。六月壬戌，星出女牀南，如太白，
急流至織女西没，赤黄，有尾迹，明燭地。七月癸丑，
星出室北，如太白，急流至天倉東北没，赤黄，有尾
迹，明燭地。乙卯，透雲星出危南，如太白，急流至濁
没，赤黄，有尾迹，明燭地。丁巳，星出左更東，如太
白，慢流至觜北没，青白，有尾迹，明燭地。八月癸

亥，星出天津南，如太白，急流至天棓北没，赤黄，有
尾迹。乙酉，星出天倉南，如太白，慢流至濁没，青
白，有尾迹，明燭地。九月乙未，星出七公北，如太
白，慢流至角北没，青白，有尾迹，明燭地。丁未，星
出五車西北，如太白，急流至文昌南没，青白，有尾
迹，明燭地。辛亥，星出右更西，如太白，急流至壁東
没，赤黄，有尾迹，明燭地。壬子，星出天倉南，如太
白，急流至濁没，赤黄，有尾迹，明燭地。又星出昴
南，如杯，慢流至諸王没，青白。癸丑，星出北斗天璇
東，如太白，慢流至輦道西南没，赤黄，有尾迹，明燭
地。又星出閣道西北，如太白，急流至大將軍西没，赤
黄，有尾迹，明燭地。甲寅，星出柳西南，如太白，急
流至屏星没，赤黄，有尾迹，明燭地。又星出文昌西
北，如杯，急流至鈎陳西没，赤黄，有尾迹，明燭地。
十月己未，星出天市垣吳越星西，如太白，急流至濁
没，赤黄，有尾迹，明燭地。丁丑，透雲星出織女西
南，如太白，急流至濁没，青白，有尾迹，明燭地。壬
午，星出亢池東南，如太白，急流至濁没，青白，有尾
迹，明燭地。十一月癸巳，星出五車東南，如太白，東
北慢流，至濁没，青白，有尾迹，明燭地。甲午，星出
太微垣郎位西北，如太白，急流至周鼎北没，⑤赤黄，有
尾迹，明燭地。戊戌，星出柳北，如太白，急流至軒轅
西没，赤黄，有尾迹，明燭地。壬子，星出紫微垣太一
西，⑥如太白，慢流至鈇鑕南没，⑦赤黄，有尾迹，明燭
地。十二月丁巳，星出南河北，如太白，急流至濁没，

赤黃，有尾迹，明燭地。

四年正月甲辰，星出北斗開陽南，如太白，東北急流，至鈎陳没，青白，有尾迹，明燭地。二月戊午，星出井南，如太白，東南急流，至弧矢西北没，赤黃，有尾迹，明燭地。丙子，星出星宿北，如太白，向北急流，至紫微垣右樞西没，赤黃，有尾迹，明燭地。三月己未晝，星出東南丙位，如太白，西南急流，至西南未位没，⑧赤黃，有尾迹。四月壬辰，星出天淵東南，如太白，南慢流，至濁没，青白，有尾迹，明燭地。五月甲戌，星出人星東，如太白，向東急流，至濁没，青白，有尾迹，明燭地。庚辰，星出紫微垣鈎陳西南，如太白，向北慢流，至濁没，赤黃，有尾迹，明燭地。六月甲申，星出亢西南，向西急流，至濁没，色赤黃；又星出室西南，急流至女西没，色青黃：皆如太白，有尾迹，明燭地。乙未，星出紫微垣少輔東，如太白，西北急流，至北斗天權西没，赤黃，有尾迹，明燭地。丙午，透雲星出王良西北，如太白，東北急流，至濁没，青白，有尾迹，明燭地。戊申，星透雲出室西北，如太白，西北急流，至紫微垣內鈎陳南没，赤黃，有尾迹，明燭地。七月丙辰，星出天津北，如太白，東北急流，至天桴西没，色赤黃。戊午，透雲星出匏瓜南，如太白，向東急流，至人星西南没，赤黃，有尾迹，明燭地。丙子，星出匏瓜南，如太白，西南速行，至牛西没，赤黃，有尾迹，明燭地。八月己酉，星出天市垣南海，向西南慢流，至濁没，色青白；又星出天大將軍西，西北急流，至室東没，色赤黄：皆如太白，有尾迹，明燭地。九月壬子，星出女牀西北，如太白，西南急流，至天市垣內斗星北没，赤黄，有尾迹，明燭地。乙卯，星出河鼓西，西南急流，入天市垣東海西没，色赤黄；又星出天園東，東南急流，入濁没，色青白：皆如太白，有尾迹，明燭地。戊午，透雲星出牛西，大如杯，西南急流，至建北没，赤黄，有尾迹，明燭地。丁卯，星出天棓西，如太白，西北急流，入濁没，青白，有尾迹，明燭地。十月丁酉，星出天關東北，如太白，東南慢流，至濁没，青白，有尾迹。辛丑，透雲星出文昌北，如太白，向北急流，入紫微垣內鈎陳北没，赤黄，有尾迹，明燭地。十二月甲申，星出太微垣內五諸侯西，如太白，西南急流，至明堂南没，⑨赤黄，有尾迹，明燭地。癸巳，透雲星出天廟東，如太白，東南慢流，至濁没，青白，有尾迹，明燭地。乙巳，星出中台南，如太白，西南慢流，至八穀北没，⑩赤黄，有尾迹，明燭地。丁未，星出天倉北，西南急流，至壁壘陣北没，赤黄；又星出天倉西北，西南急流，至濁没，青白：皆如太白，有尾迹，明燭地。

元符元年二月丁亥，星出井北，如太白，急流至參没，赤黄，有尾迹，明燭地。戊申，星出宗正東，如太白，急流至天江南没，赤黄，有尾迹，明燭地。三月甲戌，星出明堂南，急流至土司空西没；又星出天乳北，急流至角没：皆如太白，赤黄，有尾迹，明燭地。四月乙酉，透雲星出卷舌，如杯，慢流至濁没，青白，有尾迹。戊子，星出氐西，如太白，慢流至浊没，赤黄，有尾迹，明烛地。丙午，星出文昌南，慢行至浊没；又星出平星东南，急流至浊没：皆如杯，青白，有尾迹。五月庚戌，星出斗宿南，如太白，急流至浊没，赤黄，有尾迹，明烛地。戊辰，星出左旗东南，如太白，急流至下台东没，赤黄，有尾迹，明烛地。癸酉，星出文昌东，如太白，急流至浊没，青白，有尾迹，明烛地。六月癸巳，星出天津东南，如杯，至室东没，青白，有尾迹。又星出室，如杯，至壁东没，青白，有尾迹。辛丑，星出箕，如太白，急流至尾没，赤黄，有尾迹，明烛地。壬寅，星出文昌西，如太白，慢行至浊没，赤黄，有尾迹，明烛地。七月丁未，星出天津西北，如太白，急流至建东没，赤黄，有尾迹，明烛地。甲寅，星出腾蛇东北，如太白，急流至阁道东没，赤黄，有尾迹，明烛地。乙卯，星出大角东北，如太白，急流至浊没，青白，有尾迹。丁巳戌时初刻，⑪星出东方，如杯，急流至浊没，赤黄，有尾迹。癸亥，星出钩陈南，如太白，慢行至文昌北没，赤黄，有尾迹，明烛地。八月壬辰，西南方有星自浊出，如太白，慢行经天，至紫微垣北斗天枢西北没，⑫赤黄，有尾迹，明烛地。九月癸亥，星出天囷东南，如太白，急流至浊没，青白，有尾迹。丙寅，星出井西，如太白，急流至室西北没，赤黄，有尾迹，明烛地。十月丁酉，星出壁南，如太白，急流至女西没，赤黄，有尾迹，明烛地。十一月辛未，星出胃南，如太白，慢行至娄西南没，赤黄，有尾迹，明烛地。

二年正月辛酉，星出太陽守東南，[13]如太白，慢流至濁没，青白，有尾迹，明燭地。二月丙申，星出鈎陳東，如太白，西北慢流，至濁没，青白。壬寅，星出天市垣趙星西南，如太白，急流至吴越星没，赤黄，有尾迹，明燭地。癸卯，星出靈臺北，如太白，向西慢行，至軒轅没，赤黄，有尾迹，明燭地。五月戊辰，星出氐西南，如太白，西南速行，至濁没，青白，有尾迹，明燭地。六月丁酉，星出亢池東，如太白，西北急流，至太微垣東扇上將没，赤黄，有尾迹，明燭地。戊戌，透雲星出壁壘陣南，如太白，東南速行，至羽林軍没，赤黄，有尾迹。八月乙未，透雲星出閣道東，如太白，東北急流，至濁没，赤黄，有尾迹，明燭地。九月己巳，星出昴東南，如太白，向南慢流，至天苑没，青白，有尾迹，明燭地。閏九月乙亥，星出河鼓西，如太白，西南急流，入天市垣内没，青白，有尾迹，明燭地。又星出天苑東南，如太白，向南急流，至濁没，青黄，有尾迹，明燭地。十月辛丑，星出女西北，如太白，西南急流，至牛西北没，青白，有尾迹，明燭地。癸卯，星出上台東，如太白，西北急流，至文昌没，青白，有尾迹，明燭地。壬戌，星出壁南，如太白，向南急流，入羽林軍没，赤白，有尾迹，明燭地。十一月丙子，星出陰德東，如太白，東北慢行，至北斗魁内大理西没，赤黄，有尾迹。庚寅，星出中台東，如太白，向北急流，至濁没，赤黄，有尾迹，明燭地。

三年五月癸巳，星出織女，如杯，西北慢流，至北

斗搖光没，青白，有尾迹，明燭地。^⑭

【注】

①（紹聖元年六月）丁丑晝有飛星出東南如太白西北急流至中天没：六月日在柳，有流星從東南經中天向西北流去，這是在白晝發生的，但仍可看到青白尾迹。自下向上的流星稱爲飛星。

②星出天槍："天槍"諸本均作"天倉"，但"天倉"距上台遠，流星難以流經這麼長的星空至上台，又《文獻通考・象緯考》作"天槍"，天槍距上台近，故"天倉"當爲"天槍"之誤。今改。

③天稷：天稷五星，在星宿南。

④天陰：天陰五星，在昴西南。

⑤周鼎：本義爲周代之鼎，社稷的象徵。周鼎三星，在角宿北。

⑥太一：亦作太乙，帝星之別名，在紫宮右樞星旁。

⑦鈇鑕：鈇鑕五星，在壁宿南，刑器之一。

⑧丙位、未位：見本書前文注文中二十四方位圖，未位在正西南，丙位近午，兩位相鄰。

⑨明堂：明堂三星，在太微垣西南牆外。明堂本爲帝王祭祀、分辨諸侯尊卑之所。

⑩八穀：八穀八星，在紫宮西北，主八種穀物。

⑪戌時初刻：相當於今二十一點。《宋志》載流星活動很少記時刻，這是其中之一。

⑫八月壬辰西南方有星自濁出……天樞西北没：八月日在角，昏時南方七宿位於西南，北斗位於正南方，流星自西南流至斗樞，經過中天，至西北方没。

⑬太陽守：有識之士守一星，在斗魁天璣旁。太陽守者，輔臣之象。

⑭以上元祐、紹聖、元符三朝，爲哲宗在位時的流星記録。它與神宗元豐朝的記録合爲一卷。這些正爲宋代鼎盛時期的流星記録，最爲豐富。

《宋史》卷六十

志第十三

天文十三

流隕妖星、星變、雲氣①

建中靖國元年正月癸亥，星出西南，如盂，東北急流，入尾距星没，青黑，無尾迹，明燭地。

崇寧元年三月庚辰，星出張，如金星，西南急流，至濁没，赤黄，有尾迹，明燭地。五月丁卯，星出尾，如杯，西南慢流，入濁没，青白，有尾迹，明燭地。閏六月癸酉，星出斗，向西南慢流，至建没，②青白，有尾迹，數小星從之。八月己未，星出羽林軍，如杯，急流至濁没，青白，有尾迹，明燭地。十月壬子，星出天船，如盂，急流至五車没，青黑，有尾迹，聲隆隆然。十二月己卯，星出婁，如金星，西南慢流，至外屏没，赤黄，有尾迹，明燭地。二年正月戊申，星出未位，如金星，急流至北河没，青白，有尾迹，明燭地。六月戊午，星出亢，如金星，西南急流，入濁没，赤黄，有尾迹，明燭地。九月辛巳，星出牛，如杯，西南慢流，至狗國没，青白，有尾迹，明燭地。十一月甲辰，星出參，如金星，西南急流，至濁没，青白，有尾迹，明燭地。十二月丁未，星出大陵，如金星，至騰蛇没，赤黄，有尾迹，明燭地。三年四月戊申，星出軫，如杯，西北慢流，入太微垣内屏星没，赤黄，有尾迹，明燭地；又入太微；又入屏星。六月丙午，星出氐，如金星，東北慢流，入天市垣，赤黄，有尾迹，明燭地。八月己酉，星出建，如杯，西南急流，至鼈没，青白，有尾迹，明燭地。十二月甲子，星出天大將軍，如盂，西北急流，入王良没，赤黄，無尾迹，明燭地。四年正月甲申，星出角，如盂，西南慢流，入濁没，青白，無尾迹。閏二月壬申，星出井，如金星，西北急流，入五車没，青白，有尾迹，明燭地。三月庚子，星出紫微垣華蓋，如杯，至鈎陳大星没，③赤黄，有尾迹，明燭地。五月庚申，星出河鼓，如盂，西北急流，入濁没，青白，無尾迹。十二月甲午，星出參，如杯，東南慢流，入軍市没，赤黄，有尾迹，明燭地。五年六月庚午，星出西咸，如金星，東北急流，入天市垣内没，青白，有尾迹，明燭地。六月乙酉，星出庫樓，如杯，向西急流，入濁没，赤黄，有尾迹，明燭地。九月癸卯，星出天船，如杯，慢流至諸王没，青白，有尾迹，明燭地。十二月壬戌，星出奎，向南急流，入天倉没，青白，有尾迹及三丈，明燭地，聲散如裂帛。

　　大觀元年二月丁卯，星出參，如杯，西南急流，入濁没，赤黄，無尾迹，明燭地。四月辛未，星出軫，如盂，向南慢流，入濁没，青白，有尾迹，明燭地。六月乙亥，星出尾西南，如杯，西南慢流，入濁没，青白，有尾迹，明燭地。七月庚戌，星出箕，如杯，西南急流，入濁没，赤黄，無尾迹，照地明。二年十二月癸卯，星出奎，如盂，西北急流，入造父没，青白，有尾迹，照地明，有聲。

政和元年四月丙辰，星出亢，如盂，西北急流，至右攝提没，赤黄，有尾迹，照地明。五月辛巳，日未中，星隕東南。二年九月乙卯，星出斗，如杯，西南急流，入濁没，赤黄，有尾迹，照地明。三年四月丙申，星出心，如盂，西南急流，至積卒没，青白，有尾迹，照地明。四年九月庚子，星出墳墓，如盂，東南急流，入羽林軍没，④青白，有尾迹，照地明。七年十二月甲子，星出胃東南，如盂，西北急流，至天大將軍没，赤黄，有尾迹，照地明。

重和元年九月庚辰，星出斗魁南，如盂，東南急流，至天淵没，⑤赤黄，有尾迹，照地明。

宣和元年三月丁卯，星出柳，如盂，東北急流，入太微垣，赤黄，有尾迹，照地明。十月戊子，星出雲雨，如盂，西南慢流，入羽林軍內没，青白，照地明。二年六月庚寅，星出氐南，如太白，東北急流，入天市垣，無尾迹。十二月辛巳，星出奎西南，如杯，西南慢流，至北没，赤黄，有尾迹，照地明。三年七月癸未，星出斗，如太白，東南急流，入濁没，青白，有尾迹，照地明。四年十一月丙寅，星出王良北，如杯，急流至紫微垣內上輔北沒，赤黃，有尾迹，照地明。五年二月丙午，星出北河東北，如杯，東南慢流，至軫沒，赤黃，有尾迹，照地明。六年七月丁酉，星出太陽守，如盂，東北急流，入濁沒，赤黃，有尾迹，照地明。七年十一月戊子，星出王良北，如杯，急流入紫微垣上輔北，赤黃，有尾迹，照地明。

　　靖康元年二月丙辰，星出張，如太白，東南急流，至濁沒，青白，有尾迹，照地明。又星出北河，如太白，東南慢流，至軫東沒，赤黃，有尾迹，照地。三月壬辰，星出紫微垣內鈎陳東南，如金星，東北慢流，至濁沒，赤黃，有尾迹，照地。五月乙未，星出權東北，如桃，西北急流，至濁沒，青白，有尾迹，照地。六月癸丑，星流大如五斗器，衆光隨之，明照地，起東南，墜西北，有聲如雷。庚申，星出紫微垣內華蓋東南，如金星，向北急流，至左樞沒。二年正月乙未，大星出建，向西南急流，至濁沒，赤黃，有尾迹，照地。⑥

【注】

　　①流隕妖星星變雲氣：此標題諸本均作"流隕四"，作爲《宋史·天文志》第十三部分的名稱，其實那樣是不完整的，該卷中最後還包括妖星、星變、雲氣三個門類，題目中不載這三個門類是不完整的，也容易爲人們所誤解，故今仿前體例補。

　　②（崇寧元年）閏六月癸酉星出斗向西南慢流至建沒：有可能是寶瓶座流星雨記錄。寶瓶座對應於女、虛、危、壘壁陣星。這裏的星出"斗"，當爲斗宿，"建"即爲建星，距寶瓶座均很近，時間亦近。不過記載的方

向有誤，建星在斗宿東北，不可能"向西南慢流"至建。

③鈎陳大星：今之北極星。

④星出墳墓……入羽林軍沒：墳墓四星，在危宿東南。流星在墳墓與羽林軍中流動，爲不祥之兆，預示軍隊將有大的敗亡。

⑤天淵：天淵十星，在斗宿南。天淵表示積水深處。

⑥以上是北宋最後兩個皇帝徽宗、欽宗在位時的流星記録。徽宗在位數年，欽宗僅不到兩年，二帝均爲金所俘虜，這是宋政權的恥辱。徽欽二帝統治時代的流星記録與前數帝時相比已大大減少，這也是北宋行將消亡的一種迹象。

　　建炎四年六月乙酉，星出紫微垣鈎陳。十月辛未，星出壁。①

　　紹興元年四月甲戌，星出東方，晝隕。七月乙未朔，星出河鼓。八月辛未，星出羽林軍。十一月庚戌，星出婁宿西南。丁巳，星出天槍北。十二月甲子朔，星出大陵西北。二年三月甲午，星出紫微垣華蓋西南。乙卯，星出角。丁巳，星出紫微垣右樞星。戊午，星出軒轅大星西南。閏四月乙巳，星出太微垣西右執法北。五月癸未，星出河鼓。五年十月壬戌，星出室東南，赤黃而大。六年十月壬子，星出壁西北。七年八月壬寅，星隕于汴。②八年十一月乙巳，星出天囷東北。九年五月癸未，星出房宿東南。十七年八月己未，星出危宿，慢流至貫索沒，青白色，有尾迹，照地明，大如太白。二十六年六月丁亥，星出東北方，光明照地。二十八年六月戊戌，星晝隕，有尾長三丈，至西北沒。二十九年八月戊寅，星出紫微垣西南，約長三尺，赤黃色，西南急流，至鈎陳大星東北没。三十一年六月乙卯，星出右攝提，赤白色，急流向東南没，有尾迹，大如歲星。丁巳，星出，青白色，自東北急流向東南没，有尾迹，大如盞口。甲子，星出氐，赤黃色，慢流至角宿天田没，初小後大，如太白，後有小星隨之。九月壬午，星晝隕，約長三丈。③

　　隆興元年六月丁丑，星出尾宿，青白色，向東南慢流没。七月壬寅，星出天市垣内，赤色，向西北慢流，至右攝提西南没，炸散小星二十餘顆，有聲，尾迹大如太白。丙午，又出天市垣，慢流至氐宿没，青白色，微有尾迹，小如填星。④癸丑，星出織女，急流向貫索西北没，青白色，明大如土星，照地。丙辰，星出輦道，急流入天桴西南没，赤黃色，有尾迹，小如土星。八月庚申，星出羽林軍，赤黃色，向東南急流，至濁没。戊辰，星出虛宿，赤黃色，急流至牛宿西南没。壬申，星出天市垣，赤青色，慢流至西咸西北没。癸酉，星出壁宿，赤黃色，急流犯王良星没，如太白。丙子，星出羽林軍門，青白色，慢流委曲行，至東南濁没。辛巳，星出南斗，赤黃色，慢流入羽林軍没，有尾迹，大如金星；次有星一，赤黃色，有尾迹，亦如金星，出雲雨星，慢流向西南，至女宿之下没。戊子，星出羽林軍門東南，慢流至濁没，青白色，有尾迹，大如土星。又星一，青白色，出天倉，向東南急流，有尾迹，小如木星，至濁没。九月庚戌，星出紫微垣外坐，赤黃色，向西北急流，抵紫微垣内坐尚書星没。十一月庚寅，星出

軫宿，急流向東南騎官星没，赤黄色，有尾迹，大如木
星。丁未，飛星出天船，急流向紫微垣外坐内厨西北
没，炸出二小星，青白色，有尾迹，照地，大如木星。
二年二月辛酉，飛星出權星，慢流至太微垣内五帝坐大
星西南没，⑤青白色，微有尾迹，大如歲星。六月丁丑，
星出王良，青白色，急流犯天津西南没。己卯，飛星出
造父，急流入紫微垣内鈎陳大星東南没，青白色，大如
填星。辛亥，星出天關，急流貫入畢口西北没，有尾
迹，照地明，大如太白，赤黄色。十月丙辰，星出趙
國，向西南慢流，犯趙東星没，有尾迹，大如填星，赤
黄色。十一月壬午朔，星出卯位，慢流至西南没，有尾
迹，照地明，大如太白，青白色。癸未，星出，犯弧
矢，急流至天廟東南没，有尾迹，大如太白，青白色。
丁亥，星出天苑，向西南慢流，至濁没，微有尾迹，大
如太白，色赤黄。癸卯，星出羽林軍，慢流向西南濁
没，大如太白，色赤黄。辛亥，星出南河，向東南慢
流，至翼宿没，微有尾迹，大如太白，色赤黄。十二月
壬午，星出弧矢，向東南至濁没，有尾迹，照地明，大
如太白，色青白。

　乾道元年三月丙辰，星出周國，急流至天雞没，⑥微
有尾迹，大如歲星，色黄白。甲子，星出張宿，慢流向
西南，至濁没，有尾迹，照地明，大如太白，色赤黄。
五月丁丑，星出河鼓，白色，向東北慢流，至濁没，有
尾迹，照地明，大如太白。六月甲辰，星出東北，慢流
向西南没，有尾迹、音聲，大如太白，色赤黄。七月壬

戌，星出西南，慢流至東南没，大如歲星，色赤黄。庚午，星出代國，慢流至趙國没，大如歲星，色青白。九月戊申，星出王良，慢流至尾宿没。十月癸未，星出權星東南，急流至太微垣没，有尾迹，照地明，如太白，色青白。二年二月庚子，星出西北方，急流至濁没，明大如歲星，色青白。六月丙子，星出角宿，急流至軫宿没，有尾迹，大如太白，色赤黄。七月己巳，星出織女，急流至天市垣内宗星没，有尾迹，大如歲星，青白色。十一月己未，星出，急流東南蒼黑雲間没，大如歲星，色青白。十二月，星出天關，急流至外屏星没，有二小星隨之，赤黄色，微有尾迹，大如歲星。三年九月甲午，星出卷舌，急流至婁宿没，有尾迹，大如歲星，黄白色。又有星青白色，出北斗，急流至少宰西北没，大如歲星。五年七月甲子，星出宗正，赤色，慢流至女宿没，有尾迹，照地明，大如歲星。九月丙辰，星出，赤黄色，如蛇，入天桮没。六年九月辛巳，星出狼星，入弧矢，至濁没，微有尾迹，大如填星，赤黄色。十月庚戌，星出天困，急流至濁没，有尾迹，大如歲星，赤黄色。七年七月戊戌，星大如拳，急流向西北方，至濁没，有尾迹，照地如電。九月甲午，透雲星出，急流向西南方，至濁没，高丈餘，有尾迹，照地明，大如太白，色青白。

　　淳熙三年正月辛未，星出狼星，急流至濁没，尾迹照地明，大如太白。四月戊戌，星出角宿，青白色。五年八月乙巳，星出狼星，急流向東南没，微有尾迹，大如太白，青白色。六年八月壬辰，星出紫微垣鈎陳大星，慢流至濁没，有尾迹，大如盞口，青白色。七年五月乙亥，星出天市垣内東海星，慢流，炸作三小星，有尾迹，照地，大如盞口，青白色。八月丁未，星出貫索大星西北，⑦急流至濁没，有尾迹，照地明，大如太白，色青白。十一年四月乙丑，星出自中天，慢流向東北方没，微有尾迹，炸作小星相從，有聲，明大如太白，色青白。十五年二月辛未，星出太尊，大如盞口，急流至濁没，色青白。⑧

【注】

①南宋第一個皇朝建炎四年計一條流星記録。

②星隕于汴：汴指開封，北宋的都城。記載隕星落地，這是《宋志》中的第一次。

③以上爲南宋第一個皇帝高宗朝的流星記録，已經比北宋時期的少多了。

④小如填星：大流星類太白，中流星類多星，此小流星如填星。

⑤從北斗天權星出流星，流向中天五帝座。

⑥天雞：天雞二星，在斗東北。

⑦貫索大星：指貫索四。

⑧以上爲孝宗隆興、乾道、淳熙三朝二十六年的流星記録。

　　慶元二年九月甲午，四年六月甲午，星皆晝隕。七月壬寅，星出羽林軍下，青白色，大如椀。九月丁巳，星出奎宿，向壁壘陣没，赤白色，大如太白。五年六月丁丑，星出東北，慢流至西南方没，大如歲星，青白色。九月壬子，星出西南，慢流向東北没，大如太白，青白色。

嘉泰二年四月辛巳，星出西北，急流東北至濁沒，色赤。十月乙酉，星出五車，大如歲星。四年十一月庚午，星出天津，急流入天市垣沒。

開禧元年正月庚子，星出中天，赤色，大如太白，向濁沒。七月癸亥，星出天津，入斗宿東南沒，色赤，大如太白。二年六月癸丑，星出招搖，入庫樓，色赤，大如太白。

嘉定元年六月辛未，星出天津東北，慢流向天市垣沒。二年六月壬午，星出織女東南，慢流入天市垣沒，色赤，有尾迹，照地明，大如太白。庚寅，星出中天，急流向東北，至濁沒。三年九月己酉，星夕隕。五年七月乙巳，星出中天，慢流向西南方，至濁沒。六年五月癸亥，星晝隕。九月癸卯，星夕隕。丁巳，星晝隕。十月戊戌，星出昴宿西南，慢流向天廩東南沒。壬戌，星出西南，慢流至濁沒，青白色。十二月壬寅，星晝隕。七年三月壬午，星出軫宿距星東南，慢流至濁沒。五月辛卯，星出天津西南，慢流向心宿西北沒。①八年七月癸未，星出室宿距星東北，急流向天倉星西北沒。乙酉，星出織女東南，慢流向牛宿西北沒，有尾迹，照地明，大如太白，青白色。八月甲辰，星出天津西南，慢流向河鼓東北沒。十二月丙申，星出五諸侯東北，慢流向天關西南沒，有聲及尾迹，明照地，赤黃色。九年六月乙巳，星出牛宿距星東北，慢流至濁沒。十年五月壬申，星出尾宿距星西北，慢流向牛宿距星東南沒。十一年六月乙卯，星出河鼓距星西南，急流向正西，至濁没。十二年十一月己亥，星出昴宿東南，急流至濁没。十三年十二月丁巳，星出參旗東北，慢流至濁没，赤黃色。十四年二月壬午，星出南河距星東南，慢流向西南，至濁没，赤黃色。八月戊午，星出房宿距星，急流至濁没，有尾迹，照地明，大如太白，赤黃色。十一月甲申，星出天倉距星西北，慢流向東南方，至濁没，赤黃色。十六年十一月壬戌，星出五諸侯東北，急流向西北，至濁没，色赤黃，隆隆有聲，及尾迹照地，大如盞。②

寶慶二年四月辛亥，星出，大如太白。

紹定元年六月己酉，星晝隕。二年正月庚辰，九月壬辰，星出，大如太白。三年十一月丁未，星晝隕。四年七月庚戌，星出，大如太白。九月甲辰，星晝隕。五年八月甲寅，星夕隕。閏九月己酉，星出，大如太白。

端平元年六月丙戌，星西南行，大如太白，有尾迹，照地明。二年四月戊子，星出，大如太白。六月庚辰，星晝隕。③七月丁酉，星出，大如太白。辛丑，星晝隕。十月辛卯，星出，大如太白。三年五月庚辰，星出心宿，大如太白。六月癸巳，星夕隕。

嘉熙元年正月壬午，星出，大如太白。二月己丑，星夕隕。九月癸丑，星出七公西，至濁没。十月戊戌，星出，大如桃。二年四月甲子，七月辛卯，九月乙未，星出，大如太白。六月甲辰，八月癸亥，星晝隕。三年三月甲戌，星晝隕。八月辛丑，星出，大如太白。四年正月辛巳，六月戊午，星出，大如太白。二月辛丑，三月癸未，星晝隕。

淳祐元年六月癸酉，星出，大如太白。己卯，星晝隕。三年六月甲戌，星出氐宿距星，大如太白。八月乙卯，星晝隕。四年四月丙子，星出尾宿距星下，大如太白。六月乙未，星出畢宿，大如太白。六年七月癸酉，星出室宿，大如太白。九月甲子，星出斗宿，尾迹青白照地，大如太白。七年九月丙辰，星出室宿。八年六月甲辰，星出河鼓，大如太白。十月丙戌，星出角宿距星。九年六月壬戌，其日，星自南方急流，至濁没，赤黃色，大如太白。十月壬申，星出織女。十年四月丁酉朔，星夕隕。十一年七月丁丑，星出畢宿距星，赤黃色，大如太白。八月己丑朔，星夕隕。十二年四月庚申，星出角宿、亢星，大如太白。八月癸丑，星出角，色赤照地。

寶祐元年四月丁巳，星出，大如太白。二年七月庚戌，星出，大如太白。三年七月辛酉，星出，大如太白。十月丁丑，星出畢宿距星。五年七月丁卯，星出，大如桃。六年九月戊辰，透霞星出。

開慶元年六月己亥，星出斗宿河鼓，急流向東南，至濁没，④赤黃色，有音聲，尾迹照地明，大如太白。

景定元年七月丙子，星出東南，大如太白。十月乙卯，星出東北，急流向太陰，有音聲，尾迹照地明，大如桃。三年四月甲辰，星出，大如盞。六月己酉，星出，大如熒惑。九月丙子，星出，大如太白。閏九月丙戌，透霞星出，大如太白。庚子，星出，大如太白。四年五月戊戌，星出角宿距星。六月丁卯，星出河鼓。八月乙卯，星出天倉。五年二月壬戌，星出畢宿。五月甲午，星出河鼓大星東南，急流向西北，至濁没，赤黄，有尾迹，照地明，大如太白。七月己卯，星出右攝提。⑤

咸淳二年六月甲戌，星出左攝提。三年七月庚寅，星出昴宿東南，急流至濁没，赤黄，有尾迹，照地明，大如太白。四年七月戊午，星出氐宿距星西北，急流入騎官星没，赤黄，有尾迹，照地明，大如桃。五年五月庚申，星出斗宿距星東北，急流向牛，至濁没。六月庚寅，星出斗宿。七月壬戌，星出東南河鼓距星西北，急流至濁没。

德祐元年四月癸亥，有大星自心東北流入濁没。⑥

【注】

①嘉定年間流星記録的一個特點是隕星增多。例如，三年至七年，計有十多次晝隕、夕隕記録。

②以上爲寧宗在位三十年的流星記録。值得引起注意的是，寧宗以前的光宗在位五年，竟無一次記録，可見一是時間短，二是在光宗朝流星不是皇家特別關注的天象。

③（理宗端平二年）六月庚辰星晝隕：從記録表象看，這衹是一次普通的流星記録，但在這一天，《杭州府志》則記載"南宋理宗端平二年六月庚辰，流星隕如雨"，可見《宋志》漏載了這次流星雨記録，由《杭州府志》作了補充。

④流星出現在斗宿範圍内的河鼓星處，向東南流入濁。斗宿衹是區間，河鼓纔是流星見處。

⑤以上是理宗在位期間，寶慶、紹定、端平、嘉熙、淳祐、寶祐、開慶、景定八個年號計四十年的流星記録。

⑥以上是度宗在位十年和恭帝在位一年的流星記錄。最後一帝端宗在位没有相關記錄。

妖星①

建隆二年五月己丑，天狗墮西南。

紹興十七年正月乙亥，妖星出東北方女宿内，小如歲星，光芒長五丈，二月丙寅始消。②

淳熙十三年九月辛亥，星出，大如太白，色先赤後黄白，尾迹約二尺，委曲如蛇行，類枉矢。③十四年五月，有星出濁際，大如日，與日相摩蕩而入。

嘉定十一年五月癸未，蚩尤旗竟天。④

端平二年春，天狗墜懷安金堂縣，聲如雷，三州之人皆聞之，化爲碎石，其色紅。⑤

咸淳十年九月壬寅，有星見西方，曲如蚓。⑥

德祐元年二月丁亥，有星二鬭于中天，頃之，一星墜。⑦

星變⑧

紹興三十一年六月戊午，大角星東北生角。

隆興二年九月戊戌，大角光體搖動。十月丙子，弧矢九星内矢一星偏西不向狼星。⑨

乾道元年八月乙巳，大角光體搖動。⑩

淳熙元年七月辛亥，奎宿生芒。

【注】

①妖星：按《宋志》分類，妖星爲一大門類。所謂妖者，包括明暗、形狀、位置的變化等。由於宋代對景星另有定義，將一些原屬於妖星的星

象歸入景星，故妖星的範圍縮小，概念也更加模糊。宋代天文學家所載的妖星記録共八條，可以分辨清楚的是，兩條天狗、一條蚩尤旗、兩條流星、兩條彗星。

②正月出“女宿”，“光芒長五丈”，二月消。不知此條記録爲何將其星定名爲妖星，實際就是一顆普通彗星。

③先赤後黄白尾迹約二尺委曲如蛇行類枉矢：枉矢在《史記·天官書》中就有記載，是一種大的火流星。

④蚩尤旗竟天：蚩尤旗爲尾有彎曲的大彗星。

⑤宋代天狗有兩條記録。天狗指隕星墜地的隕石，狀類狗。

⑥星見西方曲如蚓：描述不詳，可能是流星，也有可能是彗星。

⑦星二鬭于中天……一星墜：爲落入大氣層燃燒後分裂的流星。

⑧星變：爲《宋志》天象記録中一大門類，按定義，是星光强弱或形狀發生變化，但其記載都不十分明確。

⑨矢一星偏西不向狼星：弧矢箭頭一星不指向狼而偏向西，即位置發生了變化。這是錯覺，實際不可能。

⑩此部分兩條載大角光體摇動，一條載大角東北生角。星有芒角是星光奪目明亮的反映，摇動是大氣擾動。

雲氣①

乾德三年七月己卯夜，西方起蒼白氣，長五十丈，②貫天船、五車，亘井宿。

開寶元年十月己未旦，西北起蒼白氣三道，長二十丈，趨東散。

太平興國四年四月己巳夜，西北有白氣壓北斗。

雍熙三年正月己未夜，赤氣如城。四年正月癸酉夜，白氣起角、亢，經太微垣，歷軒轅大星，至月傍散。③

端拱元年十月壬申遲明，④巽上⑤有雲過中天，連地，濃潤，前赤黃，後蒼黑色，先廣後大，行勢如截。十一月戊午夜，西北方有氣如日腳，高二丈。⑥

至道二年二月丙子夜，西方蒼白色氣長短八道，如彗掃，稍經天漢，參錯如交蛇。

咸平三年十月辛亥，黑氣貫北斗。十二月庚午，黑氣長三丈餘，貫心宿，入天市垣抵帝坐，久方散。四年三月丙申，白氣二，亘天。十月辛亥，黑氣貫北斗。五年正月，白氣如虹貫日，久而散。七月戊戌，白氣如陣貫東井。六年四月己巳，白氣東西亘天。丁丑，白氣貫日。五月辛亥，白氣出昴，至東壁沒。六月辛未，赤氣出婁貫天庾。⑦丙子，白氣出河鼓左右旗，分爲數道沒。七月癸卯，白氣如彗起西南。

景德元年三月，白氣貫軒轅，蒼白氣十餘如布亘天。五月乙巳，白氣數道如芒帚，長七尺許。七月辛亥，黃氣出壁，長五丈餘。十一月癸丑，黑氣十餘道衝日。二年正月丙寅，黃白氣貫月，黑氣環之。二月丁丑，白氣五道貫北斗。十月丙子，白氣出閣道東西，孛孛有光。三年三月丙辰，北方赤氣亘天，白氣貫月。四月癸卯，黃氣如柱貫月。十月甲午，黑氣貫北斗魁。四年三月己未，白氣東西亘天。庚申，白氣出南方，長二丈許，久而不散。四月庚午，白氣貫北斗，長十丈。庚寅，白氣如布襲月，三丈許。甲午，南方有黑氣貫心宿，長五丈許。十一月己巳，中天有赤氣如掃，長七尺，在輿鬼南。

大中祥符元年正月癸亥朔，黃氣出於艮。⑧丁丑，白

氣二，東西亙天。七月，西北方白雲氣如彗箒三十餘
條。二年九月戊午，黃氣如柱起東南方，長五丈許。三
年四月丁巳，中天黑氣東西亙天。十二月癸亥，青赤氣
貫太微。五年二月壬寅，白氣長五丈，出東井，貫北斗
魁及軒轅。七年五月，有氣出紫微爲宮闕狀，光燭地。

天禧三年四月，黃氣如柱貫月。

天聖七年二月己卯夜，蒼黑雲長三十丈，貫弧矢、
翼、軫。

明道元年十月庚子夜，黃白氣五，貫紫微垣。十二
月壬戌，西北有蒼白氣亙天。

景祐元年八月壬戌，青黃白氣如彗，長七尺餘，出
張、翼之上，凡三十三日不見。⑨四年七月戊申夜，黑氣
長丈餘出畢宿下。

寶元二年正月壬子夜，蒼黑雲起西北方，長三十
尺，漸東南行，歷婁、胃、昴、畢，及火、木相次中天
而散。⑩三月甲寅夜，細黑雲起西北方，長三十丈，貫王
良及營室。

康定元年三月丙子夜，東南方近濁，黑色橫亙數
丈，闊尺許，良久散。六月壬子，黑氣起心宿西，長五
十丈，首尾侵濁，久之散。

慶曆元年八月庚辰夜，東方有白氣，長十尺許，在
星宿度中，至十日，長丈餘，衝天相，居星宿大星南九
十餘日没。壬午夜，黑氣起西南，長七丈，貫危宿、羽
林，入濁，至天津，良久散。癸卯夜，蒼白雲起西北，
闊二尺許，首尾至濁，良久没。二年十一月壬申，黑氣

貫北斗柄。八月甲申，白雲貫北斗。三年正月戊戌，中天有白氣，長二十丈，向西南行，貫日。四月癸卯，白氣二，生西北隅，上中天，首尾至濁，東南行，良久散。七月戊辰，西南生黑氣，長三丈許，經天而散。八月壬子夜，白氣貫北斗魁。四年五月甲子夜，黑氣起東北方，近濁，長五丈許，良久散。九月辛巳夜，中天有氣長二丈許，貫卷舌、南河東北，少頃散。十一月甲子夜，蒼白雲起，南近濁，久方散。八年正月丁酉夜，黑氣生，首尾至濁，漸東行，久之乃散。二月辛卯夜，西方近濁生黑氣，長三丈，良久散。

皇祐四年十一月壬寅夜，黑氣生東方，南北至濁，貫參宿、軒轅。辛酉夜，白氣起北方，近濁，長五丈許，歷北斗，久之散。

治平元年六月戊午夜，蒼白雲起東北方，長一丈許，貫畢。二年二月乙未夜，蒼黑雲起西北方，長五丈許，貫東井及北斗，良久散。四月癸巳夜，蒼黑雲起西北方，長三十尺，西至軒轅大民，北抵鈎陳。丙午夜，西北方有白氣，漸東南行，首尾至濁，貫角宿，移西北，久方散。九月庚申夜，西北蒼黑雲長三丈許，貫營室壁壘陣及天河。三年六月丁未夜，東方有蒼白雲，長一丈許，貫畢。四年二月癸巳夜，蒼白雲起南方，長三丈，闊尺，貫南門星。三月甲寅夜，西南方起蒼白雲二，長三丈，闊尺，相距二尺，貫東井南河，久之乃散。閏三月辛巳夜，蒼黑雲起南方，兩首至濁，闊尺，貫尾、箕、斗、牛、庫樓、騎官。五月戊寅夜，蒼黑雲起北方，長三丈，

闊尺，貫紫微垣、王良。壬寅夜，蒼黑雲起北方，長三
丈，闊尺，貫紫微垣。甲辰夜，蒼黑雲起東方，長丈，
闊尺，貫天苑、五車、參旗。六月癸亥夜，白雲起東北
方，長五丈，上闊下狹，貫天船、閣道、傳舍、紫微垣、
天棓。戊辰夜，黑雲起北方，長三丈，闊尺，貫北斗、
紫微垣、王良。八月乙亥夜，黑氣起西北方，長丈，闊
尺，貫北斗。十月庚申夜，黃氣一，上下貫月中。十一
月丙子夜，蒼黑氣起南方，長五丈，闊二尺，東至庫樓，
北至南河，橫貫翼。十二月庚戌夜，蒼黑雲起南方，⑪長
三丈，闊二尺，貫五車、東井、五諸侯。

【注】

　　①雲氣：此部分爲專門記載雲氣類出現的記錄。雲氣是指什麼呢？其
闡述雲氣的含義時引《周禮‧保章氏》說：“以五雲之物辨吉凶，水旱降
豐荒之祲象。”即以觀測五雲之氣判斷吉凶、豐歉、禍福。作者又說：“迨
乎後世，其法寖備。瑞氣則有慶雲、昌光之屬，妖氣則有虹蜺、祥雲之類，
以候天子之符應，驗歲事之豐凶，明賢者之出處，占戰陣之勝負焉。”這
就是說，觀測這類雲氣，可以判斷農業收成的好壞、社會賢士是否出山爲
國家辦事和戰場上的勝負狀態等。雲氣記錄中最有研究價值的當屬有關北
極光的記錄。北極光是太陽輻射出來的帶電粒子，由於受到地球磁場的影
響，其運行軌道偏向地球兩極，與地球氧氣、氮氣猛烈衝突，在高層大氣
中形成一些光束或光弧的現象。中國地處北半球，人們看到的都是北極
光。中國古代對極光的記錄非常詳盡，有時間、地點、出沒狀況、顏色、
明亮程度、運動情況等內容。極光是千變萬化、動靜無常的，它的顏色也
變化多端、鮮艷奪目，在一般情況下爲黃綠色，有時出現青白、紅色、灰
色、藍色，或幾種顏色兼而有之。極光有時出現數分鐘就消失，多數是強
度、位置、外觀不斷變化，達數小時乃至通宵達旦。其光度按國際標準可
分爲四類：第一級，亮度較低，類似銀河之光；第二級，亮度好似月光所

照的薄卷雲；第三級，亮度似月光照耀的積雲；第四級，亮度如月光，明亮而絢麗。古代没有"極光"一詞，都在妖星、异星、符瑞、祥氣、流星等條目中加以記述，常用的名詞有蚩尤旗、枉矢、長庚、天衝、天狗、濛星、含譽等。對其顏色的描述常用火、紅、白、青、黄、紫及青氣、黄氣、赤氣，又稱爲赤雲等。爲供讀者進一步研究和分析，今對陳遵媯《中國的極光表》中的宋代記録加以改編於下。爲了完整起見，表中還吸收了《宋史·五行志》《金史·天文志》《金史·五行志》有關記録，作爲本志缺漏的補充。

《宋史·天文志》中的極光記録表

序號	極光情况	公元年月日			史料來源
1	宋雍熙三年正月己未夜，赤氣如城	986	3	9	《宋史·天文志》
2	宋端拱元年十一月戊午夜，西北方有氣如日脚，高二丈	988	12	16	《宋史·天文志》
3	宋咸平六年六月辛未，赤氣出婁貫天庾	1003	7	14	《宋史·五行志》
4	宋景德三年三月丙辰，北方赤氣亘天，白氣貫月	1006	4	14	《宋史·天文志》
5	宋景德四年十一月己巳，中天有赤氣如掃，長七尺，在輿鬼南	1007	12	18	《宋史·天文志》
6	宋大中祥符元年七月，西北方白雲氣如彗篲三十餘條	1008	8 -9	4 2	《宋史·天文志》
7	宋大中祥符三年十二月癸亥，青赤氣貫太微	1011	1	25	《宋史·天文志》
8	宋明道元年十月庚子夜，黄白氣五，貫紫微垣	1032	11	7	《宋史·天文志》
9	宋熙寧二年十一月，每夕有赤氣見西北隅，如火，至人定乃滅	1069	11 -12	17 16	《宋史·天文志》
10	宋元祐三年七月丁卯夜，東北方明如晝，俄成赤氣，内有白氣經天	1088	8	12	《宋史·五行志》
11	宋元祐三年九月己酉夜，赤氣起北方，漸生白氣數道	1088	10	23	《宋史·天文志》

序號	極光情況	公元年月日			史料來源
12	宋元符二年九月戊辰夜，赤氣起北方，紫微垣北斗星東南；次有白氣十道，各長五尺	1099	10	15	《宋史·天文志》
13	宋建中靖國元年正月朔夕，有赤氣起東北，彌亘西方，久之，中出白氣二及赤氣，將散，復有黑氣在其傍	1101	1	31	《宋史·五行志》
14	宋政和七年五月乙卯夜，赤雲、白氣起東北方	1117	6	29	《宋史·天文志》
15	宋宣和元年四月丙子夜，西北赤氣數十道亘天，犯紫官北斗。仰視，星皆若隔絳紗，拆裂有聲，間以白黑二氣。自西北俄入東北，延及東南，迨曉乃止	1119	5	11	《宋史·五行志》
16	宋宣和元年六月辛巳夜，赤氣起北方，半天如火	1119	7	15	《宋史·天文志》
17	宋宣和元年七月戊午夜，赤雲起東北方，貫白氣三十餘道	1119	8	21	《宋史·天文志》
18	宋宣和二年二月戊戌夜，赤雲起東北，漸向西北，入紫微垣	1120	3	28	《宋史·天文志》
19	宋宣和七年四月壬子夜，有赤雲入紫微垣	1125	5	15	《宋史·天文志》
20	宋靖康元年閏十一月丁酉，赤氣亘天	1126	12	21	《宋史·天文志》
21	宋靖康二年正月己亥夜，西北陰雲中有火光，長二丈餘，闊數尺，時時見	1127	2	22	《宋史·天文志》
22	宋建炎元年八月壬申，東北有赤氣	1127	9	20	《宋史·天文志》
23	宋建炎四年五月壬子，赤雲亘天中，有白氣十餘道貫之如練，起於紫微，犯北斗及文昌，由東南而散	1130	6	18	《宋史·天文志》
24	宋紹興七年正月乙酉夜，北方有赤氣達旦	1137	2	14	《宋史·五行志》
25	宋紹興七年正月辛卯夜，斗牛間赤氣如火	1137	2	20	《宋史·五行志》

（續表）

序號	極光情況	公元年月日			史料來源
26	宋紹興八年九月甲申朔夜，有赤氣如火，出紫微垣內	1138	10	6	《宋史·天文志》
27	宋紹興十八年八月丁亥，西北方赤氣如火	1148	9	17	《宋史·天文志》
28	宋紹興十八年九月甲寅，有赤氣如火	1148	11	12	《宋史·五行志》
29	宋紹興二十七年三月乙酉，赤氣出紫微垣	1157	4	30	《宋史·五行志》
30	宋紹興二十七年十月壬寅，赤氣如火	1157	11	13	《宋史·五行志》
31	宋紹興三十年正月壬申，東北方赤氣一帶五處如火影	1160	4	1	《宋史·天文志》
32	宋紹興三十二年春，淮水溢，中有赤氣如凝血	1162	2 -5	7 15	《宋史·五行志》
33	宋乾道元年八月壬午，赤氣中天，自日入至於甲夜	1165	9	12	《宋史·五行志》
34	宋淳熙十五年九月庚子，南方有赤黃氣	1188	9	29	《宋史·五行志》
35	金明昌三年十二月丙辰，北方微有赤氣	1193	1	22	《金史·天文志》
36	金明昌四年三月，北方有赤氣，遲明始散	1193	4 -5	4 2	《金史·五行志》
37	宋紹熙四年十一月甲戌，赤雲夜見，白氣間之	1193	12	6	《宋史·五行志》
38	宋紹熙五年十月乙未，天有赤黃色	1194	10	28	《宋史·五行志》
39	宋慶元六年十月，赤氣夜發橫天	1200	11 -12	3 7	《宋史·五行志》
40	金泰和三年十月甲辰，申酉間，天色赤，夜將旦復然	1203	11	14	《金史·天文志》
41	宋嘉泰四年二月庚辰夜，有赤雲間以白氣，東北亘天	1204	3	29	《宋史·五行志》

（續表）

序號	極光情況	公元年月日			史料來源
42	金泰和五年九月戊子戌時，西北方黑雲間有赤氣如火，次及西南、正南、東南方皆赤，中有白氣貫徹，乍隱乍見。既而爲雨，隨作風。至二更初，黑雲間赤氣復起於西北方，及正西、正東、東北，往來游曳，内有白氣數道，時復出没。其赤氣又滿中天，約四更皆散	1205	10	18	《金史·天文志》
43	金泰和六年九月乙酉，夜將曙，北方有赤白氣數道，歷王良下，徐行至北斗開陽、摇光之東而散	1206	10	10	《金史·天文志》
44	金大安元年四月壬申，北方有黑氣如大道，東西竟天，至五更散	1209	5	14	《金史·天文志》
45	金大安二年二月，客星入紫微中，其光散如赤龍之狀	1210	2 -3	26 26	《金史·天文志》
46	金大安三年三月辛酉辰刻，北方有黑氣如堤，内有白氣三，似龍虎之狀	1211	4	23	《金史·天文志》
47	金元光元年十一月丁未，東北有赤雲如火	1222	12	7	《金史·天文志》

②蒼白氣長五十丈：下文還有“二十丈”“三十丈”等。按以往的介紹，一尺大致爲一度，則一丈爲十度，十丈爲一百度，五十丈則爲五百度，已超過一周天，故此處“五十丈”“二十丈”“三十丈”之説，是不切合實際的，或當删去“十”字，或將丈改爲尺纔是。

③至月傍散：此處的“月”，似乎可以理解爲月亮；當然也可理解爲月旁之星。

④遲明：天亮得遲。

⑤巽上：東南方。

⑥此爲北極光記録，《宋史·五行志》亦有相同的記載。

⑦咸平六年六月辛未，"赤氣出婁貫天庚"，諸本均作"赤氣出貫天"。《宋史·五行志》曰："六月辛未，赤氣出婁貫天庚。"對比可知本志"赤氣出"後漏"婁"字，"貫天"後漏"庚"。天庚三星，在婁宿天倉南。今補。

⑧出於艮：艮方爲東北方。

⑨如彗長七尺餘……凡三十三日不見：此爲彗星記錄而混入雲氣者。

⑩歷婁胃昴畢及火木相次中天而散：此處中華書局校點本的標點爲"歷婁、胃、昴、畢及火、木，相次中天而散"，有誤，應用逗號將星座名與行星名分開，而"火、木"與"相次中天而散"中間不宜加逗號。

⑪蒼黑雲起南方：還有上文諸多類似記載如"蒼黑氣起南方""蒼白雲起南方""黃氣如柱起東南方"等，這些當然不是極光記錄而是黃道光。位於地球上低緯度和中緯度的人，於春季黃昏後在西南方地平綫上，或於秋季黎明前在東南方地平綫上，可以看到淡淡微弱的三角形光錐，這便是黃道光。星際塵埃物質和小行星的碎片，大多分布於黃道面附近，這些物質對陽光的散射是黃道光產生的原因。黃道光很暗弱，故有黑雲、黑氣、蒼白雲等記載，必須在良好的環境下纔能見到，且要求地勢較高、大氣透明度較好的地區，所以選擇春季黃昏、秋季黎明時觀測，也是由於這時黃道處於星空最高位。人們對黃道光的研究較少，尚未見有人對中國黃道光記錄進行專門整理和研究。

熙寧元年正月乙酉夜，蒼白雲起西南方，長四丈，闊尺，貫月及南河、輿鬼、軒轅。六月己酉夜，蒼黑雲起北方，長二丈，闊尺，貫北斗魁，東貫文昌。十月庚申夜，蒼黑雲起北方，東西兩首至濁，貫織女、天棓、紫微垣、北斗魁。二年四月甲辰夜，蒼白雲起東南方，長三丈，闊尺，貫天市垣。六月辛酉夜，蒼黑雲起西南方，長四丈，闊二尺，貫大角、左右攝提、天市垣、斗、女、牛。七月甲申，日下有五色雲。十一月，每夕有赤氣見西北隅，如火，至人定乃滅。①三年二月庚申夜，蒼黑雲起西北方，長三丈，闊二尺，貫王良、扶箱、天厨。六月己未夜，蒼黑雲起西北方，長丈，闊尺，貫五車；又起西北，長丈餘，貫北斗魁、文昌。五年七月丁亥夜，白雲起南方，長丈，貫氐、房、心。六年五月庚申夜，蒼黑雲起東北方，長五丈，闊二尺，貫雲雨、閣道。七年三月壬子，蒼白雲起西南方，長二丈，闊尺，貫日，經中天過，白氣如帶。四月壬申夜，蒼白雲起北方，長五丈，闊二尺，貫北斗魁、鈎陳、王良、閣道，東至奎。丙戌夜，蒼白雲起西北方，長三丈，闊尺，貫東井、紫微垣鈎陳。六月辛未夜，蒼黑雲起天河中，長五丈，南北兩首至濁，貫尾、箕；又蒼黑雲起東方，長五丈，貫羽林、外屏。甲戌，蒼白雲起西方，長三丈，貫軫、角、太微。丙戌夜，蒼白雲起南方，長二丈，貫危、室、壁及八魁。丁亥夜，蒼白雲起東方，長二丈，貫月及畢、奎、婁、外屏；又起南方，長二丈，貫危、室、壁及八魁。壬辰夜，蒼白雲起西南方，長二丈，貫天棓、紫微垣。癸巳夜，蒼黑雲起東方，長五丈，貫牛、天倉、歲、太白、卷舌。七月庚戌夜，蒼白雲起東方，長丈餘，貫參旗及參。八年二月己巳夜，蒼黑雲起西方，長丈，貫軫、軒轅。乙酉夜，蒼黑雲起東方，長三丈，貫心、天市垣列肆宗人。五月壬戌夜，蒼黑雲起西南方，長二丈，貫氐、房、心。癸亥，蒼黑雲起西方，長三丈，貫軒轅、太微垣五帝坐。十月庚子夜，黑雲起西北方，長三丈，貫畢、大陵、鈎星。九年四月庚寅夜，白氣起東北方天棓，入天市垣。辛亥夜，蒼黑雲起南方，長二丈，貫庫樓、騎官、積卒、心、尾。六月乙未夜，蒼白雲起東北方，長四丈，貫室、壁、閣道。七月己亥夜，蒼黑雲起南方，長四丈，貫軍市、天園。十月乙酉夜，蒼黑雲起西北方，長四丈，貫北斗、鈎、車府。②十年六月癸未夜，蒼黑雲起南方，長三丈，闊尺，貫龜、鼈、天淵。③乙巳夜，蒼白雲起東北方，長三丈，闊尺，貫五車及畢。七月丙子夜，蒼黑雲起北方，長丈，貫北斗魁。八月庚辰，蒼黑雲起東北方，長二丈，貫參、井、北河、五諸侯。九月庚申夜，蒼黑雲起北方，由北斗魁杓貫紫微垣，至天棓。十月辛丑夜，蒼黑雲起南方，長二丈，貫斧鉞、鈇鑕。

元豐二年四月戊申夜，白雲起南方，長三丈，貫庫樓、積卒、龍尾。④辛亥夜，蒼白雲起南方，長三丈，貫房。五年四月壬申夜，蒼白雲起北方，長二丈，出太微垣，貫五帝坐、常陳。八年十月庚申夜，蒼黑雲生北方，長三丈，闊尺，貫北斗、文昌、天槍。

元祐三年七月戊辰夜，東北方近濁，天明照地。如月將出，偏西北有白氣經天。⑤九月己酉夜，赤氣起北方，漸生白氣數道。

紹聖二年十一月，桂陽監慶雲見。⑥

元符二年九月戊辰夜，赤氣起北方，紫微垣北斗星東南；次有白氣十道，各長五尺。

崇寧元年十一月己酉，赤氣隨日没。二年五月戊子夜，蒼白氣起東南方，長三丈，貫尾、箕、斗。

政和元年十一月甲戌夜，蒼白氣起紫微垣，貫四輔。五年四月庚子，有白雲自北直徹中天，漸成五色，如華蓋。七年五月乙卯夜，赤雲、白氣起東北方。

宣和元年六月辛巳夜，赤氣起北方，半天如火。七月戊午夜，赤雲起東北方，貫白氣三十餘道。二年二月戊戌夜，赤雲起東北，漸向西北，入紫微垣。三年九月壬午夜，蒼白氣長三丈，貫月。四年九月丁丑，西方日下有赤氣。七年四月壬子夜，有赤雲入紫微垣。

靖康元年正月丁丑夜，赤白氣起西方。九月戊寅，有赤氣隨日出。九月乙未，西方日下有赤氣。十一月乙丑，日下有赤氣。閏十一月丁酉，赤氣亘天。二年正月己亥夜，西北陰雲中有火光，長二丈餘，闊數尺，時時見。二年壬午夜，白氣如虹，自南亘北，漸移西南至東北。三月戊子夜，白氣貫斗。

建炎元年八月壬申，東北有赤氣。四年五月壬子，赤雲亘天中，有白氣十餘道貫之如練，起於紫微，犯北斗及文昌，由東南而散。

紹興元年二月己巳，白氣亘天。七年正月辛未夜，東北赤氣如火，[⑦]出紫微宮；二月癸卯，又如之。十一月癸卯，有赤雲如火，隨日入。八年九月甲申朔夜，有赤氣如火，出紫微垣內。十八年八月丁亥，西北方赤氣如火。二十七年二月乙酉，赤氣出紫微垣。十月壬寅，赤氣隨日出。[⑧]三十年正月壬申，東北方赤氣一帶五處如火影。十一月甲午，西南方白氣自尾歷壁、婁、昴宿。十二月戊申，其夜白氣出尾宿，歷心、房、氐、亢、角，入天市，貫太微，至郎位止，有類天漢。三十一年十二月辛丑，其夜，白氣出斗宿，歷牛、女、危，至婁止，約廣六丈，類天漢，東西亘天。

隆興元年十二月壬午，其夜，白氣出危宿，歷室、壁、奎、胃、婁至昴止。二年十一月庚寅，其日，赤雲氣徧天，隨日入。

乾道元年正月庚午，其夜，白氣出奎宿，漸上，經婁、胃、昴，貫畢，入參宿內止。三月戊辰，其夜，白氣自參宿至角宿止，與天漢相接，約廣七丈。四月丁酉，其夜，蒼白氣自西北漸上，東北入天市垣；辛丑，入北斗魁中及入文昌星；乙巳，入紫微垣內至北極天樞中。⑨十月己丑，蒼白雲氣長二丈，穿入翼宿。十一月丙寅，白氣出女宿，歷虛、危、室、壁、奎、婁、胃宿，入昴宿止。二年十二月庚子，白氣亘天。六年十月庚午，赤氣隨日出。十一月丁丑，赤氣隨日入。七年七月壬寅，赤氣隨日入。十月己未，赤氣隨日出。八年十月乙巳，赤氣隨日入；丙午，隨日出。九年十月壬申，其日，蕎雲見。⑩

淳熙元年十月戊寅，東北方生曲虹。⑪三年八月丁酉，赤氣隨日入；戊戌，隨日出。五年十月丁巳，生曲虹。十年正月戊子，西南有白氣，如天漢而明，南北廣六丈，東西亘天。十四年十一月甲寅，赤氣隨日入。

紹熙四年十一月甲戌夜，赤雲、白氣見。⑫五年六月壬寅，白氣如帶亘天；己酉，又如之。

慶元四年八月庚辰，白氣如帶亘天。五年二月癸酉
夜，白氣如帶亘天，八月癸亥，又如之。

嘉泰四年二月庚申，赤氣亘天。十一月壬申，其
日，白氣如帶亘天。癸酉，虹見。

嘉定六年十月乙卯，赤氣隨日出；十一月辛卯，隨
日入。

嘉熙四年二月丙辰，白氣亘天。

淳祐二年二月癸丑朔，白氣亘天。十年十一月丁
丑，虹見。

景定三年七月甲申夜，白氣亘天，如匹布。

【注】

①至人定乃滅：人定爲先秦十六時段之一，對應於今二十二點半
以後。

②貫北斗鈎車府：鈎即天鈎九星，在危北、天津星東北。車府七星，
在天津東，故蒼黑雲自西向東貫穿北斗、天鈎至車府星。

③貫龜鼈天淵：龜五星在尾宿南，鼈星在龜東北，天淵又在鼈東，故
曰貫龜、鼈、天淵。

④貫庫樓積卒龍尾：龍尾指蒼龍之尾的尾宿，其西有積卒星，再往西
爲庫樓十星，故曰貫庫樓、積卒、龍尾。

⑤元祐三年七月戊辰夜……偏西北有白氣經天：這無疑是一條北極光
記録。有趣的是，《宋史·五行志》載“元祐三年七月丁卯夜，東北方明
如晝，俄成赤氣，内有白氣經天。”即《五行志》記載比《天文志》早了
一天，看到的情況大致相同，即東北方明如晝，并白氣經天，但也有不同
的情況，即《五行志》看到了赤氣，而《天文志》所載白氣偏向西方。

⑥桂陽監慶雲見：在桂陽監處見到了慶雲。慶雲爲吉祥之雲。

⑦（紹興）七年正月辛未夜東北赤氣如火：於辛未這一天夜裏見到東
北方有“赤氣如火”，這無疑是一條北極光記録。有趣的是，《宋史·五行

志》載“紹興七年正月乙酉夜，北方有赤氣達旦”。正月辛卯，“斗牛間赤氣如火”。三條記録都在該年正月，日期都不一樣，但所看到的情况都是“赤氣”，兩條還“如火”。查相關曆表，知正月癸亥朔，辛未爲九日，乙酉爲二十三日，辛卯爲二十九日。由此可知，這次北極光連續出現達二十餘日。

⑧（紹興二十七年）十月壬寅赤氣隨日出：同在這一天，《宋史·五行志》則載“赤氣如火”，也是極光記録。

⑨入紫微垣內至北極天樞中：北極天樞是同一個星座。中華書局校點本於“北極”和“天樞”中間加一個頓號，誤。今改。

⑩喬雲見：《乙巳占·吉凶氣象占》曰：“景雲者，太平之應也。五色爲慶雲，三色爲喬雲。一云外赤內青爲喬。”可知，喬雲是慶雲的一種，當有慶祝事。本志前介紹雲氣的性狀時未涉及喬雲，諸志亦很少述及。

⑪東北方生曲虹：當爲雲氣的一種。

⑫紹熙四年十一月甲戌夜赤雲白氣見：這無疑是極光記録。《宋史·五行志》於同一天也載有這條記録，但其記載之性狀有异：“十一月甲戌，赤雲夜見，白氣間之。”

座旗 一 二 三 四 五 六 七 八 九

司怪 一 二 三 四

觜宿 一 二 三

午宮 ――――――――――――――――― 未宮 ――――――― 赤道

遼史・曆象志

　　《遼史‧曆象志》成書於元順帝至正四年（1344），署名爲元中書右丞相總裁脱脱等修。至於《遼史‧曆象志》三卷究爲何人撰寫，則無史料記載。薄樹人先生曾查閱全書目録之前有脱脱《進遼史表》，内中開列有參與撰史的主要人士共十一名，并無以天文曆法見長的人。唯一可能掛得上一點關係的是秘書著作佐郎徐昺。按元代的制度，秘書監管司天臺，也掌管收藏包括各種天文曆法、陰陽術數等方面的書在内的秘籍圖書。這是徐昺的職責所在，可能他多少也熟悉一些天文曆法方面的内容，故《曆象志》可能與他有關。但正因爲他不是天文曆法方面的行家，也因資料缺乏，致使本志爲正史天文志、曆志中篇幅較短，質量也存在諸多問題的一份。

　　遼朝的存在時間并不短，自遼太祖耶律阿保機於神册元年（916）建立政權，至遼天祚帝保大五年（1125）爲金朝所滅，共歷九帝二百一十年，比北宋還要長一些。就字面的含義而言，《曆象志》是記載遼朝曆法和天象記録的，它當與歷代的曆法志和天文志相當，但是，真正屬於遼朝自己創作的唯一一部曆法的真正内容，却未能記載下來；所謂曆象部分，除了記載一段空泛的議論，衹是交代了有關天象機祥具載帝紀，不再重複。這就是説，有關遼代天象記録，就衹有到帝紀中查找了。

《曆象志》中最有價值的部分，爲中卷閏考和下卷朔考。這兩卷對歷史學家尤其重要。遼與唐、宋并峙，曆法却并不一致，其朔閏互异。遼朝曆法又無遺存，若無這兩篇閏考和朔考，就無法知道遼朝的曆日。清錢大昕所撰《宋遼金元四史朔閏考》等，就以其爲主要依據。

《遼史》卷四十二

志第十二

曆象志上

遼以幽、營立國，①禮樂制度規模日完，授曆頒朔二百餘年。今奉詔修遼史，體與宋、金儗，其《大明曆》不可少也。曆書法禁不可得，求《大明》曆元，得祖冲之法于外史。②冲之法，遼曆之所從出也歟？國朝亦嘗因之。③以冲之法算，而至於遼更曆之年，以起元數，是蓋遼《大明曆》。遼曆因是固可補，然弗之補，史貴闕文也。外史紀其法，司天存其職，《遼史》志是足矣。作《曆象志》。

【注】

①遼以幽營立國：遼以幽州、營州立國。宋遼時的幽州相當於現今的北京一帶，營州相當於今河北昌黎一帶。

②求大明曆元得祖冲之法于外史：據遼朝文獻記載，遼朝創立改用《大明曆》。但由於法禁的原因，搜集《大明曆》本文不可得，最終從外史中求得祖冲之的《大明曆》以爲遼曆之本。此處"求大明曆元"，似爲"求大明曆法"更爲妥帖，而"求大明曆元"，亦可理解爲與下文的"遼

更曆之年以起元數”相對應。外史，指司天監外的歷史文獻。

　　③冲之之法遼曆之所從出也歟國朝亦嘗因之：作者以爲，遼朝沿用了祖冲之的《大明曆》，即使是金朝或元朝，也在沿用。這裏的“國朝”指元朝。汪曰楨《古今推步諸術考》曰：“見《遼史》志，謂即劉宋時祖冲之大明術，其説出於臆度附會。實則大明之名偶同，非即祖術也。金楊級、趙知微之術，并以大明爲名，當即本遼術修之。《元史·劉秉忠傳》稱知微術爲遼術，其明證也。今考楊、趙二術，歲餘約分二四三五九四六四，朔餘約分五三〇五九二七三，而祖術歲餘約分二四二八一四八一，朔餘約分五三〇五九一五二，殊不相合，且祖術求定朔，但有月離遲疾，尚無日躔盈縮之率，遼術必不疏闊如此也。”根據汪曰楨這一論斷，近世曆家錢寶琮、薄樹人、陳美東等，均認爲遼“大明曆”非祖冲之“大明曆”，作者從外史誤采引入失當。

曆[①]

　　大同元年，太宗皇帝自晋汴京收百司僚屬伎術曆象，遷于中京，遼始有曆。先是，梁、唐仍用唐景福《崇玄曆》。晋天福四年，司天監馬重績奏上《乙未元曆》，號《調元曆》，太宗所收于汴是也。[②]穆宗應曆十一年，司天王白、李正等進曆，蓋《乙未元曆》也。[③]聖宗統和十二年，可汗州刺史賈俊進新曆，則《大明曆》是也。[④]高麗所志《大遼古今録》稱統和十二年始頒正朔改曆，驗矣。[⑤]《大明曆》本宋祖冲之法，具見沈約《宋書》。[⑥]具如左。

　　宋武帝大明六年，祖冲之上《甲子元曆》法，未及施用，因名《大明曆》。

【注】

　　①《曆象志》三卷，分別對應於曆、閏考、朔考，但在朔考之後，又

附以象、漏刻、星官，這部分内容，雖然文字不多，却對應於歷代天文志。換句話説，《遼史·曆象志》的天文志部分，祇是應應景而已，没有下功夫着力編寫。

②大同元年……收于汴是也：遼太宗於大同元年（947）攻克晉都汴京，將晉都收藏的百司僚屬伎術曆象文物文獻資料，悉遷於中京，建立起類似的天文機構，自此之後，遼朝繼有了自己的曆法，也包括漏刻、渾象等儀器，遼中都即今内蒙古自治區寧城。

③穆宗應曆十一年司天王白李正等進曆蓋乙未元曆也：穆宗應曆十一年（961），即遼收晉圖書資料建立司天監後十四年，繼由司天監官員王白、李正上書，建議頒行乙未元曆。有關乙未曆的來歷，汪曰楨《古今推步諸術考》曰："後晉馬重績《調元術》，以唐天寶十四載乙未正月辛酉朔雨水爲元（故稱《乙未術》），日法一萬，見《五代史記·司天考》，云：'以宣明氣朔、崇元星緯二術相參爲之（故又名《調元術》）。'《遼史》志謂大同元年遼始有馬重績《乙未術》，又謂應曆十一年司天進術，即《乙未術》。疑中間必有改定，不可考矣。自後晉高祖天福四年己亥始用此術，迄齊王天福八年癸卯，凡五年。遼亦用此術，自太宗大同元年丁未迄聖宗統和十二年甲午，凡四十八年。"王白何許人也？《遼史·方技傳》曰："王白，冀州人，明天文，善卜筮，晉司天少監，太宗入汴得之。"由此可知，遼於大同元年入汴，將晉之圖書資料和人才一併收入中京。王白爲晉司天少監，晉正是通過他，頒行馬重績的《乙未術》。王白入遼之後，又將《乙未術》進獻給遼朝。由此可見，《乙未術》和王白等人入遼之後，先在内部試用，并用以推步民用曆書，至應曆十一年繼由王白等正式上書頒布。

④聖宗統和十二年可汗州刺史賈俊進新曆則大明曆是也：此處明載統和十二年（994）賈俊進"新曆"，即賈俊新造的曆法。由於曆名相同，作者推定爲五百年之前祖冲之的舊法。於此汪曰楨《古今推步諸術考》曰："此術統和十二年進，即宋淳化五年（994），史又謂即以統和十二年甲午爲元。蓋淳化四年閏十月，而十一月甲寅朔冬至，故用爲元首（賈俊《大明曆》之元首），其必非祖術明矣。自聖宗統和十三年乙未始用此術，迄天祚帝保大五年乙巳，凡一百三十一年。金亦用此術，自太祖天輔六年壬

寅，迄熙宗天會十四年丙辰，凡一十五年，統計乙未至丙辰，大凡行用一百四十二年。"

　　⑤始頒正朔改曆驗矣：從高麗《大遼古今録》所志，統和十二年改曆之事可以得到證明，但并未證明賈俊所上《大明曆》就是祖沖之曆。

　　⑥大明曆……具見沈約宋書：指《大明曆》法具見《宋書》，即以上本志所述"外史"。

　　上元甲子至宋大明七年癸卯，五萬一千九百三十九年算外。

　　元法：五十九萬二千三百六十五。

　　紀法：三萬九千四百九十一。

　　章歲：三百九十一。

　　章月：四千八百三十六。

　　章閏：一百四十四。

　　閏法：十二。

　　月法：十一萬六千三百二十一。

　　日法：三千九百三十九。

　　餘數：二十萬七千四十四。

　　歲餘：九千五百八十九。

　　没分：三百六十萬五千九百五十一。

　　没法：五萬一千七百六十一。

　　周天：一千四百四十二萬四千六百六十四。

　　虚分：萬四百四十九。

　　行分法：二十三。

　　小分法：一千七百一十七。

　　通周：七十二萬六千八百一十。

會周：七十一萬七千七百七十七。

通法：二萬六千三百七十七。

差率：三十九。

推朔術：

置入上元年數算外，以章月乘之，滿章歲爲積月，不盡爲閏餘。閏餘二百四十七以上，其年有閏。以月法乘積月，滿日法爲積日，不盡爲小餘。六旬去積日，不盡爲大餘。大餘命以甲子，算外，所求年天正十一月朔也。小餘千八百四十九以上，其月大。

求次月：

加大餘二十九，小餘二千九十。小餘滿日法從大餘，大餘滿六旬去之，命如前，次月朔也。

求弦望：

加朔大餘七，小餘千五百七，小分一。小分滿四從小餘，小餘滿日法從大餘，命如前，上弦日也。又加得望，又加得下弦，又加得後月朔也。

推閏術：

以閏餘減章歲，餘滿閏法得一月，命以天正，算外，閏所在也。閏有進退，以無中氣爲正。

推二十四氣：

置入上元年數算外，以餘數乘之，滿紀法爲積日，不盡爲小餘。六旬去積日，不盡爲大餘。大餘命以甲子，算外，天正十一月冬至日也。

求次氣：

加大餘十五，小餘八千六百二十六，小分五。小分滿六從小餘，小餘滿紀法從大餘，命如前，次氣日也。

求土王用事：

加冬至大餘二十七，小餘萬五千五百二十八，季冬土用事日也。又加大餘九十一，小餘萬二千二百七十，次土用事日也。

推没術：

以九十乘冬至小餘，以減没分，滿没法爲日，不盡爲日餘，命日以冬至，算外，没日也。

求次没：

加日六十九，日餘三萬四千四百四十二，餘滿没法從日，次没日也。日餘盡爲滅。

推日所在度術：

以紀法乘朔積日爲度實，周天去之，餘滿紀法爲積度，不盡爲度餘。命以虚一，次宿除之，算外，天正十一月朔夜半日所在度也。

求次月：

大月加度三十，小月加度二十九，入虚去度分。

求行分：

以小分法除度餘，所得爲行分，不盡爲小分，小分滿法從行分，行分滿法從度。

求次日：

加一度。入虚去行分六，小分百四十七。

推月所在度術：

以朔小餘乘百二十四爲度餘，又以朔小餘乘八百六十爲微分，微分滿月法從度餘，度餘滿紀法爲度。以減朔夜半日所在，則月所在度。

求次月：

大月加度三十五，度餘三萬一千八百三十四，微分七萬七千九百六十七，小月加度二十二，度餘萬七千二百六十一，微分六萬三千七百三十六，入虛去度也。

遲疾曆：

月　行　度	損益率	盈縮積分	差　法
一日　十四行分十三	益七十	盈初	五千三百四
二日　十四十一	益六十五	盈百八十四萬二千三百一十六	五千二百七十
三日　十四八	益五十七	盈三百五十五萬七百六	五千二百一十九
四日　十四四	益四十七	盈五百五萬八千三百八	五千一百五十一
五日　十三二十一	益三十四	盈六百二十九萬七千八百五十七	五千六十六
六日　十三十七	益二十二	盈七百二十萬二千六百九十一	四千九百八十一
七日　十三十一	益六	盈七百七十七萬二千七百一十一	四千八百七十九
八日　十三五	損九	盈七百九十四萬九百五十二	四千七百七十七
九日　十二二十二	損二十四	盈七百七十萬七千四百一十五	四千六百七十五
十日　十二十六	損三十九	盈七百五十萬二千一百	四千五百七十三
十一日　十二二十一	損五十二	盈六百三萬五千七	四千四百八十八
十二日　十二八	損六十	盈四百六十六萬三千一百	四千四百三十七
十三日　十二六	損六十五	盈三百九萬三百三	四千四百三
十四日　十二四	損七十	盈百三十八萬三千五百八十	四千三百六十九
十五日　十二五	益六十七	縮四十五萬七千六百九	四千三百八十六
十六日　十二七	益六十二	縮二百二十三萬七千六百五十五	四千四百二十
十七日　十二十	益五十五	縮三百八十七萬七千五十四	四千四百七十一
十八日　十二十四	益四十四	縮五百三十一萬九千七百三十八五	四千五百二十九
十九日　十二二十九	益三十二	縮六百四十八萬四千六百四	四千六百二十四
二十日　十三	益十九	縮七百三十一萬六千六百八	

（續表）

月 行 度	損 益 率	盈 縮 積 分	差 法
二十一日　十三七	益四	縮七百八十一萬七千九百九十六	四千八百一十一
二十二日　十二十二	損十一	縮七百九十一萬七千六百七	四千九百一十三
二十三日　十三十九	損三十七	縮七百六十一萬五千四百四十	五千一十五
二十四日　十四一	損三十九	縮六百九十萬一千四百九十五	五千一百
二十五日　十四十六	損五十二	縮五百八十七萬一千七百三十五	五千一百八十五
二十六日　十四十	損六十二	縮四百四十九萬九千一百五十九	五千二百五十三
二十七日　十四十二	損六十七	縮二百八十五萬七千七百三十二	五千二百八十七
二十八日　十四十	損七十四	縮百八萬二千三百七十九	五千三百三十一

推入遲疾曆術：

以通法乘朔積日爲通實，通周去之，餘滿通法爲日，不盡爲日餘。命日算外，天正十一月朔夜半入曆日也。

求次月：

大月加二日，小月加一日，日餘皆萬一千七百四十六。曆滿二十七日，日餘萬四千六百三十一，則去之。

求次日：加一日。

求日所在定度：

以夜半入曆日餘乘損益率，以損益盈縮積分，如差率而一，所得滿紀法爲度，不盡爲度餘，以盈加縮減平行度及餘爲定度。益之或滿法，損之或不足，以紀法進退。求度行分如上法。求次日，如所入遲疾加之。虛去分，如上法。

陰陽曆：

	損益率	兼　數
一日	益十六	初
二日	益十五	十六
三日	益十四	三十一
四日	益十二	四十五
五日	益九	五十七
六日	益五	六十六
七日	益一	七十一
八日	損二	七十二
九日	損六	七十
十日	損十	六十四
十一日	損十三	五十四
十二日	損十五	四十一
十三日	損十六	二十六
十四日	損十六	十

推入陰陽曆術：

置通實以會周去之，不滿交數三十五萬八千八百八十八半爲朔入陽曆分，各去之，爲朔入陰曆分，各滿通法得一日，不盡爲日餘。命日算外，天正十一月朔夜半入曆日也。

求次月：

大月加二日，小月加一日，日餘皆二萬七百七十九。曆滿十三日，日餘萬五千九百八十七半，則去之。陽竟入陰，陰竟入陽。

求次日：

加一日。

求朔望差：

以二千二十九乘朔小餘，滿三百三爲日餘，不盡倍之爲小分，則朔差數也。加一十四日，日餘二萬一百八十六，小分百二十五。小分滿六百六從日餘，日餘滿通法爲日，即望差數也。又加之，後月朔也。

求合朔月食：

置朔望夜半入陰陽曆及餘，有半者去之，置小分三百三，以差數加之。小分滿六百六從日餘，日餘滿通法從日，日滿一曆去之。命日算外，則朔望加時入曆也。朔望加時入曆一日，日餘四千一百九十八，小分四百二十八以下，十二日，日餘萬一千七百八十八，小分四百八十一以上，朔則交會，望則月食。

求合朔月食定大小餘：

令差數日餘加夜半入遲疾曆餘，日餘滿通法從日，則朔望加時入曆也。以入曆餘乘損益率，以損益盈縮積分，如差法而一，以盈減縮加本朔望小餘爲定小餘。益之或滿法，損之或不足，以日法進退日。

求合朔月食加時：

以十二乘定小餘，滿日法得一辰，命以子，算外，加時所在辰也。有餘者四之，滿日法得一爲少，二爲半，三爲太。又有餘者三之，滿日法得一爲强，以强并少爲少强，并半爲半强，并太爲太强。得二者爲少弱，以并少爲半弱，并半爲太弱，并太爲一辰弱，以前辰名之。

求月去日道度：

置入陰陽曆餘乘損益率，如通法而一，以損益兼數爲定。定數十二而一爲度。不盡四而一，爲少、半、太。又不盡者三而一，一爲强，二爲少弱，則月去日道數也。陽曆在表，陰曆在裏。

測景漏刻中星數：

二十四氣	日中景	晝漏刻	夜漏刻	昏中星度	明中星度
冬至	一丈三尺	四十五	五十五	八十二行分二十一	二百八十三行分八
小寒	一丈二尺四寸三分	四十五六	五十四四	八十四	二百八十二六
大寒	一丈一尺二寸	四十六七	五十三二	八十六一	二百八十六
立春	九尺八寸	四十八四	五十一六	八十九三	二百七十七三
雨水	八尺一寸七分	五十五	四十九五	九十三	二百七十三七
驚蟄	六尺六寸七分	五十二九	四十七一	九十一	二百六十八二十
春分	五尺三寸七分	五十五五	四十四五	百二三	二百六十四三
清明	四尺二寸五分	五十八一	四十一九	百六二十一	二百五十九八
穀雨	二尺二寸六分	六十四	三十九六	百一十一三	二百五十四四
立夏	二尺五寸三分	六十二四	三十七六	百一十四十八	二百五十一七
小滿	一尺九寸九分	六十三九	二十六一	百一十七十二	二百四十八十七
芒種	一尺六寸九分	六十四八	二十五二	百一十九四	二百四十七二
夏至	一尺五寸	六十五	三十五	百一十九十二	二百四十六十七
小暑	一尺六寸九分	六十四八分	三十五五	百一十九四	二百四十七一
大暑	一尺九寸九分	六十三九	三十六一	百一十七十二	二百四十八十七

（續表）

二十四氣	日中景	晝漏刻	夜漏刻	昏中星度	明中星度
立秋	二尺五寸三分	六十二四	三十七六	百一十四十八	二百五十一十一
處暑	三尺二寸六分	六十四	三十九六	百一十一二	二百五十四四
白露	四尺二寸五分	五十八一	四十一九	百六二十一	二百五十九八
秋分	五尺三寸七分	五十五五	四十四五	百二三	二百六十四三
寒露	六尺六寸七分	五十二九	四十七一	九十七九	二百六十八二十
霜降	八尺一寸七分	五十五	四十九五	九十三	二百七十三七
立冬	九尺八寸	四十八四	五十一六	八十九三	二百七十三三
小雪	一丈一尺二寸	四十六七	五十三三	八十六一	二百八十六
大雪	一丈二尺四寸三分	四十五六	五十四四	八十四	二百八十二六

求昏明中星：

各以度數如夜半日所在，則中星度。

推五星術：

木率：千五百七十五萬三千八十二。

火率：三千八十萬四千一百九十六。

土率：千四百九十三萬三百五十四。

金率：二千三百六萬一十四。

水率：四百五十七萬六千二百四。

推五星術：

置度實各以率去之，餘以減率，其餘，如紀法而一，爲入歲日，不盡爲日餘，命以天正朔，算外，星合日。

求星合度：

以入歲日及餘從天正朔日積度及餘，滿紀法從度，滿三百六十餘度分則去之，命以虛一，算外，星合所在度也。

求星見日：

以術伏日及餘加星合日及餘，餘滿紀法從日，命如前，見日也。

求星見度：

以術伏度及餘加星合度及餘，餘滿紀法從度，入虛去度分，命如前，星見度也。

行五星法：

以小分法除度餘，所得爲行分，不盡爲小分，及日加所行分，滿法從度，留者因前，逆則減之、伏不盡度。從行入虛，去行分六，小分百四十七，逆行出虛，則加之。

木星：初與日合，伏，十六日，日餘萬七千八百三十二，行二度，度餘三萬七千五百四，晨見東方。從，日行四分，百一十二日行十九度十一分。留，二十八日。逆，日行三分，八十六日退十一度五分。又留二十八日。從，日行四分，百一十二日，夕伏西方，日度餘如初。一終三百九十八日，日餘三萬五千六百六十四，行三十三度，度餘二萬五千二百一十五。

火星：初與日合，伏，七十二日，日餘六百八，行五十五度，度餘二萬八千八百六十五，晨見東方。從，疾，日行十七分，九十二日行六十八度。小遲，日行十四分，九十二日行五十六度。大遲，日行九分，九十二日行三十六度。留，十日。逆，日行六分，六十四日退十六度十六分。又留，十日。從，遲，日行九分，九十二日。小疾，日行十四分，九十二日。大疾，日行十七分，九十二日。夕伏西方，日度餘如初。一終七百八十日，日餘千二百一十六，行四百一十四度，度餘三萬二百五十八，除一周，定行四十九度，度餘萬九千八百九。

土星：初與日合，伏，十七日，日餘千三百七十八，行一度，度餘萬九千三百三十三，晨見東方，行順，日行二分，八十四日行七度七分。留，三十三日。行逆，日行一分，百一十日退四度十八分。又留，三十三日。從，日行二分，八十四日，夕伏西方，日度餘如初。一終三百七十八日，日餘二千七百五十六，行十二度，度餘三萬一千七百九十八。

金星：初與日合，伏，三十九日，日餘三萬八千一百二十六，行四十九度，度餘三萬八千一百二十六，夕見西方。從，疾，日行一度五分，九十二日行百十二度。小遲，日行一度四分，九十二日行百八度。大遲，日行十七分，四十五日行三十三度六分。留，九日。遲，日行十六分，九日退六度六分，夕伏西方。伏五日，退五度，而與日合。又五日退五度，而晨見東方。逆，日行十六分，九日。留，九日。從，遲，日行十七分，四十五日。小疾，日行一度四分，九十二日。大疾，日行一度五分，九十二日。晨伏東方，日度餘如初。一終五百八十三日，日餘三萬六千七百六十一，行星如之。除一周，定行二百十八度，度餘二萬六千三百一十三。合二百九十一日，日餘三萬八千一百二十六，行星亦如之。

水星：初與日合，伏，十四日，日餘三萬七千一百一十五，行三十度，度餘三萬七千一百一十五，夕見西方。從，疾，日行一度六分，二十三日行二十九度。遲，日行二十分，八日行六度二十二分。留，二日。遲，日行十一分，二日退二十二分，夕伏西方。伏八日，退八度，而與日合。又八日退八度，晨見東方。逆，日行十一分，二日。留，二日。從，遲，日行二十分，八日。疾，日行一度六分，二十三日。晨伏東方，日度餘如初。一終百一十五日，日餘三萬四千七百三十九，行星如之。一合五十七日，日餘三萬七千一百一十五，行星亦如之。

上元之歲，歲在甲子，天正甲子朔夜半冬至，日月五星聚于虛度之初，陰陽遲疾并自此始。①

梁武帝天監三年，冲之子暅上疏，論何承天曆乖謬不可用。九年正月，詔用祖冲之所造《甲子元曆》頒朔。陳氏因梁，亦用祖冲之曆。至遼，聖宗以賈俊所進新曆，因宋“大明”舊號行之。金曰《重修大明曆》。傳至皇元亦曰《重修大明曆》。及改《授時曆》，別立司天監存肄之，每歲甲子冬至重修其法。書在太史院，禁莫得聞。②

【注】

①上元甲子至宋……并自此始：以上劉宋祖冲之《大明曆》本文，據

本志交代，取自《宋書·律曆志》。由於祖冲之《大明曆》實際與遼代的
政治歷史無關，本志的作者作了錯誤理解纔誤引於此，故本注對此不再作
注。對祖冲之《大明曆》想要作進一步了解的讀者，可見《宋書·律曆
志》注。

　　②每歲甲子冬至……禁莫得聞：作者認爲，每年甲子冬至，曆法都得
重加修理。如何修理，作者并不明白。這裏作者透露了一個當時不爲人們
所知的消息，即使編修官需要，也不能進入太史院查閱天文曆法"禁書"。
這纔導致互不通氣，作者對《大明曆》無所了解的局面。不過，這裏同時
也暴露了作者自身的缺點——"禁莫得聞"，爲了辨別是非，是可以主動
爭取瞭解的，但作者没有作這種努力。

《遼史》卷四十三

志第十三

曆象志中

閏考①

月度不足，是生朔虛；②天行有餘，是爲氣盈。③盈虛相懸，歲月乃牉。④積牉而差，寒暑互易，百穀不成，庶政不明。聖人驗以斗柄，準以歲星，⑤爰立閏法，信治百官。是故閏正而月正，月正而歲正。⑥歲月既正，頒令考績，無有不時。國史正歲年以敘事，莫重於此。

【注】

①閏考：作者在整理遼朝天文記錄時發現遼朝與五代和宋朝的閏月并不完全相同，故利用所見具體記錄，作出閏月差異的考證。這項內容，在二十四史天文曆律志中是絕無僅有的。作者通過五代宋與遼閏月的系統對比，列載了具體的差異之處，并且述說了自己對這一差異的認識。不過必須說明，這種考證還衹是初步的，有些論證也不是很嚴密，故其結論也不一定正確，還有可商榷之處。但是，作者保存和列載了遼朝二百餘年的第一手朔閏記錄，是十分可貴的。

②月度不足是生朔虛：古曆設一月三十日，每月三十度，但實際每月

不足三十日，每月日行也不足三十度，故有朔虚之説。

③天行有餘是爲氣盈：太陽每歲行三百六十五度餘，大於十二個月度，故曰"天行有餘，是爲氣盈"。

④盈虚相懸歲月乃胖：盈虚積累起來，造成了歲月的差异。歲月乃胖（pàn）：歲月相配合。

⑤驗以斗柄準以歲星：以斗柄指向定月，并以昏旦中星的出没加以判斷。歲星，指季節昏旦中星。

⑥閏正而月正月正而歲正：閏月設置正確了，月序也就正確，月序正確了，節氣也就正確了。

遼始徵曆梁、唐。①入晋之後，奄有帝制，②《乙未》《大明》，曆法再變。③穆宗應曆六年，周用顯德《欽天曆》；十年，宋用建隆《應天曆》。景宗乾亨四年，宋用《乾元曆》。聖宗統和十九年，宋用《儀天曆》；太平元年，宋用《崇天曆》。道宗清寧十年，宋用《明天曆》；大康元年，宋用《奉元曆》；大安七年，宋用《觀天曆》。天祚皇帝乾統六年，宋用《紀元曆》。五代曆三變，宋凡八變，遼終始再變。曆法不齊，故定朔置閏，時有不同，覽者惑焉。④作《閏考》。

【注】

①遼始徵曆梁唐：遼始建國，諸事草創，曆法不備，向後梁、後唐徵用學習曆法，纔開始建立起自己的曆日制度。

②入晋之後奄有帝制：攻入晋都之後，纔開始建立起一套帝皇統治的制度，其中也包括曆日制度在内。

③乙未大明曆法再變：遼先用《乙未曆》，然後用《大明曆》，故曰"曆法再變"。此和下文所述"遼終始再變"相對應。

④曆法不齊……作閏考：五代、宋與遼的朔閏時有不同，致使覽者發生

疑惑，這是作者作《閏考》的目的所在。以下爲作者編撰的閏考表。

年①	正	二	三	四	五	六	七	八	九	十	十一	十二
首缺五閏② 太祖神册五年						閏③ 耶律儼 陳大任						
天贊二年			梁閏									
缺一閏 太宗天顯三年								閏 儼				
六年				閏 儼 唐								
九年	閏 儼 大任 唐											
十一年											閏 儼 大任 唐	
會同二年					閏 儼 大任 晉							
缺一閏 七年												閏 儼 大任
大同元年						閏 儼 大任 高麗十 年七月						
缺再閏 穆宗應曆三年												

（續表）

年	正	二	三	四	五	六	七	八	九	十	十一	十二
五年									閏儀大任			
八年							閏儀大任					
十一年			閏儀大任宋									
十三年												宋閏
十六年								閏儀大任宋				
十九年					宋閏							
景宗保寧四年		閏儀大任宋										
六年										宋閏		
九年							宋閏					
乾亨二年			閏儀大任宋									
四年												宋閏
聖宗統和三年									宋閏			
六年					閏儀大任							

（續表）

年	正	二	三	四	五	六	七	八	九	十	十一	十二
九年		閏 儀 大任 宋 高麗										
十一年										宋閏 高麗		
十四年							閏 大任 宋					
十七年			宋閏									
十九年											閏 儀 大任	宋閏 异
二十二年									閏 大任 宋			
二十五年					宋閏							
二十八年		宋閏										
開泰元年										宋閏		
四年						宋閏						
七年				宋閏								
九年		閏④ 儀										宋閏 异
太平三年									閏 儀 宋			
六年					宋閏							

（續表）

年	正	二	三	四	五	六	七	八	九	十	十一	十二
九年		宋閏										
十一年										閏儼大任宋高麗		
興宗重熙三年						宋閏						
六年				閏儼宋								
八年												閏儼宋高麗
十一年									閏儼宋			
十四年					閏儼宋							
十七年	閏儼宋高麗											
十九年												閏儼宋高麗
二十二年							閏儼宋					
道宗清寧二年			閏儼宋									

（續表）

年	正	二	三	四	五	六	七	八	九	十	十一	十二
四年												閏 儼 宋
七年								宋閏				
十年					宋閏							
咸雍三年			宋閏									
五年											閏 大任 宋	
八年							閏 儼 宋					
大康元年				閏 儼 大任 宋								
三年 宋閏來年正 月，异												閏 儼
六年									宋閏			
九年						閏 儼 大任 宋						
大安四年												閏 儼 大任 宋 高麗
七年								宋閏				

（續表）

年	正	二	三	四	五	六	七	八	九	十	十一	十二
十年				閏大任宋								
壽昌三年		宋閏										
五年									閏儀大任宋			
天祚乾統二年					閏儀大任宋							
五年		宋閏										
七年										宋閏		
十年						閏儀大任	宋閏異⑤					
天慶三年			閏儀大任宋									
六年	閏儀大任宋											
八年									閏儀大任宋			
保大元年				宋閏								
四年			閏儀大任宋									

【注】

①閏考表縱行以帝皇紀年爲序，每逢閏之年則載，平年不載。橫行以十二月排列，閏月紀在相應的月序内。

②首缺五閏：自遼太祖元年建立政權以後，至神册五年計十四年。通常爲十四年五閏。在此之前十四年中無閏月記録，故有此説。

③此表所引閏月記録共來自四處，其一是耶律儼，其二是陳大任，其三是五代和宋官方的文獻檔案，其四是高麗《大遼古今録》。

④中華書局校點本《曆象志下》的《校勘記》（三○）曰："據推算，是年遼、宋同閏十二月。此由七月庚戌下小注亦可證明。今誤以遼閏二月，與宋閏十二月异，故以宋之三月當遼之閏二月，宋之四月當遼之三月，如此類推。今按原'閏二月壬子'當改'閏十二月丁未'，三月、四月、十二月下之注文均當删去。"《校勘記》的意見是正確的，《曆象志》的作者僅以耶律儼開泰九年閏二月的記載，於朔考三月、四月、十二月相應處加注文，説明宋遼是年閏月有异是草率的。主要證據是該年七月儼、大任宋均載庚戌朔，可見原本耶律儼所引"二月閏"前漏一"十"字。

⑤經統計，遼朝約二百一十年中，與五代宋之閏月，僅有兩處祇有一月之差，其餘全同。這兩處爲：遼聖宗統和十九年閏十一月宋在十二月，遼天祚乾統十年閏七月宋在八月。其不同的原因是在推算還是在政治尚不清楚，故從對比的結果可以看出，遼與五代和宋閏月的差異是很小的。閏考表中的是非正誤，筆者將在志下《朔閏對照表》中一起加以分析説明。

《遼史》卷四十四

志第十四

曆象志下

朔考①

古者太史掌正歲年以敘事，國史以事繫日，以日、月、時繫年。時月不正，則敘事不一。故二史合爲一官，②頒曆授時，必大一統。

遼、漢、周、宋，俱行夏時，③各自爲曆。國史閏朔，頗有异同。遼初用《乙未元曆》，④本何承天《元嘉曆》法；⑤後用《大明曆》，⑥本祖冲之《甲子元曆》法。⑦承天日食晦朏，⑧一章必七閏；⑨冲之日必食朔，⑩或四年一閏。⑪用《乙未曆》，漢、周多同；⑫用《大明曆》，則間與宋异。⑬國史敘事，甲子不殊，⑭閏朔多异，以此故也。⑮耶律儼《紀》以《大明》法追正《乙未》月朔，⑯又與陳大任《紀》時或牴牾。⑰稽古君子，往往惑之。

【注】

① 《曆象志》作者發現遼的朔日干支與宋曆往往不同，故作《朔考》

以示區别。

②二史合爲一官：太史執掌正歲，即制訂頒布曆法，史官記載國家史事，稱爲二史。後代又將二官合爲一官。

③遼漢周宋俱行夏時：唐以後皇帝除武周用周正，均用夏時，此處不説後梁、後唐，是由於其沿用唐代曆法。

④遼初用乙未元曆：遼用《乙未曆》，可分爲二個階段，第一段大同元年（947）遼入汴京得晋《乙未曆》及其曆官，回京後便參考行用。直至穆宗應曆十一年（961），王白、李正正式上書，提出頒行《乙未元曆》，一直行用至聖宗統和十二年（994）頒行賈俊《大明曆》爲止。在入汴京以前，遼初建國，暫時徵用後梁、後唐曆日。《乙未元曆》，即後晋司天監馬重績《調元曆》。

⑤本何承天元嘉曆法：《乙未元曆》的本源是何承天的《元嘉曆》。這是作者的臆度，而未經證實。

⑥後用大明曆：指遼聖宗統和十二年（994）頒行賈俊的《大明曆》，這種《大明曆》，一直使用到遼朝滅亡（1125）。

⑦本祖沖之甲子元曆法：也是作者臆度，未經證實。

⑧承天日食晦朏：何承天的《元嘉曆》推算的日食，很多都發生在晦日和朏日。晦日，每月的最後一天。朏日，初見新月之日。這是何承天《元嘉曆》用平朔注曆的結果。

⑨一章必七閏：《元嘉曆》仍沿用古老的十九年七閏法，故曰一章必七閏。

⑩日必食朔：諸本均作“日必食朔”，唯中華書局校點本認爲據文義曆理當改爲“日食必朔”。本注認爲按照古文文法二者文義無差别，不宜隨意改動原文，故恢復原狀。

⑪或四年一閏：作者認爲祖沖之的《大明曆》有四年閏一次，但這種説法是錯誤的，祖法無四年一閏之推算方法，其行用期間也無四年一閏的實例。

⑫用乙未曆漢周多同：遼使用《乙未曆》時，由於後漢、後周也用《乙未曆》，故曰“多同”。但自後周太祖顯德四年（957）頒行王樸《欽天曆》後，二者曆法就不同了。不過改曆之後僅三年，後周也就亡了。這裏説法籠統，沒有加以區别。

⑬用大明曆則間與宋异：由於遼與宋所用曆法不同，故推朔間與宋异。

⑭國史叙事甲子不殊：《遼史》記述國史，所用干支紀年、紀日的順序與宋没有不同。

⑮閏朔多异以此故也：正是由於二者曆法不同，故有閏朔多异。

⑯耶律儼：在《閏考》和《朔考》表中，多引用儼、大任的《紀》。儼即耶律儼，大任即陳大任。耶律儼《遼史》有傳，但未載有關著作之事。

⑰陳大任：《閏考》《朔考》中多有引用其《紀》的閏、朔記録，但《遼史》無傳，事迹不明。

用《五代·職方考》志契丹州軍例，^①作《朔考》。法殊曰"异"；^②傳訛曰"誤"；^③遼史不書國，儼、大任偏見并見各名；^④他史以國冠朔。^⑤并見注于后。

【注】

①《五代·職方考》爲《新五代史》志中的一種，其中記載了契丹各州軍事機構的編制，但并未涉及曆日記録。此處所述，僅是依據此體例作《朔考》。

②法殊曰异：推算合朔的方法不同，表中注曰"异"。

③傳訛曰誤：傳聞記録有錯誤曰"誤"。

④遼史不書國：表中所述遼的朔日干支，不記載國名，僅載儼、大任名下的記録。

⑤他史以國冠朔：其他史料，則冠以國名，如晋、宋、高麗等朔日。

年^①	孟月朔	仲月朔	季月朔
太祖元年	丁未耶律儼	梁丁丑^②	

（續表）

年	孟月朔	仲月朔	季月朔
二年			梁任申
	乙亥③儀		
三年④		丁酉	
四年	梁壬辰		
	戊子儀		
五年	戊戌儀⑤		
		梁甲申	
	壬午儀		梁辛巳
六年	丙戌⑥儀		
七年	甲辰儀	甲戌儀	甲辰儀
	癸酉儀	壬寅儀	任申儀　梁庚寅，誤
	辛丑儀	庚午儀	庚子儀
	己巳儀		戊辰儀
八年	戊戌儀		
	丁卯儀		
	丙申儀		
	甲子儀		

（續表）

年	孟月朔	仲月朔	季月朔
九年⑦	壬辰儼		
			庚寅儼
	庚申儼		
	戊子儼		
神册元年	丙辰儼	戊戌⑧儼	乙卯儼
	乙酉儼		甲申儼
	甲寅儼	癸未儼	
	癸未儼	壬子儼	壬戌⑨儼
二年	辛亥儼	庚辰儼	庚戌儼
	己卯儼		戊寅儼
	戊申儼	戊寅儼	
	丁丑儼		
三年	乙亥儼	甲辰儼	甲戌
	癸卯儼	癸酉儼	
	壬申儼		
	辛丑儼		庚子
四年	庚午儼	己亥儼	
	戊戌儼	丁卯儼	
	丙寅儼	乙未儼	
	乙未儼		
五年⑩閏六月庚申儼　大任	甲子儼		癸亥儼　誤,當作癸巳　梁
	癸巳儼	壬戌儼　誤,當作壬辰	辛巳儼　誤,當作辛酉
	庚寅儼	己未儼　梁乙未,誤	己丑儼　大任
	己未儼	戊午儼　誤,當作戊子	
六年⑪	戊子儼	戊午儼	丁亥儼　誤,當作丁巳
	丁卯儼　誤,當作丁亥	丙戌儼　誤,當作丙辰。大任	己卯儼　大任
	甲申儼		
	癸丑儼　大任	壬午儼	

（續表）

年	孟月朔	仲月朔	季月朔
天贊元年			
二年			
	辛未儼 大任 梁		庚午儼 唐
三年		唐己巳	
			丙申儼
	丙寅儼	乙未儼	
四年	唐癸亥		
天顯元年	丁亥儼 大任		
		唐乙酉	
二年	唐癸丑	唐壬午	唐壬子
		己卯儼 唐	
三年閏八月癸卯 儼	戊申儼	丁丑儼 唐	丁未儼 唐
	丙子儼	乙巳儼	甲戌儼
	甲辰儼	癸酉儼	癸酉儼
	壬寅儼 大任癸卯，异	壬申儼	壬寅儼

（續表）

年	孟月朔	仲月朔	季月朔
四年	壬申儀 大任	辛丑儀	辛未儀
	庚子儀	己巳儀 唐	戊戌儀
	戊辰儀	丁丑⑫儀	丁卯儀 大任
	丙申儀	丙寅儀	丙申儀
五年	丙寅儀	乙未儀	乙丑儀
	甲午儀	甲子儀	癸巳儀 唐
	壬戌儀	壬辰儀	辛酉儀
	辛卯儀	庚申儀 唐	庚寅儀
六年閏五月戊子 儀 唐	庚申儀	己丑儀	己未儀
	己丑儀	戊午儀	丁巳儀
	丙戌儀	丙辰儀	乙酉儀
	乙卯儀	甲申儀 唐	甲寅儀 唐
七年	癸未儀	癸丑儀	癸未儀
	癸丑儀	壬午儀 大任	壬子儀
	辛巳儀 大任	庚戌儀	庚辰儀
	己酉儀	己卯儀	戊申儀
八年	戊寅儀	丁未儀	丁丑儀
	丁未儀	丙子儀	丙午儀
	乙亥儀		
	甲辰儀	癸酉儀	癸卯儀 大任己巳，異⑬
九年閏正月壬寅 唐	壬申儀 唐	辛未儀	辛丑儀
	庚午儀	庚子儀	庚午儀
	己亥儀	己巳儀	戊戌儀
	戊辰儀	丁酉儀	丁卯儀
十年	丙申儀	丙寅儀	乙未儀
	乙丑儀	甲午儀 大任	甲子儀
	癸巳儀		癸巳儀
	壬戌儀	壬辰儀	壬戌儀

（續表）

年	孟月朔	仲月朔	季月朔
十一年閏十一月丙辰 儀 唐 大任	辛卯儀	庚申儀	庚寅儀 大任
	己未儀	己丑儀	
	丁亥儀	丁巳儀	丁亥儀
	丙辰儀	丙戌儀	乙酉儀
十二年	甲寅儀 大任乙卯。晋 二日乙卯，同⑭	甲申儀	甲寅儀
	癸未儀	壬子儀	壬午儀
	辛亥儀	辛巳儀	庚戌儀
	庚辰儀	庚戌儀	己卯儀
會同元年	戊申儀 大任己酉，异。 晋同⑮	戊寅儀	戊申儀
	戊寅儀 大任	丁未儀	丙子儀 大任
	丙午儀	乙亥儀	乙巳儀
	甲戌儀	甲辰儀	甲戌儀
二年⑯閏七月儀 大 任 晋	癸卯儀	癸酉儀	癸卯儀
	壬申儀 晋	壬寅儀	辛未儀
	庚子儀	己亥儀	己巳儀
	戊戌儀	戊辰儀	丁酉儀
三年	丁卯儀	丁酉儀	丁卯儀
	丙申儀	丙寅儀	乙未儀
	甲子儀	甲午儀	癸亥儀
	癸巳儀	壬戌儀	壬辰儀
四年	辛酉儀	辛卯儀	辛酉儀
	庚寅儀	庚申儀	庚寅儀
	己未儀	戊子儀	戊午儀
	丁亥儀	丁巳儀	丙戌儀

(續表)

年	孟月朔	仲月朔	季月朔
五年閏三月甲申	丙辰儀	乙酉儀	乙卯儀
	甲寅儀 大任 晋	甲申儀	癸丑儀 大任
	癸未儀	壬子儀	壬午儀
	辛亥儀	辛巳儀	庚戌儀
六年	庚辰儀	己酉儀	己卯儀 大任
	戊申儀	戊寅儀	丁未儀
	丁丑儀	丁未儀 晋	丙子儀
	丙午儀	乙亥儀	乙巳儀
七年閏十二月己巳儀 晋 大任	甲戌儀	甲辰儀 大任	癸酉儀 大任
	癸卯儀	壬申儀	辛丑儀
	辛未儀	辛丑儀	庚午儀 晋
	庚子儀	庚午儀	己卯[⑰]儀 誤，當作己亥
八年	戊戌儀	戊辰儀	丁酉儀
	丙寅儀	丙申儀	乙丑儀
	乙未儀	甲子儀 晋	甲午儀
	甲子儀	甲午儀	癸亥儀
九年	癸巳儀	壬戌儀 晋	壬辰儀
	辛酉儀 大任	庚寅儀	庚申儀
	己丑儀	己未儀	戊子儀
	戊午儀	戊子儀 大任	丁巳儀
大同元年[⑱]九月改天禄元年	丁亥儀 大任	丁巳儀 大任	丙戌儀 大任
	丙辰儀 大任		甲寅儀 大任
		壬午儀 大任	壬子儀 大任
世宗天禄二年	庚辰儀 大任	漢戊寅	
	漢戊申		

（續表）

年	孟月朔	仲月朔	季月朔
三年	漢乙巳		
			漢癸酉
			辛丑儀 大任
四年			戊戌儀 大任
			乙丑儀 大任
		漢甲子	
五年九月改元應曆	癸亥儀 大任		
		壬戌儀 大任	辛卯儀 大任
	辛酉儀 大任	丙辰儀 誤，當作庚寅	庚申儀 大任
穆宗應曆二年	戊午儀 大任		周丁巳
	丙戌儀 大任	丙辰儀 大任	周乙酉
			甲寅儀 大任
	甲申儀 大任	癸丑儀 大任	癸未儀 大任
三年⑲	壬午儀 大任 周	辛亥儀 大任	庚申儀 大任
四年	周丙子	丙午儀 大任	
五年⑳閏九月 儀 大任	辛未儀 大任	庚子儀 大任 周	
		乙未儀 大任	乙丑儀 大任

年	孟月朔	仲月朔	季月朔
六年			
			己未儀 大任
七年			
	戊午儀 大任		丙辰儀 大任
八年閏七月庚戌 儀 大任			周壬午
		周辛巳	
九年			
		乙巳儀 大任 周	乙亥儀 大任
		甲戌儀 大任	
十年	宋辛丑	宋辛未	宋庚子
	宋庚午	宋己亥	宋己巳
	己亥儀 宋	戊辰儀 大任 宋	宋戊戌
	宋丁亥㉑	宋丁酉	宋丙寅
十一年閏三月甲子 宋 大任	宋丙申	宋乙丑	宋乙未
	癸巳儀 大任 宋	宋癸亥	宋癸巳
	宋壬戌	宋壬辰	宋壬戌
	宋辛卯	宋辛酉	宋庚寅
十二年	宋庚申	己丑儀 大任 宋	宋戊午
	宋戊子	丁巳儀 宋戊午,异㉒	宋丁亥
	宋丙辰	宋丙戌	宋丙辰
	宋乙酉	宋乙卯	宋乙酉

（續表）

年	孟月朔	仲月朔	季月朔
十三年宋閏十二月己酉	宋甲寅	宋甲申	癸丑儀 大任 宋
	宋壬午	宋壬子	宋辛巳
	辛亥儀 大任 宋	宋庚辰	庚戌儀 大任 宋
	宋己卯	宋己酉	宋己卯
十四年	戊寅儀 大任 宋	宋戊申	宋丁丑
	宋丁未	宋丙子	丙午儀 大任 宋乙巳,异
	宋甲戌	宋甲辰	宋甲戌
	宋癸卯	宋癸酉	宋癸卯
十五年	宋癸酉	壬寅儀 大任 宋	宋壬申
	宋辛丑	宋辛未	宋庚子
	宋己巳	宋戊戌	宋戊辰
	宋丁酉	宋丁卯	宋丁酉
十六年閏八月壬戌 宋 大任	丁卯儀 大任 宋	宋丙申	宋丙寅
	宋丙申	宋乙丑	宋甲午
	宋甲子	宋癸巳	宋壬辰
	宋辛酉	宋辛卯	宋辛酉
十七年	庚寅儀 大任 宋	宋庚申	宋庚寅
	宋己未	宋己丑	宋戊午
	宋戊子	宋丁巳	丙戌大任 宋
	宋丙辰	宋乙酉	宋乙卯
十八年	乙酉儀 大任 宋	宋甲寅	甲申儀 大任 宋 乙酉,异
	癸丑 大任 宋	宋癸未	宋癸丑
	宋壬午	宋壬子	宋辛巳
	辛亥儀 大任 宋庚戌,异	宋庚辰	宋己酉

（續表）

年	孟月朔	仲月朔	季月朔
十九年宋閏五月丁未	己卯儀 大任 宋	己酉儀 大任 宋戊申，异	宋戊寅
	戊申儀 大任 宋	宋丁丑	丙子儀 大任 宋
	宋丙午	宋丙子	宋乙巳
	宋乙亥	甲辰儀 大任 宋	宋甲戌
景宗保寧二年	宋癸卯	宋壬申	宋壬寅
	宋辛未	宋辛丑	宋庚午
	宋庚子	宋庚午	宋己亥
	宋己巳	宋己亥	宋己巳
三年	宋戊戌	宋丁卯	宋丙申
	宋丙寅	宋乙未	宋乙丑
	宋甲午	甲子儀 大任 宋	宋甲午
	宋癸亥	宋癸巳	癸亥儀 大任 宋
四年宋閏二月辛卯	宋壬辰	宋壬戌	庚申儀 大任 宋
	庚寅儀 大任 宋	宋己未	宋戊子
	宋戊午	宋戊子	宋丁巳
	丁亥儀 大任 宋	宋丁巳	宋丙戌
五年	宋丙辰	宋丙戌	乙卯儀 大任 宋
	宋甲申	宋癸丑	宋癸未
	宋壬子	宋壬午	宋壬子
	宋辛巳	辛亥儀 大任 宋	宋辛巳
六年宋閏十月己巳㉓（乙巳）	宋庚戌	宋庚辰	宋庚戌
	宋己卯	宋戊申	宋戊寅
	丁未儀 大任 宋	宋丙子	宋丙午
	乙亥儀 大任 宋	宋乙亥	宋甲辰
七年	甲戌儀 大任 宋	宋甲辰	宋癸酉
	宋癸卯	宋壬申	宋壬寅
	宋辛未	宋庚子	宋庚午
	宋己亥	宋己巳	宋己亥

（續表）

年	孟月朔	仲月朔	季月朔
八年	宋戊辰	宋戊戌	宋戊辰
	宋丁卯（酉）	宋丁酉（卯）㉔	宋丙申
	宋乙未	宋乙丑	甲子儀 大任 宋
	宋癸亥	宋癸巳	宋癸亥
九年宋閏七月庚寅	宋壬戌	宋壬辰	宋壬戌
	宋辛卯	宋辛酉	宋辛卯
	庚申儀 宋	宋己未	宋己丑
	宋戊午	丁亥儀 大任 宋	宋丁巳
十年	宋丙戌	宋丙辰	宋乙酉
	宋乙卯	宋乙酉	宋甲寅
	宋甲申	癸丑儀 大任 宋	宋癸未
	癸丑儀 大任 宋	宋癸未	宋壬子
乾亨元年	宋辛巳	宋辛亥	宋庚辰
	宋己酉	己卯儀 大任 宋	宋己酉
	宋戊寅	宋戊申	宋丁丑
	宋丁未	宋丁丑	宋丙午
二年宋閏三月甲辰	丙子儀 大任 宋	宋乙巳	宋甲戌
	宋甲戌	宋癸卯	宋癸酉
	宋癸卯	宋壬申	宋壬寅
	辛未儀 大任 宋	庚子儀 大任 宋	庚午儀 大任 宋
三年	宋庚子	宋己巳	
	宋戊辰	宋丁酉	
	宋丙申	宋乙丑	宋乙未
	宋乙丑	宋乙未	宋甲子
四年宋閏十二月戊子	宋甲午		
	宋壬戌		
		宋庚申	宋己丑
	己未儀 大任 宋	宋己丑	戊午儀 大任 宋

（續表）

年	孟月朔	仲月朔	季月朔
五年是歲改統和元年	戊午儼 宋	戊子儼 宋 大任丁亥，異	宋丁巳
	丙戌儼 大任 宋	丙辰儼 宋	乙酉儼 大任 宋
	甲寅儼 宋 大任乙卯，異㉕	甲申儼 大任	癸丑儼 大任 宋
	癸未儼 大任	壬子儼 宋 大任	壬午儼 大任 宋
聖宗統和二年	壬子儼 宋	壬午儼	辛亥儼 宋 大任庚戌，異
	辛巳儼	庚戌儼	庚辰儼 宋 大任己卯，異
	己酉儼	戊寅儼	戊申儼 大任 宋
	丁丑儼 宋戊寅，異	丁未儼 宋	
三年宋閏九月壬申	丙午儼 宋 大任甲戌，異㉖	丙子儼 宋乙亥，異	乙巳儼 宋
	乙亥儼宋 大任甲戌，異	乙巳儼 宋甲辰，異	甲戌儼宋 大任癸酉，異
	甲辰儼 宋	癸酉儼 大任 宋	壬寅
	辛丑	辛未㉗	庚子儼 宋
四年	庚午儼 宋	己亥儼 宋庚子，異	己巳儼 大任 宋
	己亥 宋 大任	戊辰儼 宋	戊戌儼
	宋戊辰	丁酉儼宋 大任丙申，異	丙寅儼 宋
	丙申儼 大任 宋	乙丑儼宋 大任丙寅，異	丁酉儼 誤。宋乙未，異
五年	甲子儼 宋	甲午儼 宋	癸亥儼 大任 宋
	癸巳儼 大任 宋	壬戌儼 宋癸亥，異	壬辰儼 宋
	壬戌	宋辛卯	宋辛酉
	宋庚寅	宋庚申	宋庚寅

（續表）

年	孟月朔	仲月朔	季月朔
六年閏五月丙戌 宋大任	己未儀 宋	戊子儀 宋 己丑, 异	戊午儀 宋
	丁亥	丁巳儀 宋 丙辰, 异	丙辰儀 宋
	乙酉	乙卯	乙酉儀 宋
	宋甲寅	甲申儀 宋	甲寅儀 宋
七年	癸未儀 大任 宋	壬子儀 宋	壬午儀 大任 宋
	辛亥儀 宋	庚辰 大任 宋	庚戌
	宋己卯	宋己酉	宋己卯
	宋己酉	宋戊寅	宋戊申
八年	宋戊寅	丁未儀 宋	宋丙子
	丙午儀 宋	宋乙亥	宋甲辰
	宋甲戌	宋癸卯	宋癸酉
	宋癸卯	宋壬申	宋壬寅
九年 閏二月辛未 儀 宋	宋壬申	宋辛丑	庚子儀 宋
	宋庚午	宋己亥	宋己巳
	宋戊戌	宋丁卯	宋丁酉
	宋丙寅	宋丙申	宋丙寅
十年	宋丙申	乙丑儀 宋	宋乙未
	宋甲子	甲午儀	宋癸亥
	宋壬辰	宋壬戌	宋壬辰
	庚申儀 誤 宋辛酉	宋辛卯	宋庚申
十一年宋閏十月甲申	宋庚寅	宋己未	宋己丑
	宋己未	宋戊子	宋戊午
	宋丁亥	宋丙辰	宋丙戌
	甲申儀 誤 宋乙卯	宋甲寅	宋甲申
十二年	癸丑儀 大任 宋甲寅, 异	宋癸未	宋癸丑
	宋壬午	宋壬子	辛巳儀 宋 壬午, 异
	辛亥儀 大任 宋	庚辰儀 大任 宋	宋庚戌
	宋己卯	戊申儀 大任 宋	戊寅儀 大任 宋

（續表）

年	孟月朔	仲月朔	季月朔
十三年	宋戊申	丁丑儀 大任 宋	宋丁未
	宋丙子	宋丙午	丙子儀 大任 宋
	己巳儀 大任 宋㉘	宋乙亥	宋甲辰
	宋甲戌	宋癸卯高麗	宋癸酉
十四年閏七月己巳 儀 大任 宋㉙	宋壬寅	宋壬申	宋辛丑
	宋辛未	宋辛丑	宋庚午
	宋己亥	宋己亥	宋戊辰
	宋戊戌	宋丁卯	宋丁酉
十五年	宋丙寅	丙申儀 大任 宋	乙丑儀 大任 宋
	乙未儀 大任 宋	甲子儀 大任 宋	宋癸巳
	宋癸亥	宋癸巳	宋癸亥
	壬辰儀 大任 宋	壬戌儀 大任 宋	宋壬辰
十六年	宋辛酉	宋庚寅	宋庚申
	宋己丑	宋戊午	戊子儀 大任 宋
	丁巳儀 大任 宋	丁亥儀 大任 宋	丁巳儀 大任 宋
	宋丙戌	宋丙辰	丙戌儀 大任 宋
十七年宋閏三月甲申	乙卯儀 大任 宋丙辰,異	宋乙酉	宋甲寅
	宋癸丑	宋壬午	宋壬子
	宋辛丑㉚	宋辛亥	庚辰儀 宋 大任
	宋庚戌	宋庚辰	宋庚戌
十八年	宋己卯	宋己酉	宋戊寅
	宋戊申	宋丁丑	宋丙午
	宋丙子	宋乙巳	乙亥儀 大任 宋
	宋甲辰	甲戌儀 大任 宋	宋甲辰

（續表）

年	孟月朔	仲月朔	季月朔
十九年㉛宋閏十二月戊辰	宋甲戌	宋癸卯	宋壬申
	宋壬寅	宋壬申	宋辛丑
	庚午儼 大任 宋	宋庚子	己巳儼 大任 宋
	宋己亥	宋戊辰	宋戊戌
二十年	宋丁酉	宋丁卯	宋丁酉
	丙寅儼 大任 宋	宋丙申	宋乙丑
	甲午儼 大任 宋	甲子儼 大任 宋	癸巳儼 大任 宋
	癸亥儼 大任 宋	宋壬辰	宋壬戌
二十一年	宋辛卯	宋辛酉	宋辛卯
	宋庚申	庚寅儼 大任 宋	宋己未
	宋己丑	宋戊午	宋戊子
	丁巳儼 大任 宋	丁亥儼 大任 宋	宋丙辰
二十二年閏九月壬子 儼 宋 大任	宋丙戌	乙卯儼 大任 宋	宋乙酉
	宋甲寅	宋甲申	宋甲寅
	宋癸未	宋癸丑	宋壬午
	宋辛巳	宋辛亥	庚辰儼 大任 宋
二十三年	宋庚戌	宋己卯	宋己酉
	宋戊寅	戊申儼 大任 宋	宋丁丑
	宋丁未	宋丁丑	宋丙午
	丙子儼 大任 宋	乙巳㉜	宋乙亥
二十四年	宋甲辰	宋甲戌	宋癸卯
	宋壬申	壬寅儼 大任 宋	宋辛未
	辛丑儼 大任 宋	宋辛未	宋庚子
	庚午儼 宋	宋庚子	宋己巳
二十五年宋閏五月丙寅	宋己亥	宋戊辰	宋戊戌
	宋丁卯	宋丙申	宋乙未
	宋乙丑	宋甲午	宋甲子
	宋甲午	宋甲子	宋癸巳

（續表）

年	孟月朔	仲月朔	季月朔
二十六年	宋癸亥	宋壬辰	宋壬戌
	辛卯儀 大任 宋	庚申儀 宋	宋庚寅
	宋己未	宋己丑	宋戊午
	戊子儀 宋	宋戊午	宋丁亥
二十七年	宋丁巳	宋丁亥	宋丙辰
	丙戌儀 大任 宋	宋乙卯	宋甲申
	甲申儀 誤 宋 大任 甲寅㉝	宋癸未	宋壬子
	宋壬午	壬子儀 大任 宋	宋辛巳
二十八年宋閏二月辛亥	辛亥儀 大任 宋	宋辛巳	宋庚辰
	宋庚戌	己卯儀 大任 宋乙卯,誤㉞	宋戊申
	宋戊寅	宋丁未	宋丙子
	丙午儀 大任 宋	宋丙子	宋乙巳
二十九年	乙亥儀 大任 宋	宋乙巳	宋甲戌
	宋甲辰	甲戌儀 大任 宋	宋癸卯
	宋壬申	宋壬寅	宋辛未
	宋庚子	庚午大任 宋	宋庚子
開泰元年宋閏十月己丑㉟（乙丑）	宋己巳	宋己亥	宋戊辰
	宋戊戌	戊辰儀 大任 宋	宋丁酉
	宋丁卯	宋丙申	宋丙寅
	宋乙未	甲午大任 宋	宋甲子
二年	宋癸巳	宋癸亥	壬辰儀 大任 宋
	壬戌	辛卯儀 大任 宋	辛酉儀 大任 宋
	辛卯	宋庚申	宋庚寅
	己未儀 大任 宋	宋己丑	宋戊午

（續表）

年	孟月朔	仲月朔	季月朔
三年	宋戊子	宋丁巳	宋丙戌
	宋丙辰	丙戌儗 大任 宋乙酉,异	宋乙卯
	乙酉儗 大任 宋	甲寅儗 大任 宋	宋甲申
	甲寅儗 大任 宋	宋癸未	宋癸丑
四年宋閏六月己卯	宋壬午	壬子儗 大任 宋	宋辛巳
	庚戌儗 大任 宋	宋庚辰	宋己酉
	宋戊申	宋戊寅	宋戊申
	宋戊寅	宋丁未	宋丁丑
五年	宋丙午	宋丙子	乙巳儗 大任 宋
	宋甲戌	宋甲辰	宋甲戌
	宋癸卯	宋壬申	宋壬寅
	宋壬申	宋辛丑	宋辛未
六年	宋辛丑	宋庚午	宋庚子
	宋己巳	戊戌儗 大任 宋	戊辰大任 宋
	宋丁酉	宋丙寅	宋丙申
	宋丙寅	宋乙未	宋乙丑
七年宋閏四月癸巳	宋乙未	乙丑儗 大任 宋	宋乙未
	宋甲子	宋壬戌	宋壬辰
	宋辛酉	宋庚寅	宋庚申
	宋庚寅	宋己未	宋己丑
八年	宋己未	宋己丑	宋戊午
	戊子儗 大任 宋	宋丁巳	宋丙戌
	宋丙辰	宋乙酉	宋甲寅
	宋甲申	宋癸丑	宋癸未

（續表）

年	孟月朔	仲月朔	季月朔
九年閏二月壬子儀㊱	宋癸丑	宋癸未	宋壬子 以下宋朔同、月異
	宋壬午儀 三月以下用此推之	宋辛亥	宋辛巳
	庚戌儀 大任 宋	宋庚辰	宋己酉
	宋戊寅	宋戊申	宋丁丑宋閏丁未，異
太平元年	宋丁丑	宋丙午	宋丙子
	宋丙午	宋乙亥	宋乙巳
	甲戌儀 大任 宋	宋甲辰	宋甲戌
	宋癸卯	壬申儀 宋 癸酉，異	宋壬寅
二年	宋辛未	辛丑儀 大任 宋 庚子，異	宋庚午
	宋庚子	宋己巳	宋己亥
	宋戊辰	宋戊戌	宋戊辰
	宋丁酉	宋丁卯	宋丙申
三年閏九月壬辰儀宋	宋丙寅高麗	宋乙未	宋甲子
	宋甲午	宋癸亥	宋癸巳
	宋壬戌	宋壬辰	宋壬戌
	宋辛酉	宋辛卯	宋庚申
四年	宋庚寅	宋己未	戊子儀 宋
	宋戊午	宋丁亥	宋丁巳
	宋丙戌	宋丙辰	宋丙戌
	宋乙卯	宋乙酉	宋乙卯
五年	宋甲申	宋甲寅	宋癸未
	宋壬子	宋壬午	宋辛亥
	宋庚辰	宋庚戌	宋庚辰
	宋己酉	宋己卯	宋己酉

（續表）

年	孟月朔	仲月朔	季月朔
六年閏五月丙午 宋	宋己卯	宋戊申	宋戊寅
	丁未僅 宋	宋丁丑	宋乙亥
	宋甲辰	宋甲戌	宋甲辰
	宋甲戌	宋癸卯	宋壬申
七年	宋壬寅	宋壬申	宋壬寅
	宋辛未	宋庚子	宋庚午
	宋己亥	宋戊辰	宋戊戌
	宋丁卯	宋丁酉	宋丁卯
八年	宋丁酉	宋丙寅	宋丙申
	宋丙寅	宋乙未	宋甲子
	宋甲午	宋癸亥	宋壬辰
	宋壬戌	宋辛卯	宋辛酉
九年閏七月庚寅 宋㉛	宋辛卯	宋庚申	宋庚申
	宋己丑	宋己未	宋戊子
	戊午僅 大任 宋	丁卯僅 誤 宋丁亥㊳	宋丙辰
	丙戌僅 大任 宋	乙卯僅 大任 宋	宋乙酉
十年	宋乙卯	宋甲申	宋甲寅
	宋癸未	宋癸丑	宋癸未
	宋壬子	宋壬午	宋辛亥
	宋辛巳	宋庚戌	宋己卯
十一年閏十月乙巳 僅 宋	宋己酉	宋戊寅	宋戊申
	宋丁丑	宋丁未	丁丑僅 大任 宋
	宋丙午	宋庚子誤，當作丙子㊴	宋丙午
	宋乙亥	宋甲戌	宋癸卯

（續表）

年	孟月朔	仲月朔	季月朔
興宗重熙元年	宋壬申	宋壬寅	壬申儀 宋
	宋辛丑	宋辛未	宋庚子
	宋庚午	宋庚子	宋己巳
	宋己亥	宋己巳	宋戊戌
二年	宋戊辰	宋丁酉	宋丙寅
	宋丙申	宋乙丑	宋甲午
	宋甲子	宋甲午	宋癸亥
	宋癸巳	宋癸亥	宋癸巳
三年閏六月戊午 宋	宋壬戌	壬辰儀 宋	宋辛酉
	宋庚寅	庚申儀 宋	宋己丑
	戊子儀 宋	宋戊午	宋丁亥
	宋丁巳	宋丁亥	宋丁巳
四年	宋丙戌	宋丙辰	乙酉儀 宋
	甲寅儀 宋	宋甲申	癸酉儀 誤 宋癸丑㊵
	壬午儀 宋	宋壬子	宋辛巳
	宋辛亥	宋辛巳	宋辛亥
五年	宋庚辰	宋庚戌	宋庚辰
	宋己酉	宋戊寅	宋戊申
	宋丁丑	丙午儀 宋	丙子
	宋乙巳	宋乙亥	宋乙巳
六年閏四月癸酉 宋	宋甲戌	宋甲辰	宋甲戌
	宋甲辰	宋壬寅	宋壬申
	辛丑儀 宋	宋庚午	宋庚子
	宋己巳	宋己亥	己亥儀 誤 宋戊辰
七年	宋戊戌	宋戊辰	戊戌
	宋丁卯	宋丁酉	宋丙寅
	宋丙申	宋乙丑	宋甲午
	甲子儀 宋	宋癸巳	宋癸亥

（續表）

年	孟月朔	仲月朔	季月朔
八年閏十二月丁亥宋	宋壬辰	宋壬戌	宋壬辰
	宋辛酉	宋辛卯	宋庚申
	宋庚寅	宋庚申	宋己丑
	宋己未	宋戊子	宋丁巳
九年	丙辰儼　宋	宋丙戌	宋乙卯
	宋乙酉	乙卯儼　宋 甲寅，异	宋甲申
	宋甲寅	宋癸未	宋癸丑
	癸未儼　宋	宋壬子	宋壬午
十年	宋辛亥	庚辰儼　宋	宋庚戌
	宋己卯	宋己酉	宋戊寅
	宋戊申	宋丁丑	宋丁未
	宋丁丑	宋丁未	宋丙子
十一年閏九月辛未宋	宋丙午	宋乙亥	甲辰儼　宋
	甲戌儼　宋	宋癸卯	宋癸酉
	壬寅儼　宋	宋壬申	宋辛丑
	宋辛丑	宋庚午	宋庚子
十二年	宋庚午	宋己亥	宋戊辰
	宋戊戌	宋丁卯	宋丙申
	丙寅儼　宋	乙未儼　宋 高麗	壬申误 宋乙丑[41]
	宋乙未	宋乙丑	宋甲午
十三年	甲子儼　宋	宋甲午	宋癸亥
	宋壬辰	壬戌儼　宋	宋辛卯
	宋辛酉	宋庚寅	宋己未
	宋己丑	宋戊午	宋戊子
十四年閏五月丙戌宋	宋戊午	宋戊子	宋丁巳
	宋丁亥	宋丙辰	宋乙卯
	甲申儼　宋	宋甲寅	宋癸未
	宋癸丑	壬午儼　宋	宋壬子

（續表）

年	孟月朔	仲月朔	季月朔
十五年	宋壬午	宋壬子	宋辛巳
	辛亥儀 宋	宋庚辰	宋庚戌
	宋己卯	宋戊申	宋戊寅
	宋丁未	宋丁丑	宋丙午
十六年	宋丙子	宋丙午	宋乙亥
	乙巳儀 宋	宋乙亥	宋甲辰
	宋甲戌	宋癸卯	宋壬申
	宋壬寅	宋辛未	辛丑儀 宋
十七年閏正月庚子 宋	宋庚午	宋己巳	宋己亥
	宋己巳	宋戊戌	宋戊辰
	宋丁酉	宋丁卯	宋丙申
	宋丙寅	乙未儀 宋	宋乙丑
十八年	甲午儀 宋 高麗	宋甲子	宋癸巳
	宋癸亥	宋壬辰	宋壬戌
	宋壬辰	宋辛酉	宋辛卯
	宋庚申	宋庚寅	宋庚申
十九年閏十一月甲寅 宋	宋己丑	宋戊午	宋戊子
	宋丁巳	宋丁亥	丙辰儀 宋
	丙戌	宋乙卯	宋乙酉
	宋乙卯	宋甲申	宋甲申
二十年	宋癸丑	宋壬午	壬子儀 宋
	宋辛巳	宋庚戌	宋庚辰
	宋己酉	宋己卯	宋己酉
	己卯儀 宋	宋戊申	宋戊寅
二十一年	宋戊申	宋丁丑	宋丙午
	宋丙子	宋乙巳	宋甲戌
	甲辰儀 宋	癸酉儀 宋	宋癸卯
	宋癸酉	宋壬寅	宋壬申

（續表）

年	孟月朔	仲月朔	季月朔
二十二年閏七月 戊辰	宋壬寅	宋壬申	宋辛丑
	宋庚午	宋庚子	宋己巳
	宋戊戌	宋丁酉	宋丁卯
	丙申儼宋	宋丙寅	丙申儼宋
二十三年	宋丙寅	宋乙未	宋乙丑
	宋甲午	宋甲子	宋癸巳
	宋壬戌	宋壬辰	宋辛酉
	宋辛卯	宋庚申	宋庚寅
二十四年	宋庚申	宋己丑	宋己未　高麗
	宋己丑	宋戊午	宋戊子
	宋丁巳	宋丙戌	宋丙辰
	宋乙酉	宋乙卯	宋甲申
道宗清寧二年宋閏 三月癸未	宋甲寅	宋癸未	宋癸丑
	宋壬子	宋壬午	宋辛亥
	宋辛巳	宋庚戌	宋庚辰
	宋己酉	宋己卯	戊申儼宋
三年	宋戊寅高麗	宋丁未	宋丁丑
	宋丙午	宋丙子	宋丙午
	宋乙亥	宋乙巳	宋甲戌
	宋甲辰	宋癸酉	宋癸卯
四年宋閏十二月丁卯	壬申儼宋	宋壬寅	宋辛未
	宋辛丑	庚午儼宋	宋庚子
	宋己巳	宋己亥	宋己巳
	戊戌儼宋	宋戊辰	宋丁酉
五年	宋丙申	宋丙寅	宋乙未
	甲子儼宋 乙丑,異	宋甲午	宋癸亥
	宋癸巳	宋癸亥	宋癸巳
	壬子 誤 宋壬戌⑫	宋壬辰	宋壬戌

（續表）

年	孟月朔	仲月朔	季月朔
六年	宋辛卯	宋庚申	宋庚寅
	宋己未	戊子儼 宋	戊午儼 宋
	宋丁亥	宋丁巳	宋丁亥
	宋丙辰	宋丙戌	宋丙辰
七年閏八月辛巳 宋	宋乙酉	宋乙卯	宋甲申
	宋甲寅	宋癸未	壬午儼 誤 宋壬子
	宋壬午	宋辛亥	宋庚戌
	宋庚辰	宋庚戌	宋庚辰
八年	宋己酉	宋己卯	戊申儼 宋
	宋戊寅	宋丁未	甲子儼 誤 宋丙子㊸
	宋丙午	宋乙亥	宋乙巳
	甲戌儼 宋	宋甲辰	宋甲戌
九年	宋癸卯	宋癸酉	宋癸卯
	宋壬申	宋壬寅	宋辛未
	宋庚子	庚午儼 宋	宋己亥
	戊辰儼 宋	宋戊戌	宋戊辰
十年閏五月丙寅 宋㊹	宋丁酉	宋丁卯	宋丁酉
	宋丁卯	宋丙申	宋乙未
	宋甲子	宋甲午	宋癸亥
	壬辰儼 宋 癸巳,異	宋壬戌	宋壬辰
咸雍元年	辛酉儼 大任 宋 高麗	宋辛卯	宋辛酉
	宋庚寅	宋庚申	宋己丑
	宋己未	宋戊子	宋戊午
	丁亥儼 大任 宋	宋丁巳	宋丙戌
二年	宋丙辰	宋乙酉	宋乙卯
	宋甲申	宋甲寅	宋甲申
	癸丑儼 大任 宋	宋癸未	壬子儼 大任 宋
	宋壬午	宋辛亥	宋辛巳

（續表）

年	孟月朔	仲月朔	季月朔
三年閏二（三）月己卯 宋㊺	宋庚戌	宋庚辰	宋己酉
	宋戊申	宋戊寅	宋丁未
	宋丁丑	宋丁未	宋丙子
	宋丙午	宋乙亥	宋乙巳
四年	甲戌儀 大任 宋	甲辰儀 大任 宋	宋癸酉
	宋壬寅	宋壬申	宋辛丑
	宋辛未	宋辛丑	宋庚午
	宋庚子	宋庚午	宋己亥
五年閏十一月甲午 宋	宋己巳	宋戊戌	宋戊辰
	宋丁酉	宋丙寅	宋丙申
	乙丑儀 大任 宋	宋乙未	宋甲子
	宋甲午	宋甲子	宋癸亥
六年	宋癸巳	宋癸亥	宋壬辰
	宋辛酉	宋庚寅	宋庚申
	宋己丑	宋戊午	宋戊子
	宋戊午	宋戊子	宋丁巳
七年	宋丁亥	宋丁巳	宋丙戌
	宋丙辰	宋乙酉	宋甲寅
	甲申儀 大任 宋	宋癸丑	宋壬午
	宋壬子	宋壬午	宋辛亥
八年閏七月戊申 宋	宋辛巳	宋辛亥	宋辛巳
	宋庚戌	宋庚辰	宋己酉
	宋戊寅	宋丁丑	宋丙午
	宋丙子	宋丙午	宋乙亥
九年	宋乙巳	宋乙亥	宋甲辰
	宋甲戌	宋癸卯	宋癸酉
	宋壬寅	宋壬申	宋辛丑
	宋庚午	宋庚子	宋庚午

（續表）

年	孟月朔	仲月朔	季月朔
十年	宋己亥	宋己巳	宋戊戌
	宋戊辰	宋戊戌	宋丁卯
	宋丁酉	宋丙寅	宋丙申
	宋乙丑	宋乙未	宋甲子
大康元年閏四月壬辰宋	宋甲午	宋癸亥	宋癸巳
	宋壬戌	宋辛酉	宋辛卯
	辛酉 宋	庚寅儀 大任 宋	宋庚申
	宋己丑	宋己未	宋己丑
二年	宋戊午	宋丁亥	宋丙辰
	宋丙戌	宋丙辰	乙酉儀 大任 宋
	宋乙卯	宋甲申	宋甲寅
	宋甲申	宋癸丑	宋癸未
三年	宋壬子	壬午儀 大任 宋	宋辛亥
	宋庚辰	宋庚戌	己卯
	宋己酉	宋戊寅	宋戊申
	宋戊寅	宋戊申	宋丁丑
四年閏五月丙子宋㊻	宋丁未	宋丙午	宋乙亥
	宋甲辰	宋甲戌	宋癸卯
	宋癸酉	宋壬寅	宋壬申
	宋壬寅	宋辛未	宋辛丑
五年	宋辛未	宋庚子	宋庚午
	宋己亥	宋戊辰	宋戊戌
	宋丁卯	宋丙申	宋丙寅
	宋丙申	宋乙丑	宋乙未
六年閏九月庚寅 宋	宋乙丑	宋乙未	宋甲子
	宋甲午	癸亥 大任	宋壬辰
	宋壬戌	宋辛卯	宋庚申
	己未儀 大任 宋	己丑儀 大任 宋	宋己未

（續表）

年	孟月朔	仲月朔	季月朔
七年	宋己丑	宋戊午	宋戊子
	宋戊午	宋丁亥	宋丙辰
	宋丙戌	宋乙卯	宋甲申
	宋甲寅	宋癸未	宋癸丑
八年	宋癸未	宋癸丑	宋壬午
	宋壬子	宋辛巳	辛亥儀 大任 宋
	宋庚辰	宋庚戌	宋己卯
	宋戊申	宋戊寅	宋丁未
九年閏六月乙亥 宋	宋丁丑	宋丁未	宋丙子
	丙午儀 大任 宋	宋丙子	宋乙巳
	宋甲辰	宋甲戌	癸卯儀 大任
	宋癸酉	宋壬寅	宋辛未
十年	辛丑儀 大任 宋 高麗	庚午儀 宋	宋庚子
	宋庚午	宋己亥	宋己巳
	宋戊戌	宋戊辰	宋戊戌
	宋丁卯	宋丁酉	宋丙寅
大安元年缺一閏㊼	宋丙申	宋乙丑	宋甲午
	宋甲子	宋癸巳	宋癸亥
	宋癸巳	宋壬戌	宋壬辰
	宋壬戌	辛卯高麗 宋	辛酉
二年	宋庚寅	庚申	宋戊午㊽
	宋戊子	丁巳儀 大任 宋	丁亥儀 大任丙午, 誤 宋
	宋丙辰	宋丙戌	宋丙辰
	己酉儀 誤 宋乙酉㊾	宋庚午誤, 當作乙卯㊿	宋乙酉
三年	宋甲寅	宋甲申	宋癸丑
	宋壬午	宋壬子	宋辛巳
	宋庚戌	宋庚辰	宋庚戌
	宋己卯	宋己酉	宋己卯

（續表）

年	孟月朔	仲月朔	季月朔
四年閏十二月癸卯 宋	宋己酉	宋戊寅	宋戊申
	宋丁丑	宋丙午	宋丙子
	宋乙巳	宋甲戌	宋甲辰
	宋癸酉	宋癸卯	癸卯儼 誤 大任 宋癸酉�51
五年	宋壬申	宋壬寅	宋壬申
	宋辛丑	宋庚午	宋庚子
	宋己巳	宋戊戌	宋戊辰
	宋丁酉	丁卯儼 大任 宋	宋丁酉
六年	宋丁卯	宋丙申	宋丙寅
	宋丙申	宋乙丑	宋甲午
	宋甲子	宋癸巳	宋壬戌
	宋壬辰	宋辛酉	宋辛卯
七年閏八月丁巳 宋	宋辛酉	宋庚寅	宋庚申
	宋庚寅	己未儼 大任 宋	宋己丑
	戊午儼 大任 宋	宋戊子	宋丙戌
	宋丙辰	宋乙酉	宋乙卯
八年	宋甲申	宋甲寅	宋甲申
	宋癸丑	宋癸未	宋癸丑
	宋壬午	宋壬子	宋辛巳
	庚戌儼 大任 宋	宋庚辰	宋己酉
九年	宋己卯	宋戊申	宋戊寅
	宋丁未	宋丁丑	丁未儼 大任 宋
	宋丙子	宋丙午	宋丙子
	宋乙巳	宋乙亥	宋甲辰
十年閏四月辛未 宋	宋癸酉	宋癸卯	壬申儼 宋
	壬寅儼 大任 宋	宋辛丑	宋庚午
	庚子大任 宋	宋庚午	宋己亥
	宋己巳	宋己亥	宋戊辰

（續表）

年	孟月朔	仲月朔	季月朔
壽隆元年	戊戌儼 大任 宋	宋丁卯	宋丙申
	宋丙寅	乙未儼 大任 宋	宋乙丑
	宋甲午	宋甲子	宋癸巳
	宋癸亥	宋癸巳	宋癸亥
二年	宋壬辰	宋壬戌	宋辛卯
	宋庚申	宋庚寅	宋己未
	宋戊子	宋戊午	宋丁亥
	宋丁巳	宋丁亥	宋丁巳
三年閏二月丙戌　宋	宋丙戌	丙辰儼 大任 宋	宋乙卯
	宋甲申	宋甲寅	宋癸未
	壬子大任	宋壬午	宋辛亥
	宋辛巳	宋辛亥	宋辛巳
四年	宋庚戌	宋庚辰	宋庚戌
	宋己卯	宋戊申	戊寅儼 大任 宋
	宋丁未	宋丙子	宋丙午
	乙亥儼 大任 宋	乙巳儼 大任 宋	宋乙亥
五年閏九月庚午　宋	宋甲辰	宋甲戌	宋甲辰
	宋癸酉	宋癸卯	宋壬申
	壬寅儼 大任 宋	宋辛未	宋庚子
	己亥儼 大任 宋	己巳儼	宋戊戌
六年	宋戊辰	宋戊戌	宋戊辰
	丁酉儼 大任 宋	宋丁卯	宋丙申
	宋丙寅	宋乙未	宋甲子
	宋甲午	宋癸亥	宋癸巳
七年	壬戌儼 大任 宋	壬辰儼 大任 宋	宋壬戌
	宋辛卯	宋辛酉	宋庚寅
	宋庚申	宋庚寅	宋己未
	宋戊子	宋戊午	宋丁亥

（續表）

年	孟月朔	仲月朔	季月朔
天祚乾統二年閏六月甲寅 宋	宋丁巳	宋丙戌	宋丙辰
	宋乙酉	宋乙卯	宋乙酉
	宋甲申	宋癸丑	宋癸未
	宋壬子	宋壬午	宋辛亥
三年	宋辛巳	宋庚戌	宋庚辰
	宋己酉	宋己卯	宋戊申
	宋戊寅	宋丁未	宋丁丑
	宋丁未	宋丁丑	宋丙午
四年	宋丙子	宋乙巳	宋甲戌
	宋甲辰	宋癸酉	宋壬寅
	宋壬申	宋壬寅	宋辛未
	宋辛丑	宋辛未	宋庚子
五年閏二月己巳 宋㊷	宋庚午	宋庚子	宋戊戌
	宋戊辰	宋丁酉	宋丙寅
	宋丙申	宋乙丑	宋乙未
	宋乙丑	宋乙未	宋甲子
六年	宋甲午	宋甲子	宋癸巳
	宋壬戌	宋壬辰	宋辛酉
	宋庚寅	宋庚申	宋己丑
	宋己未	宋戊子	宋戊午
七年閏十月癸未 宋	宋戊子	宋戊午	宋丁亥
	宋丁巳	宋丙戌	宋丙辰
	宋乙酉	宋甲寅	宋甲申
	宋癸丑	宋壬子	宋壬午
八年	宋壬子	宋壬午	宋辛亥 高麗
	宋辛巳	宋庚戌	宋庚辰
	宋己酉	宋戊寅	宋戊申
	宋丁丑	宋丁未	宋丙子

（續表）

年①	孟月朔	仲月朔	季月朔
九年	丙午大任　宋	宋丙子	宋乙巳
	宋乙亥	宋乙巳	宋甲戌
	宋甲辰	宋癸酉	宋壬寅
	宋壬申	宋辛丑	宋辛未
十年閏八月丁酉　宋	宋庚子	宋庚午	宋己亥
	宋己巳	宋己亥	宋戊辰
	宋戊戌	宋丁卯	宋丙寅㊺
	宋丙申	宋乙丑	宋乙未
天慶元年	宋甲子	宋甲午	宋癸亥
	宋癸巳	宋壬戌	宋壬辰
	宋壬戌	宋辛卯	宋辛酉
	宋庚寅	宋庚申	宋己丑
二年	己未儀　大任　宋	宋戊子	宋戊午
	丁亥儀　大任　宋	宋丁巳	宋丙戌
	宋丙辰	宋乙酉	宋乙卯
	宋乙酉	宋甲寅	宋甲申
三年閏四月辛亥　宋	宋甲寅	宋癸未	宋壬子
	宋壬午	宋庚辰㊻	宋庚戌
	宋己卯	宋己酉	宋己卯
	宋戊申	宋戊寅	宋戊申
四年	宋戊寅	宋丁未	宋丙子
	宋丙午	宋乙亥	宋甲辰
	宋甲戌	宋癸卯	宋癸酉
	壬寅儀　大任　宋	宋壬申	宋壬寅
五年	宋壬申	宋辛丑	宋辛未
	宋庚子	宋庚午	己亥儀　大任　宋
	宋戊辰	宋戊戌	丁卯儀　大任　宋
	宋丁酉	宋丙寅	宋丙申

（續表）

年	孟月朔	仲月朔	季月朔
六年閏正月丙申　宋	宋丙寅	宋乙丑㊿	宋乙未
	宋甲子	宋甲午	宋癸亥
	宋壬辰	宋壬戌	宋辛卯
	宋辛酉	宋庚寅	宋庚申
七年	宋庚寅	宋己未	宋己丑
	宋己未	宋戊子	宋戊午
	宋丁亥	宋丙辰	宋丙戌
	乙卯儀　大任　宋	宋乙酉	宋甲寅
八年閏五月庚戌　宋	宋甲申	宋癸丑	宋癸未
	宋癸丑	壬午儀　宋㊿	宋壬子
	宋辛巳	宋辛亥	宋庚辰
	宋己卯	宋己酉	宋戊寅
九年	宋戊申	宋丁丑	丁未儀　大任　宋
	宋丙子	宋丙午	宋丙子
	宋乙巳	宋乙亥	宋甲辰
	甲戌大任　宋	宋癸卯	宋癸酉
十年	宋壬寅	宋壬申	宋辛丑
	宋辛未	宋庚子	宋庚午
	宋己亥	宋己巳	宋己亥
	宋戊辰	宋戊戌	宋丁卯
保大元年閏五月甲子　宋	丁酉儀　大任　宋	宋丙寅	宋丙申
	宋乙丑	宋甲午	宋癸巳㊼
	宋癸亥	宋癸巳	宋壬戌
	宋壬辰	宋壬戌	宋辛卯
二年	宋辛酉	庚寅儀　大任　宋	宋庚申
	宋己丑	宋戊午	宋戊子
	丁巳儀　大任　宋	宋丁亥	宋丁巳
	宋丙戌	宋丙辰	宋丙戌

（續表）

年	孟月朔	仲月朔	季月朔
三年	宋乙卯	乙酉儺　宋	宋甲寅
	甲申儺　大任　宋	癸丑大任　宋	宋壬午
	宋壬子	宋辛巳	宋辛亥
	宋庚辰	宋庚戌	宋庚辰
四年閏三月戊寅　宋	宋庚戌	宋己卯	宋己酉
	宋戊申	宋丁丑	宋丙午
	宋丙子	宋乙巳	宋甲戌
	宋甲辰	宋甲戌	宋甲辰
五年	宋癸酉	宋癸卯	宋癸酉
	宋壬寅	宋壬申	宋辛丑
	宋庚午	宋庚子	宋己巳
	宋戊戌	宋戊辰	宋戊戌

【注】

①以下是《遼史・曆象志》中的朔考表，其縱排是遼帝紀年，起自遼太祖建國元年（907），終於遼天祚帝保大五年（1125），逐年記載朔閏。其橫排載春夏秋冬四季，每季又分孟、仲、季各三個月，計十二個月的朔日干支，并載明朔日干支的來源：儺紀、大任紀、五代、宋或高麗。逢閏之年，將閏月月序朔日干支載在年名欄内，并注明出自何地何人的記録。這種記録和表述方式，似乎很客觀，也很清楚，便於後人加以各種研究和應用。

但是，我們對《遼史・曆象志》朔考表細加分析可以發現，此表仍然明顯地存在以下四個缺點：其一，既然是考證，就應該有對比對象，這個對比的對象就是梁、唐、晉、漢、周、宋，表中祇載遼代紀年，不涉他政權，致使兩個政權紀年對比不明顯，容易發生困難。其二，既然立表的主要目的是對比兩個政權相應月内的朔日干支，就應該設立兩個政權相應的月朔干支對應欄予以對比，使用者一看就能明白，今混淆於一欄之內，不易分辨。第三，朔考表所載閏月，雖載明各政權，但衹載於年名欄內，對比起來仍不方便，當於十二月干支欄之外，另設一欄記載相當國家的閏月朔日干支，方能一目瞭然。第四，閏考表中載有相應的閏月，朔考表中也載有相應的閏月，并載有閏月的朔日干支，兩表中相應的閏月絕大多數相同，這是理所當然的。然而具體細加分析，仍然可以發現具有不同或相互矛盾之處，觀其所引出處，却都是同一來源，可見其造表時仍不够嚴密，今人當予以訂正。

出於以上四個原因，筆者對朔考表重新加以編排，定名爲《〈遼史·曆象志〉遼與五代、宋朔閏對照表》，附於下。

②太祖元年欄內，四月丁未，五月丁丑，原誤載於正月、二月，中華書局校點本予以訂正是必要的。從朔考表即可看出，四月丁未朔是源於耶律儼《紀》的資料，記載的是遼國曆法的四月朔日干支，而五月丁丑朔，源於五代梁之五月的曆日記錄，在朔考表中若不加分析，是不容易區分的，而在改編的對照表中，則分載於遼太祖元年和梁太祖開平元年兩欄之中，兩國曆法涇渭分明，各不相涉，一目了然。

③中華書局校點本《校勘記》已經指出，"乙亥"爲"己亥"之誤。當爲傳寫之誤。以下相同情況不再説明。

④諸本均無三年之欄，當爲漏刻，理當補上。然既已漏刻，便不知漏刻朔日干支。《校勘記》從《遼史·太祖本紀》中找到二月丁酉朔的記事，即已補上。但這種補充是有問題的，是不倫不類的。《遼史》或其他史書中肯定還有朔考中未載的朔日記錄，若要補時，將補不勝補，再説，這條記錄不屬儼、大任，也不屬梁，更未載《遼史》，在體例上也不合。

⑤戊戌：中華書局校點本即已指出，"戊戌"爲"丙戌"，傳寫之誤。

⑥中華書局校點本正確指出，"丙戌"當"庚辰"之誤。

⑦中華書局校點本《校勘記》曰：諸本原有七至十一年五欄，但太祖十年已改爲神册元年，今删原七、八年，將九、十、十一改爲七、八、九。又七年六月壬申朔原注曰"梁庚寅誤"，實爲貞明元年六月朔日干支誤入。

《遼史·曆象志》遼與五代、宋朔閏對照表

公曆紀年	帝皇紀年	一	二	三	四	五	六	七	八	九	十	十一	十二	閏月
907	遼太祖元年 梁太祖開平元年				丁未									
908	梁開平二年			壬申		丁丑								乙亥
909	遼太祖三年 梁開平三年		丁酉											
910	遼太祖四年 梁開平四年	壬辰						戊子						
911	遼太祖五年 梁乾化元年	戊戌				甲申				辛巳				
912	遼太祖六年 梁乾化二年	丙戌												
913	遼太祖七年 梁乾化三年	甲辰	甲戌	甲辰	癸酉	壬寅	壬申 庚寅誤	辛丑	庚午	庚子	己巳		戊辰	
914	遼太祖八年 梁末帝乾化四年	戊戌			丁卯			丙申			甲子			

（續表）

公曆紀年	帝皇紀年	一	二	三	四	五	六	七	八	九	十	十一	十二	閏月
915	遼太祖九年 梁末帝貞明元年	壬辰					庚寅	庚申			戊子			
916	遼神冊元年 梁貞明二年	丙辰	戊戌	乙卯	乙酉		甲申	甲寅	癸未		癸未	壬子	壬戌	
917	遼神冊二年 梁貞明三年	辛亥	庚辰	庚戌	己卯		戊寅	戊申	戊寅		丁丑			
918	遼神冊三年 梁貞明四年	乙亥	甲辰	甲戌	癸卯	癸酉		壬申			辛丑		庚子	
919	遼神冊四年 梁貞明五年	庚午	己亥		戊戌	丁卯		丙寅	乙未		乙未			
920	遼神冊五年 梁貞明六年	甲子		癸亥 梁同誤	癸巳	壬戌	辛卯	庚寅	己未 梁同誤	己丑 大任同	己未	戊午（子）		閏六月 庚申 大任同
921	遼神冊六年 梁末帝龍德元年	戊子	戊午	丁亥	丁卯	丙戌 大任同	己卯 大任同	甲申	己未 梁同誤		癸丑 大任同	壬午		
922	遼天贊元年 梁龍德二年													

（續表）

公曆紀年	帝皇紀年	一	二	三	四	五	六	七	八	九	十	十一	十二	閏月
923	遼天贊二年 梁龍德三年										辛未 大任同 辛未		庚午 唐庚午	閏考梁 閏唐四月
924	遼天贊三年 唐莊宗同光元年		己巳							丙申		乙未		
925	遼天贊四年 唐同光二年			癸亥							丙寅			
926	遼天顯元年 唐明宗天成元年	癸丑			丁亥 大任同				乙酉					
927	遼天顯二年 唐天成二年	戊申	壬午	壬子	丙子	乙巳			己卯 己卯					
928	遼天顯三年 唐天成三年	壬申 大任同	丁丑 丁丑	丁未 丁未	庚子	己丑 己丑	甲戌	甲辰	癸酉	癸酉	壬寅 大任 癸卯	壬申	壬寅	閏八月 癸卯
929	遼天顯四年 唐天成四年	丙寅	辛丑	辛未	庚午	甲子	戊戌	戊辰	丁丑	丁卯 大任同	丙申	丙寅	丙申	
930	遼天顯五年 唐長興元年	丙寅	乙未	乙丑	甲午	甲子	癸巳 癸巳	壬戌	壬辰	辛酉	辛卯	庚申 庚申	庚寅	

（續表）

公曆紀年	帝皇紀年	一	二	三	四	五	六	七	八	九	十	十一	十二	閏月
931	遼天顯六年 唐長興二年	庚申	己丑	己未	己丑	戊午	丁巳	丙戌	丙辰	乙酉	乙卯	甲申	甲寅	閏五月 戊子
932	遼天顯七年 唐長興三年	癸未	癸丑	癸未	癸未 大任同	壬午	壬子	辛巳 大任同	庚戌	庚辰	己酉	己卯	戊申	
933	遼天顯八年 唐長興四年	戊寅	丁未	丁丑	丁未	丙子	丙午	乙亥	乙巳	甲戌	甲辰	癸酉	癸卯	
934	遼天顯九年 唐閔帝應順元年	壬申	辛未	辛丑	庚午	庚子	庚午	己亥	己巳	戊戌	戊辰	丁酉	丁卯	閏正月 壬寅
935	遼天顯十年 唐末帝清泰二年	丙申	丙寅	乙未	乙丑	甲午 大任同	甲子	癸巳	癸亥	壬辰	壬戌	壬辰	壬戌	
936	遼天顯十一年 唐清泰三年晉高祖天福元年	辛卯	庚申	庚寅 大任同	己未	己丑	戊午	丁亥	丁巳	丙戌	丙辰	丙戌	乙酉	閏十一月 丙辰 大任同

（續表）

公曆紀年	帝皇紀年	一	二	三	四	五	六	七	八	九	十	十一	十二	閏月
937	遼天顯十二年 晉天福二年	甲寅大 任乙卯 甲寅	甲申	甲寅	癸未	壬子	壬午	辛亥	辛巳	庚戌	庚辰	庚戌	己卯	
938	遼會同元年 晉天福三年	戊申大 任己未 戊申	戊寅	戊申	戊寅	丁未	丙子 大任同	丙午	乙亥	乙巳	甲戌	甲辰	甲戌	
939	遼會同二年 晉天福四年	癸卯	癸酉	癸卯	壬申 壬申	壬寅	辛未	庚子	己亥	己巳	戊戌	戊辰	丁酉	閏七月 大任同 閏七月
940	遼會同三年 晉天福五年	丁卯	丁酉	丁卯	丙申	丙寅	乙未	甲子	甲午	癸亥	癸巳	壬戌	壬辰	
941	遼會同四年 晉天福六年	辛酉	辛卯	辛酉	庚寅	庚申	庚寅	己未	戊子	戊午	丁亥	丁巳	丙戌	
942	遼會同五年 晉天福七年	丙辰	乙酉	乙卯	甲寅 大任同 甲寅	甲申	癸丑 大任同	癸未	壬子	壬午	辛亥	辛巳	庚戌	
943	遼會同六年 晉出帝天福八年	庚辰	己酉	己卯 大任同	戊申	戊寅	丁未	丁丑	丁未	丙子	丙午	乙亥	乙巳	

（續表）

公曆紀年	帝皇紀年	一	二	三	四	五	六	七	八	九	十	十一	十二	閏月
944	遼會同七年 晉開運元年	甲戌	甲辰 大任同	癸酉 大任同	癸卯	壬申	辛丑	辛未	辛丑	庚午 庚午	庚子	庚午	己卯（亥）	閏十二月己巳 大任同 閏十二月己巳
945	遼會同八年 晉開運二年	戊戌	戊辰	丁酉	丙寅	丙申	乙丑	乙未	甲子 甲子	甲午	甲子	甲午	癸亥	
946	遼會同九年 晉開運三年	癸巳	壬戌 壬戌	壬辰	辛酉 大任同	庚寅	庚申	己丑	己未	戊子	戊午	戊子 大任同	丁巳	
947	遼世宗天祿元年（漢高祖即位） 天福十二年	丁亥 大任同	丁巳	丙戌 大任同	丙辰 大任同		甲寅 大任同		壬午 大任同	壬子 大任同				
948	遼世宗天祿二年 漢乾祐元年	己巳			庚辰 大任同	戊寅	戊申							
949	遼世宗天祿三年 漢隱帝乾祐二年						癸酉			辛丑 大任同				
950	遼天祿四年 漢乾祐三年			戊戌 大任同						己丑 大任同		甲子		

（續表）

公曆紀年	帝皇紀年	一	二	三	四	五	六	七	八	九	十	十一	十二	閏月
951	遼穆宗應曆元年 周太祖廣順元年	癸亥 大任同				壬戌 大任同	辛卯 大任同	辛酉 大任同	丙辰（庚寅）	庚申 大任同				
952	遼應曆二年 周廣順二年	戊午 大任同			丙戌 大任同	丙辰 大任同	乙酉				甲申 大任同	癸丑 大任同	癸未 大任同	
953	遼應曆三年 周廣順三年	壬午 大任同 壬午	辛亥 大任同	庚申 大任同										
954	遼應曆四年 周顯德元年	丙子	丙午 大任同											
955	遼應曆五年（周世宗即位） 顯德二年	辛未 大任同	庚子 大任同 庚子									乙未 大任同	乙丑 大任同	閏九月 大任同
956	遼應曆六年 周顯德三年				戊午 大任同		丙辰 大任同							
957	遼應曆七年 周顯德四年												己未 大任同	

（續表）

公曆紀年	帝皇紀年	一	二	三	四	五	六	七	八	九	十	十一	十二	閏月
958	遼應曆八年 周顯德五年			壬午		辛巳	乙亥 大任同		甲戌 大任同					閏七月庚戌 大任同
959	遼應曆九年 周顯德六年		辛未	庚子	庚午	乙巳 大任同 乙巳	己巳	己亥 己亥	戊辰 大任同 戊辰	戊戌	丁亥	丁酉	丙寅	
960	遼應曆十年 宋太祖建隆元年	辛丑	辛未	庚子	庚午	己亥	癸巳	壬戌	壬辰	壬戌	辛卯	辛酉	庚寅	
961	遼應曆十一年 宋建隆二年	丙申	乙丑	乙未	戊子	癸巳 大任同 癸亥	丁亥	丙辰	丙戌	丙戌	乙酉	乙卯	乙酉	
962	遼應曆十二年 宋建隆三年	庚申	己丑 大任同 己丑	戊午	戊子	丁巳	辛丑	辛亥 大任同 辛亥	庚辰	庚戌 大任同 庚戌	己卯	己巳	己卯	
963	遼應曆十三年 宋乾德元年	甲寅	甲申	癸丑 癸丑	壬午	壬子								閏十二月己酉

（續表）

公曆紀年	帝皇紀年	一	二	三	四	五	六	七	八	九	十	十一	十二	閏月
964	遼應曆十四年 宋乾德二年	戊寅 大任同 戊寅	戊申	丁丑	丁未	丙子	丙午 大任同 乙巳	甲戌	甲辰	甲戌	癸卯	癸酉	癸卯	
965	遼應曆十五年 宋乾德三年	癸酉	壬寅 大任同 壬寅	壬申	辛丑	辛未	庚子	己巳	戊戌	戊辰	丁酉	丁卯	丁酉	
966	遼應曆十六年 宋乾德四年	丁卯 大任同 丁卯	丙申	丙寅	丙申	乙丑	甲午	甲子	癸巳	壬辰	辛酉	辛卯	辛酉	閏八月 壬戌 大任 閏八月 壬辰
967	遼應曆十七年 宋乾德五年	庚寅 大任同 庚寅	庚申	庚寅	己未	己丑	戊午	戊子	丁巳	丙戌 大任 丙戌	丙辰	乙酉	乙卯	
968	遼應曆十八年 宋開寶元年	乙酉 大任同 乙酉	甲寅	甲申 大任同 乙酉	癸丑 大任 癸丑	癸未	癸丑	壬午	壬子	辛巳	辛亥 大任同 庚戌	庚辰	己丑	

（續表）

公曆紀年	帝皇紀年	一	二	三	四	五	六	七	八	九	十	十一	十二	閏月
969	遼景崇保寧元年 宋開寶二年	己卯 大任同 己卯	己酉 戊申	戊寅	戊申 大任同 戊申	丁丑	丙子 大任同 丙子	丙午	丙子	乙巳	乙亥	甲辰 大任同 甲辰	甲戌	閏五月 丁未
970	遼保寧二年 宋開寶三年	癸卯	壬申	壬寅	辛未	辛丑	庚午	庚子	庚午	己亥	己巳	己亥	己巳	
971	遼保寧三年 宋開寶四年	戊戌	丁卯	丙申	丙寅	乙未	乙丑	甲午	甲子 大任同 甲子	甲午	癸亥	癸巳	癸亥 大任同 癸亥	
972	遼保寧四年 宋開寶五年	壬辰	壬戌	庚申 大任同 庚申	庚寅 大任同 庚寅	己未	戊子	戊午	戊子	丁巳	丁亥 大任同 丁亥	丁巳	丙戌	閏二月 辛卯
973	遼保寧五年 宋開寶六年	丙辰	丙戌	乙卯 大任同 乙卯	甲申	癸丑	癸未	壬子	壬午	壬子	辛巳	辛亥 大任同 辛亥	辛巳	
974	遼保寧六年 宋開寶七年	庚戌	庚辰	庚戌	己卯	戊申	戊寅	丁未 大任同 丁未	丙子	丙午	乙亥 大任同 乙亥	乙亥	甲辰	閏十月 己巳（乙）

（續表）

公曆紀年	帝皇紀年	一	二	三	四	五	六	七	八	九	十	十一	十二	閏月
975	遼保寧七年 宋開寶八年	甲戌 大任同 甲戌	甲辰	癸酉	癸卯	壬申	壬寅	辛未	庚子	庚午	己亥	己巳	己亥	
976	遼保寧八年 宋太宗太平興國元年	戊辰	戊戌	戊辰	丁卯 （酉）	丁酉 （卯）	丙申	乙未	乙丑	甲子 大任同 甲子	癸亥	癸巳	癸亥	
977	遼保寧九年 宋太平興國二年	壬戌	壬辰	壬戌	辛卯	辛酉	辛卯	庚申 庚申	己未	己丑	戊午	丁亥 大任同 丁亥	丁巳	
978	遼保寧十年 宋太平興國三年	丙戌	丙辰	乙酉	乙卯	乙酉	甲寅	甲申	癸丑 大任同 癸丑	癸未	癸丑 大任同 癸丑	癸未	壬子	
979	遼乾亨元年 宋太平興國四年	辛巳	辛亥	庚辰	己酉	己卯 大任同 己卯	己酉	戊寅	戊申	丁丑	丁未	丁丑	丙午	
980	遼乾亨二年 宋太平興國五年	丙子 大任同 丙子	乙巳	甲戌	甲戌	癸卯	癸酉	癸卯	壬申	壬寅	辛未 大任同 辛未	庚子 大任同 庚子	庚午 大任同 庚午	閏三月 甲辰

（續表）

公曆紀年	帝皇紀年	一	二	三	四	五	六	七	八	九	十	十一	十二	閏月
981	遼乾亨三年 宋太平興國六年	庚子	己巳		戊辰	丁酉		丙申	乙丑	乙未	乙丑	乙未	甲子	
982	遼乾亨四年 宋太平興國七年	甲午	戊子 大任 丁亥 戊子	丁巳	壬戌	丙辰			庚申	己丑	己未 大任同 己未	己丑	戊午 大任同 戊午	
983	遼聖宗統和元年 宋太平興國八年	戊午 大任同 戊午	戊子 大任 丁亥 戊子	丁巳	丙戌 大任同 丙戌	丙辰 丙辰	乙酉 大任同 乙酉	甲寅 大任 乙卯 甲寅	甲申 大任同 甲申	癸丑 大任同 癸丑	癸未 大任同 癸未	壬子 大任同 壬子	壬午 大任同 壬午	
984	遼統和二年 宋雍熙元年	壬子 壬子	壬午	辛亥 大任 庚戌 辛亥	辛巳	庚戌	庚辰 大任 己卯 庚辰	己酉	戊寅	戊申 大任同 戊申	丁丑 戊寅	丁未 丁未		
985	遼統和三年 宋雍熙二年	丙午 大任 甲戌 丙午	丙子 乙亥	乙巳 乙巳	乙亥 大任 甲戌 乙亥	乙巳 甲辰	甲戌 大任 癸酉	甲辰 甲辰	癸酉 大任同 癸酉	壬寅	辛丑	辛未	庚子 庚子	閏九月 壬申

（續表）

公曆紀年	帝皇紀年	一	二	三	四	五	六	七	八	九	十	十一	十二	閏月
986	遼統和四年 宋雍熙三年	庚午	己亥 庚子	己巳大任同 己巳	戊辰 戊辰	戊戌 戊戌	戊辰	丁酉大任丙申 丁酉	丙寅 丙寅	丙申大任同 丙申	乙丑大任同 乙丑	丁酉 乙未		
987	遼統和五年 宋雍熙四年	甲子 甲子	甲午 甲午	癸亥大任同 癸亥	癸巳大任同 癸巳	壬戌 癸亥	壬辰 壬辰	壬戌	辛卯	辛酉	庚寅	庚申	庚寅	
988	遼統和六年 宋端拱元年	己未 己未	戊子 己丑	戊午 戊午	丁亥 丁亥	丁巳 丙辰	丙辰 丙辰	乙酉	乙卯	乙酉 乙酉	甲寅	甲申 甲申	甲寅 甲寅	
989	遼統和七年 宋端拱二年	癸未大任同 癸未	壬子 壬子	壬午大任同 壬午	辛亥 辛亥	庚辰大任 庚辰	庚戌	己卯	己酉	己卯	己酉	戊寅	戊申	
990	遼統和八年 宋淳化元年	戊寅	丁未 丁未	丙子 丙子	丙午 丙午	乙亥	甲辰	甲戌	癸卯	癸酉	癸卯	壬申	壬寅	
991	遼統和九年 宋淳化二年	壬申	辛丑	庚子 庚子	庚午	己亥	己巳	戊戌	丁卯	丁酉	丙寅	丙申	丙寅	
992	遼統和十年 宋淳化三年	丙申	乙丑 乙丑	乙未	甲子	甲午	癸亥	壬辰	壬戌	壬辰	庚申 庚申	丙申	丙寅	

（續表）

公曆紀年	帝皇紀年	一	二	三	四	五	六	七	八	九	十	十一	十二	閏月
993	遼統和十一年 宋淳化四年	庚寅	己未	己丑	己未	戊子	戊午	丁亥	丙辰	丙戌	乙卯	甲寅	甲申	
994	遼統和十二年 宋淳化五年	癸丑 大任同甲寅	癸未	癸丑	壬午	壬子	辛巳 壬午	辛亥 大任同辛亥	庚辰 大任同庚辰	庚戌 大任同庚戌	己卯	戊申 大任同戊申	戊寅 大任同戊寅	
995	遼統和十三年 宋至道元年	戊申	丁丑 大任同丁丑	丁未	丙子	丙午	丙子 大任同己(乙)巳	乙亥	甲辰	甲戌	癸卯 高麗同	癸酉		
996	遼統和十四年 宋至道二年	壬寅	壬申	辛丑	辛未	辛丑	庚午	己亥	己巳	戊辰	戊戌	丁卯	丁酉	閏七月 己酉 大任同 閏七月 己酉
997	遼統和十五年 宋至道三年	丙寅	丙申 大任同丙申	乙丑 大任同乙丑	乙未 大任同乙未	甲子 大任同甲子	癸巳	癸亥	癸巳	癸亥	壬辰 大任同壬辰	壬戌 大任同壬戌	壬辰	

（續表）

公曆紀年	帝皇紀年	一	二	三	四	五	六	七	八	九	十	十一	十二	閏月
998	統和十六年 宋真宗咸平元年	辛酉	庚寅	庚申	己丑	戊午	戊子 大任同 戊子	丁巳 大任同 丁巳	丙戌	丙辰	丙戌 大任同 丙戌			
999	統和十七年 宋咸平二年	乙卯 大任同 丙辰	乙酉	甲寅	癸丑	壬午	壬子	辛丑	辛亥	庚辰 大任同 庚辰	庚戌	庚辰	庚戌	
1000	統和十八年 宋咸平三年	己卯	己酉	戊寅	戊申	丁丑	丙午	丙子	乙巳	乙亥 大任同 乙亥	甲辰	甲戌 大任同 甲戌	甲辰	
1001	統和十九年 宋咸平四年	甲戌	癸卯	壬申	壬寅	壬申	辛丑	庚午 大任同 庚午	庚子	己巳 大任同 己巳	己亥	戊辰	戊戌	閏十二月戊辰
1002	統和二十年 宋咸平五年	丁酉	丁卯	丁酉	丙寅 大任同 丙寅	丙申	乙丑	甲午 大任同 甲午	甲子 大任同 甲子	癸巳 大任同 癸巳	癸亥 大任同 癸亥	壬辰	壬戌	
1003	統和二十一年 宋咸平六年	辛卯	辛酉	辛卯	庚申	庚寅 大任同 庚寅	己未	己丑	戊午	戊子	丁巳 大任同 丁巳	丁亥 大任同 丁亥	丙辰	

（續表）

公曆紀年	帝皇紀年	一	二	三	四	五	六	七	八	九	十	十一	十二	閏月
1004	遼統和二十二年 宋景德元年	丙戌	乙卯 大任同 乙卯	乙酉	甲寅	甲申	甲寅	癸未	癸丑	壬午	辛巳	辛亥	庚辰 大任同 庚辰	閏九月 壬子 大任同 閏九月 壬子
1005	遼統和二十三年 宋景德二年	庚戌	己卯	己酉	戊寅	戊申 大任同 戊申	丁丑	丁未	丁丑	丙午	丙子 大任同 丙子	乙巳	乙亥	
1006	遼統和二十四年 宋景德三年	甲辰	甲戌	癸卯	壬申	壬寅 大任同 壬寅	辛未	辛丑 大任同 辛丑	辛未	庚子	庚午	庚子	己巳	
1007	遼統和二十五年 宋景德四年	己亥	戊辰	戊戌	丁卯	丙申	乙未	乙丑	甲午	甲子	甲午	甲子	癸巳	閏五月 丙寅
1008	遼統和二十六年 宋大中祥符元年	癸亥	壬辰	壬戌	辛卯 大任同 辛卯	庚申 庚申	庚寅	乙未	己丑	戊午	戊子 戊子	戊午	丁亥	

（續表）

公曆紀年	帝皇紀年	一	二	三	四	五	六	七	八	九	十	十一	十二	閏月
1009	遼統和二十七年　宋大中祥符二年	丁巳	丁亥	丙辰	丙戌 大任同丙戌	乙卯	甲申	甲(寅) 大任甲寅 甲寅	癸未	壬子	壬午	壬子 大任同壬子	辛巳	
1010	遼統和二十八年　宋大中祥符三年	辛亥 大任同辛亥	辛巳	庚辰	庚戌	己卯 大任同乙卯	戊申	戊寅	丁未	丙子	丙午 大任同丙午	丙子	乙巳	閏二月 辛亥
1011	遼統和二十九年　宋大中祥符四年	乙亥 大任同乙亥	乙巳	甲戌	甲辰	甲戌 大任同甲戌	癸卯	壬申	壬寅	辛未	庚子	庚午 大任庚午	庚子	
1012	遼開泰元年　宋大中祥符五年	己巳	己亥	戊辰	戊戌	戊辰 大任同戊辰	丁酉	丁卯	丙申	丙寅	乙未	庚午 大任庚午	庚子	
1013	遼開泰二年　宋大中祥符六年	癸巳	癸亥	壬辰 大任同壬辰	壬戌	辛卯 大任同辛卯	辛酉 大任同辛酉	辛卯	庚申	庚寅	己未 大任同己未	己丑	戊午	

（續表）

公曆紀年	帝皇紀年	一	二	三	四	五	六	七	八	九	十	十一	十二	閏月
1014	遼開泰三年 宋大中祥符七年	戊子	丁巳	丙戌	丙辰	丙戌 大任同乙酉	乙卯	乙酉 大任同乙酉	甲寅 大任同甲寅	甲申	甲寅 大任同甲寅	癸未	癸丑	
1015	遼開泰四年 宋大中祥符八年	壬午	壬子 大任同壬子	辛巳	庚戌 大任同庚戌	庚辰	己酉	戊申	戊寅	戊申	戊寅	丁未	丁丑	閏六月 己卯
1016	遼開泰五年 宋大中祥符九年	丙午	丙子	乙巳 大任同乙巳	甲戌	甲辰	甲戌	癸卯	壬申	壬寅	壬申	辛丑	辛未	
1017	遼開泰六年 宋天禧元年	辛丑	庚午	庚子	己丑	戊戌 大任同戊戌	戊辰 大任戊辰	丁酉	丙寅	丙申	丙寅	乙未	乙丑	
1018	遼開泰七年 宋天禧二年	乙丑	戊子 大任同戊子	丁巳	丙戌	丙辰	乙酉	甲寅	甲申	癸丑	癸未			
1019	遼開泰八年 宋天禧三年	己未	己丑	戊午	戊子 大任同戊子	丁巳	丙戌	丙辰	乙酉	甲寅	甲申	癸丑	癸未	

（續表）

公曆紀年	帝皇紀年	一	二	三	四	五	六	七	八	九	十	十一	十二	閏月
1020	遼開泰九年　宋天禧四年	癸丑	癸未	壬午	辛亥	辛巳	庚戌	庚辰	己酉	戊寅	戊申	丁丑	丁未	閏二月壬子　閏十二月丁未
1021	遼太平元年　宋天禧五年	丁丑	丙午	丙子	乙巳	乙亥	甲辰	甲戌（大任同甲戌）	甲辰	癸酉	壬寅	壬申	辛丑	
1022	遼太平二年　宋乾興元年	辛未	辛丑（大任同庚子）	庚午	庚子	己巳	己亥	戊辰	戊戌	丁卯	丁酉	丙寅	丙申	
1023	遼太平三年　宋仁宗天聖元年	丙寅（高麗同）	丙申	乙丑	乙未	甲子	甲午	癸亥	癸巳	壬戌	辛酉	辛卯	庚申	
1024	遼太平四年　宋天聖二年	庚寅	己未	戊子	戊午	丁亥	丁巳	丙戌	丙辰	乙酉	乙卯	甲申	甲寅	
1025	遼太平五年　宋天聖三年	甲申	甲寅	癸未	癸丑	壬午	壬子	辛巳	辛亥	庚辰	庚戌	己卯	己酉	
1026	遼太平六年　宋天聖四年	己卯	己酉	戊寅	戊申	丁丑	丙子	乙巳	乙亥	甲辰	甲戌	癸卯	癸酉	閏五月丙午

（續表）

公曆紀年	帝皇紀年	一	二	三	四	五	六	七	八	九	十	十一	十二	閏月
1027	遼太平七年 宋天聖五年	壬寅	壬申	壬寅	辛未	庚子	庚午	己亥	戊辰	戊戌	丁卯	丁酉	丁卯	
1028	遼太平八年 宋天聖六年	丁丑	丙寅	丙申	丙寅	乙未	甲子	甲午	癸亥	壬辰	壬戌	辛卯	辛酉	
1029	遼太平九年 宋天聖七年	辛卯	庚申	庚申	己丑	己未	戊子	戊午 大任同 戊午	丁卯(亥)	丙辰	丙戌 大任同 丙戌	乙卯 大任同 乙卯	乙酉	閏七(二)月庚寅
1030	遼太平十年 宋天聖八年	乙卯	甲申	甲寅	癸未	癸丑	癸未	壬子	壬午	辛亥	辛巳	庚戌	己卯	
1031	遼興宗景福元年 宋天聖九年	己酉	戊寅	戊申	丁丑	丁未	丁丑 大任同 丁丑	丙午	庚子 （丙子）	丙午	乙亥	甲戌	癸卯	閏十月 乙巳
1032	遼重熙元年 宋明道元年	壬申	壬寅	壬申	辛丑	辛未	庚子	庚午	庚子	己巳	己亥	己巳	戊戌	閏十月 乙巳

（續表）

公曆紀年	帝皇紀年	一	二	三	四	五	六	七	八	九	十	十一	十二	閏月
1033	遼重熙二年 宋明道二年	戊辰	丁酉	丙寅	丙申	乙丑	甲午	甲子	甲午	癸亥	癸巳	癸亥	癸巳	
1034	遼重熙三年 宋景祐元年	壬戌	壬辰	辛酉	庚寅	庚申	己丑	戊子	戊午	丁亥	丁巳	丁亥	丁巳	
1035	遼重熙四年 宋景祐二年	丙戌	丙辰	乙酉	甲寅	甲申	癸丑	壬午	壬子	辛巳	辛亥	辛巳	辛亥	
1036	遼重熙五年 宋景祐三年	庚辰	庚戌	庚辰	己酉	戊寅	戊申	丁丑	丙午	丙子	乙巳	乙亥	乙巳	
1037	遼重熙六年 宋景祐四年	甲戌	甲辰	甲戌	甲辰	壬寅	壬申	辛丑 辛丑	庚午	庚子	己巳	己亥	己亥 戊辰	閏四月 癸酉
1038	遼重熙七年 宋寶元元年	戊戌	戊辰	戊戌	丁卯	丁酉	丙寅	丙申	乙丑	甲午	甲子 甲午	癸巳	癸亥	
1039	遼重熙八年 宋寶元二年	壬辰	壬戌	壬辰	辛酉	辛卯	庚申	庚寅	庚申	己丑	己未	戊子	丁巳	閏十二 月丁亥

（續表）

公曆紀年	帝皇紀年	一	二	三	四	五	六	七	八	九	十	十一	十二	閏月
1040	遼重熙九年 宋康定元年	丙辰 丙辰	丙戌	乙卯	乙酉	乙卯 甲寅	甲申	甲寅	癸未	癸丑	癸未 癸未	壬子	壬午	
1041	遼重熙十年 宋慶曆元年	辛亥	庚辰 庚辰	庚戌	己卯	己酉	戊寅	戊申	丁丑	丁未	丁丑	丁未	丙子	
1042	遼重熙十一年 宋慶曆二年	丙午	乙亥	甲辰 甲辰	甲戌 甲戌	癸卯	癸酉	壬寅 壬寅	壬申	辛丑	辛丑	庚午	庚子	閏九月 辛未
1043	遼重熙十二年 宋慶曆三年	庚子	己亥	戊辰	戊戌	丁卯	丙申	丙寅 丙寅	乙未 乙未 高麗同	壬申 （乙丑） 乙丑	乙未	乙丑	甲午	
1044	遼重熙十三年 宋慶曆四年	甲子 甲子	甲午	癸亥	壬辰	壬戌 壬戌	辛卯	辛酉	庚寅	己未	己丑	戊午	戊子	
1045	遼重熙十四年 宋慶曆五年	戊午	戊子	丁巳	丁亥	丙辰	乙卯	甲申 甲申	甲寅	癸未	癸丑	壬午 壬午	壬子	閏五月 丙戌
1046	遼重熙十五年 宋慶曆六年	壬午	壬子	辛巳	辛亥 辛亥	庚辰	庚戌	己卯	戊申	戊寅	丁未	丁丑	丙午	

（續表）

公曆紀年	帝皇紀年	一	二	三	四	五	六	七	八	九	十	十一	十二	閏月
1047	遼重熙十六年　宋慶曆七年	丙子	丙午	乙亥	乙巳　乙巳	乙亥	甲辰	甲戌	癸卯	壬申	壬寅	辛未	辛丑　辛丑	
1048	遼重熙十七年　宋慶曆八年	庚午	己巳	己亥	己巳	戊戌	戊辰	丁酉	丁卯	丙申	丙寅	乙未　乙未	乙丑	閏正月庚子
1049	遼重熙十八年　宋皇祐元年（高麗同）	甲午　甲午（高麗同）	甲子	癸巳	癸亥	壬辰	壬戌	壬辰	辛酉	辛卯	庚申	庚寅	庚申	
1050	遼重熙十九年　宋皇祐二年	己丑	戊午	戊子	丁巳	丁亥	丙辰	丙戌	乙卯	乙酉	乙卯	甲申	甲申	閏十一月甲寅
1051	遼重熙二十年　宋皇祐三年	癸丑	壬午	壬子　壬子	辛巳	庚戌	庚辰	己酉	己卯	己酉	己卯	戊申	戊寅	
1052	遼重熙二十一年　宋皇祐四年	戊申	丁丑	丙午	丙子	乙巳	甲戌	甲辰　甲辰	癸酉　癸酉	癸卯	癸酉	壬寅	壬申	
1053	遼重熙二十二年　宋皇祐五年	壬寅	壬申	辛丑	庚午	庚子	己巳	戊戌	丁酉	丁卯	丙申　丙申	丙寅	丙申　丙申	閏七月戊辰

（續表）

公曆紀年	帝皇紀年	一	二	三	四	五	六	七	八	九	十	十一	十二	閏月
1054	遼重熙二十三年 宋至和元年	丙寅	乙未	乙丑	甲午	甲子	癸巳	壬戌	壬辰	辛酉	辛卯	庚申	庚寅	
1055	遼道宗清寧元年 宋至和二年	庚申	己丑	己未 高麗同	己丑	戊午	戊子	丁巳	丁亥	丙辰	乙酉	乙卯	甲申	
1056	遼清寧二年 宋嘉祐元年	甲寅	癸未	癸丑	壬子	壬午	辛亥	辛巳	庚戌	庚辰	己酉	己卯	戊申	閏三月 癸未
1057	遼清寧三年 宋嘉祐二年	戊寅 高麗同	丁未	丁丑	丙午	丙子	丙午	乙亥	乙巳	甲戌	甲辰	癸酉	癸卯	
1058	遼清寧四年 宋嘉祐三年	壬申	壬寅	辛未	辛丑	庚午	庚子	己巳	己亥	己巳	戊戌	戊辰	丁酉	閏十二月 丁卯
1059	遼清寧五年 宋嘉祐四年	丙申	丙寅	乙未	甲子 乙丑	甲午	癸亥	癸巳	癸亥	癸巳	壬（戌）／壬戌	壬辰	壬戌	
1060	遼清寧六年 宋嘉祐五年	辛卯	庚申	庚寅	己未	戊子	戊午	丁亥	丁巳	丁亥	丙辰	丙戌	丙辰	

（續表）

公曆紀年	帝皇紀年	一	二	三	四	五	六	七	八	九	十	十一	十二	閏月
1061	遼清寧七年 宋嘉祐六年	乙酉	乙卯	甲申	甲寅	癸未	壬午 壬子	壬午	辛亥	庚戌	庚辰	庚戌	庚辰	閏八月 辛巳
1062	遼清寧八年 宋嘉祐七年	己酉	己卯	戊申	戊寅	丁未	甲子 丙子	丙午	乙亥	乙巳	甲戌	甲辰	甲戌	
1063	遼清寧九年 宋嘉祐八年	癸卯	癸酉	癸卯	壬申	壬寅	辛未	庚子	庚午	己亥	戊辰	戊戌	戊辰	
1064	遼清寧十年 宋英宗治平元年	丁酉	丁卯	丁酉	丁卯	丙申	乙未	甲子	甲午	癸亥	壬辰 癸巳	壬戌	壬辰	閏五月 丙寅
1065	遼咸雍元年 宋治平二年	辛酉 大任同 辛酉 高麗同	辛卯	辛酉	庚寅	庚申	己丑	己未 大任同 己未	戊子	戊午	丁亥 大任同 丁亥	丁巳	丙戌	
1066	遼咸雍二年 宋治平三年	丙辰	乙酉	乙卯	甲申	甲寅	甲申	癸丑 大任同 癸丑	癸未	壬子 大任同 壬子	壬午	辛亥	辛巳	

（續表）

公曆紀年	帝皇紀年	一	二	三	四	五	六	七	八	九	十	十一	十二	閏月
1067	遼咸雍三年 宋治平四年	庚戌	庚辰	己酉	甲申	戊寅	丁未	丁丑	丁未	丙子	丙午	乙亥	乙巳	閏三月 己卯
1068	遼咸雍四年 宋神宗熙寧元年	甲戌 大任同 甲戌	甲辰 大任同 甲辰	癸酉	壬寅	壬申	辛丑	辛未	辛丑	庚午	庚子	庚午	己亥	
1069	遼咸雍五年 宋熙寧二年	己巳	戊戌	戊辰	丁酉	丙寅	丙申	乙丑 大任同 乙丑	乙未	甲子	甲午	甲子	癸亥	閏十一月 甲午
1070	遼咸雍六年 宋熙寧三年	癸巳	癸亥	壬辰	辛酉	庚寅	庚申	己丑	戊午	戊子	戊午	戊子	丁巳	
1071	遼咸雍七年 宋熙寧四年	丁亥	丁巳	丙戌	丙辰	乙酉	甲寅	甲申 大任同 甲申	癸丑	壬午	壬子	壬午	辛亥	
1072	遼咸雍八年 宋熙寧五年	辛巳	辛亥	辛巳	庚戌	庚辰	己酉	戊寅	丁丑	丙午	丙子	丙午	乙亥	閏七月 戊申

（續表）

公曆紀年	帝皇紀年	一	二	三	四	五	六	七	八	九	十	十一	十二	閏月
1073	遼咸雍九年 宋熙寧六年	乙巳	乙亥	甲辰	甲戌	癸卯	癸酉	壬寅	壬申	辛丑	庚午	庚子	庚午	
1074	遼咸雍十年 宋熙寧七年	己亥	己巳	戊戌	戊辰	戊戌	丁卯	丁酉	丙寅	丙申	乙丑	乙未	甲子	
1075	遼大康元年 宋熙寧八年	甲午	癸亥	癸巳	壬戌	辛酉	辛卯	辛酉	庚寅 大任同庚寅	庚申	己丑	己未	己丑	閏四月 壬辰
1076	遼大康二年 宋熙寧九年	戊午	丁亥	丙辰	丙戌	丙辰	己酉 大任同乙酉	乙卯	甲申	甲寅	甲申	癸丑	癸未	
1077	遼大康三年 宋熙寧十年	壬子	壬午 大任同壬午	辛亥	庚辰	庚戌	己卯	己酉	戊寅	戊申	戊寅	戊申	丁丑	
1078	遼大康四年 宋元豐元年	丁丑	丙午	乙亥	甲辰	甲戌	癸卯	癸酉	壬寅	壬申	壬寅	辛未	辛丑	閏五月 丙子
1079	遼大康五年 宋元豐二年	辛未	庚子	庚午	己亥	戊辰	戊戌	丁卯	丙申	丙寅	丙申	乙丑	乙未	

（續表）

公曆紀年	帝皇紀年	一	二	三	四	五	六	七	八	九	十	十一	十二	閏月
1080	遼大康六年 宋元豐三年	乙丑	乙未	甲子	甲午	癸亥 大任	壬辰	壬戌	辛卯	庚申	己未 大任同 己未	己丑 大任同 己丑	己未	閏九月 庚寅
1081	遼大康七年 宋元豐四年	己丑	戊午	戊子	戊午	丁亥	丙辰	丙戌	乙卯	甲申	甲寅	癸未	癸丑	
1082	遼大康八年 宋元豐五年	癸未	癸丑	壬午	壬子	辛巳	辛亥 大任同 辛亥	庚辰	庚寅	己卯	戊申	戊寅	丁未	
1083	遼大康九年 宋元豐六年	丁丑	丁未	丙子	丙午 大任同 丙午	丙子	乙巳	甲辰	甲戌	癸卯 大任同	癸酉	壬寅	辛未	閏六月 乙亥
1084	遼大康十年 宋元豐七年	辛丑 大任同 辛丑 高麗同	庚子	庚午	己亥	己巳	戊戌	戊辰	戊戌	丁卯	丁酉	丙寅		
1085	遼大安元年 宋元豐八年	丙申	乙丑	甲午	甲子	癸巳	癸亥	癸巳	壬戌	壬辰	壬戌	辛卯 高麗同	辛酉	

（續表）

公曆紀年	帝皇紀年	一	二	三	四	五	六	七	八	九	十	十一	十二	閏月
1086	遼大安二年 宋哲宗元祐元年	庚寅	庚申	戊午	戊子	丁巳 大任同 丁巳	丁亥 大任 丙午 丁亥	丙辰	丙戌	丙辰	己酉 乙酉	庚午 （乙卯）	乙酉	
1087	遼大安三年 宋元祐二年	甲寅	甲申	癸丑	壬午	壬子	辛巳	庚戌	庚辰	庚戌	己卯	己酉	己卯	
1088	遼大安四年 宋元祐三年	己酉	戊寅	戊申	丁丑	丙午	丙子	乙巳	甲戌	甲辰	癸酉	癸卯	癸卯 大任 癸酉 癸卯	閏十二月癸卯
1089	遼大安五年 宋元祐四年	壬申	壬寅	壬申	辛丑	庚午	庚子	己巳	戊戌	戊辰	丁酉	丁卯 大任同 丁卯	丁酉	
1090	遼大安六年 宋元祐五年	丁卯	丙申	丙寅	丙申	乙丑	甲午	甲子	癸巳	壬戌	壬辰	辛酉	辛卯	

（續表）

公曆紀年	帝皇紀年	一	二	三	四	五	六	七	八	九	十	十一	十二	閏月
1091	遼大安七年 宋元祐六年	辛酉	庚寅	庚申	庚寅	己未 大任同 己未	己丑	戊午 大任同 戊午	戊子	丙戌	丙辰	乙酉	乙卯	閏八月 丁巳
1092	遼大安八年 宋元祐七年	甲申	甲寅	甲申	癸丑	癸未	癸丑	壬午	壬子	辛巳	庚戌 大任同 庚戌	庚辰	己酉	
1093	遼大安九年 宋元祐八年	己卯	戊申	戊寅	丁未	丁丑	丁未 大任同 丁未	丙子	丙午	丙子	乙巳	乙亥	甲辰	
1094	遼大安十年 宋紹聖元年	癸酉	癸卯	壬申	壬寅 大任同 壬寅	辛丑	庚午	庚子 大任同 庚子	庚午	己亥	己巳	己亥	戊辰	閏四月 辛未
1095	遼壽隆元年 宋紹聖二年	戊戌 大任同 戊戌	丁卯	丙申	丙寅	乙未 大任同 乙未	乙丑	甲午	甲子	癸巳	癸亥	癸巳	癸亥	
1096	遼壽隆二年 宋紹聖三年	壬辰	壬戌	辛卯	庚申	庚寅	己未	戊子	戊午	丁亥	丁巳	丁亥	丁巳	

（續表）

公曆紀年	帝皇紀年	一	二	三	四	五	六	七	八	九	十	十一	十二	閏月
1097	遼壽隆三年 宋紹聖四年	丙戌	丙辰 大任同 丙辰	乙卯	甲申	甲寅	癸未	壬子 大任	壬午	辛亥	辛巳	辛亥	辛巳	閏二月 丙戌
1098	遼壽隆四年 宋元符元年	庚戌	庚辰	庚戌	己卯	戊申	戊寅 大任同 戊寅	丁未	丙子	丙午	乙亥 大任同 乙亥	乙巳 大任同 乙巳	乙亥	
1099	遼壽隆五年 宋元符二年	甲辰	甲戌	甲辰	癸酉	癸卯	壬申	壬寅 大任同 壬寅	辛未	庚子	己亥 大任同 己亥	己巳	戊戌	閏九月 庚午
1100	遼壽隆六年 宋元符三年	戊辰	戊戌	戊辰	丁酉 大任同 丁酉	丁卯	丙申	丙寅	乙未	甲子	甲午	癸亥	癸巳	
1101	遼天祚帝乾統元年 宋徽宗建中靖國元年	壬戌 大任同 壬戌		辛卯	辛酉	庚寅	庚申	庚寅	己未	戊子	戊午	丁亥		
1102	遼乾統二年 宋崇寧元年	丁巳	丙戌	丙辰	乙酉	乙卯	乙酉	甲申	癸丑	癸未	壬子	壬午	辛亥	閏六月 甲寅

（續表）

公曆紀年	帝皇紀年	一	二	三	四	五	六	七	八	九	十	十一	十二	閏月
1103	遼乾統三年 宋崇寧二年	辛巳	庚戌	庚辰	己酉	己卯	戊申	戊寅	丁未	丁丑	丁未	丁丑	丙午	
1104	遼乾統四年 宋崇寧三年	丙子	乙巳	甲戌	甲辰	癸酉	壬寅	壬申	壬寅	辛未	辛丑	辛未	庚子	
1105	遼乾統五年 宋崇寧四年	庚午	庚子	戊戌	戊辰	丁酉	丙寅	丙申	乙丑	乙未	乙丑	乙未	甲子	閏二月 己巳
1106	遼乾統六年 宋崇寧五年	甲午	甲子	癸巳	壬戌	壬辰	辛酉	庚寅	庚申	己丑	己未	戊子	戊午	
1107	遼乾統七年 宋大觀元年	戊子	戊午	丁亥	丁巳	丙戌	丙辰	乙酉	甲寅	甲申	癸丑	壬子	壬午	閏十月 癸未
1108	遼乾統八年 宋大觀二年	壬子	壬午	辛亥 高麗同	辛丑	庚戌	庚辰	己酉	戊寅	戊申	丁丑	丁未	丙子	
1109	遼乾統九年 宋大觀三年	丙午 大任 丙午	丙子	乙巳	己亥	乙巳	甲戌	甲辰	癸酉	壬寅	壬申	辛丑	辛未	

（續表）

公曆紀年	帝皇紀年	一	二	三	四	五	六	七	八	九	十	十一	十二	閏月
1110	遼乾統十年 宋大觀四年	庚子	庚午	己亥	己巳	己亥	戊辰	戊戌	丁卯	丙寅	丙申	乙丑	乙未	閏八月 丁酉
1111	遼天慶元年 宋政和元年	甲子	甲午	癸亥	癸巳	壬戌	壬辰	壬戌	辛卯	辛酉	庚寅	庚申	己丑	
1112	遼天慶二年 宋政和二年	己未 大任同 己未	戊子	戊午	丁亥 大任同 丁亥	丁巳	丙戌	丙辰	乙酉	乙卯	乙酉	甲寅	甲申	
1113	遼天慶三年 宋政和三年	甲寅	癸未	壬子	壬午	庚辰	庚戌	己卯	己酉	己卯	戊申	戊寅	戊申	閏四月 辛亥
1114	遼天慶四年 宋政和四年	戊寅	丁未	丙子	丙午	乙亥	甲辰	甲戌	癸卯	癸酉	壬寅 大任同 壬寅	壬申	壬寅	
1115	遼天慶五年 宋政和五年	壬申	辛丑	辛未	庚子	庚午	己亥 大任同 己亥	戊辰	戊戌	丁卯 大任同 丁卯	丁酉	丙寅	丙申	

（續表）

公曆紀年	帝皇紀年	一	二	三	四	五	六	七	八	九	十	十一	十二	閏月
1116	遼天慶六年 宋政和六年	丙寅	乙丑	乙未	甲子	甲午	癸亥	壬辰	壬戌	辛卯	辛酉	庚寅	庚申	閏正月 丙申
1117	遼天慶七年 宋政和七年	庚寅	己未	己丑	己未	戊子	戊午	丁亥	丙辰	丙戌	乙卯 大任同 乙卯	乙酉	甲寅	
1118	遼天慶八年 宋重和元年	甲申	癸丑	癸未	癸丑	壬午 壬午	壬子	辛巳	辛亥	庚辰	己卯	己酉	戊寅	閏五月 庚戌
1119	遼天慶九年 宋宣和元年	戊申	丁丑	丁未 大任同 丁未	丙子	丙午	丙子	乙巳	乙亥	甲辰	甲戌 大任同 甲戌	癸卯	癸酉	
1120	遼天慶十年 宋宣和二年	壬寅	壬申	辛丑	辛未	庚子	庚午	己亥	己巳	己亥	戊辰	戊戌	丁卯	
1121	遼保大元年 宋宣和三年	丁酉 大任同 丁酉	丙寅	丙申	乙丑	甲午	癸巳	癸亥	癸巳	壬戌	壬辰	壬戌	辛卯	閏五月 甲子

（續表）

公曆紀年	帝皇紀年	一	二	三	四	五	六	七	八	九	十	十一	十二	閏月
1122	遼保大二年 宋宣和四年	辛酉	庚寅 大任同庚寅	庚申	己丑	戊午	戊子	丁巳 大任同丁巳	丁亥	丁巳	丙戌	丙辰	丙戌	
1123	遼保大三年 宋宣和五年	乙卯	乙酉 乙酉	甲寅	甲申 大任同甲申	癸丑 大任癸丑	壬午	壬子	辛巳	辛亥	庚辰	庚戌	庚辰	
1124	遼保大四年 宋宣和六年	庚戌	己卯	己酉	戊申	丁丑	丙午	丙子	乙巳	甲戌	甲辰	甲戌	甲辰	閏三月 戊寅
1125	遼保大五年 宋宣和七年	癸酉	癸卯	癸酉	壬寅	壬申	辛丑	庚午	庚子	己巳	戊戌	戊辰	戊戌	

⑧戊戌當爲丙戌。

⑨壬戌當爲壬午。

⑩此年作者對朔日干支的糾正皆誤，皆因作者對朔日支持的運算不明所致。中華書局校點本《校勘記》曰："貞明五年八月乙未朔，是年當遼之神册四年。此蓋誤當五年。"因此年爲神册五年，文不對題。《歷代長術輯要》庚辰梁六曰："正甲子、三癸亥'五壬戌、六辛卯、閏六庚申、八己未、十一戊子朔。按遼《朔考》云：三癸亥當作癸巳，五壬戌當作壬辰，皆以不誤爲誤。又云六辛亥當作辛酉亦不合。"這就是說，遼朔的三月、五月、六月、八月均以不誤爲誤，僅十一月戊午改爲戊子爲是。

⑪此年錯誤干支較多。《歷代長術輯要》曰："正戊子、三丁亥、五丙戌、六乙卯、七甲申、九癸未、十一壬午朔。按遼《朔考》云：三丁亥當作丁巳，五丙戌當作丙辰，皆以不誤爲誤。又云四丁卯儼誤作丁亥，又云耶律儼、陳大任六己卯亦并不合。"

⑫按干支推排，丁丑當爲丁酉之誤。

⑬儼癸卯與汪推合。大任己巳誤，中華書局校點本認爲乙巳亦誤。

⑭對於儼正月甲寅朔，與大任正月乙卯朔不同的記載，《歷代長術輯要》說："按正月本當進爲乙卯朔，十二月本當進爲庚辰朔，當時避比年正旦日食，故皆不進。《新司天考》《五代春秋》"正乙卯朔"，遼《朔考》大任"正乙卯"，乃依推步本法也。"這就說明了出現差異的原因所在。

⑮正月戊申儼大任己酉異晉同：儼紀爲正月戊申朔，大任和晉均爲己酉朔。《歷代長術輯要》說："按正月本己酉朔，二月本當進爲己卯朔，當時避正旦日食，强改正月爲戊申朔，故二月亦當進不進。""《十國春秋》南唐、南漢并正月己酉朔日食，遼《朔考》大任己酉，皆依推步本性。"

⑯會同二年即晉天福四年（939），晉用乙未《調元曆》。儼、大任、晉并載閏七月合。《閏考》閏五月誤。

⑰會同七年既有十一月庚午，又有閏十二月己巳，則十二月己卯一定是己亥之誤。

⑱大同元年（947）遼始克汴，始用《調元曆》推算曆日。《閏考》該閏七月，汪推合。同理汪推大同三年，應曆三年、五年有閏，故《閏考》曰"缺再閏"。

⑲該年爲閏正月壬午，故正月壬午當作壬子，二月辛亥合，三月庚申當作庚辰。

⑳中華書局校點本《校勘記》認爲閏九月當脱"丙申"二字。

㉑按推步，丁亥當爲丁卯之誤。

㉒丁巳儼宋戊午异：此年爲宋太祖建隆三年。按通常説法，應天曆頒行於建隆四年，此建隆三年五月戊午朔，已與舊曆有一日之差。

㉓宋閏十月己巳：己巳爲乙巳之誤，遼閏月干支相同。

㉔四月丁卯、五月丁酉：兩個月朔的干支當互換纔對。

㉕《歷代長術輯要》曰："宋初用乾元術。""遼仍用調元術，同。按《朔考》，大任二丁亥、七乙卯并不合。"

㉖大任甲戌异：當爲大任甲戌誤，因前後月日數不相接。

㉗九月壬寅、十月辛丑、十一月辛未：未書記録依據，不合體例，當有漏字。考之閏月，當爲閏九月，與宋閏合。中華書局校點本《校勘記》曰："是年遼閏八月壬寅朔，沒有依據。"

㉘己巳：當爲乙巳之誤。是年（995）初用賈俊《大明曆》。

㉙閏七月己巳：《歷代長術輯要》曰："按趙知微術，閏八月戊戌秋分，九月己巳霜降。今進爲己亥秋分，使與閏七月相合。"

㉚宋辛丑：辛丑當爲辛巳之誤。中華書局校點本《校勘記》曰："是年遼閏四月癸丑，與宋异。"該説沒有文獻依據，《歷代長術輯要》推步不能作爲依據。

㉛遼據重修《大明曆》推爲閏十一月戊戌朔。

㉜乙巳不書出處，考核爲宋曆。

㉝甲申誤宋大任甲寅：儼紀七月甲申誤，大任和宋甲寅合。

㉞五月己卯儼大任宋乙卯誤：五月爲己卯朔，宋代記録五月乙卯誤。

㉟宋閏十月己丑：宋閏十月己丑朔，當爲乙丑朔之誤。

㊱閏二月壬子儼：作者據儼的記録，該年閏二月壬子，但該年據曆宋朝是閏十二月丁未。《閏考》的記録與此相同。根據這一記録，作者於三月小注有"以下宋朔同月异"，四月小注有"三月以下用此推之"。今改編對照表該年二朝月朔表，據作者注文排出。但以上所見，遼與五代、宋之閏月，一直差之很小，絕大多數均相同，少數也祇有一月之差，今突然差之

十個月，實出偶然。汪曰楨《歷代長術輯要》據術推均在閏十二月，中華書局校點本《校勘記》亦以七月“庚戌儼、大任、宋”之記録爲證，是儼“閏二月壬子”記録錯了，閏二月當爲閏十二月之誤。這些小注均不該有。

㊲閏七月庚寅宋：據該年載各月朔日干支可知，此處閏七月爲閏十月之誤，《閏考》宋閏二合。

㊳八月丁卯儼誤宋丁亥：據前後月朔干支排列順序，可推知八月丁卯朔誤，以丁亥朔爲是。

㊴八月宋庚子誤當作丙子：據干支推排，可證八月庚子朔誤，當爲丙子朔。

㊵六月癸酉儼誤宋癸丑：據干支推排，知六月癸酉朔誤，以六月癸丑朔爲是。

㊶九月壬申誤宋乙丑：九月壬申朔誤，當爲九月乙丑朔。

㊷十月壬子誤宋壬戌：按干支推排，十月壬子朔誤，以壬戌朔爲是。

㊸六月甲子儼誤宋丙子：按干支推排，六月甲子朔誤，以六月丙子朔爲是。

㊹十年閏五月丙寅宋：《歷代長術輯要》據重修《大明曆》推爲閏六月乙未朔，但在曆日記録上并未得到證實。

㊺三年閏二月己卯宋：按干支推排，閏月己卯朔當爲閏三月，又《閏考》表載爲宋閏三月，知此處當爲閏三月乙卯之誤。

㊻閏五月丙子宋：據《朔考》，該年正月丁未、二月丙午、三月乙亥、五月壬寅，故不可能是閏五月丙子朔，閏五月當爲閏正月之誤。汪推宋閏正月丙子朔，遼上年閏十二月丁未朔合。

㊼大安元年缺一閏：即該年當有閏月，但缺文獻記載。汪推大安二年閏二月己丑朔。故此年無閏，當閏在下年。

㊽記録該年不載閏月，汪推大安二年閏二月己丑朔。又據該年二月庚申朔，三月戊午朔，其中必有閏二月方合。

㊾十月己酉儼誤宋乙酉：儼載十月己酉朔誤，宋載乙酉朔爲是。

㊿十一月宋庚午誤當作乙卯：據上下月朔推排，十一月庚午朔誤，乙卯爲是。

(51)十二月癸卯儼誤大任宋癸酉：十一月爲癸卯朔，該月若無閏月，當爲癸酉朔。由於明載該年十二月癸卯朔，故此載十二月癸卯朔必爲癸酉之誤。

(52)閏二月己巳宋：由二月庚子朔和三月戊戌朔，正好證明了二月爲閏月。遼爲閏幾月無史載。

(53)八月丁卯，九月丙寅，正好證明該年爲閏八月丁酉朔。

(54)四月壬午，五月庚辰，正好證明閏四月辛亥的存在。

(55)正月丙寅，二月乙丑，正好證明閏正月丙申的存在。

(56)據儼、宋載五月壬午，可證該年必非閏五月庚戌。據汪推，該年閏九月庚戌，正與九月庚辰、十月己卯合。《閏考》載儼、大任、宋閏九合。

(57)由五月甲午，六月癸巳，知其間必有閏五月甲子朔。

宋元豐元年十二月，詔司天監考遼及高麗、日本國曆與《奉元曆》同异。① 遼己未歲氣朔與《宣明曆》合，② 日本戊午歲與遼曆相近，③ 高麗戊午年朔與《奉元曆》合，氣有不同。④ 戊午，遼大康四年；己未，五年也。⑤ 當遼、宋之世，二國司天固相參考矣。

高麗所進《大遼事迹》，載諸王册文，頗見月朔，因附入。

【注】

①詔司天監考遼及高麗日本國曆與奉元曆同异：皇帝命令司天監官瞭解遼和高麗、日本與宋《奉元曆》的同异之處。在一個相當長的曆史時期内，朝鮮、日本都參考使用不同時期的中國曆法，并用以推算頒布曆書。所載曆日，與宋時有出入，故北宋政府頒詔予以調查。《奉元曆》，衛朴造，宋神宗熙寧八年至哲宗元祐八年（1075—1093）頒行，歷時十九年。宋南渡亡失，史稱奉元術不存，大致增損崇天曆和明天曆爲之。頒詔調查之期正逢奉元術頒行之時。

②遼己未歲氣朔與《宣明曆》合：己未歲爲公元 1079 年。《宣明曆》

爲唐日官所造（失名），行於唐長慶二年至景福元年（822—892），計七十一年，爲唐之善曆，故行之多年。檢驗表明，在公元1079年，遼曆氣朔與《宣明曆》合。

③日本戊午歲與遼曆相近：日本長期使用《宣明曆》，而遼曆上年與《宣明曆》合，故曰與遼曆相近。戊午歲，即公元1078年。

④高麗戊午年朔與《奉元曆》合氣有不同：高麗與《奉元曆》朔合而節氣有所不同，即與奉元術朔日完全一致，而僅節氣微有差异。

⑤戊午遼大康四年：戊午年，爲遼大康四年，宋元豐元年；己未年，爲遼大康五年，宋元豐二年。

象①

孟子有言："天之高也，星辰之遠也，苟求其故，千歲之日至可坐而致。"甚哉！聖人之用心，可謂廣大精微，至矣盡矣。

日有晷景，月有明魄，斗有建除，星有昏旦。②觀天之變而制器以候之，八尺之表，六尺之筒，百刻之漏，日月星辰示諸掌上。③運行既察，度分既審，於是像天圜以顯運行，置地櫃以驗出入，渾象是作。④天道之常，尋尺之中可以俯窺，陶唐之象是矣。⑤設三儀以明度分，管一衡以正辰極，渾儀是作。天文之變，六合之表可以仰觀，有虞之璣是矣。⑥體莫固於金，用莫利於水。範金走水，不出户而知天道，此聖人之所以爲聖也。

歷代儀象表漏，各具于志。太宗大同元年，得晋曆象、刻漏、渾象。⑦後唐清泰二年已稱損折不可施用，其至中京者概可知矣。⑧古之鍊銅，黑黃白青之氣盡，然後用之，故可施於久遠。唐沙門一行鑄渾天儀，時稱精妙，未幾銅鐵漸澀，不能自轉，置不復用。金質不精，水性不行，況移之沍寒之地乎?[9]

【注】

①象：此處專指儀象，即天文儀器。

②日有晷景月有明魄斗有建除星有昏旦：聖人創立了利用日中晷影、月亮圓缺、斗柄指向、昏旦中星這四種定時節的方法。

③觀天之變……示諸掌上：人們通過圭表、渾儀、漏刻，對日月星辰的運動瞭解得十分透徹，將其展現在指掌之上。

④運行既察……渾象是作：人們瞭解了天體的運行規律，製作渾象來顯示。

⑤陶唐之象：言陶唐氏發明俯窺以測晷影定季節。

⑥設三儀……有虞之職：有虞氏發明了以渾儀測日月星三辰的度分方法。

⑦太宗大同元年得晋曆象刻漏渾象：遼太宗於大同元年攻克汴梁，得到了石晋的儀象、漏刻、渾象等天文資料。

⑧後唐清泰……概可知矣：從汴梁得到的天文儀器，至後唐清泰二年對其檢驗時，發現其已損壞不可使用。遼之中京爲大定府。

⑨唐沙門……沍寒之地：這些儀器移至中京後不能使用是符合常情的。一行製造時稱精妙的渾儀不久便不能自轉，已置而不用，其結構和支撐物質已難以維持，更何況將此器移至沍寒之地了。沍寒之地，即北方寒冷的緯度偏高之地。

刻漏

晋天福三年造。《周官》挈壺氏懸壺必爨之以火。地雖沍寒，蓋可施也。[1]

【注】

①晋天福三年造……蓋可施也：在汴梁得到的漏壺，雖然移至沍寒之

地，却仍可使用，上刻載晉天福三年造。

官星

古者官星萬餘名。遭秦焚滅圖籍，世祕不傳。[①]漢收散亡，得甘德、石申、巫咸三家圖經。經緯合千餘官，僅存什一。分爲三垣、四宫、二十八宿，樞以二極，建以北斗，緯以五星，日月代明，貴而太一，賤逮屎糠。占決之用，亦云備矣。[②]司馬遷《天官書》既以具録，後世保章守候，無出三家官星之外者。天象昭垂，歷代不易，而漢、晉、隋、唐之書累志天文，近於衍矣。且天象機祥，律格有禁，書于勝國之史，詿誤學者，不宜書。[③]其日食、星變、風雲、震雪之祥，具載《帝紀》，不復書。

【注】

①遭秦焚滅圖籍世祕不傳：這一萬餘名星官，因圖籍遭秦火而亡失。這是没有根據的歸罪秦火的議論。其實先秦對中國星座知識尚淺，哪有一萬餘星名記録積存。

②漢收散亡……亦云備矣：指後世逐步形成的三垣二十八宿中外星官體系。

③司馬遷……不宜書：記載星官之書衆多，天象歷代不易。天象機祥，律格有禁，見於勝國之史，詿誤学者，故不宜書。作者輕描淡寫地一筆帶過，實則自知無力寫出勝於前史的創新之作。

金史・天文志

　　《金史·天文志》從規模來看并不大，不到一萬字。本志所記皆爲變异天象，尤以"日薄食煇珥雲氣"和"月五星凌犯及星變"爲主，内容比較單一。由於它的觀測記録主要是在上京（今哈爾濱一帶）和中都（今北京附近）完成的，緯度較高，便於觀測北極光，故對北極光的觀測記録十分詳細。同時，對日食和隕石雨也有較爲詳細的記録，它延續并豐富了中國古代的天象記録。

　　關於其作者，嚴敦杰、薄樹人均認爲此志與《律曆志》當與太常博士商企翁有關，因爲他曾供職於秘書監并與王士點合撰過《秘書監志》，對天文曆法也較爲了解。

《金史》卷二十

志第一

天文

日薄食煇珥雲氣　月五星凌犯及星變①

自伏羲仰觀俯察，黃帝迎日推策，重黎序天地，堯曆象日月星辰，舜齊七政，周武王訪箕子，《陳洪範》，協《五紀》，而觀天之道備矣。易曰："天垂象見吉凶，聖人象之。"故孔子因魯史作《春秋》，於日星風雨霜雹雷霆皆書變而不書常，所以明天道、驗人事也。秦漢而下，治日患少，陰陽愆違，天象錯迕，無代無之。金百有十九年，而日食四十二，星辰風雨霜雹雷霆之變不知其幾。金九主，莫賢於世宗，二十九年之間，猶日食者十有一，日珥虹貫者四五。然終金之世，慶雲環日者三，皆見於世宗之世。②

【注】

①日薄食煇珥雲氣：指白天看到的异常天象，主要是在太陽周圍發生。月五星凌犯及星變：主要是在夜間發生的天象，月、五星、客星、彗

星、隕星爲主要論述對象。

②金九主……世宗之世：《史記》卷二七《天官書》曰："若煙非煙，若雲非雲，郁郁紛紛，蕭索輪囷，是謂卿雲。卿雲，喜氣也。"此書認爲世宗是金朝九主中最賢明的天子，金代三次出現的慶雲，都集中在世宗時代。《史記正義》載"卿音慶"。故此處的慶雲，就是《史記·天官書》中的卿雲，衹是音同字异。

　　羲、和之後，漢有司馬，唐有袁、李，皆世掌天官，故其説詳。①且六合爲一，推步之術不見异同。金、宋角立，兩國置曆，法有差殊，而日官之選亦有精粗之异。今奉詔作《金史》，於志天文，各因其舊，特以《春秋》爲準云。

【注】

　　①相傳羲和爲黄帝、唐堯時的曆官。漢有司馬遷，唐有袁天罡、李淳風，都是執掌天官之責的著名人物。按："漢有司馬"，指西漢後期的司馬談、司馬遷父子。《漢書》卷六《司馬遷傳》云太史公司馬談"學天官於唐都"，"既掌天官，不治民"，就是明證。袁天罡一些事迹雖在隋，但隋短祚，以唐兼之，古人習用。另從"四一四"句式看，添一"隋"字反而不諧。

日薄食煇珥雲氣

　　太祖天輔三年夏四月丙子朔，日食。四年冬十月戊辰朔，日食。六年春二月庚寅朔，日食。七年秋八月辛巳朔，日食。

　　太宗天會七年三月己卯朔，日中有黑子。①九月丙午朔，日食。十三年正月丙午朔，日食。②

【注】

①黑子：太陽表面經常出没的暗黑斑點，是太陽上出現活動的基本標志。

②十三年正月丙午朔日食：《宋史》卷二八《高宗紀五》載紹興五年春正月乙巳朔日食，《宋史》卷五二《天文五》同。這説明金代與宋代朔日有一日之差。日食：太陽被月球遮蔽的現象。月球在繞地球運行過程中，有時會轉到太陽和地球中間，這時月球的影子落到地球表面上，位於影子裏的觀測者，便會看到太陽被月球遮住，這就是日食。上古的人們不明白這一現象發生的科學原理，以爲是太陽被什麼東西吞食了，故曰“日食”，又稱爲“日蝕”。

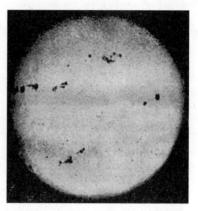

太陽望遠鏡中圓面上的太陽黑子群圖像

熙宗天會十四年十一月丙寅，①日中有黑子，斜角交行。②天眷三年七月癸卯朔，日食。皇統三年十二月癸未朔，日食。四年六月辛巳朔，日食。五年六月乙亥朔，日食。八年四月戊子朔，日食。九年三月癸未朔，日食。

【注】

①熙宗天會十四年：天會是金太宗年號。天會十三年，太宗崩，熙宗即位，延用天會年號至天會十五年後纔改元天眷。

②日中有黑子斜角交行：據近代觀測，太陽表面爲灼熱氣體，黑子爲氣體中溫度較低者。太陽自身也在不停地沿赤道方向旋轉，因太陽自轉軸

與地球自轉軸斜交，故金代觀測者觀測到黑子在太陽上斜角交行。

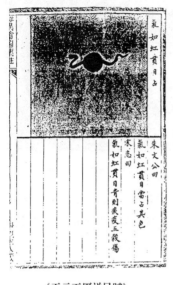

《天元玉曆祥異賦》
中的如虹貫日圖

海陵庶人天德二年正月甲辰，日有暈珥，白虹貫之。十一月丙戌，白虹貫日。[①]十二月乙卯，慶雲見，狀如鸞鳳，五彩。三年正月丁酉，白虹貫日。貞元二年五月癸丑朔，日食。三年四月丁丑朔，昏霧四塞，日無光，凡十有七日乃霽。五月丁未朔，日食。正隆三年三月辛酉朔，司天奏日食，候之不見。海陵勅，自今日食皆面奏，不須頒告中外。五年八月丙午朔，日食。庚午，日中有黑子，狀如人。六年二月甲辰朔，日有暈珥，戴背。[②]十月丙午，慶雲見。[③]

【注】

①白虹貫日："日"，諸本作"之"，據殿本改。虹是陽光射入雲層水珠發生折射的地球大氣現象。白虹爲白色的虹。貫日即穿過日面。由於古代人認爲太陽象徵天子，受此侵犯，故認爲是凶象。

②日有暈珥：日面高層的稀薄大氣現象。日珥爲日面向日面高層噴射出的灼熱物質，噴出之後又下落到日面，狀如耳，故有是名。戴背：日暈如帽子似的戴在日珥的背面。

③海陵庶人……慶雲見：完顔亮即帝位，先後用了三個年號即天德

（1149—1152）、貞元（1153—1155）、正隆（1156—1160），在位十二年。根據中國古代的傳統，帝皇死後都要依據他在位時的功過表現給以廟號，如高祖、高宗、太宗、世宗等，通常都是隱惡揚善，以示彰顯先帝之德，但海陵庶人這個廟號很滑稽，稱其爲庶人，就意味着是平民百姓，沒有任何封號。這是因爲完顏亮在位時有很多壞事惡行，死

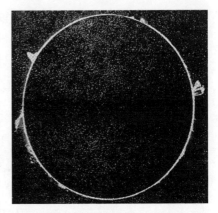

太陽望遠鏡中太陽邊緣的日珥圖像

後遭多次貶號，先降封爲海陵王，再貶爲海陵庶人。具有諷刺意味的是，本志開頭即説“終金之世，慶雲環日者三，皆見於世宗之世”。慶雲爲有喜氣的象徵，是社會祥和的表徵。但完顏亮在位期間，也有兩次慶雲見於記錄，後世星占家却不提這兩次記錄。

　　世宗大定二年正月戊辰朔，日食，伐鼓用幣，命壽王京代拜行禮。爲制，凡遇日月虧食，禁酒、樂、屠宰一日。三年六月庚申朔，日食，上不視朝，命官代拜。有司不治務，過時乃罷。後爲常。四年六月甲寅朔，日食。七年四月戊辰朔，日食，上避正殿、減膳，伐鼓應天門内，百官各於本司庭立，明復乃止。閏七月己卯午刻，慶雲環日。八月辛亥午刻，慶雲環日。九年八月甲申朔，有司奏日當食，以雨不見。爲近奉安太社，乃伐鼓于社，用幣于應天門内。[①]十三年五月壬辰朔，日食。十四年十一月甲申朔，日食。十六年三月丙午朔，日食。十七年九月丁酉朔，日食。二十三年十月己未，慶雲見

於日側。②十一月壬戌朔，日食。二十八年八月甲子朔，日食。二十九年正月乙卯巳初，日有暈，左右有珥，上有背氣兩重，其色青赤而厚。復有白虹貫之亘天，其東有戟氣長四尺餘，五刻而散。丁巳巳初，日有兩珥，上有背氣兩重，其色青赤而淡。頃之，背氣於日上爲冠，已而俱散。二月辛酉朔，日食。甲子辰刻，日上有重暈兩珥，抱而復背，背而復抱，凡二三次。乙丑，日暈兩珥，有負氣承氣，而白虹亘天，左右有戟氣。③

【注】

①與完顏亮在位時任意妄爲相對應，世宗皇帝則十分注重禮制。大定二年正月朔發生的日食，他就遵周制，以伐鼓用幣阻止日食的發生，并規定凡發生日食那天，禁止飲酒作樂、屠宰牲畜一天。又於大定三年六月朔日食那天，上不視朝政，命百官代拜，有司衙門也不辦公，等日食結束後纔上班。自此以後這些都成爲金朝的常制。大定七年四月朔日食時，皇帝避正殿，減膳食，在應天門內伐鼓救日，各司官員也都站立於庭院，待日食結束太陽復明以後纔開展正常工作。

②閏七月己卯午刻慶雲環日八月辛亥午刻慶雲環日……二十三年十月己未慶雲見於日側：可見金大定年間共觀測到三次日旁有慶雲，慶雲被認爲是祥和之兆，表明大定年間是金代難得的和平時期。

③二十九年正月乙卯巳初……左右有戟氣：文中記載了正月乙卯巳初白虹亘天和二月甲子辰時白虹亘天，白虹就是白色的雲氣穿過太陽的現象，屬地球大氣現象，與太陽無關。背氣爲背向之氣。戟氣爲似戟之氣。負氣承氣爲承載之氣。古人觀測雲氣依形狀判斷吉凶禍福。

章宗明昌三年十二月丙辰，北方微有赤氣。四年九月癸未，日上有抱氣二，戴氣一，俱相連。左右有珥，其色鮮明。①六年三月丙戌朔，日食。承安三年正月己亥朔，日食，陰雲不見。五年十一月癸丑，日食。《宋史》作六月乙酉朔。

　　泰和二年五月甲辰朔，日食。三年十月戊戌，日將沒，色赤如赭。甲辰，申酉間，天色赤，夜將旦復然。四年三月丁卯，日昏無光。五年九月戊子戌時，西北方黑雲間，有赤氣如火，②次及西南、正南、東南方皆赤，中有白氣貫徹，乍隱乍見。既而爲雨，隨作風。至二更初，黑雲間赤氣復起於西北方，及正西、正東、東北，往來游曳，內有白氣數道，時復出沒。其赤氣又滿中天，約四更皆散。③六年正月，北京申，龍山縣西見有雲結成車牛行帳之狀，或如前後摧損之勢，晡時乃散。二月壬子朔，日食。七月癸巳，申刻，日上有背氣一，內赤外青，須臾散。④九月乙酉，夜將曙，北方有赤白氣數道，歷王良下，徐行至北斗開陽、搖光之東而散。⑤八年四月癸卯，巳刻，日暈二重，內黃外赤，移時而散。⑥

【注】

　　①章宗在位期間，除了繼續觀測到日食，還觀測到日面雲氣多變化。日面雲氣的變化多種多樣，中國古代天文學家對雲氣形狀的觀察也十分細致。《乙巳占》載十二種日傍雲氣占辭如下："一曰冠氣，青赤色，立在日月之上，冠帶之象也。天子當立侯王，封建親戚，授之茅土，以爲蕃屏。白則有喪，赤則有兵。二曰戴氣，青赤色，橫在日月之上，而小隆起，其分當有益土、進爵、推戴之象，亦爲福祐之象。黑則有病，青則多憂。三曰珥氣，青赤短小，在日月之傍，纓珥之象也。其色黃白，女主有喜。日朝有珥，國主有進幸之事，其不可行女主戒之。純白爲喪，間赤爲兵，間青爲疾，間黑爲水，間黃爲喜。他皆仿此。""四曰抱氣，青赤而曲，向日

抱，扶抱向就之象也。日月傍有抱，鄰國臣佐來降，亦有子孫之喜。""五曰背氣，青赤而曲，向外爲背，背叛乖逆之象，其分有反城叛將。""六曰玦氣，青赤曲向外，中有橫枝似山字，玦傷之象也。君臣不和，上下傷玦，兩軍相當，所臨者敗。有軍必戰。七曰直氣，青赤色，一丈餘，正立日月之傍，直立之象也，其分有自立者。八曰交氣，青赤色，狀如兩直相交，淫悖之象也。""九曰提氣，日月四傍有赤雲曲向，名曰四提，提似珥而曲。不出其年兵起，王者死。赤爲亡地，有自立者。""十曰繶紐承履氣，青赤色，在日下，上曲爲繶，下直立爲履；在日下兩邊，交曲而雙垂爲紐。皆喜氣也。""十一曰暈氣，暈周而匝，中赤外青，軍營之象也。對敵有暈，厚而鮮明，久留者勝。""十二曰負氣，負气者，青赤如小半暈狀，而在日上則爲負。負者得地，爲喜。今引述明《天元玉曆祥异賦》(見《中國科學技術典籍通彙》，大象出版社，1994年) 中的戴珥并出占和左右抱氣占相應的示意圖，左圖即上有戴氣一，左右有珥，右圖爲日兩旁有抱氣二。

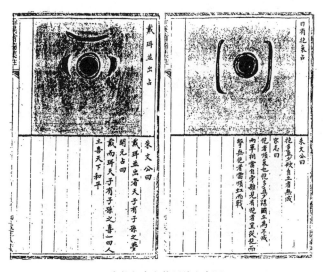

日有抱氣占與戴珥并出占圖

②九月戊子戌時……西北方……有赤氣如火：在近夜半之前的戌時（十九至二十一時），在天空的西北方，有赤氣象火。如果在夏天日落後或日出前，見到這種火焰狀的紅光還可以有其它解釋，如看作日光在高空的反照等，現在九月將近子夜之時，看到天空出現這樣的光亮，就再也不能用日光的餘輝來解釋了。本志在此前後，有多處赤氣如火，另外有如"微有赤氣""中有白氣""北方有赤白氣""北方有黑氣如堤，內有白氣三"等記載，現代天文學的解釋是極光。中國位於北半球，所看到的都是北極光。北極光，在有的書中稱爲天裂，或天開眼。《史記·天官書》所説"天開縣物"就是指此。古代的星占家對北極光的觀測十分精勤，其目的也是爲了星占。《開元占經》引《天鏡》曰："天裂見光，流血汪汪。天裂見人，兵起國亡。"京房《妖占》曰："天分，作亂之君，無道之臣欲裂其土，國之主當之。"可見在他們眼裏，北極光的出現是關係到政權分裂存亡、君主安危的大事，不得不嚴加關注。據現代天文學研究，極光是發生在地球上空電離層的電磁光學現象，祇有在南北兩極高緯度地區纔能看到。極光的顏色千變萬化，其形狀也動靜無常，有時出現幾分鍾便消失不見，有時可達數小時以上。

近代拍攝的北極光照片

（在北極光的照耀下，地面上的樹木和景物也都清晰可見。）

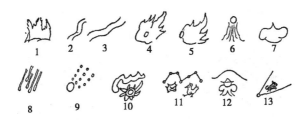

清《管窺輯要》中的極光分類圖

（1. 蚩尤旗　2. 枉矢　3. 長庚　4. 格澤　5. 含譽　6. 獄漢
7. 歸邪　8. 衆星并流　9. 大星如月，衆小星隨之　10. 濛星）

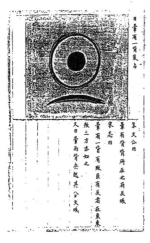

《天元玉曆祥异賦》
中的日暈有一背氣圖

③五年九月……約四更皆散：薄樹人先生特別指出這是一幅極爲生動的極光活動圖。它出現於晚上戌時，在西北方的黑雲中間，突然出現赤氣如火，以後在西南、正南、東南都看到了赤色的火焰。赤色火焰中還有白氣貫徹，乍隱乍現，一會兒似雨，一會兒似風。到了二更時分，在黑雲中間，再一次於西北方出現赤色火焰，隨後在正西、正東、東北方往來游動，内有白氣數道，時見時没。這種赤氣有時還上升到中天的部位，到四更時纔隱没。

④七月癸巳……須臾散：天文學家再次於泰和六年七月癸巳申時，看到了日面有背氣一，内赤外青。

⑤此處"王良""開陽""搖光"均爲星名。王良星在奎宿之北。開陽和搖光，爲北斗七星中的第六、七星，在斗柄上。

⑥八年四月……移時而散：天文學家又於泰和八年四月癸卯巳時，觀測到了日暈二重，暈的顔色爲内黄外赤。日暈，通常都是地球大氣中的水氣在日光周圍形成的光圈，與太陽表面現象無關。

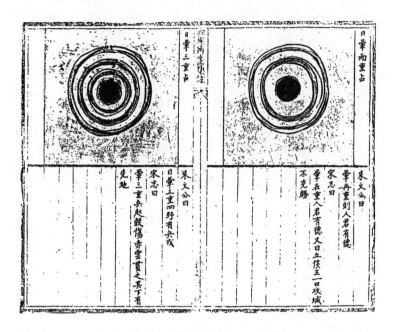

《天元玉曆祥异賦》中的日暈兩重三重圖

　　衛紹王大安元年四月壬申，北方有黑氣如大道，東西竟天，至五更散。十二月辛酉朔，日食。三年三月辛酉辰刻，北方有黑氣如堤，內有白氣三，似龍虎之狀。十月己卯，東北、西北每至初更如月將出之狀，明至夜半而滅，經月乃已。①

【注】

　　①衛紹王大安……經月乃已：衛紹王在位五年，天象記錄爲一次日食、三次北極光。此三次極光記錄，陳遵嬀《中國天文學史》第三册極光表中均有引載。

宣宗貞祐元年十月丙午，夜有白氣三，衝紫微而不貫。十一月丙申，①白氣東西竟天，移時散。二年九月壬戌朔，日食，大星皆見。三年正月壬戌，日有左右珥，上有冠氣，移刻散。二月丁巳，日初出赤如血，將沒復然。六月戊申，夜有黑氣，廣如大路，自東南至于西北，其長竟天。②四年二月甲申朔，日食。閏七月壬午朔，日食。

【注】

①十一月丙申：中華書局校點本《校勘記》考證，諸本作"十二月"誤，丙申爲十一月晦。今改。

②貞祐元年十月夜白氣、十一月白氣、三年六月夜有黑氣，均爲星夜中所見雲氣，不爲奇异天象。

興定元年七月丙子朔，日食。二年七月庚午朔，日食。三年七月庚申，五色雲見。十月乙丑，平涼府慶雲見，遣官驗實，以告太廟，詔國中。①五年正月，山東行省蒙古綱奏慶雲見，命圖以進。②四月丙子，日正午，有黃暈四匝，其色鮮明。五月甲申朔，日食。六月戊寅，日將出，有氣如大道，經丑未，歷虛危，③東西不見首尾，移時沒。十二月己巳，北方有白氣，廣三尺餘，東西亘天。

【注】

①十月乙丑……詔國中：據此記載，金代所謂慶雲見，不祇是世宗朝三次海陵王在位時二次。本志對這次慶雲記錄還特別詳細，接到奏報後，

皇上還特別下旨驗實，并告太廟，頒詔國中。

②五年正月……命圖以進：在興定五年正月，山東行省再次見到慶雲，皇上命畫出慶雲圖像上報給朝廷。蒙古綱：人名，《金史》有傳。

③經丑未：經過丑方和未方。丑方爲東北，未方爲西南，均爲十二方位之一。歷虛危：經過虛宿和危宿。虛宿和危宿爲北方七宿，均爲二十八宿之一。

元光元年十一月丁未，東北有赤雲如火。① 二年五月辛未，日暈不匝而有背氣。九月庚子朔，日食。

【注】

①東北有赤雲如火：亦當是北極光記錄。

哀宗正大二年正月甲申，① 有黃黑祲。② 三年三月庚午，省前有氣微黃，③ 自東北亙西南，其狀如虹，中有白物十餘，往來飛翔，又有光倏見如二星，移時方滅。四年十一月乙未，日上有虹，背而向外者二，約長丈餘，兩旁俱有白虹貫之。是年六月丙辰，有白氣經天，或云太白入井。④ 五年十二月庚子朔，日食。八年三月庚戌酉正，日忽白而失色，乍明乍暗，左右有氣似日而無光，與日相凌，而日光四出搖盪至没。

【注】

①哀宗正大二年正月甲申：諸本作二月甲寅，據《哀宗紀》和《五行志》，均爲二年春正月甲申。今改。

②有黃黑祲：有黃氣和黑氣來侵。祲（jìn），本義爲太陽旁的雲氣，古人認爲可預示吉凶，故又多指不祥之氣。

③省前有氣微黃：中華書局校點本考證，"省"當作"日"字。

④太白入井：金星運行進入井宿。

天興元年正月壬午朔，日有兩珥。三年正月己酉，日大赤無光，京、索之間雨血十餘里。是日，蔡城陷，金亡。①

【注】

①自上文"八年三月"至"金亡"：不計末帝做了一個月的皇帝，金計九帝，哀宗爲最後一個皇帝。哀宗爲防元軍攻擊，將都城自汴遷蔡。文中京指汴京，索指今河南滎陽一帶，蔡城即今河南上蔡一帶。文中記述日失色、乍明乍暗、日無光、日光四出搖盪、大赤無光等，均爲哀宗衰亡之象。

月五星凌犯及星變①

【注】

①月五星凌犯及星變：以下記載月亮和五星的凌犯記録和各類變星出没的現象。

太宗天會七年十一月甲寅，天旗明，河鼓直。十年閏四月丙申，熒惑入氏。八月辛亥，彗星出於文昌。十一年五月乙丑，月忽失行而南，頃之復故。七月己巳昏，有大星隕于東南，如散火。十二月丙戌，月食昴。

熙宗天會十三年十一月乙酉，月食，命有司用幣以救，著爲令。①十四年正月辛巳，太白晝見，②凡四十餘日伏。壬辰，熒惑入月。三月丁酉夜，中星搖。③九月癸未，有星大如缶，起西南，流于正西。十一月己巳，狼星搖。④十五年正月戊辰，歲星犯積尸氣。

天眷二年三月辛巳朔，歲星留逆在太微。五月戊子，太白晝見。八月丁丑，太白晝見；九月辛巳，犯軒轅左星；乙巳，犯左執法；十一月戊寅，入氐。三年七月壬戌，月犯畢。十二月壬午，月掩東井東轅南第一星。⑤

【注】

①熙宗天會……著爲令：天會十三年十一月乙酉這一天月食，皇上特地下令，命有司用幣救月，并把這個詔令記載下來，作爲定式。“救月”之説，古已有之，《周禮·秋官·庭氏》：“掌射國中之夭鳥。若不見其鳥獸，則以救日之弓，與救月之矢，（夜）射之。”鄭玄注：“日月之食，陰陽相勝之變也。於日食則射太陰，月食則射太陽。”

②太白晝見：金星白天出現於天空。金星是五大行星中最明亮的星，最亮時可達負四點四等，是日月之外全天最亮的星體，故有晝見之説。

③中星搖：夜間觀測南中的星光出現搖動。這是地球上大氣撓動導致星光發生抖動的現象。

④狼星搖：天狼星的星光發生搖動。

⑤月掩東井東轅南第一星：軒轅第一星位於井宿的東面，此星爲月掩的對象。

皇統元年二月甲戌，月掩畢大星。二年十一月己酉，月犯軒轅大星。甲寅，月犯氐東北星。三年正月己丑，熒惑逆犯軒轅次北一星。①二月乙丑，月犯畢大星。②閏四月癸巳，月掩軒轅左角星。八月丙申，老人星見。③九月丁丑，月犯軒轅大星。四年八月癸未，熒惑入輿鬼。④五年四月丙申，彗星見於西北，長丈餘，至五月壬戌始滅。六月甲辰，⑤熒惑犯左執法。六年九月戊寅，熒惑犯西垣上將。⑥己丑，月犯軒轅第二星。⑦七年正辛未，彗星出東方，長丈餘，凡十五日滅。丁亥，太白經天。七月己巳，太白經天。庚辰，熒惑犯房第二星。十一月壬戌，歲星逆犯井東扇第二星。⑧八年閏八月丙子，熒惑入太微垣。十月甲申，太白晝見；十一月壬辰，經天。十二月丙寅，太白晝見。九年二月癸亥，月掩軒轅第二星。七月甲辰，太白、辰星、歲星合于張。丁未，熒惑犯南斗第四星。八月壬子，又歷南斗第三星。

【注】

①軒轅座十六星，加附座御女一星。軒轅十四星爲軒轅座中唯一的一等星，故稱軒轅大星。由於軒轅座南部諸星近黃道，與月五星接觸較多，爲凌犯記錄中經常遇到的。其中次北一星，指軒轅大星以北的第一星，即軒轅十三。

②畢大星：指畢宿大星。畢宿計八星。畢大星指畢宿五，爲一等紅巨星。

③老人星見：中國古代有於八月秋分黎明時在南郊觀看老人星的傳統。由於老人星是中國古代所見星座中最南的星座，祇能在秋分前後幾天南方地平綫以上見到它。若遇陰雨天，或空氣狀況不好，即使這幾天也不一定能見到它。中國古代把看到老人星當成天下太平徵兆，故予以記載。

④熒惑入輿鬼：火星進入輿鬼的範圍。輿鬼又稱鬼宿，爲二十八宿之一。

⑤六月甲辰：多數刊本“六月”作“五月”，僅中華書局校點本載“六月”，但五月無甲辰。今改。

⑥西垣上將：太微垣分東西二垣，西垣又稱右垣，上將爲西垣最北星。

⑦軒轅第二星：通常稱軒頭第二星，即軒轅十五。此處恐有漏字。

⑧井東扇第二星：井宿八星，分東西兩行各四顆，東行又稱東扇，東扇第二星指井宿六。

海陵天德元年十二月甲子，土犯東井東星。二年正月乙酉，月犯昴；壬辰，犯木；乙未，犯角；二月丙寅，犯心大星。①九月乙亥，太白晝見，至明年正月辛卯後不見。②丁酉，月犯軒轅左角；③十月乙丑，犯太微上將；十二月癸丑，犯昴。三年二月丙辰，月食。十月丁亥，月犯軒轅左角。四年正月癸卯，太白經天。④二月乙亥，月掩鬼，犯鎮星。五月己亥，太白經天；丁巳，又經天。六月癸巳，太白犯井東第二星。八月辛未，太白犯軒轅大星。十一月甲辰，熒惑犯鈎鈐。⑤丙午，月犯井北第一星。⑥

【注】

①月亮侵犯心宿大星。心宿有三顆星，中間一顆爲大星，其北爲前星，南爲後星。

②正月辛卯後不見：《永樂大典》卷七八五六引作“伏不見”，當以《大典》爲正。

③犯軒轅左角：月犯軒轅東南左角即軒轅十六星。

④太白經天：其實，太白與太陽最大夾角爲四十八度，太白距地平九十度左右纔可説是經天。故此二者必須同時發生，纔能在中天看到它。這時太陽已距東西地平三十餘度。

⑤熒惑犯鈎鈐：鈎鈐二星，在房宿北星房宿四拐角處，爲房宿的附座。《乙巳占》曰：“土守鈎鈐，王者失天下。”又曰：“火犯房鈎鈐，王

者憂，金同。火逆行至鈎鈐，王者憂。火逆行至鈎鈐，天子侍臣俱亡。"這便是爲什麼古代的天文學家很重視月和五星對鈎鈐的凌犯之原因。

　　⑥井北第一星：指井宿五。

　　貞元元年正月辛丑，^①月犯井東第一星。四月戊寅，有星如杯，自氐入於天市，^②其光燭地。十二月乙卯，太白經天。庚午，月食。閏月乙酉，太白經天。^③二年正月庚申，太白經天。是夜，月掩昴；二月辛丑，犯心前星，三月辛巳，食。^④七月癸丑，太白晝見，凡三十有三日伏。八月戊戌，熒惑入井，凡十一日而出。十一月甲子，月食。三年八月乙酉，月犯牛；九月辛亥，犯建星；十一月戊午，掩井鈇星。

【注】

　　①貞元元年正月辛丑：諸本"元年"作"二年"，殿本、中華書局校點本爲"元年"。據殿本改。

　　②自氐入於天市：月亮從氐宿進入天市垣。天市垣的南部位於氐宿之東，故曰自氐入於天市。

　　③中華書局校點本《校勘記》已發現天德四年"月犯井北第一星"下有"十二月乙卯朔，太白經天。丙子，月食。閏月己亥，太白經天"二十二字，與貞元元年下"十二月乙卯，太白經天。庚午，月食。閏月乙酉，太白經天"二十一字幾乎完全重複，判天德四年之二十二字爲衍文。筆者核對原文，兩處二十一、二十二字并不完全重複，其中月食干支和太白經天干支均不相同。但中華書局校點本校勘的結論是正確的。據汪曰楨《歷代長術輯要》，天德四年十二月爲辛酉朔，比本志所載乙卯多了五個干支，證明本志"十二月乙卯朔"確實爲"貞元元年"之記錄。庚午月食爲十六日也合。《歷代長術輯要》認爲此年閏十二月乙酉朔，正好朔日乙卯太白經天，故論證確實，天德四年條下二十二字當刪。

④三月辛巳食：中華書局校點本考證是月辛巳爲二十八日，不當月食，故食字後當缺星名，即爲月亮食星之天象。

正隆二年正月庚辰，太白晝見，凡六十七日伏。三年正月丁亥，有流星如杯，長二丈餘，其光燭地，出太微，没於梗河之北。①二月乙卯，②熒惑入鬼。辛巳，月食。甲午，月掩歲星；③六月丁酉，犯氐。九月己未，太白經天，至明年正月二十一日不見。十二月戊申，月入氐。四年九月壬寅，月掩軒轅右角；④十一月壬辰，入畢，犯大星。十二月，太白晝見，凡七日。五年正月，海陵問司天提點馬貴中曰：“朕欲自將伐宋，天道如何？”貴中對曰：“去年十月甲戌，熒惑順入太微，至屏星，留退西出。《占書》熒惑常以十月入太微庭，受制出伺無道之國。又去年十二月，太白晝見經天，占爲兵喪，爲不臣，爲更主。又主有兵兵罷，無兵兵起。”⑤甲午，月食。二月丁卯，太白晝見。四月甲戌，復見，凡百六十有九日乃伏。六年七月乙酉，月食。九月丙申，太白晝見。先是，海陵問司天馬貴中曰：“近日天道何如？”貴中曰：“前年八月二十九日太白入太微右掖門，九月二日至端門，九日至左掖門出，并歷左右執法。太微爲天子南宫，太白兵將之象，其占：兵入天子之庭。”海陵曰：“今將征伐，而兵將出入太微，正其事也。”貴中又言：“當端門而出，其占爲受制，歷左右執法爲受事，此當有出使者，或爲兵，或爲賊。”海陵曰：“兵興之際，小賊固不能無也。”是歲，海陵南伐，遇弑。⑥

【注】

①梗河：星名，在北斗斗柄的延長綫上。

②二月乙卯：諸本作“己卯”“二月己卯”。今據《宋史·天文志》改。

③辛巳月食：中華書局校點本考證，是年二月無辛巳，三月辛巳爲二十一日，非月食之期，故食字下當缺星名。又三月下無甲午，故“月掩歲星”之“甲午”前當缺“四月”二字。

④軒轅右角：指軒轅十五。

⑤五年正月……無兵兵起：海陵王十分迷信星占，爲了准備攻宋，至少兩次詢問司天提點馬貴中有關異常天象的反映。馬貴中從熒惑和太白犯太微的天象給以分析。本志記載了貞元五年正月海陵王與馬貴中的對話。馬貴中説，貞元四年十月甲戌，熒惑進入太微垣，行至屏星停留，又逆行西退，出太微西垣。據星占書的説法，這是“受制出伺無道之國”。又説，貞元四年十二月見太白經天，占曰爲兵、爲喪、爲不臣、爲更主。這時宋金南北對峙，有兩個朝廷，海陵王自然從對自己有利的方面考慮，認爲南宋朝廷即將發生變亂。

⑥六年七月乙酉……海陵南伐遇弑：貞元六年七月，海陵王南攻的決心已下，臨發兵前他再次詢問馬貴中，問天道如何。馬貴中回答：貞元四年八月二十九日，太白入太微垣右掖門，九月二日至端門，九日至左掖門，經過左右執法而出。太微爲天子的南宫，太白爲兵象，得到的占語爲有兵入天子之庭。海陵王説：對啊，我正要南征，占語兵將出入天子之庭，天象反映的正是這件事了。馬貴中又説：太白由端門出，歷左右執法，應在執法官受制，或爲兵，或爲賊。海陵王解釋説：雙方交兵之際，個別小毛賊，出不了大事。結果海陵王南攻時遇刺。問題就出在這個小毛賊上。這是星占家的説法。其實并不那麼簡單，由於海陵王任性胡爲，朝廷內外積怨甚多，這是他沒有自知之明的結果。按歷史紀年，貞元祇有五年，但本志記載貞元六年七月海陵王還在與馬貴中談話。世宗於是年十月纔即位，這種紀元方式不合中國古代的常情，祇能理解爲世宗是通過政變

取得政權的，爲當年紀元。

世宗大定元年十月丙午，熒惑入太微垣，在上將東。丁巳，月犯井西扇北第二星。①二年正月癸巳，太白晝見。閏二月戊寅，月掩軒轅大星；三月戊申，掩太微東藩南第一星；②八月乙酉，犯井西扇北第二星；九月庚戌，犯畢距星。③十月戊辰，有大星如太白，起室壁間，没於羽林軍，尾迹長丈餘。④三年正月庚子，太白晝見，凡百有十日乃伏。五月辛丑，月入氐。七月庚戌，太白晝見，百二十有七日乃伏。八月丁未，月犯井距星。丙寅，太白晝見，經天。十月庚辰，月犯太微垣西上將星。十一月庚寅，太白晝見，經天。歲星入氐，凡二十四日伏。壬子，月入氐。四年正月戊子，熒惑、歲星同居氐。己丑，熒惑出氐。二月壬午，歲星退入氐，凡二十九日。九月丙午，月犯軒轅大星北次星。十一月丙申，月食，既。十二月辛卯，太白晝見經天。癸卯，月掩房北第一星。⑤五年正月癸亥，月掩軒轅大星北次星；八月丁酉，犯井東扇第一星。⑥十一月癸丑，熒惑入氐，凡二十一日。六年二月丙申，月犯南斗東南第二星；⑦三月己未，入氐。四月辛丑，太白晝見，八十有八日伏。六月辛巳，太白晝見；經天。⑧九月壬子，太白晝見，百有三日乃伏；丙辰，經天；十月壬辰，復晝見，經天。十一月辛亥，金入氐，凡七日。庚申，太白晝見，經天；十二月戊子，復見，經天。癸巳，月犯房北第二星。⑨七年十月乙巳，火入氐，凡四日。十一月壬申，太白晝見，九十有一日伏。丁丑，歲星晝見，二日。⑩八年正月癸未，月掩心大星；三月庚午，掩軒轅大星北一星。己丑，太白晝見，百五十有八日乃伏。五月丁卯，歲星晝見。八月甲午，太白犯軒轅大星。十月庚子，月掩熒惑；十一月庚午，犯昴。九年正月戊寅，月掩心後星；四月庚子，掩心前星；⑪八月癸卯，掩昴；十二月丙戌，犯土。丁酉，太白晝見，十有六日伏。十年正月丙寅，月掩軒轅大星；七月庚子，犯五車東南星。⑫八月戊申朔，木星掩熒惑，在參畢間。十一年二月壬戌，熒惑犯井東扇北第一星。⑬八月癸卯，太白晝見。十二年五月辛巳，月犯心後星；八月癸卯，犯心大星。辛亥，熒惑掩井東扇北第二星。⑭九月丁亥，⑮太白晝見，在日前，九十有八日伏。十月己酉，熒惑掩鬼西北星。⑯歲星晝見，在日後，四十有七日伏。

【注】

①月犯井西扇北第二星：月亮侵犯井宿西面一行自北向南數第二星。井爲水事，月犯之，有水災。

②掩太微東藩南第一星：月亮侵犯太微垣東垣牆自南向北數第一星，即犯東上相。月犯之，上相有咎。

③犯畢距星：月亮侵犯畢宿的距星。距星：二十八宿度量系統中其赤經差起迄點的星。

④有大星如太白……尾迹長丈餘：這顆异常出現的大星首見於室宿和壁宿間，然後向東南方向移動，至羽林軍星處纔隱沒不見。這是一顆彗星。

⑤月掩房北第一星：月亮掩蓋房宿自北數第一星。通常兩星相距七寸之內爲犯，相合爲掩。

⑥犯井東扇第一星：月亮侵犯井宿東面一排星中自北向南數第一星。

⑦月犯南斗東南第二星：月亮侵犯斗宿東南第二星，即斗宿五。

⑧六月辛巳太白晝見經天：諸本"辛巳"在"晝見"之下，文理欠通。本書《世宗紀》載大定六年"六月辛巳太白晝見經天"。今據改。

⑨月犯房北第二星：若按文義，當爲房宿二。但也可能有漏字，如房北第二星、房南第二星。中華書局校點本有此字。

⑩太白晝見歲星晝見：木星是行星中第二亮星，其亮度與最亮的恒星天狼星差不多，可達負一點六等以上。但是它的亮度比金星來説還是要小一些，故古代天文學家并不注意白天能否見到它。由於它是外行星，在中天見到它是常事。但是，在《金史·天文志》中，有多處記載歲星晝見的記録。看來，在古代的大氣透明度下，白天確實可以見到木星。

⑪心大星、心後星、心前星：心宿三星，中間爲心大星即大火星，爲天王星，上爲心前星，爲太子星，下爲心後星，爲庶子星。

⑫犯五車東南星：月犯五車星中東南方向的星，指五車五。

⑬熒惑犯井東扇北第一星：火星犯井宿東面一排的北面第一星，即井宿五。

⑭熒惑掩井東扇北第二星：火星掩蓋井宿東面一排的北面第二星即井宿六。

⑮九月丁亥：諸本缺"九月"二字。按《世宗紀》大定十二年九月"丁亥，太白晝見在日前"。今據補。

⑯熒惑掩鬼西北星：火星掩蓋鬼宿西北向星，指鬼宿二。

十三年閏正月辛酉，太白晝見，四十有九日伏。二月己丑，熒惑犯鬼西北星；三月癸巳朔，入鬼；次日，犯積尸氣。六月辛未，月犯心前星。十月乙丑，歲星晝見於日後，五十有三日伏。十四年三月辛丑，太白、歲星晝見，十有八日伏；丙辰，二星經天，凡二日。六月己未，太白晝見，三十有九日；八月己卯，晝見，又百三十二日乃伏。庚辰，熒惑犯積尸氣。十月丙寅，歲星晝見，六日。十五年十一月甲子，太白晝見，①八十有六日伏。十二月乙丑，月掩井西扇北第一星。十六年三月庚申，月食。五月甲寅，太白晝見，五十有四日伏。庚午，月掩太白；七月丁未，犯角宿距星；甲子，掩畢宿距星。八月丙子，太白犯軒轅大星。九月丁巳，月食。十月丁丑，熒惑入太微。十一月甲寅，月掩畢距星。②戊辰，熒惑犯太微上將。十二月己丑，月掩太微左執法。十七年春正月丙寅，熒惑犯太微西藩上相。九月庚戌，歲星、熒惑、太白聚於尾。十二月己巳，太白晝見，四十有四日伏。十八年七月庚辰，土星犯井東扇北第二星。③九月己丑，熒惑犯左執法。十二月甲午，鎮星掩井西扇北第一星，凡十日。十九年正月甲戌，月食，既。三月甲戌，熒惑犯氐距星。四月丁巳，歲星晝見，凡七日。七月丙子，太白晝見，四十有五日伏；八月癸卯，犯軒轅御女。④辛亥，熒惑掩南斗杓第二星。⑤九月壬申，月掩畢大星。十一月辛未，熒惑掩歲星。十二月丁亥，月犯歲星。二十年二月己丑，月掩畢大星；三月丙辰，掩畢西第二星。⑥二十一年二月戊子，月犯鎮星。戊戌，太白晝見。三月甲子，太白晝見。四月壬申，熒惑掩斗魁第二星，十有四日。六月甲戌，客星見于華蓋，凡百五十有六日滅。七月乙亥朔，熒惑順入斗魁中，五日。以下史闕。⑦

【注】

①十五年十一月甲子太白晝見：諸本無“十五年”三字。據《世宗

紀》，大定十四年“十一月甲申朔”，是月無甲子，當爲十五年十一月甲子太白晝見。今補。

②畢距星：二十八宿爲天體的坐標。以入宿度、去極度表示，各宿都有起算的標志星，稱爲距星。通常距星的標號爲一，故畢距星就是畢宿一。

③井東扇北第二星：井宿八星分東西二列，各四星，東扇北第二星爲東面從北數第二星，即井宿六星。

④犯軒轅御女：軒轅星座中的御女星，爲軒轅星座中的附座，在軒轅大星的正南方。

⑤南斗杓第二星：南斗計六星，一、二、三爲杓，四、五、六爲魁，故杓第二星爲斗宿二。

⑥畢西第二星：指畢右叉第二星，爲畢宿二。

⑦以下史闕：以下引用的史料缺漏。其實祇缺幾個月的記録。

二十二年五月甲申，太白晝見，六十有四日伏。七月戊子，歲星晝見，二日。八月戊辰，太白晝見，百二十有八日，其經天者六十四日。十一月辛未，熒惑行氐中。乙亥，太白入氐。辛巳夜，月食，既。癸未，熒惑、太白皆出氐中。十二月戊戌，熒惑犯鈎鈐。二十三年五月己卯，月食，既。九月甲申，歲星晝見，五十有五日伏。十月辛酉，太白晝見，百四十有九日乃伏。十一月丁卯，歲星晝見，三十有三日伏。閏十一月庚申，歲星晝見，九十日伏。二十四年四月己未朔，太白晝見，百四十有五日乃伏。甲申，月掩太白。九月庚子，歲星犯軒轅大星，甲辰晝見，凡五十二日伏。十月壬申，太白、辰星同度。二十五年三月乙酉，太白與月相犯。九月丁亥，月在斗魁中，犯西第五星。①十一月庚辰

朔，歲星晝見，在日後，凡七十四日。壬午，太白晝
見，在日後，百十有一日乃伏。十二月己未，月犯熒
惑。甲子，太白晝見經天。二十六年三月丙戌，熒惑入
井。鎮星犯太微東藩上相。②壬辰，月食。四月丁丑，熒
惑犯鬼西南星。③七月丙申，月掩心前星。八月乙亥朔，
日月五星會于軫。④十二月乙未，月掩心前大星，又犯於
後星。二十七年五月壬子，月犯心大星。六月庚辰，太
白晝見，百七十有三日乃伏。癸巳，月掩昴；七月丙
午，犯房南第一星。是日，太白晝見經天。十月己丑，
太白入氐。十二月丁丑，月掩昴。二十八年正月己未，
歲星留於房；⑤甲子，守房北第一星。⑥十一月丙申，鎮
星入氐。庚子，太白晝見，在日前，四十有九日伏。十
二月壬申，月掩昴。二十九年正月丁酉，土星留氐中，
三十有七日逆行，後七十九日出氐。五月庚寅朔，太白
晝見，在日後。六月丙辰，月犯太白，月北星南，同在
柳宿。⑦十一月己未，熒惑守軒轅，至戊辰退行，其色稍
怒。⑧十二月辛丑，月食，既。

【注】

①月在斗魁中犯西第五星：斗魁西第五星，即斗宿五。

②鎮星犯太微東藩上相：土星犯太微垣東垣牆的上相星。

③熒惑犯鬼西南星：火星犯鬼宿西南星，即鬼宿一。

④八月乙亥朔日月五星會于軫：五星聚會，在中國歷史上被視爲非常
罕見的吉利天象，即所謂有德者昌、無德者亡的預兆。五星聚於東井，就
被星占學家預言劉邦當興的吉兆，見《史記·天官書》。金世宗大定二十
六年（1186）八月乙亥朔，非但五星聚於一舍（軫宿），而且太陽和月亮

也同聚於軫宿。這是十分稀有的天象。不過，它也有一個缺憾：這一吉利的天象，由於與太陽聚於一舍，無法用肉眼觀看。對於這一天象，《宋史·天文志九》也有記載："淳熙十三年閏七月戊午，五星皆伏。八月乙亥，七曜俱聚於軫。"

⑤歲星留於房：歲星在房宿處停留。這是對應於房宿分野之地有利的天象。《開元占經》曰："氐、房、心，宋之分野。"《史記·天官書》曰："房、心，豫州。"又曰："所居久，國有德厚。"

⑥（歲星）守房北第一星：房北第一星即房宿四。守是守候之義。《乙巳占》曰："守，留住也。"它與留的含義也有差別。由於木星運動較慢，所過的星座也可稱爲守。

⑦月犯太白月北星南同在柳宿：在柳宿這片星空，月與太白相犯，月在北，太白在南。

⑧其色稍怒：火星紅色，有茫角爲發怒之象。

章宗明昌元年二月丁亥，太白晝見。六月丁酉，月食，既。十二月乙未，月食。二年六月壬辰，月食。十一月乙丑，金木二星見在日前，十三日方伏而順行危宿，在羽林軍上、壘壁陣下，①光芒明大。十二月戊子，木金相犯，有光芒。三年三月戊戌，熒惑順行犯太微西藩上將。②四月丁巳，月食。己未，熒惑掩右執法，色怒而稍赤。四年正月丙子，月有暈，白虹貫其中。八月己亥，卯初三刻，歲星見，未正二刻，太白見，俱在午位。其夜歲星留胃十三度，守天廩。③十月戊申，月食。④五年十月癸卯，月食。十一月癸丑，太白晝見，在日前，三十有三日伏。六年正月庚寅，太白晝見，在日前，百有二日乃伏。六月庚辰，復晝見，在日後，百六十七日，唯是日經天。

【注】

①十一月乙丑……在羽林軍上壘壁陣下：中華書局校點本作如下標點："十三日方伏而順行，危宿在羽林軍上、壘壁陣下。"似不通。《校勘記》曰："按危宿爲恒星，觀象時常在羽林軍壘壁陣之上，縱有天象變異，亦決不可能移動至壘壁陣下。疑此處係接叙上文金木二星'十三日伏而順行'之後，至危宿南之羽林軍上。則'危宿在'當作'在危宿'爲是。"筆者以爲，危宿爲宿度方位，金木二星實在羽林軍上、壘壁陣下，故當作"十三日方伏而順行危宿，在羽林軍上、壘壁陣下"，不必改字而通順。

②熒惑順行犯太微西藩上將：火星向東順行，侵犯太微西垣牆的上將星。

③歲星留胃十三度守天廩：木星停留在胃宿十三度的地方，并守衛在天廩星處。

④十月戊申月食：諸本"十月"作"九月"，據《章宗紀》九月甲子朔，無戊申，十月甲午朔，戊申十五日，合。今改。

承安元年四月，司天奏河津星象①事，上諭宰相曰："天道不測，當預防之。"八月壬戌，月食。九月壬午，太白晝見，在日前，百有七日乃伏。二年二月丁巳，太白晝見，在日後，百九十有五日乃伏；己未，經天。是夜，月食，既。三年正月甲寅，月食。七月庚戌，月食。五年五月庚午，月食。六月庚戌，月掩太白。

【注】

①河津星象：河津即銀河邊，指其處的星象。

泰和元年十一月辛酉，月食。二年五月己未，月食。三年三月癸未，月食。六月戊戌，太白晝見，在日後，百有十日乃伏。四年九月乙亥，月食。五年三月壬申，月食。閏八月己巳，月食。^①六年五月甲申，太白晝見，在日前，七十有六日；庚戌，經天。六月辛未，歲星晝見，在日後；七月戊申，經天。八月癸卯，月暈圍太白、熒惑二星。辛亥，歲星辰見，至夜五更，與東井距星相去七寸內。^②癸丑，夜半有流星如太白，其色赤，起於婁宿。己未卯正初刻，太白晝見，在日前。其夜五更，熒惑與輿鬼、積尸氣相犯，在七寸內。庚申卯正初刻，太白晝見，在日後。其夜五更初，熒惑在輿鬼、積尸氣中。壬申，太白晝見，經天，在日後。十月丙午，歲星犯東井距星。十一月壬午，太白入氐。七年正月丙戌初更，月有暈圍歲、鎮二星，在參畢間。辛卯，月食。三月癸丑，月掩軒轅大星。七月戊子，月食。九月己卯初更，月在南斗魁中。旦，歲星在輿鬼中。八年正月丙戌，月食。七月戊戌朔，太白晝見，在日後。八月壬戌，太白、歲星光芒相及，同在張一度。十一月庚子未刻，有流星如太白者二，光芒如炬，幾一丈，起東北沒東南。

【注】

①閏八月己巳月食：諸本脫"閏"字，是年八月丙戌朔，無己巳，《章宗紀》載"閏月乙卯朔"，己巳十五日，合。今據以改。

②歲星……與東井距星相去七寸內：歲星及較暗的行星相距七寸以內爲犯，故有此記錄。

衛紹王大安元年正月辛丑，有飛星①如火，起天市垣，尾迹如赤龍之狀，移刻散。二月乙丑朔，太白晝見，經天。六月丁丑，月食。十月乙丑，月食熒惑。丙寅，歲星犯左執法。二年正月庚寅朔，②日中有流星出，③大如盆，其色碧，西行，漸如車輪，尾長數丈，沒于濁中，至地復起，光散如火，移刻滅。二月，客星入紫微中，其光散如赤龍之狀。三年正月乙酉，熒惑入氐中，凡十有一日乃出。二月，熒惑犯房；閏月，犯鍵閉星；十月癸巳，犯壘壁陣。

【注】

①飛星：流星或火流星。因隕石落入地球大氣，與大氣發生磨擦發熱燃燒而生光，在夜空中留下一條有火光的尾迹。沒有燒盡而落入地面的則稱爲隕石。

②二年正月庚寅朔：諸本"庚寅朔"作"庚戌朔"，但據《歷代長術輯要》是年正月當爲庚寅朔，由於本志文中有庚字和朔字，當爲庚寅朔之誤。今據推算改。

③日中有流星出：按文義，當爲太陽附近有流星出現。下文還有沒於濁中，故一定是白天，此處的日中不可能是日星中，但從太陽附近出現的流星幾乎很難看到，此處的記載則十分詳細，當爲實測。

崇慶元年春三月，日正午，日、月、太白皆相去咫尺。①

【注】

①崇慶元年……皆相去咫尺：此事在《衛紹王紀》中載爲"至寧元年"，當有一誤。咫尺：此處表示日、月、太白相去不遠。

宣宗貞祐元年十一月丙子，熒惑入壘壁陣。二年二月庚戌，月食。八月丁未，月食。九月丁亥，太白晝見於軫。十一月庚辰，鎮星犯太微東垣上相。辛巳，熒惑犯房、鈎鈐。三年七月庚申，有流星如太白，其色青白，有尾出紫微垣北極之旁，①入貫索中。己卯，月入畢，②至戊夜犯畢大星。③八月辛丑，月食，既。十二月庚寅，太白晝見於危，八十有五日伏。四年正月乙卯夜，中天有流星大如日，④色赤，長丈餘，墜於西南，其聲如雷。二月己亥，月食。四月丁酉，太白晝見於奎，百九十有六日乃伏。六月丙申，歲星晝見於奎，百有一日乃伏。閏七月乙未，月食；辛丑，犯畢。十一月丙戌，月暈歲星，歲在奎，月在壁；己丑，犯畢大星；十二月戊午，復犯畢大星。

【注】

①紫微垣北極之旁：紫微垣中北極五星之旁。北極五星是紫微垣中的一個星座，上古時當過北極星。

②己卯月入畢：《宣宗紀》載貞祐三年七月"戊寅，月入畢宿中，戊夜犯畢大星"。戊寅與己卯有一日之差。

③戊夜：《初學記》引《漢舊儀》曰"五夜：甲夜、乙夜、丙夜、丁夜、戊夜"。《晉書·趙王倫傳》有"丙夜一籌"。可見五夜與五更是對應的。戊夜即五更時。

④中天有流星大如日：諸本"日"作"十"，詞義不明，殿本作"日"。今據殿本改。

興定元年正月乙酉，月犯畢左股第二星。①四月戊辰，太白晝見於井，百六十有二日乃伏。八月戊申，歲星晝見於昴，六十有七日伏。九月癸巳，月犯東井西扇第二星。十月癸丑，夜有流星大如杯，尾長丈餘，自軒轅起貫太微，沒於角宿之上。十一月癸未，月暈歲星、熒惑二星，木在胃，火在昴。丙戌，太白晝見。十二月戊午，月食。二年六月乙卯，月食。八月壬戌，有流星大如杯，尾長丈餘，其光燭地，起建星沒尾中。一云自東北至西北而墜，其光如塔狀，先有聲如風，後若雷者三，牎紙皆震。十月庚申，②月犯軒轅左角之少民星。十二月壬子，月食，既。③三年五月庚戌，月食，既。壬子，太白晝見於參，三十有六日經天，又百八十四日乃伏。七月壬寅初昏，有星自西南來，其光燭地，狀如月而稍不圓，色青白，有小星千百環之，若迸火然，墜於東北，少頃有聲如鼓。八月丁卯，歲星犯輿鬼東南星。己巳，歲星晝見於柳，百有九日乃伏。十一月乙巳，月食。④癸丑，白虹二，夾月，尋復貫之。四年正月庚子，月犯東井。三月甲寅，歲星犯鬼、積尸氣。五月甲辰，月食；六月戊辰，犯鎮星。己巳，太白晝見於張，百八十有四日乃伏。十一月壬辰，歲星晝見于翼，六十有七日，夜又犯靈臺北第一星。⑤五年正月辛丑，太白晝見於牛，二百三十有二日乃伏。司天夾谷德玉等奏以爲臣強之象，請致祭以禳之。宣宗曰：“斗、牛吳分，蓋宋境也。他國有災，吾禳之可乎。”⑥九月庚戌，歲星犯左執法。閏十二月戊子，熒惑犯軒轅。甲午，月犯熒惑。戊戌，鎮星晝見于軫。己亥，太白晝見於室。六年正月辛酉，月犯熒惑；壬戌，犯軒轅。三月壬子，月食太白。

癸亥，月食。丙寅，歲星犯太微左執法。⑦七月乙亥，太白經天，與日爭光。八月己卯，彗星出於亢宿、右攝提、周鼎之間，指大角。⑧太史奏："除舊布新之象，宜改元修政以消天變。"於是，改是年爲元光元年。⑨九月丁未，滅。壬申，月食歲星。

【注】

①畢左股第二星：左股即東叉，指畢宿六。

②十月庚申：《宣宗紀》載興定二年十月"癸亥，月犯軒轅左角之少民星"。庚申先癸亥三日，本志"十月庚申"下當有脫文，再接"癸亥，月犯軒轅左角之少民星"。少民星，即軒轅十六星。

③十二月壬子月食既："二"，諸本作"一"，但據《宣宗紀》興定二年（1218）十二月己亥朔，壬子十五日月食，合。又據《宋史·天文志》載嘉定十一年（1218）"十二月壬子，月食，既"。今據此改。

④十一月乙巳月食：據《宣宗紀》，是年十一月癸巳朔，乙巳爲十三日，非月食之期。又據《宋史·天文志》載是月月食爲"丙午月食"，有一日之差。日與日之間以夜半爲界，可能月食發生在夜半之後，本志記爲前一日。

⑤靈臺北第一星：靈臺三星，在太微垣右上將旁，南北排列，北第一星爲靈臺一星。

⑥五年正月辛丑……吾禳之可乎：興定五年正月發生了太白晝見於牛宿的異常天象，司天監官夾谷德玉奏報曰，這是朝中有強臣的迹象，勸皇帝祭祀禳災。宣宗反問説：斗、牛的分野在吳，對應於宋，我們全國禳災有意義嗎？由於南北對峙，有兩個朝廷，當如何判斷應對的狀况，星占家自己都没有弄清，就盲目勸宣宗禳災，宣宗提出這個疑問，最後没有解答，留待後人思考。

⑦癸亥月食丙寅歲星犯太微左執法：諸本"癸亥"前有"四月"二字。按推四月己卯朔，無癸亥、丙寅。又《宣宗紀》載三月丙寅"歲星犯太微左執法"。《宋史·天文志》載高宗九年三月癸亥月食，丙寅歲星入太

微，犯右執法。今據此刪去“四月”二字。

⑧彗星出於亢宿……指大角：彗星出現在亢宿，在右攝提星和周鼎間移動，彗頭指向大角星方向。

⑨八月己卯……改是年爲元光元年：天空出現了彗星，星占家告知改元修政消災。宣宗照辦，但兩年以後即駕崩了。可見星占家的話也不一定應驗。

元光二年八月乙亥，熒惑入輿鬼，掩積尸氣；十月壬午，犯靈臺；十一月，又犯心大星。

哀宗正大元年正月丙午，月犯昴；三月癸丑，犯熒惑。是月，熒惑逆行犯左執法。四月癸酉，熒惑犯右執法。乙未，太白、辰星相犯。三年十一月丙辰，月掩熒惑。丁巳，熒惑犯歲星；庚申，犯壘壁陣。癸酉，五星并見於西南。①十二月，熒惑入月。四年正月壬戌，熒惑犯太白。六月丙辰，太白入井。七月丁亥，熒惑犯斗從西第二星。②五年五月乙酉，月掩心大星。七年十月己巳，月暈，至五更復有大連環貫之，絡北斗，內有戟氣。十二月庚寅，有星出天津下，大如鎮星而色不明，初犯輦道，二日見於東北，在織女南；乙未，入天市垣，戊申方出；癸丑，歷房北，復東南行，入積薪，凡二十五日而滅。③

【注】

①五星并見於西南：五大行星都出現於西南方向。但不一定聚於一宿，可以在九十度的範圍之内。

②斗從西第二星：從西數第二星，即斗宿二。

③十二月庚寅……凡二十五日而滅：這是一顆典型的彗星。其行蹤十分詳細，首先見於天津星下方，大如土星，自此，一直向西南方向移動，

經輦道、織女、天市垣、房宿，直至積薪星，於正大七年（1230）十二月
庚寅見以後，計二十五天。但未載是否有尾。

　　天興元年七月乙巳，太白、歲星、熒惑、太陰俱會
於軫、翼，司天武亢極言天變，上惟歎息，竟亦不之罪
也。八月甲戌，太白、歲星交。閏九月己酉，彗星見東
方，色白，長丈餘，彎曲如象牙，出角、軫南行，至十
二日長二丈，十六日月燭不見，^①二十七日五更復出東
南，約長四丈餘，至十月一日始滅，凡四十有八日。^②司
天奏其咎在北，哀宗曰："我亦北人，今日之事我當滅
也，何乃不先不後適丁此乎！"^③

【注】

①月燭不見：在月光照耀下不見蹤影。

②閏九月己酉……凡四十有八日：這是天興元年（1232）閏九月己酉
見到的彗星，出現了四十八日，尾長達四丈有餘（四十餘度）。

③司天奏其咎在北……適丁此乎：司天官向哀宗報告了天興元年閏九
月彗星見。因彗星是除舊布新的天象，故說咎在北方，北方即指當時逐漸
強大的蒙古部。這是星占家爲哀宗開脫寬心之辭。當時在蒙古軍隊的強大
攻勢下，哀宗已遷都蔡城，自知朝不保夕，雖司天官說咎在北方，哀宗聽
了仍知是不祥之兆，説：我也是北人，彗星的出現，表明我當要被蒙古人
消滅了。何乃不先不後適丁此乎：這次彗星的出現，爲什麼正好在不先不
後是我被困於此的時候出現呢！此處"丁"作當解。

五帝

鬼宿

巳宮　　　　　午宮　　　－赤道

井鉞

天節

天記　　天杜

元史・天文志

　　《元史》爲明初由宋濂、王禕任正副總裁撰寫，其
《天文志》二卷，雖未明言具體作者，但此二人均爲
"明天文曆法"之人，故據推斷當爲此二人所撰。此
《天文志》由天文儀器介紹、四海觀測結果和异常天象
記録三部分組成。

　　在天文儀器中，詳細介紹了元代著名天文學家郭守
敬設計創造和改進的數件重要天文儀器——簡儀、仰
儀、大明殿燈漏、正方案、圭表、景符、闚几等，并叙
述了西域儀象的大體結構。

　　簡儀是郭守敬最重要的創造發明。渾儀發展到唐
代，圓環越來越多，結構越來越複雜，容易産生儀器中
心差；由於環多，也容易遮擋視綫，妨礙觀測。自北宋
以來，渾儀製造中已出現了簡化圓環的趨勢。郭守敬的
簡儀，就是針對渾儀複雜化的缺點而作出的改進。它把
不同坐標系統的圓環分開，把渾儀分解爲兩個獨立的儀
器，分別相當於赤道經緯儀和地平經緯儀。赤道經緯儀
的百刻環，其讀數可以精確到十分之一度。而元以前的
儀器，最多祇能讀到四分之一度。地平經緯儀是一個新
創造的儀器，用於測量天體的地平坐標。它的立環能够
轉動，可由此讀出地平坐標，這是一項重大改進。簡儀

上還安裝了一個候極儀，用以校正儀器的極軸，這也是郭守敬的發明。這些發明和改進，全部依仗本《天文志》的記載而得以流傳下來，纔爲後人所知曉。其他如仰儀、圭表、景符、闚几等，也多依靠本志的詳細記載，使後人能方便而深入地了解這些儀器的結構和進步之處。梅文鼎説："《元史·天文志》對仰儀僅録銘辭而無説明，對簡儀則有説明而無銘辭。"（見《二儀銘補注》）至於大明殿燈漏，這是一種新的計時儀器，由於它更接近於後世的機械鍾，因結構過於複雜，不是此處所能講解清楚的。

其後記載的七件西域儀象，這是至元四年（1267）西域人札馬魯丁所造的阿拉伯天文儀器，也是由於本志的記載，後人纔得知它們的形制和用法，這是有關阿拉伯天文儀器中最明確、最可靠的史料，也是研究中阿天文交流的重要史料，爲中外科學史家所關注。

所謂四海觀測，是元初進行的大規模天文觀測之一，它有計劃地從北緯十五度到六十五度，每隔十度設置一個觀測點，共六個觀測點。此外，各個主要城市，也設立了觀測點。本志記載了南海、衡嶽、嶽台、和林、鐵勒、北海六個觀測點及大都的北極出地度數，夏至圭影長度，畫夜漏刻數。另外，還記載了上都、北京等二十個大城市的北極出地度數，從而使這次觀測的主要成果爲後人所知曉。

异常天象記録所占篇幅，超過了天文儀器與四海測景的總和，它詳細記載了自憲宗蒙哥六年（1256）至元末（1368），即大約有元一代的"日薄食暈珥及日變"和"月五星凌犯及星變"情況。這些記錄，保存了許多有價值的天文資料，是十分珍貴的科學寶藏。

本志所載天象記錄，也有着自己的特點，這些特點，又都是元代天文學進步的標志。本志與他志相比，最明顯的特點是記載月、五星的凌犯多，而且特別具體詳細，不載月食，也較少有流星和其他异常天象的凌犯記錄。被凌犯的星座，也從傳統的較常見的三垣二十八宿等，擴大到以往較少受到關注的暗星，如狗星、狗國星、雲雨星、外屏星、天尊星、日星、月星等，更多、更具體地指出了犯星座中的某顆星，并有許多掩星記錄，位置十分準確。所有這些都表明元代天文學家比以往天文學家觀測更精勤，對星空熟悉的程度也更高，從而具有更高的使用價值。例如，人們從短短的元代八十年的天象記錄中，已經計算出兩顆彗星的軌道圖并找到一次哈雷彗星而加以記錄，這些都是難能可貴的。

《元史》卷四十八

志第一

天文一

司天之説尚矣，①易曰"天垂象，見吉凶，聖人象之"。又曰"觀乎天文以察時變"。自古有國家者，未有不致謹於斯者也。是故堯命羲、和，曆象日月星辰，舜在璿璣、玉衡，以齊七政，天文於是有測驗之器焉。然古之爲其法者三家：②曰周髀，曰宣夜，曰渾天。周髀、宣夜先絶，③而渾天之學至秦亦無傳，漢洛下閎始得其術，④作渾儀以測天。厥後曆世遞相沿襲，其有得有失，則由乎其人智術之淺深，未易遽數也。

宋自靖康之亂，儀象之器盡歸于金。元興，定鼎于燕，其初襲用金舊，而規環不協，難復施用。⑤於是太史郭守敬者，⑥出其所創簡儀、仰儀及諸儀表，皆臻於精妙，卓見絶識，蓋有古人所未及者。⑦其説以謂：昔人以管窺天，宿度餘分約爲太半少，⑧未得其的。⑨乃用二綫推測，於餘分纖微皆有可考。⑩而又當時四海測景之所凡二十有七，東極高麗，西至滇池，南踰朱崖，北盡鐵勒，是亦古人之所未及爲者也。自是八十年間，⑪司天之官遵而用之，靡有差忒。⑫而凡日月薄食、五緯凌犯、彗孛飛流、暈珥虹霓、精祲雲氣等事，其係於天文占候者，具有簡册存焉。

【注】

①司天之説：即觀天之説。具體指觀天文的學問。觀天文的目的主要是"以察時變"，故歷代帝王於此都很重視。

②爲其法者三家：即《晉書·天文志》所載"言天者三家"。宣夜之説"絶無師法"，實際并無術數，泛泛議論而已。周髀即蓋天，雖有術數之説，但考驗天狀多所違失。唯渾天近得其情，得以流傳至今。

③周髀宣夜先絶：周髀、宣夜的觀念受到批評，早已不在社會上流傳。

④漢洛下閎始得其術：即《御覽》引桓譚《新論》云"揚子雲好天文，問之於落下黄閎以渾天之説"數語。人們因此以爲洛（落）下閎會造渾天儀。

⑤宋自靖康之亂……難復施用：金滅北宋，北宋汴京所存天文圖書和儀器盡爲金方所有，被搬至燕京。元興，繼承了這批書器，并沿用金重修《大明曆》，故曰"襲用金舊"。但由於開封與北京緯度不同，故宋代的天文儀器"規環不協，難復使用"。可見遲至元初時，北宋天文儀器尚存。

⑥郭守敬（1231—1316），元代天文學家、水利學家和數學家，字若思，順德邢台人。曾任都水監，兼提調通惠河漕運事，太史令，榮升昭文館大學士等職。和王恂、許衡等人共同編制了比過去準確的《授時曆》，施行達三百六十年之久，爲中國曆法史上行用最主要的曆法。他注重實踐，長於造儀器，創造和改進了簡儀、仰儀、高表、候極儀、景符和闚几等十餘件觀測天象的儀器，以及玲瓏儀、靈臺水渾等表演天象的儀器。同時，他主持在全國多地設立二十七個觀測站，進行規模宏大的天文大地測

量工作。他重新觀測了二十八宿距度及其他一些恒星的位置，測定了黄赤交角，取得了較高的精度。

⑦這些儀器，俱設立在郭守敬工作過的太史院，即元天文臺。有關太史院的具體情況，元代楊桓《太史院銘》作了詳細的記載和描述，經近人李迪、伊世同等人的仔細研究和分析，其構造和組成大致如下圖所示。

爲了清楚起見，我們共引用三幅圖説明。元太史院座落在大都東城牆內，大致在今中國社會科學院一帶。太史院坐北朝南，圍牆南北長一百步，東西長七十五步，大門向南，分前後兩院。首幅圖爲太史院立體圖，也是鳥瞰圖。太史院的主體部分靈臺，座落在後院正中央。靈臺的東南角和西南角各爲小臺，俗稱小靈臺，右設玲瓏儀，左立高表。中腰處有一排平房將前後院分開，爲印曆室。前院的左右廂房爲神厨和算學，中間置碑亭。

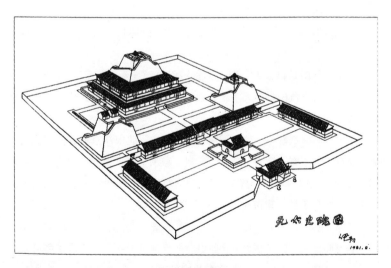

太史院立體圖

（據伊世同）

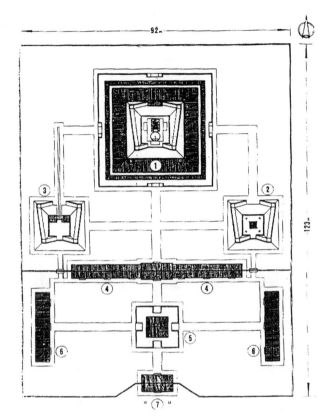

①靈臺　②玲瓏儀　③高表　④印曆室　⑤碑亭　⑥神厨、算學　⑦太史院正門

太史院平面布局圖

（據伊世同）

　　下圖爲太史院的主體靈臺平面示意圖，靈臺高七丈，台基縱橫各爲四十步、三十步。台分三層，向上收分。第一層前官府，後陰室，東朝室，西夕室，爲院令和院事及助手辦公地點。朝室爲曆法推算部門，夕室爲觀象辦公部門。第二層爲研究工作場所，按八卦命名爲八室，分別陳列日晷、漏壺、星圖等物和圖書。第三層爲頂部平台，爲觀測場所，分設簡

儀、仰儀和正方案等。

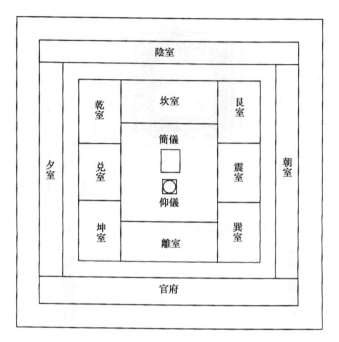

靈臺平面示意圖

⑧昔……宿度餘分約爲太半少：這是宋以前天文測角儀器的精度範圍，將一度分爲少、半、太，即四分之一度。這是度下的最小單位。

⑨未得其的：未得其真確數值。

⑩用二綫推測：用兩條斜綫，按比例法推求下餘分多少，可得真的之數。纖微，形容微小之差。

⑪八十年間：指元代統治結束前的時間。

⑫靡有差忒：指司天之法即星占分野之法一遵前賢之説，没有差忒，故不再予以記載。

　　若昔司馬遷作《天官書》，班固、范曄作《天文
志》，其於星辰名號、分野次舍、推步候驗之際詳矣。及
晉、隋二《志》，實唐李淳風撰，於夫二十八宿之躔度，
二曜五緯之次舍，時日災祥之應，分野休咎之別，號極
詳備，後有作者，無以尚之矣。[①]是以歐陽修志《唐書》
天文，先述法象之具，次紀日月食、五星凌犯及星變之
異；而凡前史所已載者，皆略不復道。而近代史官志宋天
文者，則首載儀象諸篇；志金天文者，則唯錄日月五星之
變。誠以璣衡之制載於書，日星、風雨、霜雹、雷霆之災
異載於春秋，慎而書之，非史氏之法當然，固所以求合於
聖人之經者也。今故據其事例，作元《天文志》。[②]

【注】

　　①若昔司馬遷……無以尚之矣：此處之"若"作"如""像"解，這
表明這句話是與上段相連接的，是說天文占候有簡有冊，如司馬遷的《天
官書》，班固的《漢書·天文志》，范曄的《後漢書·天文志》，李淳風的
《晉書·天文志》和《隋書·天文志》。作者認爲這些書所言詳備，没有必
要再多加述説。

　　②是以歐陽修……作元天文志：正是因爲前賢所作《天文志》言占候
之學已經完備，故歐陽修的《唐書·天文志》，其他如《宋史·天文志》
和《金史·天文志》，都祇是先載儀器結構，再言日月交食、五星凌犯和
星變。凡是前史已經述説的相應社會災變就不再述了。至於如《金史·天
文志》，由於金代未造天文儀器，就祇記載日月五星之變了。所以本志據
前例作《元史·天文志》，祇載天象記録，不言災變應驗。

簡儀[①]

簡儀之制，四方爲趺，縱一丈八尺，三分去一以

爲廣。

跌面上廣六寸，下廣八寸，厚如上廣。中布横軏
三、縱軏三。南二，北抵南軏；北一，南抵中軏。跌面
四周爲水渠，深一寸，廣加五分。四隅爲礎，出跌面内
外各二寸。繞礎爲渠，深廣皆一寸，與四周渠相灌通。
又爲礎於卯酉位，廣加四維，長加廣三之二，水渠亦如
之。[②]北極雲架柱二，徑四寸，長一丈二尺八寸。下爲鼇
雲，植於乾艮二隅礎上，左右内向，其勢斜準赤道，合
貫上規。規環徑二尺四寸，廣一寸五分，厚倍之。中爲
距，相交爲斜十字，廣厚如規。中心爲竅，上廣五分，
方一寸有半，下二寸五分，方一寸，以受北極樞軸。自
雲架柱斜上，去跌面七尺二寸，爲横軏。自軏心上至竅
心六尺八寸。又爲龍柱二，植於卯酉礎中分之北，皆飾
以龍，下爲山形，北向斜植，以柱北架。南極雲架柱二，
植於卯酉礎中分之南，廣厚形制，一如北架。斜向坤巽
二隅，相交爲十字，其上與百刻環邊齊，在辰巳、未申
之間，南傾之勢準赤道，各長一丈一尺五寸。自跌面斜
上三尺八寸爲横軏，以承百刻環。下邊又爲龍柱二，植
於坤巽二隅礎上，北向斜柱，其端形制，一如北柱。[③]

【注】

①簡儀是郭守敬創造的一種天文儀器，是將唐宋渾儀加以革新簡化
而成，故稱簡儀。他摒弃了把測量三種坐標的圓環集中在一起的做法，
不用黄道環組，把赤道兩個坐標環組分解成獨立的環組，即今所謂地平
經緯儀和赤道經緯儀，同時廢了渾儀中的一些圓環。其赤道裝置中祇保
留四游、百刻、赤道三個環；地平裝置中除了地平環，還增加了一個立

運環。其中百刻、地平兩個環固定，四游、赤道兩環可以繞極軸旋轉，立運環則可以繞垂直軸旋轉。簡儀中的赤道儀，與現代望遠鏡中廣泛應用的天圖式赤道裝置結構基本相同，有北高南低兩個支架，支撐可以旋轉的極軸。極軸的南端重迭放置百刻環和游旋赤道環，因此可對整個天空一望無遺，不似渾儀那樣有許多障礙觀測的圓環。爲了減少百刻環與赤道環之環間的摩擦，兩環間安裝四個小圓柱體，與近代滾珠軸承原理相同。

簡儀

（明正統二年（1437）仿造，現陳列於南京紫金山天文臺。）

　　四游儀雙環中的方柱形闚管，撤去三個柱面以後，稱闚衡。其兩端各有側立橫耳，耳中有直徑六分的圓孔，孔中央各裝一根細綫，觀測時使兩條細綫與星重合，以克服人目位置不正所生誤差。爲了觀測兩個天體的赤經差，在簡儀赤道面上安裝兩條界衡，可容兩人同時觀測。

　　簡儀的地平經緯儀稱立運儀。它與近代的地平經緯儀相似，包括一個固定地平環，和一個直立的可以繞鉛垂綫旋轉的立運環，并有闚衡與界衡

各一，用以測定天體的高度和方位角。(見簡儀圖)

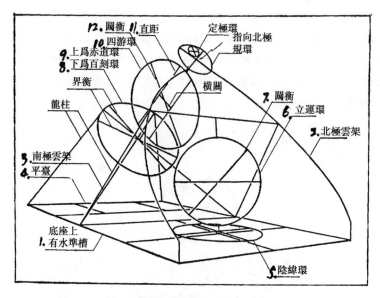

簡儀的各個部件示意圖

　　(1. 底座，呈長方形，上有水跌；2. 北極雲架，左右各一，下與柱礎連接，二雲架向上斜交，托住定極規環，中腰處有橫柱相連以加固。底座南北中腰處，斜向伸出四龍柱，北向托住雲架，南向托住百刻環下方；3. 南極雲架左右各一，自柱礎斜向托住百刻環上方；4. 底座南端有平臺，上置日晷；5. 底座北端置陰緯環；6. 北極雲架橫柱中點爲立運環的天頂，其下正與陰緯環中心相對應，立運環二軸，置於二中心之間，立運環中腰處之橫柱爲地平；7. 立運環中有闚衡，可上下轉動測地平緯度；8. 百刻環放置在赤道面上固定位置，由龍柱和南雲架托起，上刻十二辰配百刻；9. 赤道環疊壓在百刻環上，有四個小圓柱體似滾珠軸承，可在百刻環上自由旋轉，有界衡可讀時刻；10. 四游環的兩軸，上插定極環，下插百刻環中心圓孔，可沿極軸旋轉；11. 四游環由二直距和橫關加固；12. 四游環有闚衡可旋轉測經度。)

　　②簡儀之制……水渠亦如之：跌，此指簡儀的底座，長方形。軏，中

間連接的杆。礎，柱的基座。水趺，又名水臬，古代天體測量儀器基座上
用於定平儀器的小水槽。

　　③北極雲架……一如北柱：該段介紹簡儀的基座框架結構，相當於渾
儀中的六合儀。其結構和形狀介紹見簡儀的各個部件示意圖及説明文字。
巽爲東南，坤爲西南，可參考二十四方位圖。

　　四游雙環，①徑六尺，廣二寸，厚一寸，中間相離一
寸，相連於子午卯酉。當子午爲圓竅，以受南北極樞
軸。②兩面皆列周天度分，起南極，抵北極，餘分附于北
極。去南北樞竅兩旁四寸，各爲直距，廣厚如環。距中
心各爲橫關，東西與兩距相連，廣厚亦如之。關中心相
連，厚三寸，爲竅方八分，以受窺衡樞軸。窺衡長五尺
九寸四分，廣厚皆如環，中腰爲圓竅，徑五分，以受樞
軸。③衡兩端爲圭首，以取中縮。去圭首五分，各爲側立
橫耳，高二寸二分，廣如衡面，厚三分，中爲圓竅，徑
六分。其中心，上下一綫界之，以知度分。④

　　百刻環，⑤徑六尺四寸，面廣二寸，周布十二時、百
刻，每刻作三十六分，厚二寸，自半已上廣三寸。又爲
十字距，皆所以承赤道環也。百刻環内廣面卧施圓軸
四，使赤道環旋轉無澀滯之患。其環陷入南極架一寸，
仍釘之。赤道環徑廣厚皆如四游，⑥環面細刻列舍、周天
度分。中爲十字距，廣三寸，中空一寸，厚一寸。當心
爲竅，竅徑一寸，以受南極樞軸。界衡二，⑦各長五尺九
寸四分，廣三寸。衡首斜剡五分，刻度分以對環面。中
腰爲竅，重置赤道環、南極樞軸。其上衡兩端，自長竅
外邊至衡首底，厚倍之，取二衡運轉，皆著環面，而無

低昂之失，且易得度分也。二極樞軸皆以鋼鐵爲之，長六寸，半爲本，半爲軸。本之分寸一如上規距心，適取能容軸徑一寸。北極軸中心爲孔，孔底橫穿，通兩旁，中出一綫，曲其本，出橫孔兩旁結之。孔中綫留三分，亦結之。上下各穿一綫，貫界衡兩端，中心爲孔，下洞衡底，順衡中心爲渠以受綫，直入内界長竅中。至衡中腰，復爲孔，自衡底上出結之。⑧

定極環，廣半寸，厚倍之，皆勢穹窿，中徑六度，度約一寸許。極星去不動處三度，僅容轉周。⑨中爲斜十字距，廣厚如環，連於上規。環距中心爲孔，徑五釐。下至北極軸心六寸五分，又置銅板，連於南極雲架之十字，方二寸，厚五分。北面剡其中心，存一釐以爲厚，中爲圜孔，徑一分，孔心下至南極軸心亦六寸五分。⑩

又爲環二：其一陰緯環，面刻方位，取趺面縱橫軦北十字爲中心，卧置之。其一曰立運環，面刻度分，施於北極雲架柱下，當卧環中心，上屬架之橫軦，下抵趺軦之十字，上下各施樞軸，令可旋轉。中爲直距，當心爲竅，以施窺衡，令可俯仰，用窺日月星辰出地度分。右四游環，東西運轉，南北低昂，凡七政、列舍、中外官去極度分皆測之。赤道環旋轉，與列舍距星相當，即轉界衡使兩綫相對，凡日月五星、中外官入宿度分皆測之。百刻環，轉界衡令兩綫與日相對，其下直時刻，則晝刻也，夜則以星定之。比舊儀測日月五星出没，而無陽經陰緯雲柱之映。⑪

【注】

①四游儀：以南北極爲軸，可以沿軸向四方旋轉的圓環。

②受南北極樞軸：北極樞軸當子位，南極當午位，故曰四游環受南北極樞軸。

③兩面……樞軸：橫關之中點爲孔，將闚衡之樞軸插入孔中，使闚衡可以旋轉測天體入宿度。

④四游儀有一個極軸，一個大圓環，在圓環上，有直距和闚衡，可以同時繞極軸旋轉。但極軸需由六合儀及下面支柱支撐。簡化後取消了六合儀，用雲架代替。極軸也不是用一根斜指北極的銅軸，而是在兩端安軸之處各有兩個軸孔，四游環的軸頭正與軸孔相對，可裝在一起，可左右（東西）旋轉。四游儀是雙環，兩面都刻周天度分。直距夾在兩環之間。闚衡觀測到的天體位置，可從雙環讀出。

⑤百刻環：固定在龍柱和南極雲架上的圓盤，上刻十二辰與百刻相配。

⑥赤道環：迭壓在百刻環上，與四游環同時繞極軸旋轉，環面刻二十八宿，周天度分。

⑦界衡：指示天體界於百刻盤上的界標。

⑧得到去極度即赤緯，還祇是赤道坐標的一個值，尚需入宿度與其相配，需由赤道環上讀得入宿度。簡儀改變了渾儀上赤道環的位置，在四游儀下方南極處橫置一個圓環，作爲赤道環，其上刻周天度分，可以旋轉。其下與固定不動的百刻環貼在一起。在兩者間加了滾柱減少摩擦，轉動自由。環面上有兩個界衡，能在環面運轉，既能測知天體入宿度，又能測出當時時刻。

⑨極星去北極三度，這是定極環取爲"中徑六度"的依據。這樣當北極星一晝夜正好沿定極環旋轉，可定出儀器準確的北極位置。

⑩定極環在雲架的北極處。它的口徑，爲天球六度弧。其中心，是簡儀所指北極處。北極星離天球的樞心（不動處），當時測得爲二度九十分，則一晝夜北極星正好在定極環口徑內沿環運行一周。

⑪北雲柱間的橫軕正中，垂直至底座，上下有樞軸，叫立運環，可以繞

樞軸在水平方向轉動，其上有闚衡，可觀測天體地平高度。在立運環的正下方，有一陰緯環，即以前的地平環，平放在底座上。其中心即立運環的樞軸。環面刻方位，可據立運環的轉動而知道方位。它就是後來的地平經緯儀。

其渾象之制，圜如彈丸，徑六尺，縱橫各畫周天度分。赤道居中，去二極，各周天四之一。黄道出入赤道內外，各二十四度弱。月行白道，出入不常，用竹篾均分天度，考驗黄道所交，隨時遷徙。先用簡儀測到入宿去極度數，按於其上，校驗出入黄赤二道遠近疏密，了然易辨，仍參以算數爲準。其象置於方匱之上，南北極出入匱面各四十度太強，半見半隱，機運輪牙隱於匱中。[①]

【注】

①渾象之制……隱於匱中：這是記載渾象的設計製造的，就具體構造而言，與唐宋渾象没有差别。其中文字，亦無難以理解之處。《元史·郭守敬傳》載他作渾天象，“象雖形似，莫適所用，作玲瓏儀”。因此，當時郭守敬應是先作渾象，後作玲瓏儀的。本《天文志》祇載渾象形制，而不提玲瓏儀。但玲瓏儀又是一種創新演示儀器，更有科學價值。

今人據楊桓《太史院銘》的記載，研究復原了玲瓏儀的結構和原貌。今節録引載如下。

《元文類》引楊桓《玲瓏儀銘》曰：“天體圓穹，三辰在中，星雖紀度，天實無窮。天度之數，環周三百，六十五度，四分度一。因星而步，推日而得，月次十二，往來盈虧。五星參差，進退有期，判爲寒暑，分爲四時。太史司天，咸用周知。制諸法象，各有攸施。萃於用者，玲瓏其儀。十萬餘目，經緯均布。與天同體，協規應矩。遍體虛明，中外宣露。玄象森羅，莫計其數。宿離有次，去極有度。人由中闚，目即而喻。先哲實繁，兹制猶未。逮我皇元，其作始備。實因於理，匪鑿於智。於斯萬年，寶之無墜。

銘文四字一句，是我們研究玲瓏儀的主要依據。銘文中有“人由中闕，目即而喻"，是探討玲瓏儀最關鍵的八個字。又明初有一本小冊子名叫《草木子》（1378），書中載有玲瓏儀"鏤星象於其體，就腹中仰以觀之"。若將"人由中闕"和"就腹中仰以觀之"合起來分析，可以肯定玲瓏儀是一個假天儀。它與渾象的關鍵不同之處是，前者從內部向外看星，後者從外部向天球看星。（見假天儀復原圖）

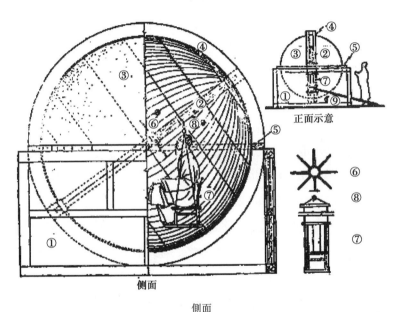

側面

①基座　②樞軸　③球體　④天徑雙環　⑤地緯單環

⑥把手　⑦椅　⑧吊環　⑨跳板

王振鐸、劉炳森繪假天儀復原圖

（據《中國最早的假天儀》，參見《科技考古論叢》，文物出版社 1989 年版）

仰儀①

仰儀之制，以銅爲之，形若釜，②置於甎臺。③内畫周天度，脣列十二辰位。④蓋俯視驗天者也。其銘辭云：

"不可體形，莫天大也。無競維人，仰釜載也。六尺爲深，廣自倍也。兼深廣倍，絜釜兑也。⑤環鑿爲沼，準以溉也。⑥辨方正位，曰子卦也。衡縮度中，平斜再也。斜起南極，平釜鐵也。⑦小大必周，入地畫也。始周浸斷，浸極外也。極入地深，四十太也。北九十一，赤道齡也。列刻五十，六時配也。衡竿加卦，巽坤内也。以負縮竿，子午對也。⑧首旋璣板，⑨竅納芥也。上下懸直，與鐵會也。視日透光，何度在也。暘谷朝賓，夕餞昧也。寒暑發斂，驗進退也。薄蝕起自，鑒生殺也。以避赫曦，奪目害也。南北之偏，亦可概也。極淺十五，林邑界也。黄道夏高，人所載也。夏永冬短，猶少差也。深五十奇，鐵勒塞也。黄道浸平，冬晝晦也。夏則不没，永短最也。安渾宣夜，昕穹蓋也。六天之書，言殊話也。一儀一揆，孰善悖也。以指爲告，無煩喙也。闇資以明，疑者沛也。智者是之，膠者怪也。古今巧曆，不億輩也。非讓不爲，思不逮也。將窺天朕，造化愛也。其有俊明，昭聖代也。泰山礪乎，河如帶也。黄金不磨，悠久賴也。鬼神禁訶，勿銘壞也。"⑩

【注】

①仰儀：一種用銅造的中空半球，就如一個銅鍋，直徑約十尺，鍋口向上，平放嵌入磚砌的臺座中。（見下文圖）

②形若釜：釜即鍋。

③甎臺：甎，磚的异體字。

④内畫周天度脣列十二辰位：鍋内壁刻周天度，口沿刻十二辰。周天度刻法，通過釜口正南點和半球心，在釜内壁作大圓，由正南點向下沿該

大圓弧四十點七五度處取一點（爲大都北極高度），爲極心，在內壁繪一極坐標網格，就是大都地區赤道坐標網（見下圖之三）。

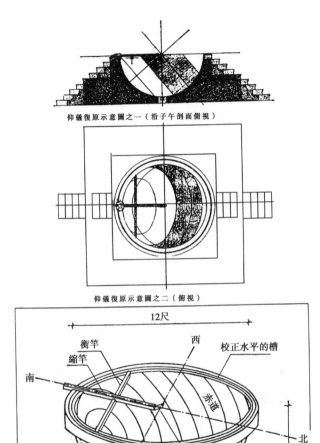

仰儀復原示意圖之一（沿子午剖面側視）

仰儀復原示意圖之二（俯視）

仰儀復原示意圖之三

仰儀示意圖

（據伊世同、潘鼐）

⑤仰儀釜深六尺（一百四十七點二厘米），徑爲一丈二尺（二百九十四點三厘米），其規模與簡儀相當，是與簡儀并列的元朝靈臺上兩件主要的大型天文儀器。

⑥這是仰儀唇沿的水渠，使儀放置水平之用。

⑦這裏的極，應指釜面北極。北極南約九十度爲赤道，但儀面刻度按投影與實際相反，北極位於釜面，故銘文説北九十一爲赤道，這裏的北，是從儀面極點起度的，如按儀面方位，應寫作南而不是北，使用北字，就説明銘文方位概指實際方位。因此，仰儀衡竿、縮竿的梁架，必然要橫跨儀唇的真實巽、坤卦位，即梁架在儀器釜口的南部。

⑧衡竿、縮竿：如仰儀示意圖之圖三所示，取一根小木條，讓其一端架在釜口正南邊上；另一端附一銅片，中間開一小孔，令小孔正與半球心相重合。又取一根較短木條，與前木條垂直，其兩端分別放在釜口東南和西北邊緣，以作支架。

⑨璣板中央的成像微孔，恰好位於仰釜的球面中心，所以璣板無論如何旋轉或傾斜，微孔都可以保持在球心。支撐璣板的直竿（即縮竿）軸綫，與釜口平面和子午綫重合。

⑩觀測時，令陽光通過銅片小孔，成像在釜内壁上，由網格可以直接讀取太陽的赤緯值與地方真太陽時刻。若遇日食，食相可以連續在釜内壁成像，由此可以測定日食的初虧、食甚、復原等時刻和方位及食分的大小等。

大明殿燈漏

燈漏之制，高丈有七尺，架以金爲之。其曲梁之上，中設雲珠，左日右月。雲珠之下，復懸一珠。梁之兩端，飾以龍首，張吻轉目，可以審平水之緩急。中梁之上，有戲珠龍二，隨珠俛仰，又可察準水之均調。凡此皆非徒設也。燈毬雜以金寶爲之，内分四層，上環布四神，旋當日月參辰之所在，左轉日一周。次爲龍虎鳥龜之象，各居其方，依刻跳躍，鐃鳴以應於内。又次周分百刻，上列十二神，各執時牌，至其時，四門通報。又一人當門内，常以手指其刻數。下四隅，鐘鼓鉦鐃各一人，一刻鳴鐘，二刻鼓，三鉦，四鐃，初正皆如是。其機發隱於櫃中，以水激之。[①]

【注】

①大明殿燈漏：郭守敬爲元大明殿製造的漏壺。這是一種大型自動報時器，高十七尺，呈球狀，分四層。每層分別放置青龍、白虎、朱雀、玄武四象，十二神和四個木人。它們或自動演示日月星辰的運轉，或自動依時刻隱現，或自動依時刻跳躍、鳴叫、敲鐘、打鼓、敲鉦、擊鐃等，以豐富多彩的音像形式來報時。這是與北宋水運儀象臺類似的儀器，但也有自己的創新之處。

正方案

正方案，方四尺，厚一寸。四周去邊五分爲水渠。先定中心，畫爲十字，外抵水渠。去心一寸，畫爲圓規，自外寸規之，凡十九規。外規内三分，畫爲重規，遍布周天度。中爲圓，徑二寸，高亦如之。中心洞底植臬，高一尺五寸，南至則減五寸，北至則倍之。[①]

凡欲正四方，置案平地，注水于渠，眡平，乃植臬於中。自臬景西入外規，即識以墨影，少移輒識之，每規皆然，至東出外規而止。凡出入一規之交，皆度以綫，屈其半以爲中，即所識與臬相當，且其景最短，則南北正矣。復遍閱每規之識，以審定南北。南北既正，則東西從而正。然二至前後，日軌東西行，南北差少，即外規出入之景以爲東西，允得其正。當二分前後，日軌東西行，南北差多，朝夕有不同者，外規出入之景或未可憑，必取近內規景爲定，仍校以累日則愈真。②

又測用之法，先測定所在北極出地度，即自案地平以上度，如其數下對南極入地度，以墨斜經中心界之，又橫截中心斜界爲十字，即天腹赤道斜勢也。乃以案側立，懸繩取正。凡置儀象，皆以此爲準。③

【注】

①此段言正方案的構造。如示意圖所示，一塊四尺見方的木板，四周設水渠，以取地平。以木板正中爲圓心，畫十九個同心圓，各距一寸爲圓。最外圓處分成三百六十五點二五度。

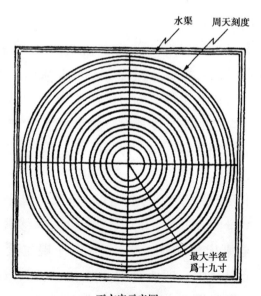

水渠　　周天刻度

最大半徑爲十九寸

正方案示意圖

（見潘鼐《郭守敬》）

②以上言測定南北東西方向的方法。將正方案平置，在其圓心處豎一小棍，標出自日出至日入棍影依次與這些同心圓的交點，取棍影出入同一個圓的兩個交點連綫的中點，這些中點的連綫，即爲正南北方向。南北已定，東西也就隨之確定。

③若將正方案沿正南北方向豎直安置，則可用於測量當地北極高度。其原理與唐一行覆矩圖相同，即用懸繩法取正。這是一種輕便的、多功能儀器，既用於簡儀等大型儀器的定向，又用於四海測景的野外作業時供定向和測北極高度之用。

圭表

圭表以石爲之，①長一百二十八尺，廣四尺五寸，厚一尺四寸。座高二尺六寸。南北兩端爲池，圓徑一尺五寸，深二寸，自表北一尺，與表梁中心上下相直。②外一百二十尺，中心廣四寸，兩旁各一寸，畫爲尺寸分，以達北端。兩旁相去一寸爲水渠，深廣各一寸，與南北兩池相灌通以取平。③表長五十尺，廣二尺四寸，厚減廣之半，植於圭之南端圭石座中，入地及座中一丈四尺，上高三十六尺。其端兩旁爲二龍，半身附表上擎横梁，自梁心至表顛四尺，下屬圭面，共爲四十尺。④梁長六尺，徑三寸，上爲水渠以取平。兩端及中腰各爲横竅，徑二分，横貫以鐵，長五寸，繫綫合於中，懸錘取正，且防傾墊。

按表短則分寸短促，尺寸之下所謂分秒太半少之數，未易分別；表長則分寸稍長，所不便者景虛而淡，難得實影。前人欲就虛景之中考求真實，或設望筒，或置小表，或以木爲規，皆取端日光，下徹表面。⑤今以銅

爲表，高三十六尺，端挾以二龍，舉一橫梁，下至圭面
共四十尺，是爲八尺之表五。圭表刻爲尺寸，舊一寸，
今申而爲五，釐毫差易分別。⑥

【注】

①圭表以石爲之：河南建築史家張家泰《登封觀星臺和元初天文觀測
的成就》説："《元史·天文志》記載了元初天文改革的成就，所載結構與
現在觀星臺直壁、石圭（又稱'量天尺'）的形制與尺度基本相符。"他
指出了本志所載圭表形制及尺度，即今登封觀星臺遺址，其石圭即臺下橫
臥之長尺，表即臺上的磚石建築。（見下圖）

郭守敬觀星臺今貌

②表梁中心上下相直：指圭南池心與表之橫梁上下相對，在一條垂直
綫上。（見下文西主面圖和北立面圖）

③石圭與直壁橫梁，是一組觀測日影儀器。石圭就如一把長尺，計一
百二十八元尺，可以量出表影長度。石圭由三十六塊方石拼合而成，以一
元尺爲二十三點九厘米計，大致正好相合。

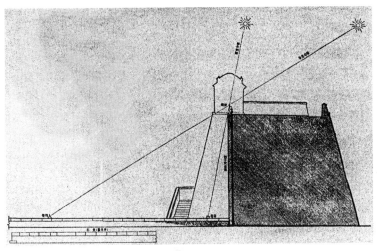

觀星臺西主面圖

(據《周公測景臺調查報告》)

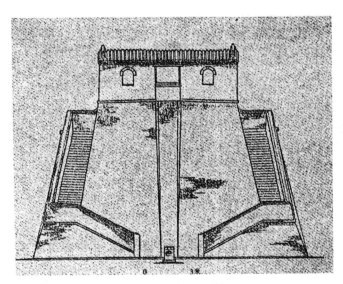

郭守敬觀星臺北立面圖

(張家泰繪製)

④橫梁垂直至下方的圭面，其爲四十元尺，此正合於元高表爲四丈之數。

⑤按表短……下徹表面：張家泰指出："通過實驗，使我們認識到，元初'高表'測影的科學性是相當高的。首先，改八尺表爲四丈，這是因爲觀測精度的需要。""把表擴大五倍以後，'表長則分寸稍長'，'舊一寸，今申而爲五，釐毫差易分別'。第二，'景符'的製作，克服了因爲增加表的高度而帶來影虛的困難。""製成景符，又改表端爲橫梁，使日光可從梁之上下通過，用以分像取中；且梁影細如髮絲，所存誤差可達毫米以下，實爲一項重大的革新。"

⑥元造四丈銅表，可能置於大都，但後無行迹可尋。

景符

景符之制，以銅葉，博二寸，長加博之二，中穿一竅，若針芥然。以方匱爲跌，一端設爲機軸，令可開闔，椹其一端，使其勢斜倚，北高南下，往來遷就於虛梁之中。竅達日光，僅如米許，隱然見橫梁於其中。①舊法一表端測晷，所得者日體上邊之景。今以橫梁取之，實得中景，不容有毫末之差。②至元十六年己卯夏至晷景，四月十九日乙未景一丈二尺三寸六分九釐五毫。至元十六年己卯冬至晷景，十月二十四日戊戌景七丈六尺七寸四分。

闚几

闚几之制，長六尺，廣二尺，高倍之。下爲跌，廣三寸，厚二寸，上闚廣四寸，厚如跌。以板爲面，厚及寸，四隅爲足，撐以斜木，務取正方。面中開明竅，長四尺，廣二寸。近竅兩旁一寸分畫爲尺，內三寸刻爲細分，下應圭面。几面上至梁心二十六尺，取以爲準。闚限各各長二尺四寸，廣二寸，脊厚五分，兩刃斜綳，取其於几面相符，著限兩端，厚廣各存二寸，銜入几闉。③侯星月正中，從几下仰望，視表梁南北以爲識，折取分寸中數，用爲直景。又於遠方同日闚測取景數，以推星月高下也。④

【注】

①如下圖景符所示，景符是依小孔成像原理設計的測影器具，由一個二寸見方的框子和一片四寸長、二寸寬的銅叶組成。銅叶的一邊用樞紐與框子的一邊連接，可以轉動。銅叶中間開一小孔。測影時，將影符在圭面上沿南北方向移動，用一小棍支撐銅叶，令叶面與陽光垂直。又令高表橫梁影子，正好平分米粒大小的太陽圓面像。此時橫梁影子所示之處，即爲四丈高表的影長。

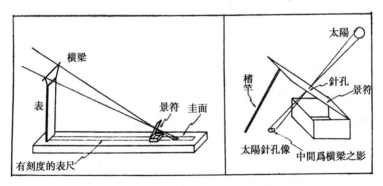

左：景符利用針孔成像原理形成日晷清晰圖象
右：景符利用樞紐調節傾斜度使垂直於日光

②改用高表橫梁測影，與以往以竿測影的長度有差別，以往所得影端，爲太陽的上邊緣，現今爲橫中景，沒有毫釐之差。
③闉几的形制似几案，几面正中開一長方形缺口，與缺口垂直裝有兩

根中間帶有刀口的木條，稱爲闚限。

④夜間觀測時，將闚几置於圭面上，沿南北方向移動，觀測者位於闚几下，通過缺口移動几面木條，令其刀口與高表橫梁分別於上下邊緣處於一條直線上，在几面上取這兩根木條標記的中點，用銅錘綫量圭面的數值即爲影長。再利用數學方法，便可求出月、星南中時的地平高度。

西域儀象

世祖至元四年，扎馬魯丁造西域儀象：①

咱禿哈剌吉，漢言混天儀也。其制以銅爲之，平設單環，刻周天度，畫十二辰位，以準地面。側立雙環而結於平環之子午，半入地下，以分天度。內第二雙環，亦刻周天度，而參差相交，以結于側雙環，去地平三十六度以爲南北極，可以旋轉，以象天運爲日行之道。內第三、第四環，皆結於第二環，又去南北極二十四度，亦可以運轉。凡可運三環，各對綴銅方釘，皆有竅以代衡簫之仰窺焉。②

咱禿朔八台，漢言測驗周天星曜之器也。外周圓牆，而東面啓門，中有小臺，立銅表高七尺五寸，上設機軸，懸銅尺，長五尺五寸，復加窺測之簫二，其長如之，下置橫尺，刻度數其上，以準掛尺。下本開圖之遠近，可以左右轉而周窺，可以高低舉而遍測。③

魯哈麻亦渺凹只，漢言春秋分晷影堂。爲屋二間，脊開東西橫罅，以斜通日晷。中有臺，隨晷影南高北下，上仰置銅半環，刻天度一百八十，以準地上之半天，斜倚銳首銅尺，長六尺，闊一寸六分，上結半環之中，下加半環之上，可以往來窺運，側望漏屋晷影，驗度數，以定春秋二分。④

魯哈麻亦木思塔餘，漢言冬夏至晷影堂也。爲屋五間，屋下爲坎，深二丈二尺，脊開南北一罅，以直通日晷。隨罅立壁，附壁懸銅尺，長一丈六寸。壁仰畫天度半規，其尺亦可往來規運，直望漏屋晷影，以定冬夏二至。⑤

苦來亦撒麻，漢言渾天圖也。其制以銅爲丸，斜刻日道交環度數于其腹，刻二十八宿形於其上。外平置銅單環，刻周天度數，列于十二辰位以準地。而側立單環二，一結于平環之子午，以銅丁象南北極，一結于平環之卯酉，皆刻天度。即渾天儀而不可運轉窺測者也。⑥

苦來亦阿兒子，漢言地理志也。其制以木爲圓毬，七分爲水，其色綠，三分爲土地，其色白。畫江河湖海，脉絡貫串於其中。畫作小方井，以計幅圓之廣袤、道里之遠近。⑦

兀速都兒剌不，定漢言晝夜時刻之器。其制以銅如圓鏡而可掛，面刻十二辰位、晝夜時刻，上加銅條綴其中，可以圓轉。銅條兩端，各屈其首爲二竅以對望，晝則視日影，夜則窺星辰，以定時刻，以測休咎。背嵌鏡片，三面刻其圖凡七，以辨東西南北日影長短之不同、星辰向背之有异，故各异其圖，以畫天地之變焉。⑧

【注】

①扎馬魯丁造西域儀象：七件西域儀象的設計原理出自西域，這是不成問題的，但這七件西域儀象出自何處？在何處、何人所造？這在中外學術界却有不同的意見。李約瑟《中國科學技術史》認爲，這些天文儀器，是統治波斯的旭烈兀或其繼承人，派馬拉蓋天文臺的天文學家扎馬魯丁，

親自送給忽必烈的。但日本山田慶儿據《元史·百官志》所載"世祖在潛邸時（1259 年前），有旨徵回回爲星學者，札馬剌丁等以其藝進，未有官署。"馬拉蓋天文臺於 1259 年建成，而扎馬魯丁在馬拉蓋天文臺建成以前即已來華，在時間上是矛盾的。且從這七件儀器來考察，祇有第六件可隨身帶來，第二件即使可以隨身帶來，也需重新安裝，第七件若要適用中國，其刻度圖亦須另行繪製，其餘四件，則必須在中國重新製造。故李約瑟之説多有不實之處。

②如下圖所示，這是一件托勒玫式的黃道渾儀。其中子午環、第二環、第三環的交接，與本志記載完全一致，僅少一個地平環，而是用一支架支持着地平環。事實上，當儀器的子午環對准了子午綫以後，地平環就失去了存在的價值，是可以省去的。但西方和阿拉伯系統的渾儀有一個必不可少的部件，即與第二環連在一起的黃道環，本志却没有黃道環的記載，故第四環就是黃道環，僅記載時在連接部位發生了誤解。觀測時，應首先將黃道圈上的春分點對准星空上的春分點，再將第三環轉到所測天體的黃經上，半銅方釘對准所測天體，第三環上銅方釘處的讀數，就是該天體的黃緯，第二環上的黃道環與第三環交接處的讀數，就是該天體的黃經。

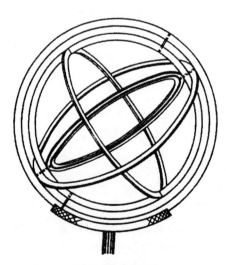

托勒玫式黃道渾儀

③如下圖左所示，是一件托勒玫長尺測高儀。該儀周圍建有圓牆，從東面開門。建築物的中間有一小臺，上面豎立一個長七尺五寸的銅柱，在銅柱的下部設機軸，可以旋轉。自柱端懸掛下一個銅尺，長五尺五寸。在銅尺上下兩個端點設立作觀測用的兩個簫。在銅柱下部，連接一根橫尺，尺上刻出度數，以便作爲對準掛尺時測量之用。人在下面觀測時，可以依據天體的高低和方位，將銅柱沿軸左右轉動，調節懸尺高低，四處尋找目標，使兩簫對準所測天體，以達到觀測目的。橫尺與掛尺交接處的讀數即所測天體的天頂距，機軸轉過的角度爲地平經度，其功用相當於地平經緯儀。

④如下圖右所示，名爲春秋晷影堂。建造兩間屋，沿東西方向的脊頂開一條小縫，讓日光可以斜射進去。室中間有一臺，臺面坡度沿日影方向南高北低。在臺上放置一個刻有一百八十度的半圓銅環，以象徵地上之半天。在臺面上置一尖頭銅尺，長六尺，闊一寸六分，上面固定在半環中心，尖頭指向下面的半環，可以沿半環往來運轉觀測。春秋分之日，斜向觀測漏屋晷影的方向變化，確定日影與臺面平行時的度數，以定出春秋分時刻。

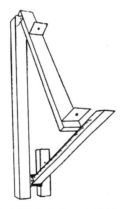

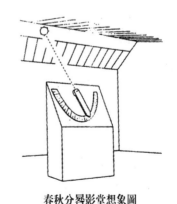

被稱爲托勒玫長尺的測高儀
(引自宮島一彥論文)

春秋分晷影堂想象圖
(引自宮島一彥論文)

爲了使春分或秋分那天，通過狹縫投射下來的陽光全天都照在臺面，這條狹縫就不可能是正東西方向的一條直綫，而應是圓弧狀的。臺面顯然應與當地赤道平面平行。在春秋分那天須細心觀察判定太陽光入射平面正好與平臺平行的時刻。由指針所示度數，便可求出太陽到達春秋分的時刻。

⑤冬夏至晷影堂，可能同時具有於冬夏至日測定太陽高度和日中晷影長度的兩種功能。其設備爲沿南北向建五間屋，屋内地面沿南北方向挖一條深二丈二尺的槽溝。在溝的正南方屋脊開一條縫，讓日光射入。隨狹縫的正下方向，於溝的上方建一道牆，在牆壁上懸掛一把一丈六寸的銅尺，以尺爲心，於尺下方畫一個一百八十度的半圓，尺可以沿半圓移動，可讀出太陽任何一天，尤其是冬夏至太陽高度角，進而求出太陽赤緯。

如果僅僅爲了測定冬夏至太陽赤緯，就没有必要在地面以下挖深二丈二尺的溝。這條溝的功用，很可能是用來測量冬夏至日中影長的。從屋脊到溝底，已有四丈，此與郭守敬的四丈高表相當，達到相同效果。因此，這個冬夏至晷影堂，可能是同時具有東西方兩種不同的測定冬夏至數據的設備。

⑥其形制類似於清代渾象，即天球儀。如下文圖所示，漢語叫渾天圖。其框架上有地平環、子午環和赤道環，三個環上均刻有度數。在球面上刻有二十八宿圖象，是一架阿拉伯式的天球儀。

⑦這是中國歷史上第一次以球的形式來形象地説明人類居住的大地是球形，并且以圖的形式，在球面上標示出各國相對位置和大小，也將西方造圖概念介紹到了中國。

⑧如下文圖所示，這是一架傳統星盤，漢譯爲晝夜時刻之器。它以銅造，如圓鏡狀，可以掛起來使用。其表面刻有十二辰位、晝夜時刻，以銅條穿綴其中，可以旋轉。在銅條的兩頭，將其彎曲，做成兩個圓孔。觀測時，轉動銅條，以對準目標。通過銅條兩端的小孔，白天觀測太陽，夜間觀測亮星，可以確定時刻，星占師用其確定禍福。

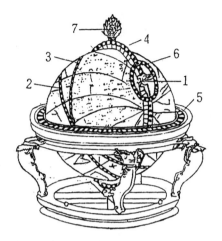

1. 北極　2. 赤道　3. 黃道　4. 子午環　5. 地平環
6. 時盤　7. 天頂

清代渾象

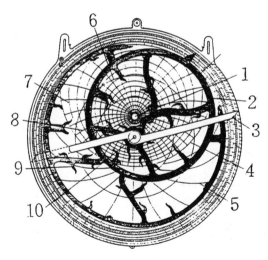

1. 天頂　2. 黃道　3. 指針　4. 地平圈　5. 時圈　6. 赤道　7. 等
高綫　8. 地平經綫　9. 星的指示物　10. 北天極

星　盤

　　星盤的構造複雜，古代中國學者較難接受理解。其應用廣泛，不僅可以測晝夜時刻，還可以測星方位、地平緯度，計算天體黃道坐標。此處銅條，實際起到調整方向和照準器的作用。

　　星盤的基本功用是測天體地平坐標，故原始星盤可能衹是一個四周有刻度的圓盤，附有一根繞圓心旋轉的直尺，觀測時把盤掛起來，盤面對準待測天體，直尺所指便是天體地平坐標。第二個功用是測時，在星盤另一面，設定盤和動盤，定盤在下，動盤在上。動盤用透明材料，或刻成網狀的金屬製成。在定盤上，畫出天頂爲圓心的、由等高地平緯圈和方位角組成的地平坐標網；在動盤上，畫有包括若干亮星和黃赤道的球極平面星圖。動盤軸心與定盤軸心的距離，取決於當地緯度。

　　測時時，以太陽在黃道每天行一度計，任何一天太陽在黃道的位置都可推定，在定盤上找出與當時觀測到的太陽地平高度相當的地平圈；旋轉動盤，使該日太陽在黃道上的位置，落在由太陽高度所確定的地平圈上；定盤上對應於這個交點的時刻，便是觀測時刻。用以觀亮星定夜間時刻的方法與白天觀日相似。

四海測驗[①]

　　南海，北極出地一十五度，夏至景在表南，長一尺一寸六分，晝五十四刻，夜四十六刻。[②]

　　衡嶽，北極出地二十五度，夏至日在表端，無景，晝五十六刻，夜四十四刻。[③]

　　嶽臺，北極出地三十五度，夏至晷景長一尺四寸八分，晝六十刻，夜四十刻。[④]

　　和林，北極出地四十五度，夏至晷景長三尺二寸四分，晝六十四刻，夜三十六刻。[⑤]

　　鐵勒，北極出地五十五度，夏至晷景長五尺一分，晝七十刻，夜三十刻。[⑥]

北海，北極出地六十五度，夏至晷景長六尺七寸八分，晝八十二刻，夜一十八刻。⑦

大都，北極出地四十度太強，夏至晷景長一丈二尺三寸六分，晝六十二刻，夜三十八刻。⑧

上都，北極出地四十三度少。⑨

北京，北極出地四十二度強。⑩

益都，北極出地三十七度少。⑪

登州，北極出地三十八度少。⑫

高麗，北極出地三十八度少。⑬

西京，北極出地四十度少。⑭

太原，北極出地三十八度少。⑮

安西府，北極出地三十四度半強。⑯

興元，北極出地三十三度半強。⑰

成都，北極出地三十一度半強。⑱

西涼州，北極出地四十度強。⑲

東平，北極出地三十五度太。⑳

大名，北極出地三十六度。㉑

南京，北極出地三十四度太強。㉒

河南府陽城，北極出地三十四度太弱。㉓

揚州，北極出地三十三度。㉔

鄂州，北極出地三十一度半。㉕

吉州，北極出地二十六度半。㉖

雷州，北極出地二十度太。㉗

瓊州，北極出地一十九度太。㉘

【注】

①至元十六年（1279），郭守敬向忽必烈提出在全國範圍内進行大規模天文測量的計劃，這是準確確定各地時刻、測定天體高度、準確預報星辰交食等必不可少的。根據中國古代傳統的觀念，中國大陸四周由四海環繞，即九州之外，於四方分布四海，北有北海，東有東海，南有南海。四海測驗，即到國内各地去進行天文測量。

②南海：今越南中部一帶，某北極高十五度之地，主要目的在於測夏至日影和晝夜刻差。

③衡嶽：泛指衡山、南嶽，實指衡嶽以南北極高二十五度某地，實測夏至日影及晝夜刻差。

④嶽臺：實指開封嶽臺，唐宋時有傳統測景之所。

⑤和林：即今蒙古烏蘭巴托和林遺址。

⑥鐵勒：又稱爲丁零、高車，主要是今維吾爾先民，其首領駐地不定，故唐、元二《志》載鐵勒北極高不同。

⑦北海：元人到達北方最遠處，後人推爲通古斯河一帶。元代郭守敬等組織的大地測量，其選點有兩種不同目的，這就決定了不同選點標準。前六個點以南北相距十度爲界，故并不以是否在城市爲標準。後二十一個以大城市爲標準，所得天文數據也是爲該城服務的，故這二十一個點當選在市中心。

⑧大都：今北京城一帶，其所載北極高和晝夜刻差都很精密。

⑨上都：今錫林郭勒盟正蘭旗。

⑩北京：今遼寧寧城西北大明城。

⑪益都：今山東青州。

⑫登州：今山東蓬萊。

⑬高麗：今朝鮮開城。

⑭西京：今山西大同。

⑮太原：今山西太原。

⑯安西府：今陝西西安。

⑰興元：今陝西漢中。

⑱成都：今四川成都。

⑲西涼州：今甘肅武威。北極高有一點六度之差，疑因永昌路新城不在武威。

⑳東平：今山東東平。

㉑大名：今河北大名東。

㉒南京：今河南開封。

㉓陽城：今河南登封告成。

㉔揚州：今江蘇揚州。

㉕鄂州：今湖北武昌。

㉖吉州：今江西吉安。

㉗雷州：今廣東海康。

㉘瓊州：今海南海口。

　　這是元代著名的一次四海測量行動，所及範圍南北長一萬多里，東西亦有五千里之遥。其地域之廣，規模之大，測得數據之精，在世界歷史上都是空前的。郭守敬等人，正是繼承和發揚了中國天文學的特色和優良傳統，積極從事并且親自領導這次工作，纔取得這樣重大的成就。

日薄食暈珥及日變①

　　世祖中統二年三月壬戌朔，日有食之。②三年十一月辛丑，日有背氣，③重暈，④三珥。⑤至元二年正月辛未朔，日有食之。四年五月丁亥朔，日有食之。五年十月戊寅朔，日有食之。七年三月庚子朔，日有食之。八年八月壬辰朔，日有食之。九年八月丙戌朔，日有食之。十二年六月庚子朔，日有食之。十四年十月丙辰朔，日有食之。十九年六月己丑朔，日有食之。七月戊午朔，日有食之。二十四年七月癸丑，日暈連環，白虹貫之。⑥十月戊午朔，日有食之。二十六年三月庚辰朔，日有食之。

二十七年八月辛未朔，日有食之。二十九年正月甲午朔，日有食之。有物漸侵入日中，不能既，日體如金環然，⑦左右有珥，上有抱氣。⑧三十一年六月庚辰朔，日食。

【注】

①天文志是記載一代天文活動及現象的，而其星占和天象記録是直接爲帝皇政權安危服務的，故尤其受到重視，相關内容是歷代天文志中最核心的部分，故其内容所占比重也最大。在歷代天文志中，可以缺載任何内容，但不可能缺少天象記録，如《金史·天文志》等，僅載天象記録，就是明顯一例。這是因爲整個金朝一代，忙於征戰，無法顧及天文活動及現象，更没有能力造天文儀器，祇有如元統一中國以後，社會逐漸安定，纔有條件建造天文臺，造儀器，從事天文測量，故有以上記載。

在衆天象中，天子自比太陽，在星空中也有帝星、天王帝座，也有其居住的地方紫微垣，和其實施行政統治的中心太微垣等。他們認爲這些天體都是不能受到侵犯的，侵犯了就意味着政權或人身安全受到威脅，必須加以防範。誰來實施侵犯？對太陽來説，就是月亮和雲氣，及太陽自身的一些表象，如日珥、黑子等。對星體的侵犯者主要是異常天象，包括月、五星、彗星、客星、流星等。星空中除了象徵帝王及權力中心者，還有其行政機構和官員，黄道帶的二十八宿又象徵其地方方國和其治下民衆，這些也是不能受到侵犯的。根據這些觀念，天象記録可分兩類，一類對太陽而言，即如上的“日薄蝕暈珥及日變”，另一類對星體而言，即下面的“月五星凌犯及星變”。

對太陽的侵犯，主要出自日食、日薄，日暈、日珥、日變則是太陽自身發生的變化。（見下圖通過望遠鏡看到的日珥）

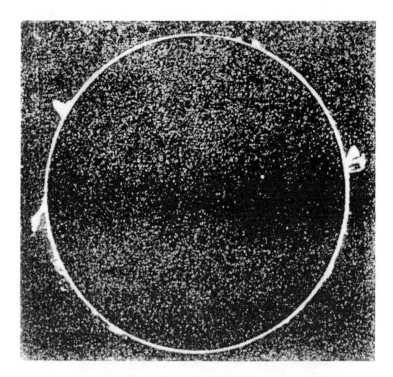

現代用太陽望遠鏡拍攝的日珥

（如果不用儀器，通常祇有在日全食時纔能看到日珥。顧名思義，日珥指太陽邊上的"耳朵"。）

現代通過望遠鏡觀測描繪出的各種形態的日珥

②日食是元代天象記録中數量最多的記録，可見元代對日食觀測是非常重視的。古代熟悉天文學的人已經明白，日食的發生與日月的相對位置有關，人們也已經掌握推算日食發生時刻的方法。但是，元代官方仍然將日食的發生當作一項政治事件來對待，嚴密加以觀測和防範。

就日食發生的狀態而言，有全食、環食、偏食和薄食四種。全食發生的機會很少，幾乎都沒有一次日全食的記録。環食也可算是全食的一種特殊狀態。在這種狀態下，日月已完全重合，衹是月影不能全部掩蓋日光，日四周仍露出光芒。薄食則是半影食，這時月影擋住了部分日光，但已不能全部或部分掩蓋日面。

日偏食圖像

③日有背氣：太陽周圍出現的雲氣。按雲氣的形狀不同，可分爲環抱日面的抱氣、與日面垂直的直氣和環面與太陽相背的背氣等多種。（見下圖直氣、抱氣、背氣等）雲氣的產生多半是太陽大氣的爆發，也不排除地球雲氣產生的誤解。

《天元玉曆祥异賦》中的直氣圖

《天元玉曆祥异賦》中的日有抱氣圖

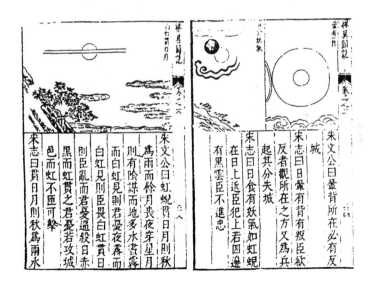

白虹貫日、日暈背氣占

④重暈：多重日暈。日暈是太陽周圍形成的大氣現象。日周圍水氣多時，會使日光折射而産生多重太陽光環。

⑤三珥：太陽上同時出現三個日珥。

⑥白虹貫之：虹是大氣現象。白虹貫日是白色的虹穿過日面，被認爲是對帝王很不吉利的天象。(參見上圖白虹貫日)

⑦發生環食時，"有物漸侵入日中"，指月亮影子漸漸遮蓋日面。"不能既"，即不能全面蓋住日面。"日體如金環然"，指月影雖然蓋住日面的中心，但留下四面的日光光環，其光環爲金黃，俗稱金環食。這是月影錐面比日面小使然。

日環食

(1976 年 4 月 29 日在新疆拍攝)

⑧上有抱氣：日珥上有抱氣。抱氣之形。(參見上文抱氣图)

成宗大德三年八月己酉朔，日食。四年二月丁未朔，日食。六年六月癸亥朔，日食。七年閏五月戊午朔，日食。八年五月壬子朔，日食。

武宗至大三年正月丁亥，白虹貫日。[①]八月甲寅，白虹貫日。四年正月壬辰，日赤如赭。[②]

仁宗皇慶元年六月乙丑朔，日有食之。延祐元年三月己亥，白暈亘天，連環貫日。[③]二年四月戊寅朔，日有食之。五月甲戌，日赤如赭。乙亥，亦如之。九月甲寅，日赤如赭。戊午，亦如之。三年五月戊申，日赤如赭。五年二月癸巳朔，日有食之。六年二月丁亥朔，日有食之。七年正月辛巳朔，日有食之。三月乙未，日有暈若連環然。

英宗至治元年三月己丑，交暈如連環貫日。[④]六月癸卯朔，日有食之。二年十一月甲午朔，日有食之。

泰定帝泰定四年二月辛卯，白虹貫日。九月丙申朔，日食。

文宗天曆二年七月丙辰朔，日有食之。至順元年九月癸巳，白虹貫日。二年正月己酉，白虹貫日。八月甲辰朔，日有食之。十一月壬申朔，日有食之。三年五月丁酉，白虹并日出，長竟天。

順帝元統元年三月癸巳，日赤如赭。閏三月丙申、癸丑、甲寅，皆如之。二年四月戊午朔，日有食之。至元元年十二月戊午，日赤如赭。閏十二月丁亥、戊子、己丑，皆如之。二年二月壬辰，日赤如赭。乙未、丙申，亦如之。三月庚申、壬戌、癸亥，四月丁丑朔，皆如之。八月甲戌朔，日有食之。十二月甲戌，日赤如赭。三年正月丁巳，日有交暈，左右珥上有白虹貫之。[⑤]

二月壬申朔，日有食之。八月癸未，日有交暈，左右珥上有白虹貫之。十月癸酉，日赤如赭。四年閏八月戊戌，日赤如赭。己亥、壬寅，亦如之。九月庚寅，皆如之。五年正月丙寅，日有交暈，左右珥上有白虹貫之。二月辛亥，日赤如赭。三月庚申、辛酉，四月丁未，皆如之。至正元年三月壬申，日赤如赭。三年四月丙申朔，日有食之。四年九月丁亥朔，日有食之。十年十一月壬子朔，日有食之。十三年九月乙丑朔，日有食之。十四年三月癸亥朔，日有食之。十五年二月丙子，日赤如赭。十七年七月己丑，日有交暈，連環貫之。十八年六月戊辰朔，日有食之。十二月乙丑朔，日有食之。二十一年四月辛巳朔，日有食之。二十五年三月壬戌，日有暈，內赤外青，白虹如連環貫之。二十六年二月丁卯，日有暈，左珥上有背氣一道。⑥七月辛巳朔，日有食之。二十七年十二月癸卯朔，日有食之。

【注】

①白虹貫日：如上文所述，虹是一種大氣折射光學現象，大多雨後大氣中多水氣，因折射日光所致。一次折射多爲彩虹，二次折射稱爲霓，多白色。白虹者大多指此。白虹在古代被認爲是不吉利的天象，它可以與戰爭勝負有關，也可能與帝王死喪有關，故在星占上受到廣泛關注。《天官書》就有"白虹屈短，上下兑，有者下大流血"的記載，《後漢志》則説"白氣生紫宮中爲喪"，直接指出與帝王死喪有關。白虹貫日，象徵有不吉的妖氣直刺太陽即君主，故有此占。《舊五代史·天文志》曰："應順元年，四月九日，白虹貫日，是時閔帝遇害。"這裏就將白虹貫日與帝王的關係説得更明確了。本志雖無占辭與其對應，但幾次"白虹貫日"後大都對應着元帝的死亡，這就是其中的占例。

②日赤如赭：赭即土紅色或赤褐色。正常太陽的光芒爲白色，象徵健康光明，現今太陽呈暗紅色，象徵君王衰弱昏暗。

③白暈亘天連環貫日：暈與霓虹通常是并存的，白暈也象徵戰爭和死喪。亘天即連天，形容分布之廣。日暈通常都是圍繞太陽的，故曰連環貫日。

④交暈：類似交叉的雲。

⑤左右珥上有白虹貫之：白虹連貫在一起。它與白虹貫日在天象上是有區別的。貫之，不需與太陽相連貫，從而在占辭上也有區別，通常與戰事相聯繫。

⑥左珥上有背氣一道：太陽左面出現的日珥上有背氣一道。背氣，圓弧背向日面之氣。《乙巳占》曰："五曰背氣，青赤而曲，向外爲背，背叛乖逆之象，其分有反城叛將。"故背氣大都應在叛臣上。

月五星凌犯及星變上①

憲宗六年六月，太白晝見。②

世祖中統元年五月乙未，熒惑入南斗，留五十餘日。③

二年二月丁酉，太陰掩昴。④六月戊戌，太陰犯角。⑤八月丙午，太白犯歲星。⑥十一月庚午，太陰犯昴。十二月辛卯，熒惑犯房。壬寅，熒惑犯鈎鈐。⑦

三年十一月乙酉，太白犯鈎鈐。

至元元年二月丁卯，太陰犯南斗。四月辛亥，太陰犯軒轅御女星。⑧五月丙戌，太陰犯房。己亥，太陰犯昴。七月甲戌，彗星出輿鬼，昏見西北，貫上台，掃紫微、文昌及北斗，旦見東北，凡四十餘日。⑨十二月甲子，太陰犯房。

二年六月丙子，太陰犯心宿大星。

四年八月庚申，填星犯天罇距星。⑩壬午，太白犯軒
轅大星。甲子，歲星犯軒轅大星。十一月乙巳，填星犯
天罇距星。

五年正月甲午，太陰犯井。⑪二月戊子，太陰犯天
關。己丑，太陰犯井。

六年十月庚子，太陰犯辰星。⑫

七年正月己酉，太陰犯畢。九月丁巳，太陰犯井。
十月庚午，太白犯右執法。十一月壬寅，熒惑犯太微西
垣上將。

八年正月辛未，太陰犯畢。三月丁亥，熒惑犯太微
西垣上將。九月丙子，太陰犯畢。

九年五月乙酉，太白犯畢距星。九月戊寅，太陰犯
御女。十月戊戌，熒惑犯填星。⑬十一月丁卯，太陰
犯畢。

十年三月癸酉，客星青白如粉絮，⑭起畢，度五車
北，復自文昌貫斗杓，歷梗河，至左攝提，凡二十
一日。

十一年二月甲寅，太陰犯井宿。十月壬戌，歲星犯
壘壁陣。⑮

【注】

①月五星凌犯及星變：這個小標題首見《金史·天文志》。不過，《金
志》相應的太陽記録的小標題則爲“日薄食煇珥雲氣”，《元志》的作者
知道此雲氣與日變有關，於是改作“日薄食暈珥及日變”，這樣上下小標
題則對應工整。可見《元志》作者與《金志》作者對天象記録分類的意見
一致。上篇專載與太陽有關記録，下篇專載月五星和其他星變對二十八宿

及其他星座凌犯的記録，很是經緯分明。月亮、五星和彗星、客星、流星等，均作爲异常天體的凌犯者，二十八宿及其他星座象徵天帝及其官員和臣民，是被犯者。

不過，《元志》載天象記録，與《金志》及以往諸天文類志最大的不同是不載月食記録。對天文學來説，月食記録與日食記録同樣重要，《元志》不載月食，完全從政治星占出發，即《元志》認爲，普天之下莫非王臣，即使皇后，也是皇帝的臣僕，不應與皇帝有同等權力和地位，因此以往設置月食占的規定是不合帝王獨尊原則的，故從此在天象記録中取消了月食記録這一欄。而月亮雖然仍可作皇后之象，但也祇能作爲异常天象中的一部分，在凌犯上起作用。

早在春秋戰國以前，人們就已知道月亮和五星的運動是有規律的，并且逐漸精確掌握它們的運動規律，能够準確預報它們的行度，但是這并不影響星占術士將月奄五星作爲凌犯的主體。中國古代的度量標準，大致一尺爲一度，异常天象大致與星體相距七寸以内稱爲犯，七寸以外稱爲居、在、入等，停留不動稱爲守或留。

古代星占家認爲，宇宙間祇有日月五星和經星，出現异常天象，都是星變的反映，也即上天派它們向人間示警。人們通過觀測异常天象的出没，認識到行政失誤的所在，改正自己的不當行爲。這便是人們記載星變的目的。

②太白晝見：太陽自身能發出光和熱，月亮和五星祇是依靠反射太陽光，我們纔能見到它們的身影，故通常當日光普照大地時，月光和星不易看到，即人們認爲這是它們隱藏不見；夜間太陽隱於地下，月和星光纔能出現。月亮是除了太陽最高的天體，人們早就懂得，太陽在落入地平前是可以見到月亮的，這是特殊情况，也是由於月亮特別明亮所致。那麼，還有除了月亮的特殊情况麼？有，太白盡見，這是又一種特殊情况。

③熒惑入南斗：火星進入南斗爲正常天象，并不與星相犯，但在宿内停留五十餘日爲异，故以爲占。陳卓曰："熒惑守南斗，五谷不成。"《海中占》曰："熒惑守南斗，旱，多火災。"又都萌曰：熒惑守南斗，"大人憂"。這些占辭均爲從熒惑有火的特性和南斗爲大臣的特性出發做出的判語，義爲受到火星的侵犯就將發生火災、旱災，或天子有憂患。

④太陰掩昴：太陰就是月亮。從星占的角度出發，月亮是衆陰之宗、水氣之精，相對於天子來説，它又是衆陰之長，是后妃、大臣、諸侯之象。在本志中，記載月亮凌犯的資料特別豐富，這可算是本志的一個特點。若將來犯者作爲客體，被犯者作爲主體，那麽星占家確定占辭時，兩者本性的作用要考慮。不過，主體是内因，是決定因素。作爲客體的月亮還有一個特點，由於月視面積大，發生掩星是常事。掩即將星遮擋。月掩星也是一種特殊的天象記録。

⑤太陰犯角：由於角宿可以解釋成天子、大臣、將軍、法官、天門、天道等，故月犯角的占辭也是五花八門的，可以是國君死、大人憂、大臣誅、將軍死、兵起、水災等。衹有後者纔與月亮本性有關。

⑥太白犯歲星：太白即金星。金的本性堅硬，有延展性，可造兵器，故太白爲兵象。歲星即木星，木爲植物，爲人類提供食物和用品，對人類是有賜予的，雖與水旱災害有關，但是仁德之星，是給人類賜福之星。不過，金木相犯就意味着有旱災和兵災了。

⑦熒惑犯鈎鈐：鈎鈐爲房宿附座。鈎鈐象徵鎖，房主關閉，"爲蓄藏之所由"。由於房又象徵明堂，今鈎鈐受到侵犯，國家基業不存，故曰"王者憂"，"王室大亂"。（參見本卷後圖"房鈎鈐鍵閉東西咸與心宿天江"）

⑧太陰犯軒轅御女：御女爲軒轅最南的一顆暗星，爲帝王御僕，今太陰犯之，象徵女御有憂。（參見本卷後圖"軒轅座諸星"）

⑨七月甲戌……凡四十餘日：這是一顆運動軌迹較爲明確的彗星的記録，但除了鬼宿、文昌，位置比較寬泛。

⑩填星犯天罇距星：天罇三星在井東北，在黄道北不遠處，月可以相犯。但由於其星光微弱且星名也不重要，罇即酒杯，人們很少用以爲占，更未見前人占辭。按性質推演，酒杯有欹，即飲宴發生問題。唯距星的概念，僅二十八宿使用，此處用在普通星座疑有誤。此段下文也有填星犯天罇距星之誤。（參見本卷後圖"井五諸侯天罇北河與鬼"）

⑪太陰犯井：此爲兩水性星象相犯，當有水事，五穀不登，或大臣謀、將軍死，皇后不安。

⑫太陰犯辰星：辰星，水性，此二水相犯，當應在水災，或女主

死上。

⑬熒惑犯填星：熒惑爲火星，填星爲土星，兩星相犯，意味着兵起，或大人忌，即天子有忌。

⑭客星青白如粉絮：客星，偶爾來星空作客之星，義爲不常見之星，此處指彗星。

⑮歲星犯壘壁陣：壘壁陣，軍中營壘，近黃道之南，今歲星犯之，象徵有戰事。壘壁陣爲後起星名，上古時大多以羽林、北落代替。

十二年七月癸酉，太白犯井。辛卯，太陰犯畢。九月己巳，太白犯少民。①己卯，太白犯太微西垣上將。十月癸丑，太陰犯畢。十一月丙戌，太陰犯軒轅大星。十二月戊戌，填星犯亢。②戊申，太陰犯畢。

十三年九月辛亥，太白犯南斗。甲寅，太白入南斗。③十一月乙卯，太陰犯填星。④十二月辛酉朔，熒惑掩鈎鈐。⑤

十四年二月癸亥，彗出東北，長四尺餘。

十五年二月丁丑，熒惑犯天街。⑥三月丁亥，太陰犯太白。戊子，太陰犯熒惑。⑦閏十一月辛亥，太白、熒惑、填星聚于房。⑧

十六年四月癸卯，填星犯鍵閉。⑨七月丙寅，填星犯鍵閉。八月庚辰，太陰犯房宿距星。⑩庚子，歲星犯軒轅大星。十月丙申，太陰犯太微西垣上將。十一月癸丑，太陰犯熒惑。

十七年四月庚子，歲星犯軒轅大星。七月戊申，太陰掩房宿距星。己酉，太陰犯南斗。八月丙子，太陰犯心宿東星。⑪九月甲子，太陰犯右執法并犯歲星。

十八年七月癸卯，太陰犯房宿距星。閏八月癸巳朔，熒惑犯司怪南第二星。⑫庚戌，太陰犯昴。九月甲申，太陰犯軒轅大星。十一月甲戌，太陰犯五車次南星。⑬丁丑，太陰犯鬼。⑭丁亥，太陰掩心。十二月丙午，太陰犯軒轅大星。

【注】

①太白犯少民：少民星，即軒轅左角星軒轅十六。（參見本卷後圖"軒轅座諸星"）

②填星犯亢：亢意爲宗廟，又爲天廷，今填星犯之，主廷臣爲亂，諸侯有失國者。

③太白入南斗：金星進入南斗範圍，與犯南斗有异。甘氏曰："太白入南斗，將軍戮死，國易政。"

④太陰犯填星：填星土性，太陰水性，二性相犯，故《河圖帝覽嬉》曰："月犯填星，爲亡地。期不出十年，其國以饑亡。一曰天下且有大喪。"

⑤熒惑掩鈎鈐：觀測到火星掩食鈎鈐星，這是少見的天象。

⑥熒惑犯天街：天街二星，介於昴畢之間。這是少見的占辭，當與邊戰有關。（參見本卷後圖"昴天街畢天關五車與司怪"）

⑦太陰犯熒惑：水火兩性相犯。京氏《妖占》曰："月犯熒惑，天下有女主憂。"《河圖帝覽嬉》曰："國內降貴人，兵死。"

⑧太白熒惑填星聚于房：金、火、土三星聚於一舍，當有亡國之事，或有兵喪。

⑨填星犯鍵閉：巫咸曰："鍵閉一星，在房東北，鍵閉主鑰，關門之官。"房爲明堂，布政之宮，受到侵犯，權政有憂。郗萌曰："王者不宜出宮下殿，有謀匿於廟中者。"（參見本卷後圖"房鈎鈐鍵閉"）

⑩太陰犯房宿距星：月犯房宿一，最南星。《荊州占》曰："月犯房，爲死亡。"

⑪太陰犯心宿東星：心東星，庶子也，太陰犯之，庶子憂。（參見本卷後圖"心宿天江"）

⑫熒惑犯司怪南第二星：司怪四星，在觜參之內。此爲少見占辭。（參見本卷後圖"天關五車與司怪"）

⑬太陰犯五車次南星：五車計五星，南星爲五車五，近黃道。太陰犯五車，石氏曰："月犯五車，兵起，移駕。"（參見本卷後圖"天關五車與司怪"）

⑭太陰犯鬼：鬼即鬼宿，星占家將其看作死鬼、鬼魂。實即殷周時的鬼方。犯鬼應在有將軍死。

二十年正月己巳，太陰犯軒轅御女。庚辰，太陰入南斗，犯距星。①二月庚寅，太陰掩昴。庚子，太白犯昴。壬寅，太白犯昴。乙巳，太陰犯心。三月己未，歲星犯鍵閉。庚申，太陰犯井。壬戌，太陰犯鬼。己巳，歲星犯房。癸酉，歲星掩房。四月己亥，太陰犯房。壬寅，太陰犯南斗。五月丙寅，太陰掩心。七月丙辰，太白犯井。癸亥，太陰犯南斗。乙丑，太白犯井。庚午，熒惑犯司怪。八月丙午，太白犯軒轅。丁未，歲星犯鈎鈐。九月壬子，太白犯軒轅少女。②戊午，太陰犯斗。己巳，太白犯右執法。壬申，太陰掩井。癸酉，熒惑犯鬼。甲戌，太陰犯鬼。熒惑犯積尸氣。太白犯左執法。十月丙申，太陰犯昴。十一月戊寅，太白、歲星相犯。十二月甲辰，太陰掩熒惑。

二十一年閏五月戊寅朔，填星犯斗。七月甲申，太白犯熒惑。九月癸巳，太白犯南斗第四星。③乙未，太陰犯井。十月己酉，太陰犯軫。④十一月丙戌，太陰犯昴。

己丑，太陰掩輿鬼。庚子，太陰犯心。

　　二十二年二月辛亥，太陰犯東井。癸丑，太陰犯鬼。壬戌，太陰犯心。八月癸丑，太陰入東井。十二月己亥，歲星犯填星。

　　二十三年正月壬午，太陰犯軒轅太民。⑤乙酉，太陰犯氐。⑥二月丙午，太陰犯井。三月己巳，太陰犯婁。⑦五月己巳，熒惑犯太微西垣上將。庚辰，歲星犯壘壁陣。乙酉，熒惑犯太微右執法。六月丙申朔，太白犯御女。八月乙卯，太白犯軒轅右角星。九月甲申，太陰犯天關。十月甲午朔，太白犯右執法。戊戌，太陰犯建星。⑧辛亥，太陰犯東井。甲寅，太白犯進賢。⑨十一月戊辰，太白犯亢。己卯，太陰犯東井。辛巳，歲星犯壘壁陣。十二月戊戌，太白犯東咸。⑩丁未，太陰犯東井。丁巳，太陰犯氐。

【注】

　　①犯距星：南斗距星即斗宿一，即勺、把交接處的星。（參見本卷後圖“箕斗建狗天雞與牛女”）

　　②軒轅少女：指軒轅座中的少民星，即左角星。（參見本卷後圖“軒轅座諸星”）此爲皇后宗。

　　③南斗第四星：指斗宿四。

　　④太陰犯軫：黃道與白道相交約六度，軫宿遠在黃道南十五度少，月視平面約半度，故無論何時，太陰不能犯軫，當爲太陰入軫或暈軫之誤。

　　⑤犯軒轅太民：犯軒轅右角星，即軒轅十五。（參見本卷後圖“軒轅座諸星”）此爲太后宗。

　　⑥太陰犯氐：氐意爲天庭，月犯之，意爲天下兵起，或曰將軍死。

　　⑦太陰犯婁：《河圖帝覽嬉》曰：“月犯婁，多淫獵。”即天子喜好婦

女和游獵，不管政事。

⑧太陰犯建星：陳卓曰："月犯建星，有臣相譖。"一曰易將相、近臣多死。

⑨太白犯進賢：進賢為推舉賢良之官，其星在平道西。太白犯之，賢良不得用，國危。（參見本卷後圖"太微垣諸星"）

⑩太白犯東咸：東西咸各四星，在房北，為房戶之扇，帝後宮之門戶，以防奸私。太白犯之，後宮有殃。（參見本卷後圖"房鈎鈐鍵閉東西咸"）

二十四年正月甲戌，太陰犯東井。乙酉，太陰犯房。二月庚子，太陰犯天關。辛丑，太陰犯東井。閏二月癸亥，太陰犯辰星。①甲申，太陰犯牽牛。②三月丙申，太陰犯東井。四月癸酉，太陰犯氐。甲戌，太陰犯房。七月戊戌，太陰犯南斗。辛丑，太陰犯牽牛。壬寅，熒惑犯輿鬼積尸氣。甲辰，熒惑犯輿鬼。壬子，太陰犯司怪。八月癸亥，太白犯亢。丙子，填星南犯壘壁陣。③己卯，太陰犯天關。辛巳，太陰犯東井。甲申，太白犯房。九月丁酉，熒惑犯長垣。④庚子，太白犯天江。⑤乙巳，太陰犯畢。辛亥，熒惑犯太微西垣上將。壬子，太白犯南斗。十月壬戌，太陰犯牽牛大星。⑥乙酉，熒惑犯左執法。十一月壬辰，太白犯壘壁陣。太陰暈太白、填星。⑦丙申，熒惑犯太微東垣上將。庚子，太白晝見。丙辰，熒惑犯進賢。十二月丙寅，太陰犯畢。太白晝見。

二十五年正月乙巳，太陰犯角。戊申，太陰犯房。三月丁亥，熒惑犯太微東垣上相。戊子，太陰犯畢。己亥，太陰掩角。四月戊午，太陰犯井。五月戊申，太白

犯畢。六月甲戌，太白犯井。丁丑，太陰犯歲星。七月
己亥，熒惑犯氐。庚子，太白犯鬼。乙巳，太陰掩畢。
八月丙辰，熒惑犯房。己未，太白犯軒轅大星。九月癸
未朔，熒惑犯天江。庚子，太陰犯畢。癸卯，熒惑犯南
斗。十二月辛酉，太陰犯畢。甲子，太陰犯井。甲戌，
太陰犯亢。熒惑犯壘壁陣。

二十六年正月辛丑，太陰犯氐。三月甲午，太陰犯
亢。五月壬辰，太白犯鬼。七月戊子，太白經天四十五
日。辛卯，太陰犯牛。乙未，太陰犯歲星。八月辛未，
歲星晝見。⑧九月戊寅，歲星犯井。乙未，太陰犯畢。丙
申，熒惑犯太微西垣上將。十月癸丑，太陰犯牛宿距
星。甲寅，熒惑犯右執法。閏十月丁亥，辰星犯房。己
丑，太陰犯畢。熒惑犯進賢。太陰犯井。十一月丁巳，
熒惑犯亢。戊辰，太陰犯亢。

二十七年正月庚戌，太白犯牛。癸丑，太陰犯井。
丁卯，熒惑犯房。壬申，熒惑犯鍵閉。二月戊寅，太陰
犯畢。庚寅，太陰犯亢。三月壬子，熒惑犯鉤鈐。四月
丙子，太陰犯井。壬辰，熒惑守氐十餘日。⑨五月乙丑，
太陰犯填星。六月己丑，熒惑犯房。七月辛酉，熒惑犯
天江。九月癸卯，歲星犯鬼。十月辛巳，太白犯斗。十
一月戊申，太陰掩填星。辛酉，太陰掩左執法。十二月
辛卯，太陰犯亢。

【注】

①太陰犯辰星：辰星即水星，是距太陽最近的內行星。其與太陽的角

距離，最大不超過二十八度。因古代將三十度稱爲一辰，故水星又稱辰星。按五行理論，水星有水的特性。又因爲太陰爲陰宗，有水的特性，二水相犯，故京房《妖占》曰："月犯辰星，天下大水。"又《河圖帝覽嬉》曰："月犯辰星，兵大起，上卿死。一曰廷尉有憂。"

②太陰犯牽牛：牽牛即牛宿。牛宿象徵農業，中國古代以農立國，牽牛星受到侵犯，即國之根本動搖。

③填星南犯壘壁陣：土星從南面凌犯壘壁陣星。

④熒惑犯長垣：長垣四星，在太微、軒轅之間的黃道上，義爲疆界垣牆。熒惑犯之，意味着疆界受到侵犯。（參見本卷後圖"太微垣諸星"）

⑤太白犯天江：天江四星，在尾北，近黃道，銀河中，義爲天上的江河。太白犯之，天下大水。（參見本卷後圖"心宿天江"）

⑥太陰犯牽牛大星：牽牛大星指牛宿大星即牛宿一，三點三等。（參見本卷後圖"天雞與牛女"）

⑦太陰暈太白填星：金、土二星，同時出現在月暈範圍之內。月暈，月亮周圍的大氣折光現象。

⑧歲星晝見：木星是外行星，夜間出現在南天是正常現象。前已述及太白可以晝見。木星雖不及金星明亮，但最亮時也可達負二點三九等，在特定條件下白天也是可以觀測到的。

⑨熒惑守氐：守衛在氐宿，停留不去。

二十八年正月壬寅，太白、熒惑、填星聚奎。①二月癸未，太陰犯左執法。②甲申，太白犯昴。三月丁未，太陰犯御女。己酉，太陰犯右執法。庚戌，太陰犯太微東垣上相。③乙卯，太白犯五車。四月乙未，歲星犯輿鬼積尸氣。五月壬寅，太陰犯少民。甲寅，太陰犯牛。六月辛卯，太陰犯畢。七月己亥，太白犯井。八月丙寅，太白犯輿鬼。丙子，太陰犯牽牛。癸未，歲星犯軒轅大星。戊子，太白犯軒轅大星，并犯歲星。癸巳，太陰掩熒惑。九月丙辰，熒惑犯左執法。戊午，太白犯熒惑。辛酉，歲星犯少民。十月丙戌，太陰犯軒轅大星并御女。己丑，太陰犯太微東垣上相。十一月甲辰，太白犯房。丙午，熒惑犯亢。丁未，太陰犯畢。庚申，熒惑犯氐。十二月庚辰，太陰犯御女。癸未，太陰犯東垣上相。己丑，熒惑犯房。庚寅，熒惑犯鉤鈐。

二十九年正月戊申，太陰犯歲星及軒轅左角。二月己巳，太陰犯畢。四月丙子，太陰犯氐。六月己丑，太白犯歲星。閏六月戊申，熒惑犯狗國。④七月辛未，太陰犯牛。八月丁酉，辰星犯右執法。己亥，太白犯房。乙巳，歲星犯右執法。九月壬戌，熒惑犯壘壁陣。辛巳，太白犯南斗。十月乙巳，太陰犯井。丁未，太陰犯鬼。乙卯，太陰犯氐。十一月壬戌，太陰犯壘壁陣。己卯，太陰犯太微東垣上將。⑤十二月庚子，太陰犯井。甲辰，太陰犯太微西垣上將。⑥

三十年正月丙寅，太陰犯畢。丁丑，太陰犯氐。庚辰，歲星犯左執法。二月壬辰，太陰犯畢。乙巳，熒惑犯天街。庚戌，太陰犯牛。癸丑，太白犯壘壁陣。三月辛未，太陰犯氐。四月癸丑，太白犯填星。六月己丑，歲星犯左執法。丙申，太陰犯斗。七月甲子，太陰犯建星。辛巳，太陰犯鬼。八月甲午，辰星犯太微西垣上將。甲辰，太陰犯畢。戊申，太陰犯鬼。九月丁卯，太陰犯畢。十月庚寅，彗星入紫微垣，抵斗魁，光芒尺許，凡一月乃滅。丙申，熒惑犯亢。己亥，太陰犯天關。辛丑，太陰犯井。十一月乙丑，太陰犯畢。丁卯，太陰犯井。庚午，太陰犯鬼。丙子，熒惑犯鈎鈐。戊寅，歲星犯亢。十二月乙未，太陰犯井。

三十一年四月戊申，太白晝見，又犯鬼。五月庚戌朔，太白犯輿鬼。六月丙午，太陰犯井。八月庚辰，太白晝見。戊戌，太陰犯畢。太白犯軒轅。九月丁巳，太白經天。丙寅，太陰掩填星。辛未，太陰犯軒轅。乙亥，太白犯右執法。太陰犯平道。⑦十月壬午，太白犯左執法。癸巳，太陰掩填星。乙未，太陰犯井。十一月己酉，太陰犯亢。庚申，太陰犯畢。癸酉，太白犯房。十二月癸未，歲星犯房。丁亥，歲星犯鈎鈐。壬辰，太陰犯鬼。庚子，太陰犯房，又犯歲星。

【注】

①太白、熒惑填星聚奎：奎即奎宿，二十八宿之西方第一宿，二十八宿中距北極最近的一宿，計有十六顆星組成，其中奎大星即奎宿九，爲唯一的二等星，位於奎宿東北方向。這時，太白與土星同時進入奎宿內，故稱聚。從星占術來考慮，土與金聚，五穀不登，有白衣會即大人死，由於聚於奎，其分野將亡國。

②太陰犯左執法：左執法，即太微東垣最南的一顆星。執法者，廷尉尚書之象。《黃帝占》曰："月行入太微中，皆爲大臣有憂，一曰大臣死。"（參見本卷後圖"太微垣諸星"）

③太微東垣上相：即太微左垣自南第二星。

④熒惑犯狗國：狗國四星，在斗牛之間，黃道南。《荆州占》曰："熒惑守狗國，外夷爲變。"（參見本卷後圖"箕斗建狗天鷄與牛女"）

⑤太微東垣上將：太微左垣北第一星。

⑥西垣上將：太微右垣自南數第二星。

⑦太陰犯平道：平道二星，介於角宿二星之間。平道者，主治道之

官。太陰犯之，道路不通。（參見本卷後圖 "角亢氐與平道"）

　　成宗元貞元年正月乙卯，^①太陰犯填星，又犯畢。癸酉，歲星犯東咸。二月癸未，熒惑犯太陰。壬辰，太陰犯平道。癸卯，太陰犯歲星。三月庚戌，太陰犯填星。壬戌，太陰犯房。四月庚寅，太陰犯東咸。閏四月癸丑，歲星犯房。甲寅，太陰犯平道。乙卯，太陰犯亢。丁巳，太陰掩房。五月丁亥，太陰犯南斗。七月丁丑，太陰犯亢。甲申，歲星犯房。八月乙酉，太陰犯牛。壬子，太陰犯壘壁陣。九月甲午，太陰犯軒轅。戊戌，太陰犯平道。十月辛酉，辰星犯房。壬戌，辰星犯鍵閉。戊辰，太白晝見。太陰犯房。十一月甲戌，太白經天及犯壘壁陣。^②乙酉，太陰犯井。丁亥，太陰犯鬼。十二月丙辰，太陰犯軒轅。甲子，太陰犯天江。

　　二年正月壬午，太陰犯輿鬼。丙戌，太白晝見。丁亥，太陰犯平道。庚寅，太陰犯鈎鈐。二月丁未，太陰犯井。三月乙酉，太陰犯鈎鈐。五月丁丑，太陰犯平道。六月乙巳，太白犯天關。丁巳，太白犯填星。癸亥，太陰犯井。七月壬午，填星犯井。太白犯輿鬼。八月庚子，太陰犯亢。太白犯軒轅。癸卯，太陰犯天江。乙卯，太陰犯天街。太白犯上將。^③九月戊辰，太白犯左執法。壬申，太陰掩南斗。丁丑，太陰犯壘壁陣。己丑，太陰犯軒轅。十一月丁丑，太陰犯月星，^④又犯天街。庚辰，太陰犯井。丁亥，太陰犯上相。^⑤戊子，太陰犯平道。壬辰，太陰犯天江。十二月丁未，太陰犯井。

乙卯，太陰犯進賢。

【注】

①世祖忽必烈是元朝第一個皇帝，計有中統、至元兩個年號。成宗是第二代皇帝，有元貞、大德兩個年號，由於中國古代多實行新帝接位第二年紀元，故元貞元年正月即有天象記錄。

②太白經天及犯壘壁陣：太白經天，是甲戌日白天見到的天象，但太白犯壘壁陣，必須在夜間纔能見到，祇是二者均在同一天。

③太白犯上將：未載西垣還是東垣。據上文，太白先犯軒轅，再犯上將，當先經西垣，故此當爲西上將。（參見本卷後圖"太微垣諸星"）

④月星：月一星在昴畢間，黃道北。（參見本卷後圖"昴天街畢天關"）

⑤太陰犯上相：未載東西。據上文，太陰先犯井，後犯上相，自庚辰至丁亥相距七天，其月行當超過七十度，此當爲東上相。（參見本卷後圖"太微垣諸星"）

　　大德元年三月戊辰，熒惑犯井。癸酉，太陰掩軒轅大星。五月癸酉，太白犯鬼積尸氣。乙亥，太陰犯房。六月乙未，太白晝見。七月庚午，太陰犯房。八月丁巳，祅星出奎。①九月辛酉朔，祅星復犯奎。十月戊午，太白經天。十一月戊子，太白經天。十二月甲辰，太白經天，②又犯東咸。丙午，太陰犯軒轅。甲寅，太陰犯心。閏十二月癸酉，太白犯建星。丙子，太白犯建星。

　　二年二月辛酉，歲星、熒惑、太白聚危。④熒惑犯歲星。辛未，太陰犯左執法。丙子，太陰犯心。五月戊戌，太陰犯心。六月壬戌，太陰犯角。七月癸巳，太陰犯心。八月壬戌，太陰犯箕。④九月辛丑，太陰犯五車南星。⑤癸卯，太陰犯五諸侯。⑥己酉，太陰犯左執法。十月壬戌，太白犯牽牛。戊寅，太陰犯角宿距星。⑦十一月己亥，太陰犯輿鬼。辛丑，辰星犯牽牛。壬寅，太陰犯右執法。十二月戊午，太白經天。己未，填星犯輿鬼。乙丑，太白犯歲星。太陰犯熒惑。庚午，填星入輿鬼。太陰犯上將。甲戌，彗出子孫星下。⑧己卯，太陰犯南斗。

三年正月丙戌，太陰犯太白。丁酉，太陰犯西垣上將。戊戌，太陰犯右執法。乙巳，太白經天。三月乙巳，熒惑犯五諸侯。戊戌，熒惑犯輿鬼。四月己未，太陰犯上將。丙寅，填星犯輿鬼。太陰犯心。五月丙申，太陰犯南斗。己亥，太白犯畢。六月庚申，太陰掩房。丁卯，熒惑犯右執法。壬申，歲星晝見。七月己卯朔，太白犯井。丁未，太陰犯輿鬼。八月丁巳，太陰犯箕。戊辰，太白犯軒轅大星。己巳，太陰犯五車星。九月壬辰，流星色赤，尾長尺餘，其光燭地，起自河鼓，沒於牽牛之西，有聲如雷。⑨乙未，太陰犯昴宿距星。丁酉，太白犯左執法。十月丙子，太陰犯房。十一月乙酉，太白犯房。

【注】

①祅星：祅星即妖星，此星名在本志中還是第一次出現。妖星的觀念，即妖魔化的非正常之星，其形態可以多種多樣。其基本定義爲五行之氣、五星之變所生，常見的有蚩尤旗、天狗星、蓬星、燭星、枉矢等，很雜亂，可以是彗星、流星、超新星，甚至是北極光、黄道光的附會。

②太白經天：此處接連三個月都載此天象，星占師是有想法的，是朝

中政治不穩定的反映。

　　③太白聚危：危宿三星，在虛宿東，主廟堂祭祀哭泣之事。太白犯之，有兵喪之災。(參見本卷後圖"虛危虛梁墳墓哭泣")

　　④太陰犯箕：箕主風，月犯於箕者主風。一曰主君臣不和。

　　⑤五車南星：指五車五，是五車中唯一近黃道之星。

　　⑥太陰犯五諸侯：五諸侯五星，在井宿黃道北。太陰犯之，諸侯誅。(參見本卷後圖"井五諸侯")

　　⑦角宿距星即角宿一，南星。

　　⑧子孫星下：孫星之南方。孫二星，在天狼弧矢西南。

　　⑨九月壬辰……有聲如雷：這是元開國以後第一條流星記錄。宋代流星記錄十分頻繁，元代稀少，可見各代對異常天象重視程度各不相同。

　　四年二月戊午，太陰犯軒轅。五月甲午，太陰犯壘壁陣。辛丑，太白犯輿鬼，太陰犯昴。六月丁巳，太白犯填星。七月辛卯，熒惑犯井。八月癸丑，太陰犯井。甲子，辰星犯靈臺上星。①閏八月庚辰，熒惑犯輿鬼。九月戊午，太白犯斗。壬戌，太陰犯輿鬼。甲子，太白犯斗。十二月庚寅，熒惑犯軒轅。癸巳，太陰犯房宿距星。

　　五年正月己酉，太陰犯五車。壬子，太陰犯輿鬼積尸氣。辛酉，太陰犯心。二月己卯，太陰犯輿鬼。三月戊申，太陰犯御女。丁卯，熒惑犯填星。己巳，熒惑、填星相合。四月壬申，太陰犯東井。五月癸丑，太陰犯南斗。乙卯，熒惑犯右執法。丁卯，太白犯井。六月甲申，歲星犯司怪。②己酉，太白犯輿鬼。歲星犯井。甲午，太白犯輿鬼。七月丙午，歲星犯井。辛亥，太陰犯壘壁陣。庚申，辰星犯太白。八月壬辰，太陰犯軒轅御

女。乙未，填星犯太微上將。九月乙丑，自八月庚辰，
彗出井二十四度四十分，如南河大星，色白，長五尺，
直西北，後經文昌斗魁，南掃太陽，又掃北斗、天機、
紫微垣、三公、貫索，星長丈餘，至天市垣巴蜀之東、
梁楚之南、宋星上，長盈尺，凡四十六日而滅。③十月癸
未，太陰犯東井。辛卯，夜有流星，大如杯，色赤，尾
長丈餘，光燭地，自北起，近東徐徐而行，分爲二星，
前大後小，相離尺餘，沒於危宿。十一月己亥，歲星犯
東井。戊申，太陰犯昴。十二月甲戌，歲星犯司怪。辛
卯，太陰犯南斗。

六年正月壬戌，填星犯太微西垣上將。二月庚午，
太陰犯昴。三月壬寅，太陰犯輿鬼。癸卯，歲星犯井。
甲寅，太陰犯鈎鈐。四月乙丑朔，太白犯東井。戊寅，
太陰犯心。庚寅，太白犯輿鬼。六月癸亥朔，填星犯太
微西垣上將。乙亥，太陰犯斗。七月癸巳朔，熒惑、填
星、辰星聚井。④庚子，太陰犯心。戊午，太陰犯熒惑。
八月乙丑，熒惑犯歲星。己巳，熒惑犯輿鬼。辛巳，太
陰犯昴。壬午，太白犯軒轅。九月丙午，熒惑犯軒轅。
癸丑，太陰犯輿鬼。丁巳，太白犯右執法。十月壬午，
熒惑犯太微西垣上將。十一月辛卯，填星犯左執法。乙
未，辰星犯房。癸卯，太陰犯昴。己酉，太陰犯軒轅。
十二月庚申朔，熒惑犯填星。乙丑，歲星犯輿鬼。乙
亥，太陰犯輿鬼。庚辰，熒惑犯太微東垣上相。癸未，
太陰犯房。

七年正月戊戌，太陰犯昴。甲辰，太陰犯軒轅。二

月戊寅，太陰犯心。四月癸亥，太陰犯東井。丙寅，太陰犯軒轅。乙亥，歲星犯輿鬼。太陰犯南斗。甲申，熒惑犯太微垣右執法。丁亥，歲星犯輿鬼。五月壬辰，辰星犯東井。閏五月戊辰，太陰犯心。七月戊寅，歲星犯軒轅。己卯，太陰犯井。乙酉，熒惑犯房。八月癸巳，太白犯氐。甲午，熒惑犯東咸。太陰犯牽牛。乙巳，歲星犯軒轅。辛亥，熒惑犯天江。九月丙寅，太白晝見。辛未，熒惑犯南斗。甲戌，太陰犯東井。乙亥，太白犯南斗。壬午，辰星犯氐。十月丁亥，太白經天。辛丑，太陰犯東井。十一月己未，太白經天。丙寅，填星犯進賢。戊辰，太陰犯東井。己卯，太陰犯東咸。十二月丙戌，太白經天。夜，熒惑犯壘壁陣。丙申，太陰犯東井。辛丑，太陰犯明堂。⑤丁未，太陰犯天江。

八年三月乙丑，自去歲十二月庚戌，彗星見，約盈尺，指東南，色白，測在室十一度，漸長尺餘，復指西北，掃騰蛇，⑥入紫微垣，至是滅，凡七十四日。

九年正月丁巳，太陰犯天關。甲子，太陰犯明堂。己巳，太陰犯東咸。三月甲寅，熒惑犯氐。戊午，歲星犯左執法。四月庚辰，太陰犯井。壬辰，太白犯井。五月癸亥，歲星掩左執法。七月丙午，熒惑犯氐。甲寅，太白經天。丁卯，熒惑犯房。八月辛巳，太陰犯東咸。乙未，熒惑犯天江。九月丁巳，熒惑犯斗。十月丙戌，太白經天。十一月庚戌，歲星、太白、填星聚於亢。癸丑，歲星犯亢。丙寅，歲星晝見。壬申，太白經天。十二月丙子，太白犯西咸。庚寅，熒惑犯壘壁陣。己亥，辰星犯建星。

十年正月丁巳，太白犯建星。閏正月癸酉，太白犯牽牛。己丑，太白犯壘壁陣。二月戊午，太陰犯氐。三月戊寅，歲星犯亢。四月辛酉，填星犯亢。六月癸丑，太陰犯羅堰上星。⑦己未，歲星犯亢。七月庚辰，太陰犯牽牛。八月壬寅，歲星犯氐。熒惑犯太微垣上將。九月己巳，熒惑犯太微垣右執法。壬午，熒惑犯太微垣左執法。十月甲辰，太白犯斗。辛亥，太陰犯畢。甲寅，太陰犯井。十一月辛未，歲星犯房。壬申，太陰犯虛。⑧甲戌，熒惑犯亢。戊子，熒惑犯氐。辛卯，太陰犯熒惑。十二月壬寅，太白晝見。乙巳，歲星犯東咸。戊午，太陰犯氐。

十一年六月丙午，太陰犯南斗杓星。七月己巳，太陰犯亢。壬午，熒惑犯南斗。九月癸酉，太白犯右執法。己卯，太白犯左執法。十月乙巳，太白犯亢。己酉，熒惑犯壘壁陣。甲寅，太陰犯明堂。己未，太陰犯太白。十一月丁卯，太白犯房。丙子，太陰犯東井。乙酉，太陰犯亢。辛卯，辰星犯歲星。十二月丁巳，填星犯鍵閉。

【注】

　　①靈臺上星：靈臺三星，在太微西南，近黃道南，爲觀象之所。辰星犯靈臺，是很少見到的天象記錄。（參見本卷後圖“太微垣諸星”）上星，北面之星。

　　②司怪：司怪四星，在五車、天關東，東井鉞星前。司怪，觀察妖祥之官。（參見本卷後圖“天關五車與司怪”）

③九月乙丑……四十六日而滅：爲本志又一次記載彗星行程的記録。如南河大星，即像南河戌中的大星，文昌即紫宫文昌星。經研究，這是元代哈雷彗星回歸的記録，近日點爲1301年10月27日。

④熒惑填星辰星聚井：這是又一次三星聚記録。此三星相聚，象徵改立侯王，有大喪。

⑤太陰犯明堂：明堂爲布政之所，月犯之，政權危。（參見本卷後圖"太微垣諸星"）

⑥掃騰蛇：騰蛇二十二星，在營室北。

⑦太陰犯羅堰：羅堰，水中堤壩，今太陰犯之，水災之象。（參見本卷後圖"箕斗建狗天鷄与牛女"）

⑧太陰犯虚：虚主墳墓死喪，太陰犯之，有死喪之事。

武宗至大元年正月辛未，①太陰犯井。甲申，太陰犯填星。二月丁未，太陰犯亢。甲寅，太陰犯牛距星。②三月乙丑，太陰犯井。五月癸未，太白犯輿鬼。七月庚申，流星起自勾陳，③南至於大角傍，尾迹約三尺，化爲白氣，聚於七公，④南行，圓若車輪，微有鋭，經貫索滅。⑤壬申，太白犯左執法。八月壬子，太陰犯軒轅太民。九月壬申，填星犯房。丙子，太陰犯井。癸未，太陰犯熒惑。十月辛丑，太白犯南斗。十一月庚申，太白晝見。癸亥，熒惑犯亢。己巳，太陰掩畢。甲戌，熒惑犯氐。乙亥，辰星犯填星。閏十一月壬寅，熒惑犯房。丁未，太陰犯亢。十二月甲子，太陰犯畢。丙子，太陰犯氐。戊寅，太白掩建星。

二年二月己巳，太陰犯亢。辛未，太陰犯氐。庚辰，太陰犯太白。三月戊戌，太陰犯氐。己亥，熒惑犯歲星。丙午，熒惑犯壘壁陣。五月辛卯，太陰犯亢。六月乙卯，太白犯井。癸酉，辰星犯輿鬼。乙亥，太陰掩畢。八月乙亥，太陰犯軒轅。丁丑，太陰犯右執法。九月丙午，太陰犯進賢。十月壬申，太陰犯左執法。十一月己亥，太陰犯右執法。庚子，太陰犯上相。辛丑，熒惑犯外屏。十二月庚申，太陰犯參。癸亥，辰星犯歲星。辛未，太白犯壘壁陣。

三年正月壬辰，太陰犯軒轅御女。甲午，太陰犯右執法。⑥丙申，太陰犯平道。二月辛亥，熒惑犯月星。庚申，熒惑犯天街。太陰犯軒轅少民。壬戌，太陰犯左執法。甲戌，太白犯月星。三月甲申，太陰犯井。庚寅，太陰犯氐。丙申，太陰犯南斗。丁未，太白犯井。甲寅，太陰犯軒轅御女。戊辰，太白晝見。五月乙酉，太陰犯平道。癸巳，熒惑犯輿鬼。六月乙卯，太陰犯氐。七月戊寅，太陰犯右執法。己卯，太陰犯上相。八月甲子，太白犯軒轅太民。乙丑，太陰掩畢大星。〔九月〕辛巳，太陰犯建星。辛卯，太陰犯天廩。十月甲辰朔，太白經天。丙午，太白犯左執法。癸丑，熒惑犯亢。十一月甲戌朔，太白犯亢。丁亥，太陰犯畢。十二月甲辰朔，太陰犯羅堰。庚申，太陰犯軒轅大星。辛酉，太白犯填星。丙寅，太白犯氐。

四年二月甲子，太陰犯填星。三月丙戌，太陰犯太微上將。四月甲寅，太陰犯亢。熒惑犯壘壁陣。五月癸未，太陰犯氐。乙未，太陰犯太微東垣上相。六月庚戌，太陰犯氐。七月癸巳，太陰掩畢。丁酉，太陰犯鬼宿距星。閏七月丙寅，太陰犯軒轅。九月乙卯，太陰犯畢。十月丙申，太白犯壘壁陣。十一月甲寅，太陰犯輿鬼。十二月庚辰，太白經天。癸未，亦如之。甲申，太陰犯太微西垣上將。壬辰，太白經天。⑦

【注】

①武宗至大：武宗爲元朝第三個皇帝，在位僅四年，至大是他的年號。

②牛距星：牛宿一，爲牛宿六星中腰的一顆星。（參見本卷後圖“天鷄與牛女”）

③起自勾陳：勾陳六星，爲紫宮內主星之一，後宮之象，爲該流星起始之處。據流星占，流星爲天子之使，後宮爲信使的出發地。

④聚於七公：七公七星，天市、貫索西北。七公者，天帝輔相，三公廷尉之象，由內廷派出的天使，正與三公合議。

⑤經貫索滅：貫索象徵天牢，計九星，在天市垣西北。貫索爲天使到達的目的地，故在星占師看來，這次流星的占事，既與牢獄有關，也與後宮有關。

⑥右執法：在太微右垣南第一星。

⑦太白經天：該年十二月兩次太白經天，正是武宗駕崩最適合示警天象。

仁宗皇慶元年正月癸丑，①太陰犯太微東垣上相。二月壬午，太陰犯亢。三月丁酉朔，熒惑犯東井。壬寅，太陰犯東井。四月丙子，太白晝見。壬午，熒惑犯輿鬼。癸未，熒惑犯積尸氣。庚寅，太白經天。六月己巳，太陰犯天關。七月戊午，太陰犯東井。八月戊辰，太白犯軒轅。辛未，太陰犯填星。壬午，辰星犯右執法。乙酉，太白犯右執法。丁亥，辰星犯左執法。九月丁巳，太白犯亢。十月丁亥，太陰犯平道。戊子，太陰犯亢。十一月己亥，太陰掩壘壁陣。十二月甲申，熒惑、填星、辰星聚斗。戊子，太陰犯熒惑。

二年正月戊申，太陰犯三公。②三月庚子，熒惑犯壘壁陣。丁未，彗出東井。七月己丑朔，歲星犯東井。辛卯，太白晝見。乙未、丙辰，皆如之。丁巳，太白經天。八月戊午朔，太白晝見。壬戌，歲星犯東井。壬午，太陰犯輿鬼。

延祐元年二月癸酉，熒惑犯東井。三月壬辰，太陰掩熒惑。閏三月辛酉，太陰犯輿鬼。丙寅，太陰犯太微東垣。五月戊午，辰星犯輿鬼。六月乙未，熒惑犯右執法。十月庚戌，辰星犯東咸。十二月甲午，太陰犯輿鬼。癸卯，太陰犯房。甲辰，太陰犯天江。

二年正月乙卯，歲星犯輿鬼。己未，太白晝見。癸亥，太陰犯軒轅。丁卯，太陰犯進賢。二月戊子，太白晝見。癸巳，太白經天。丙午，亦如之。三月丙辰，太陰色赤如赭。四月庚子，太陰犯壘壁陣。五月辛酉，太陰犯天江。庚午，太白晝見。六月甲申，太白晝見。是夜，太陰犯平道。癸卯，太白犯東井。丙午，辰星犯輿鬼。九月己酉，太陰犯房。辛酉，太白犯左執法。十月丙子朔，客星見太微垣。十一月丙午，客星變爲彗，③犯紫微垣，歷軫至壁十五宿，④明年二月庚寅乃滅。

三年九月癸丑，太白晝見。丙寅，太白經天。十月甲申，太白犯斗。

四年三月乙酉，太陰犯箕。六月乙巳，太陰犯心。八月丙申，熒惑犯輿鬼。壬子，太陰犯昴。九月庚午，太陰犯斗。

六年正月戊寅，太陰犯心。二月己亥，太陰犯靈臺。三月己巳，太陰犯明堂。癸酉，太陰犯日星。⑤甲戌，太陰犯心。五月辛酉，太陰犯靈臺。丁卯，太陰犯房。丙子，太陰犯壘壁陣。六月己亥，歲星犯東咸。七月壬戌，太陰犯心。丙子，太白犯太微垣右執法。八月乙酉，熒惑犯輿鬼。閏八月丙辰，辰星犯太微垣右執法。丁巳，太陰犯心。癸亥，熒惑犯軒轅。甲子，太陰犯壘壁陣。乙亥，太白犯東咸。十月癸亥，熒惑犯太微垣左執法。乙丑，太陰犯昴。戊辰，太陰犯東井。庚午，太白晝見。辛未，太陰犯軒轅。辛卯，熒惑犯進賢。庚子，太陰犯明堂。十二月丙寅，太陰犯軒轅。

七年正月乙未，太陰犯明堂上星。⑥癸卯，太陰犯斗宿東星。⑦二月辛酉，太陰犯軒轅御女。壬戌，太陰犯靈臺。丁卯，太陰犯日星。庚午，太陰犯斗宿距星。三月戊子，太陰犯酒旗上星。⑧熒惑犯進賢。庚寅，太陰犯明堂上星。四月甲寅，太白犯填星。壬戌，太陰犯房宿距星。五月庚寅，太陰犯心宿東星。癸巳，太陰犯狗宿東星。⑨丙申，太白犯畢宿距星。六月庚申，太陰犯斗宿東星。癸亥，太陰犯壘壁陣西二星。⑩丁卯，太白犯井宿東扇第三星。辛未，太陰犯昴宿。七月丁亥，太陰犯斗宿東三星。戊戌，熒惑犯房宿上星。己亥，太陰犯昴宿距星。八月丙辰，太白犯靈臺上星。乙丑，熒惑犯天江。丁卯，太白犯太微垣右執法。壬申，太陰犯軒轅御女。九月乙酉，太陰犯壘壁陣西二星。丙戌，熒惑犯斗宿。

癸巳，太陰犯昴宿東星。己亥，太白犯亢星。十月庚戌，太陰犯熒惑于斗。癸亥，太陰犯井宿。十一月癸卯，熒惑犯壘壁陣。乙卯，太陰掩昴宿。戊午，太陰犯井宿東星。庚申，太陰犯鬼宿。

【注】

①仁宗皇慶：仁宗是元朝第四個皇帝，皇慶、延祐是他的兩個年號，在位僅九年（1312—1320）。

②太陰犯三公：三公星有兩處，紫微、太微垣内均有，此處三公三星，在太微垣東近黃道處，故太陰犯之。（參見本卷後圖“太微垣諸星”）

③客星變爲彗：星是不會變的，祇是彗核在太陽近距照射下，向太陽反方向發出氣體，這就是彗尾。所謂變，是從無尾變爲有尾。

④犯紫微垣歷軫至壁：十月日在尾箕，十一月在斗牛，十二月虛危，正月營室。彗星繞太陽運行，尾背於太陽，故先見於太微，繼見於軫，於壁没。壁即東壁，營室東面一宿。

⑤日星：日一星，在氐、房之間黃道上。古人有一種傳統觀念：太陽對應於東方，春季；月亮對應於西方，秋季，故日星獨於東方七宿中，月星位於西方七宿中。（參見本卷後圖“心宿天江”）

⑥明堂上星：明堂三星中北面一顆星。（參見本卷後圖“太微垣諸星”）

⑦斗宿東星：指斗宿五。

⑧酒旗上星：酒旗三星中最北者。酒旗在柳宿北，大民星西。

⑨狗宿東星：狗二星，在建星南。在中國古代星座學中，祇有二十八宿纔可稱爲宿，此處狗宿當爲狗星之誤，狗星東星即狗星一。（參見本卷後圖“箕斗建狗”）

⑩壘壁陣西二星：指壘壁陣三。（參見本卷後圖“壘壁陣”）

英宗至治元年正月乙未，^①太陰掩房宿距星。甲辰，辰星犯外屏西第一星。②辰星、太白、熒惑、填星聚於奎宿。③二月壬子，太白、熒惑、填星聚於奎宿。辛酉，太白犯熒惑。癸亥，太陰犯心宿大星，又犯心宿東星。三月丁丑，太陰掩昴宿。四月戊午，太陰犯心宿大星。庚申，太陰犯斗宿東第三星。④五月戊寅，太白犯鬼宿積尸氣。太陰犯軒轅右角。庚辰，太陰犯明堂中星。六月己未，太陰犯虛梁東第二星。⑤辛酉，太白經天。七月癸巳，太陰犯昴宿。八月丁未，太陰犯心宿前星。己酉，太陰犯斗宿西第二星。壬子，熒惑犯軒轅大星。九月乙亥，熒惑犯靈臺東北星。壬午，熒惑犯太微西垣上將。丁酉，熒惑犯太微垣右執法。十月甲辰，太白經天。戊申，熒惑犯太微垣左執法。十一月辛未，熒惑犯進賢。丙子，太陰犯虛梁東第一星。戊寅，辰星犯房宿上星。丙戌，太陰犯井宿東扇北第二星。己丑，太陰犯酒旗西星，又犯軒轅右角。辛卯，太陰犯明堂中星。己亥，太白犯西咸南第一星。⑥十二月甲辰，熒惑犯亢宿南第一星。⑦庚戌，太陰犯昴宿東第一星。辛酉，熒惑入氐宿。

二年正月丁丑，太陰犯昴宿距星。庚辰，太白犯建星西第二星。辛巳，太白犯建星西第三星。⑧辛卯，太陰犯心宿大星。甲午，熒惑犯房宿上星。丁酉，太白犯牛宿南第一星。⑨二月己亥朔，熒惑犯鍵閉星。丙午，熒惑犯罰星南一星。戊申，太陰犯井宿東扇北第二星。庚戌，熒惑犯東咸北第二星。辛亥，太陰犯酒旗西第一星及軒轅右角星。壬子，太白犯壘壁陣西方第二星。癸丑，太陰犯明堂中星。己未，太陰犯天江南第一星。壬戌，太白犯壘壁陣第六星。五月丙子，熒惑退犯東咸南第一星。六月壬申，熒惑犯心宿距星。七月己亥，熒惑犯天江南第一星。戊午，太陰犯井宿鉞星。九月己未，太陰犯明堂中星。十月庚辰，太陰犯井宿距星。辛巳，太陰犯井宿東扇北第二星及第三星。己丑，熒惑犯壘壁陣西第六星。十一月甲辰，太白犯壘壁陣第一星。乙巳，熒惑犯壘壁陣西第八星。戊申，太陰掩井宿東扇北第二星。己未，太陰犯東咸南第一星。庚申，太陰犯天江上第二星。辛酉，熒惑犯歲星。十二月乙丑，太白、歲星、熒惑聚于室。⑩太白犯壘壁陣西第八星。乙亥，太陰掩井宿距星。戊寅，太白犯歲星。己丑，熒惑犯外屏西第三星。太陰犯建星西第二星。

三年正月壬寅，太陰犯鉞星，又犯井宿距星。癸卯，太陰犯井宿東扇南第二星。二月癸亥朔，熒惑、太白、填星聚於胃宿。癸酉，太白犯昴宿。辛巳，太陰犯東咸南第一星、第二星。五月戊戌，太白經天。癸卯，太陰犯房宿第二星。庚戌，太白犯畢宿右股第三星。六月癸未，填星犯畢宿距星。九月辛卯，填星退犯畢。十月己巳，太白犯亢。丙子，太白犯氐。十一月己丑朔，熒惑犯亢。庚寅，太白犯鈎鈐。乙未，太白犯東咸。壬寅，熒惑犯氐。十二月己巳，辰星犯壘壁陣。辛未，熒惑犯房。辛巳，熒惑犯東咸。

【注】

①英宗至治：英宗是元朝的第五個皇帝，至治是他的年號，他在位僅三年（1321—1323）。

②外屏西第一星：外屏七星，在奎南。西第一星爲外屏一。（參見本卷後圖"壁奎外屏左右更"）

③辰星太白熒惑填星聚於奎：這是元代唯一的四星聚記錄。《漢書·天文志》曰："四星若合，是謂大湯，其國兵喪并起，君子憂，小人流。"大湯即大的蕩滌。流，意爲泛濫，又指因饑荒引起的流民。

④斗宿東第三星：指斗宿四。

⑤虛梁東第二星：虛梁四星，在危宿東南。東第二星爲虛梁二。（參見本卷後圖"虛危虛梁"）

⑥西咸南第一星：指西咸三。（參見本卷後圖"東西咸"）

⑦亢宿南第一星：指亢宿四。（參見本卷後圖"角亢氐"）

⑧建星西第三星：指建星三。（參見本卷後圖"箕斗建"）

⑨牛宿南第一星：指牛宿五。

⑩太白歲星熒惑聚于室：元代又一條三星聚記錄。室即室宿。它與壁宿又稱西縈東縈，爲齊之分野。由此可以推知，此處之縈即營室之營，即齊故都營丘。（參見本卷後圖"壁奎外屏左右更"）

泰定帝泰定元年五月丙午，①太白犯鬼宿。丁未，太白又犯鬼宿積尸氣。十月丙寅，太白犯斗宿距星。己巳，太白入斗宿魁。太陰犯填星。庚午，太白犯斗。壬午，熒惑犯壘壁陣。十二月庚午，熒惑犯外屏。乙亥，太白經天。

二年正月丙戌，辰星犯天鷄。②壬寅，太白犯建星。二月庚寅，熒惑、歲星、填星聚于畢宿。六月丙戌，填星犯井宿鉞星。丙午，填星犯井宿。八月癸巳，歲星犯天轇。十月壬辰，熒惑犯氐宿。癸巳，填星退犯井宿。十一月戊午，填星退犯井宿鉞星。十二月乙酉，熒惑犯天江。辰星犯建星。甲午，太白犯壘壁陣。

三年正月辛酉，太白犯外屏。三月丙午，填星犯井宿鉞星。戊辰，熒惑犯壘壁陣。填星犯井宿。庚午，填星、太白、歲星聚于井。四月戊戌，太白犯鬼宿。壬寅，熒惑犯壘壁陣。七月戊辰，太白經天，至于十二月。九月壬戌，太白犯太微垣右執法。十月辛巳，太白犯進賢。

四年正月己酉，太白犯牛宿。三月丁卯，熒惑犯井宿。九月壬子，太白犯房宿。閏九月己巳，太白經天，至十二月。十月乙巳，晝有流星。戊午，辰星犯東咸。十一月癸酉，太白犯壘壁陣。熒惑犯天江。十二月己未，歲星退犯太微西垣上將。

致和元年二月壬戌，太白晝見。五月庚辰，流星如缶大，光明燭地。七月丙戌，太白犯軒轅大星。

文宗天曆元年九月庚辰，[3]太白犯亢宿。

二年正月甲子，太白犯壘壁陣。二月己酉，熒惑犯井宿。五月庚申，太白犯鬼宿積尸氣。六月丁未，太白晝見。七月癸亥，太白經天。十一月癸酉，太陰犯填星。

至順元年七月庚午，歲星犯氐宿。八月戊辰，太白犯氐宿。九月己丑，熒惑犯鬼宿。甲午，熒惑犯鬼宿。十一月甲申，熒惑退犯鬼宿。丙戌，太白犯壘壁陣。

二年二月壬子，太白晝見。三月丙子朔，熒惑犯鬼宿。己卯，熒惑犯鬼宿積尸氣。五月丁丑，熒惑犯軒轅左角。甲午，太白犯畢宿。庚子，太陰犯太白。辛丑，太白經天。六月丁未，太白晝見。丁卯，太陰犯畢。太白犯井。八月乙卯，太白犯軒轅大星。庚申，太白犯軒轅左角。九月丙子，太白犯填星。十一月壬申朔，太白犯鈎鈴。

三年五月癸酉，熒惑犯東井。

【注】

①泰定帝：泰定帝是元朝第六個皇帝。泰定既是帝名，又是年號，泰定帝第二個年號爲致和，在位共計五年（1324—1328）。

②犯天雞：天雞二星，在建星牛宿之間。辰星犯天雞，是很少見的天象記録。（參見本卷後圖"建狗天雞與牛女"）

③文宗天曆：文宗是元朝第七個皇帝，共有天曆、至順兩個年號，在位計五年（1328—1332），所載天象記録也無特色。

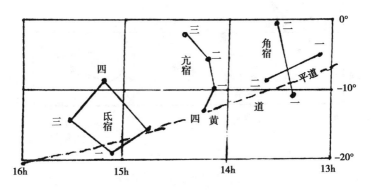

月、五星凌犯星座圖

（1）角亢氐與平道

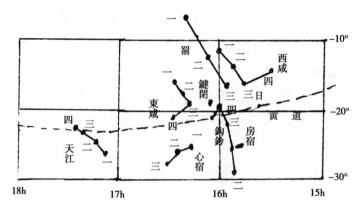

（2）房鈎鈐鍵閉東西咸與心宿天江

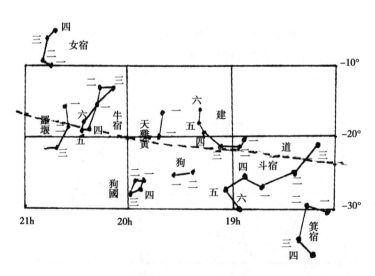

（3）箕斗建狗天雞與牛女

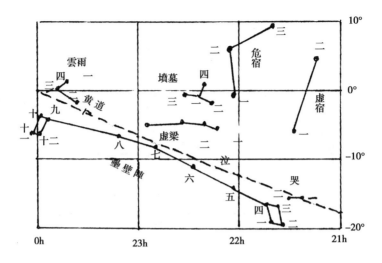

（4）虚危虚梁墳墓哭泣與壘壁陣

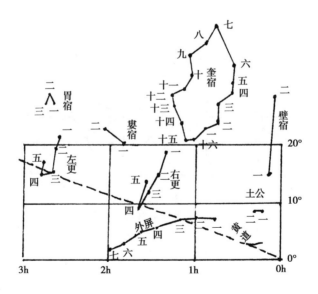

（5）壁奎外屏左右更與婁胃

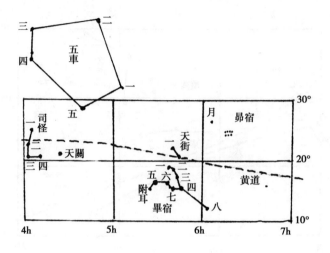

（6）昴天街畢天關五車與司怪

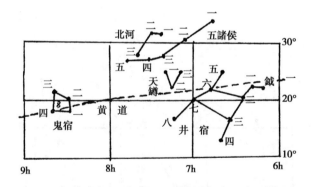

（7）井五諸侯天罇北河與鬼

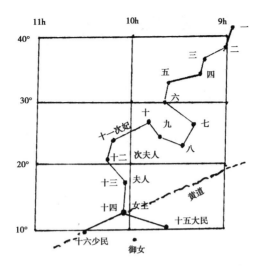

（8）軒轅座諸星

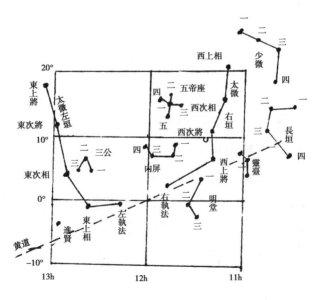

（9）太微垣諸星

《元史》卷四十九

志第二

天文二

月五星凌犯及星變下

順帝元統元年正月癸酉，^①太白晝見。二月戊戌，亦如之。己亥，填星退犯太微東垣上相。丙辰，太陰犯天江下星。三月戊寅，太陰犯太微東垣上相。五月丁酉，熒惑犯太微垣右執法。六月丁丑，太陰犯壘壁陣西第二星。七月己亥，太陰犯房宿北第二星。九月甲午，太陰犯東咸西第一星。填星犯進賢。乙未，太陰犯天江下星。丁巳，太陰犯填星。己未，太陰犯氐宿距星。^②十月甲子，太陰入犯斗宿魁東北星。十一月甲午，太陰犯壘壁陣西方第二星。辛亥，太陰犯太微東垣上相。壬子，太陰犯填星。癸丑，太陰犯亢宿南第一星。十二月癸酉，太陰犯鬼宿東北星。^③乙亥，太白犯壘壁陣西第八星。^④太陰犯軒轅夫人星。^⑤己卯，太陰犯進賢。癸未，太陰犯東咸西第二星。

二年正月壬寅，太陰犯軒轅夫人星。庚戌，太陰犯房宿北第二星。二月癸酉，太陰犯太微東垣上相。丁亥，太白經天。三月辛丑，太陰犯進賢，又犯填星。四月丁丑，太白經天。戊寅，太白晝見。辛巳、壬午，皆如之。壬午夜，太白犯鬼宿積尸氣。七月己亥，太白經天。甲辰，亦如之。丙午，復如之。己酉，太白晝見。夜，流星如酒盃大，色赤，尾迹約長五尺餘，光明燭地，起自天津之側，没于離宮之南。⑥庚戌，太白經天。壬子，熒惑入犯鬼宿積尸氣。癸丑，太白經天。甲寅，亦如之。八月丙辰朔，太白經天。丁巳、戊午、己未，亦如之。癸亥、丙寅、戊辰、辛未、壬申、癸酉、甲戌、丁丑、己卯，皆如之。己卯夜，太白犯軒轅御女星。庚辰，太白經天。壬午，亦如之。九月庚寅，太白經天。壬辰，太陰入南斗魁。癸巳，太陰犯狗國東星。⑦太白犯靈臺中星。甲午，太白經天。乙未，亦如之。己亥、壬寅，皆如之。乙巳，太白犯太微垣右執法。壬子，太白犯太微垣左執法。十月癸亥，熒惑犯太微西垣上將。太白犯進賢。乙亥，太陰犯軒轅夫人星。太白犯填星。十一月乙未，填星犯亢宿距星。庚戌，熒惑犯太微東垣上相。

仍改至元，⑧元年二月甲戌，熒惑逆行入太微垣。四月壬戌，太陰犯太微垣左執法。五月癸卯，太陰犯壘壁陣東方第四星。⑨六月壬戌，太陰犯心宿大星。七月乙未，太陰犯壘壁陣西方第二星。八月辛亥，熒惑犯氐宿東南星。九月丁亥，太陰入魁，犯斗宿東南星。庚寅，太陰犯壘壁陣西方第二星。十月甲寅，熒惑犯斗宿西第二星。庚申，太陰犯壘壁陣東方東第二星。甲子，太陰犯昴宿西第二星。丁卯，太白犯斗宿魁第三星。戊辰，太白晝見。十一月甲申，太白經天。丙戌，亦如之。己丑，辰星犯房宿上星及鈎鈐星。⑩丙申，太陰犯鬼宿東北星。己亥，太陰犯太微西垣上將。庚子，太陰犯太微垣左執法。十二月壬子，太陰犯壘壁陣西方第二星。辛酉，太白犯壘壁陣東方第六星。⑪甲子，太白經天。乙丑，太陰犯軒轅夫人星。丙寅，太白經天。丁卯，亦如之。太陰犯太微垣右執法。庚午，太白經天。壬申，亦如之。癸酉，歲星晝見。乙亥，太白、歲星皆晝見。戊寅，太白經天。歲星晝見。閏十二月乙酉，熒惑犯壘壁陣西第八星。庚子，太陰犯心宿大星。壬寅，太陰犯箕宿距星。癸卯，太陰犯斗宿魁東南星。

二年正月壬戌，太陰犯太微垣右執法。甲子，太陰犯角宿距星。丁卯，太陰犯房宿距星。二月辛巳，太陰犯昴宿距星。甲申，太白經天。己丑，太陰犯太微西垣右執法。三月壬戌，太陰犯心宿距星。甲子，太陰犯箕宿距星。乙丑，太陰犯斗宿東南星。四月丙戌，太陰犯角宿距星。五月庚戌，太陰犯靈臺西第一星。丙辰，太白晝見。丁巳，亦如之。六月戊子，太白犯井宿東扇北第二星。七月己酉，太白犯鬼宿東南星。乙卯，太白犯熒惑。八月己卯，太陰犯心宿東第一星。辛巳，太陰犯箕宿東北星。九月庚戌，熒惑犯太微西垣上將。十月丙子，熒惑犯太微垣左執法。丁亥，太陰犯昴宿。己亥，熒惑犯進賢。十一月己酉，太陰犯壘壁陣西第八星。己未，太陰犯鬼宿積尸氣。丁卯，太陰犯房宿距星。

【注】

①順帝元統：順帝是元朝最後一個皇帝。元統、至元、至正，是他的三個年號，在位計三十六年（1333—1368）。不過，在文宗和順帝之間，還有一個祇做了一個月的皇帝寧宗，他在位期間没有留下天象記録。順帝時的天象記録特别豐富，也特别詳細，幾乎占元代天象記録的半壁江山，特别珍貴，故專門載爲一卷。

②氐宿距星：指氐宿一，在西南方黄道上。

③鬼宿東北星：指鬼宿三。

④壘壁陣西第八星：指壘壁陣八。

⑤軒轅夫人星：指軒轅十三。

⑥離宫：離宫六星，在室宿二兩邊。

⑦狗國東星：狗國四星，在斗宿正東方，狗星東南。其東星即狗國三。

⑧仍改至元：是年改爲至元元年。因元朝前期有過至元年號，所以説仍改至元。

⑨壘壁陣東方第四星：指壘壁陣九。

⑩辰星犯房宿上星及鉤鈐星：房宿上星爲房宿一，鉤鈐二星西距房宿一約半度，辰星運動迅速，故可於同一晚犯兩星。

⑪壘壁陣東方第六星：指壘壁陣七。

　　三年三月辛亥，太陰犯靈臺上星。四月辛卯，太陰犯壘壁陣西方第五星。庚子，太白晝見。五月壬寅，太白犯鬼宿東北星。乙巳，太陰犯軒轅左角。戊申，太白晝見。壬子，太陰犯心宿後星。戊午，太白晝見。己未，太陰犯壘壁陣西方第六星。辛酉，太白晝見。丁卯，彗星見於東北，如天船星大，①色白，約長尺餘，彗指西南，測在昴五度。^②六月庚午，太白經天。辛未，亦如之。甲戌，復如之。乙亥，太白犯靈臺上星。己卯，太白經天。夜，太白犯太微西垣上將。壬午，太白晝見。太陰犯斗宿魁尖星。^③丁亥，太白犯太微垣右執法。己丑，太白晝見。庚寅，亦如之。七月癸卯，太白經天。乙巳，亦如之。丙午，復如之。庚戌，太白晝見。甲寅，太白經天。辛酉，太白晝見。壬戌，太白經天。癸亥、甲子，皆如之。^④八月庚午，彗星不見。^⑤

【注】

①（彗星）如天船星大：指天船星主星天船三，爲一點九等星。

②這顆彗星從遠道而來，剛開始時尚暗弱，其方位也無大的變化，在昴宿五度。其去極度也當與昴星相當。因爲彗星見東北方，又彗尾西南指，彗尾永遠是背向太陽的，故觀測時當在黎明前，五月日在井，日出前位於東北方，昴星也在東北方稍南，故彗尾西南指。

③斗宿魁尖星：斗宿魁尖頭星指斗宿六。

④經統計，該年太白晝見和經天記録計達十五次之多，爲元代之前之最。據中國星占傳統觀念，順帝政權將在戰亂中滅亡。

⑤八月庚午彗星不見：這裏載八月庚午彗星不見，下文又載至房滅。這是彗星從遠道而來初見於昴，繞太陽大半周以後至八月庚午前房宿處又停留數日，纔漸漸消失。

其星自五月丁卯始見，戊辰往西南行，日益漸速，至六月辛未，芒彗愈長，約二尺餘，丁丑掃上丞，^①己卯光芒愈甚，約長三尺餘，入圜衛，^②壬午掃華蓋、杠星，乙酉掃鈎陳大星及天皇大帝，丙戌貫四輔，經樞心，^③甲午出圜衛，丁酉出紫微垣，戊戌犯貫索，掃天紀，^④七月

庚子掃河間，癸卯經鄭晉，⑤入天市垣，丙午掃列肆，己
酉太陰光盛，微辨芒彗，出天市垣，掃梁星，至辛酉，
光芒微小，瞻在房宿鍵閉之上、罰星中星正西，難測，
日漸南行，至是凡見六十有三日，自昴至房，凡歷一十
五宿而滅。⑥

【注】

①這是一段該彗星出沒的專門詳細描述，五月丁卯自昴五度初見，至
六月丁丑北上，彗尾掃至紫宮北門右上丞星，至兩日後彗尾已長達三尺
餘，即兩度多。莊威鳳等人撰《彗星記錄的研究》指出，凡在太陽系內作
周期運動的天體，祇需有三組觀測數據，即可確定其軌道，該星至少有四
組數據所載位置精度較高，估計誤差不超過一度，可以定出其運行軌迹，
并算出各部分視運動速度，今將其所畫軌道圖引述如下。（見彗星 1337 的
運行軌迹兩幅圖）由於該彗星是連續循環運行的，此處“西南行”當爲
“西北行”之誤。

彗星自五月丁卯初見昴五度，至六月丁丑掃上丞，由此彗星北上，己
卯由紫宮北門進入圜衛，即進入垣牆內。這時日在井宿，彗星出現在後半
夜。壬午掃華蓋、杠星。乙酉掃鈎陳大星即今日北極星。丙戌通過四輔，
經過天樞星即當時北極星。甲午彗星出圜衛。丁酉出紫宮。六月戊戌，彗
星犯貫索，掃過天紀。七月庚子掃河間。癸卯經過鄭晋，進入天市垣。丙
午掃過列肆。己酉出天市，掃過梁星。這時日在柳宿、星宿，彗星黃昏時
見於中天。辛酉光微，見其現於房宿鍵閉之上，八月庚午隱没不見。

②入圜衛：圜衛即環衛，爲圓環圍護之中的部分，即紫宮中心部分，
這時彗尾達三尺長。

③丙戌貫四輔經樞心：貫者，通過也。古時有四輔抱極之説，極即樞
心，也就是漢唐時的極星紐星。故六月丙戌（7 月 15 日）彗星在紐星處是
明確的。

④戊戌犯貫索：公曆 7 月 27 日彗頭犯貫索，從貫索中通過。貫索距紐

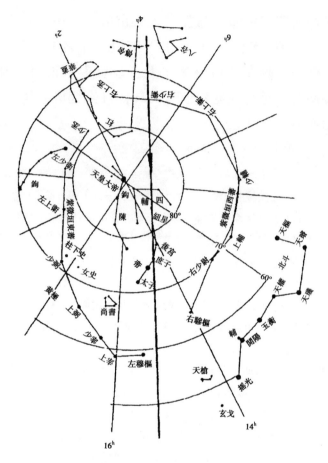

彗星 1337 的運行軌迹（1）

星六十度，平均行度爲每天五度。這時彗尾掃過天紀星。

　　⑤七月庚子掃河間癸卯經鄭晋：七月癸卯（8 月 1 日）這一天，彗星從鄭晋兩星間通過。鄭晋兩星經度相距不足三度，故定癸卯這一天彗星位置誤差不超過一度。鄭晋距貫索十五度，五天行十五度，平均每天行三度。

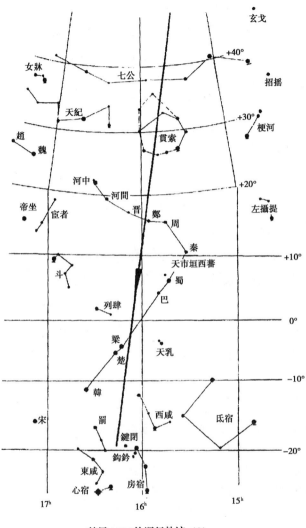

彗星 1337 的運行軌迹（2）

⑥七月辛酉（8 月 19 日）在房宿鍵閉之上、罰星中星正西，此處距鄭晋三十三度，平均每天行一點八度。由此可以參照已知彗星的運行速度，定出其他各觀測點的位置。

甲戌，太陰犯心宿後星。九月己亥，熒惑犯斗宿西第二星。甲辰，太陰犯斗宿魁第二星。丁未，太陰犯壘壁陣西第一星。己酉，太陰犯壘壁陣西第八星。辛酉，太陰犯軒轅大星。十月庚午，太白晝見。丙子，太陰犯壘壁陣西方第七星。壬午，太陰犯昴宿上行星。^①丁亥，太白晝見。太陰犯鬼宿積尸氣。庚寅，太白晝見。辛卯，亦如之。丙申，復如之。十一月丁酉，太白經天。戊戌，太白犯亢宿距星。己亥，太白經天。壬寅，太陰犯熒惑。癸卯，太陰犯壘壁陣西第六星。丁未，填星犯鍵閉。辛亥，太陰犯五車東南星。甲寅，太陰犯鬼宿西北星。^②丙辰，太陰犯軒轅左角。丁巳，太白經天。太陰犯太微垣三公東南星。^③戊午，太白經天。癸亥，亦如之。甲子、乙丑，皆如之。十二月己巳，歲星退犯天罇東北星。填星犯罰星南第一星。^④甲戌，熒惑犯壘壁陣東第五星。太白犯東咸上星。

【注】

①昴宿上行星：古人通常將昴七星分爲上下兩行，上行四星，下行三星。此處是上行星被犯。

②鬼宿西北星：指鬼宿二，距黃道最近。

③太微垣三公東南星：指三公三。

④罰星南第一星：指罰星三。

四年正月癸卯，太白犯建星西第二星。甲辰，太白犯建星西第三星。丙午，太陰犯五車東南星。辛亥，太陰犯軒轅左角。己未，填星犯東咸上星。庚申，太陰入

斗魁。太白犯牛宿。二月戊寅，太陰犯軒轅大星。己
卯，太陰犯靈臺中星。三月戊申，填星退犯東咸上星。
六月辛巳，填星退犯鍵閉星。閏八月己亥，填星犯罰星
南第一星。太陰犯斗宿南第二星。庚戌，太陰犯昴宿南
第二星。乙卯，太陰犯鬼宿東南星。九月丙寅，太陰犯
斗宿距星。戊辰，太白犯東咸上第二星。癸酉，奔星如
酒盃大，色白，起自右旗之下，[①]西南行，没於近濁。[②]
甲申，太陰犯軒轅御女。乙酉，太陰犯靈臺南第一星。
庚寅，太白犯斗宿北第二星。十月辛亥，太陰犯酒旗上
星。十一月辛未，熒惑犯氐宿距星。丁丑，太陰犯鬼宿
東南星。戊寅，太白犯壘壁陣西第六星。十二月庚子，
熒惑犯房宿上星。癸卯，太白經天。己酉、庚戌、辛
亥，皆如之。壬子，熒惑犯東咸上第二星。乙卯，太白
犯外屏西第二星。太陰犯斗宿距星。丙辰，太白經天。

　　五年正月庚午，太陰犯井宿東扇上星。乙亥，熒惑
犯天江上星。二月甲午，太陰犯昴宿上西第一星。壬
寅，太陰犯靈臺下星。四月壬寅，太陰犯日星及犯房宿
距星。[③]五月庚午，太陰犯心宿後星。壬申，太陰犯斗宿
西第四星。丙子，太白犯畢宿右股西第三星。六月甲
辰，熒惑退入南斗魁內。七月辛酉，熒惑犯南斗魁尖
星。壬戌，亦如之。甲子，復如之。太陰犯房宿距星。
甲戌，太白經天。乙亥、丙子，亦如之。戊寅、乙酉、
丙戌，皆如之。八月戊子，太白經天。己丑、庚寅、辛
卯，皆如之。甲午，太陰犯斗宿西第四星。丁酉，太白
犯軒轅大星。戊戌，太白經天。己亥，亦如之。壬寅、

甲辰，皆如之。乙巳，太陰犯昴宿上行西第三星。九月戊午，太白經天。己未，亦如之。十月己亥，熒惑犯壘壁陣西方第六星。十一月丁巳，熒惑犯壘壁陣東方第五星。十二月甲午，太陰犯昴宿距星。癸卯，熒惑犯外屏西第三星。

　　六年正月丁卯，太陰犯鬼宿距星。乙亥，太陰犯房宿距星。二月己丑，太陰犯昴宿。丙申，太陰犯太微西垣上將。癸卯，太陰犯心宿大星。丁未，太陰犯羅堰南第一星。戊申，熒惑犯月星。己酉，彗星如房星大，色白，狀如粉絮，尾迹約長五寸餘，彗指西南，測在房七度，漸往西北行。太陰犯虛梁南第二星。三月癸亥，太陰犯軒轅右角。庚午，太陰犯房宿距星。壬申，太陰犯南斗杓第二星。丙子，太陰犯虛梁南第一星。戊寅，太白犯月星。辛巳，是夜彗星不見。自二月己酉至三月庚辰，凡見三十二日。四月乙巳，太陰犯雲雨西北星。④五月丁卯，太陰犯斗宿西第二星。辛未，太陰犯虛梁西第二星。六月癸卯，太白晝見。己酉，亦如之。辛亥，復如之。辛亥夜，太白犯歲星。又，太白、歲星皆犯右執法。七月甲寅，太白晝見。丁巳，亦如之。庚申，太陰犯心宿距星。又犯心中央大星。壬戌，太白晝見。癸亥，亦如之。甲子，太陰犯羅堰。乙丑，太白晝見。丙寅，亦如之。癸酉，復如之。九月辛酉，太陰犯虛梁北第一星。丁卯，太陰犯昴宿距星。熒惑犯歲星。甲戌，太陰犯軒轅右角。十月丁酉，太白入南斗魁。己亥，太白犯斗宿中央東星。十一月乙卯，太陰犯虛梁西第一星。戊午，熒惑犯氐宿距星。丙寅，辰星犯東咸上第一星。戊寅，辰星犯天江北第一星。十二月癸未，太陰犯虛梁北第一星。乙酉，太陰犯土公東星。丁亥，熒惑犯鉤鈐南星。乙未，熒惑犯東咸北第二星。戊戌，太陰犯明堂星。

【注】

①奔星：指流星。右旗之下：右旗九星，在河鼓右下方。右旗下星爲右旗九。

②没於近濁：近地平有濁氣，障礙視綫，故曰西南行，没於近濁。

③太陰犯日星及犯房宿距星：日星在房距星西約兩度，故太陰同一晚可同時犯兩星。

④雲雨西北星：雲雨西北星爲雲雨一，在壘壁陣之黄道北。（參見上卷後圖“虛危虛梁墳墓哭泣”）

至正元年正月甲寅，熒惑犯天江上星。庚申，太陰犯井宿東扇北第二星。辛未，太陰犯心宿距星。癸酉，太陰犯斗宿北第二星。甲戌，太白晝見。乙亥、丙子、丁丑，皆如之。二月己卯，太白晝見。庚辰，亦如之。丙戌，復如之。癸巳，太陰犯明堂東南星。三月癸酉，太陰犯雲雨西北星。六月庚午，太陰犯井宿距星。七月乙酉，太陰犯填星。庚寅，太陰犯雲雨西北星。九月庚辰，太陰犯建星南第二星。壬辰，太陰犯鉞星，①又犯井宿距星。十月乙卯，歲星犯氐宿距星。丁巳，太陰犯月星。十一月己亥，太陰犯東咸南第一星。庚子，太陰犯天江北第二星。十二月丁巳，太白犯壘壁陣東方第五星。

二年正月戊子，太陰犯明堂北第二星。甲午，熒惑犯月星。三月戊子，太陰犯房宿北第二星。四月庚申，太陰犯羅堰上星。五月甲申，太白經天。七月乙未，太陰掩太白。丁酉，太白晝見。八月丙午，太白晝見。九月丁丑，太陰犯羅堰北第一星。戊子，太陰犯井宿東扇南第一星。十月癸卯，太陰犯建星北第三星。甲寅，太陰犯天關。②十一月辛卯，歲星、熒惑、太白聚於尾宿。

三年二月甲辰，太陰犯井宿西扇北第二星。填星犯牛宿南第一星。熒惑犯羅堰南第一星。乙卯，太陰犯氐宿東南星。三月壬午，太陰犯氐宿東南星。七月庚辰，太白犯右執法。

四年十二月壬戌，太陰犯外屏西第二星。

七年七月丙辰，太陰犯壘壁陣東第四星。十一月庚戌，太陰犯天廩西北星。③

八年二月庚辰，太陰犯軒轅左角。癸未，太陰犯平道東星。三月丙辰，太陰犯建星西第一星。八月丙子，太陰犯壘壁陣西方第五星。九月己未，太陰犯靈臺東北星。

九年正月庚戌，太白犯建星東第三星。辛亥，太陰犯平道西星。二月甲申，太陰犯建星西第二星。三月己亥，太白犯壘壁陣東方第六星。七月丙午，太陰犯壘壁陣東方南第一星。④癸丑，太陰犯天關。九月丙戌，熒惑犯靈臺上星。十一月戊辰，太陰犯畢宿左股北第三星。庚辰，太白犯壘壁陣西方第二星。十二月戊戌，太白犯壘壁陣東方第五星。

十年正月壬申，太陰犯熒惑。二月辛丑，太陰犯平道東星。甲辰，太陰犯鍵閉。三月己卯，熒惑犯太微西垣上將。四月丙午，太白犯鬼宿西北星。七月辛酉，太陰犯房宿北第一星。辛未，太白晝見。壬申、丁丑、壬午，皆如之。八月癸未朔，太白晝見。丁酉，亦如之。九月癸丑朔，太白晝見。壬戌，熒惑犯天江南第二星。十月癸巳，歲星犯軒轅大星。丙申，太陰犯昴宿右股東第二星。十一月戊辰，太陰犯鬼宿東北星。十二月乙未，太陰犯鬼宿西北星。

【注】

①鉞星：井宿附星，在井西扇北頭。（參見上卷後圖“井五諸侯”）

②天關：《步天歌》曰：“天關一星車脚邊。”即天關星在五車南星的南邊，近黃道南。天關爲黃道進入南方天區的關門。（參見上卷後圖“天關五車”）

③天廩西北星：指天廩一，在胃宿南。

④壘壁陣東方南第一星：指壘壁陣十二。（參見上卷後圖“虛危虛梁墳墓哭泣”）

十一年正月丙辰，辰星犯牛宿西南星。二月庚寅，太陰犯鬼宿東北星。乙未，太陰犯太微東垣上相。丁酉，太陰犯亢宿距星。三月丁卯，太陰犯東咸第二星。戊辰，太陰犯天江西第一星。七月己未，太陰犯斗宿東第三星。壬戌，太白犯右執法。甲子，太陰犯壘壁陣東方第一星。己巳，太白犯太微垣左執法。熒惑入犯鬼宿積尸氣。八月乙酉，太陰犯天江南第二星。九月乙卯，辰星犯太微垣左執法。丁巳，太白犯房宿第二星。戊辰，太陰犯鬼宿東北星。十月戊寅，熒惑犯太微西垣上將。辛巳，太陰犯斗宿距星。乙酉，太白犯斗宿西第二星。己丑，太白晝見。熒惑犯歲星。辛卯，太白犯斗宿西第四星。癸巳，歲星犯右執法。丙午，熒惑犯太微垣左執法。十一月辛亥，孛星見於奎宿。癸丑，孛星見於婁宿。甲寅，孛星見於胃宿。乙卯，亦如之。丙辰，孛星見於昴宿。丁巳，太陰犯填星。孛星微，見於畢宿。[①]丁卯，太白晝見。庚午，歲星晝見。十二月丙子，太白晝見。丁丑，太白經天。庚辰，亦如之。夜，太白犯壘壁陣西第六星。甲申，太陰犯填星。丙戌，太白經天。夜，太白犯壘壁陣西第七星。辛卯，太白經天。壬辰，亦如之。甲午，復如之。丁酉，太白晝見。太陰犯熒惑。庚子，太白經天。辰星犯天江西第二星。辛丑，太白經天。壬寅，太白晝見。

【注】

①莊威鳳《彗星記錄的研究》指出，這項觀測記錄共有五組完整觀測數據，由此她畫出了該彗星的軌道圖（見下圖"彗星 1351 的運行軌迹"）。

這次彗星出現時是無尾的，出現的時間也比較短，共計六天。文穎注《漢書》曰："孛、彗、長三星，其占略同，然其形象小异。孛星光芒短，其光四出，蓬蓬孛孛也。彗星光芒長，參參（長）如埽彗。長星光芒有一直指，或竟天，或十丈，或三丈，或二丈，無常也。大法，孛、彗星多爲除舊布新，火災，長星多爲兵革事。"

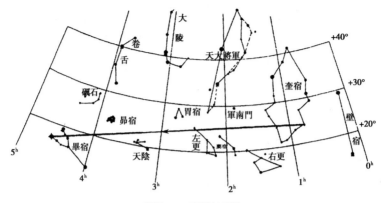

彗星1351的運行軌迹

這次孛星自奎經婁、胃、昴至畢，共五宿，相距六天五十四度，平均每天行九度。在這六天中，孛星大致沿直綫進行，但這五宿之星南北不齊，按平均計，假設孛星經奎畢位置均爲距星，則其他也南北均衡，而從婁北、胃南、昴南通過。從時間上看，彗星自奎至婁行兩天，自婁至胃一至兩天，自胃至昴、自昴至畢均爲一天。這樣的行程分配的依據，是孛星在短期內其速度大致是均衡的，由此便不難定出各觀測點的具體位置。

十二年正月乙丑，太陰犯熒惑。己巳，歲星犯右執法。二月庚寅，太陰犯太微東垣上相。癸巳，太陰犯氐宿距星。三月戊午，太陰犯進賢。壬戌，太陰犯東咸西第一星。戊辰，太白晝見。五月癸酉，太白犯填星。六月辛亥，太白犯井宿東第二星。七月丁酉，辰星犯靈臺北第二星。八月丁卯，太白犯歲星。九月壬辰，太陰犯軒轅南第三星。十月戊午，太陰犯鬼宿東北星。甲子，太陰犯歲星。乙丑，太陰犯亢宿南第一星。十一月庚寅，太陰犯太微東垣上相。

十三年正月乙酉，太陰犯太微東垣上相。戊戌，熒惑、太白、辰星聚於奎宿。二月己酉，太陰犯軒轅南第三星。庚戌，太白犯熒惑。壬子，太陰犯太微東垣上相。四月辛丑，太白犯井宿東扇北第一星。辛亥，太陰犯房宿北第二星。五月乙亥，太陰犯歲星。七月戊辰，太白晝見。九月庚寅，太陰犯熒惑。壬辰，太白經天。熒惑犯左執法。十月庚子，太白經天。甲辰，歲星犯氐宿距星。癸亥，太白犯亢宿距星。十一月壬申，太陰犯壘壁陣東方第四星。十二月丁酉，太白犯東咸北第一星。庚子，熒惑入氐宿。丁巳，太陰犯心宿距星。

十四年正月乙丑，熒惑犯歲星。丁卯，太白犯建星西第二星。癸酉，熒惑犯房宿北第一星。二月戊午，太白犯壘壁陣西第八星。六月甲辰，太陰入斗宿南第一星。七月乙丑，太陰犯角宿距星。壬午，太陰犯昴宿距星。十月壬子，太陰犯太微垣右執法。十一月丙子，太陰犯鬼宿東北星。十二月己亥，太陰掩昴宿。①

十五年正月戊辰，太陰犯五車東南星。辛未，太陰犯鬼宿東北星。閏正月丁未，太陰犯心宿後星。丙辰，太白經天。三月庚寅，太陰犯五車東南星。五月丙申，太陰犯房宿距星。癸丑，太白經天。六月癸亥，太白經天。八月戊寅，太白晝見。九月己丑，太白晝見。夜，太白入犯太微垣左執法。庚寅，太白晝見。十月己未，太陰犯壘壁陣西方第二星。癸酉，太陰犯軒轅大星。十一月乙酉，熒惑犯氐宿距星。庚寅，填星退犯井宿東扇北第二星。己亥，太陰犯鬼宿東北星。十二月癸丑，熒惑犯房宿北第一星。

十六年正月己丑，太陰犯昴宿西第一星。②四月癸亥，熒惑犯壘壁陣西方第四星。五月壬辰，太白犯鬼宿西北星。癸巳，太白犯鬼宿積尸氣。甲午，太陰入犯斗宿南第二星。丁酉，太陰犯壘壁陣西方第一星。八月丁卯，太陰犯昴宿西北星。甲戌，彗星見於正東，如軒轅左角大，色青白，彗指西南，約長尺餘，測在張宿十七度一十分，③至十月戊午滅迹，西北行四十餘日。十一月丁亥，流星如酒盃大，色青白，尾迹約長五尺餘，光明燭地，起自西北，東南行，没於近濁，有聲如雷。壬辰，太陰犯井宿東扇上星。

十七年二月癸丑，太陰犯五車東南星。三月甲申，太陰入犯鬼宿積尸氣，又犯東南星。壬辰，歲星犯壘壁陣西南第六星。七月癸未，太白入犯鬼宿積尸氣。甲申，太陰入犯斗宿距星。丁亥，填星入犯鬼宿距星。八月癸卯，填星犯鬼宿東南星。太白犯軒轅大星。己酉，歲星犯壘壁陣西方第六星。甲子，太陰犯五車尖星。④閏九月癸卯，飛星如酒盃大，⑤色青白，光明燭地，尾迹約長尺餘，起自王良，没於勾陳之下。丙午，太陰犯斗宿南第三星。庚申，太陰犯井宿東扇北第一星。十月乙亥，熒惑犯氐宿距星。甲申，太陰掩昴宿。十二月庚午朔，熒惑犯天江北第一星。戊寅，太白犯歲星。庚辰，太白犯壘壁陣東方第五星。甲申，太陰犯鬼宿距星。丁亥，歲星犯壘壁陣東方第五星。癸巳，太陰犯心宿後星。己亥，申時流星如金星大，⑥尾迹約長三尺餘，起自太陰近東，往南行，没後化爲青白氣。

【注】

①太陰掩昴宿：昴宿七顆星，大致分布於兩平方度内，月亮視直徑約半度，故太陰可掩蓋昴宿中的幾顆星。

②昴西第一星：指昴西南星昴宿一。

③該年八月至十月所見彗星，僅初見時的位置和形狀較具體，初見於黎明前的正東方。這時日在東北方地平綫下，故尾西南指。

④五車尖星：指五車五。

⑤飛星：流星異名。

⑥申時：下午三時至五時，日落前是可以看到流星的。

十八年正月辛丑，填星退入犯鬼宿積尸氣。丙午，太陰犯昴宿。二月乙亥，填星入守鬼宿積尸氣。三月丁卯，太白在井宿，失行於北，生芒角。熒惑犯壘壁陣東方第六星。四月辛卯，太白入犯鬼宿積尸氣。五月壬寅，太白犯填星。壬子，太陰犯斗宿東第三星。七月丁未，太陰犯斗宿南第三星。戊申，太白晝見。八月壬申，太陰掩心宿大星。甲申，太陰掩昴宿距星。十月己卯，太陰犯昴宿距星。十一月丙午，太陰犯昴宿距星。太白犯房宿上第一星。辛酉，太陰掩心宿大星。十二月戊寅，太白生黑芒，環繞太白，乍東乍西，乍動乍静。癸未，太白生黑芒，忽明忽暗，乍東乍西。戊子，太陰犯房宿南第二星。

十九年正月辛丑，太陰犯昴宿東第一星。癸丑，流星如酒盃大，色赤，尾迹約長五尺餘，起自南河，没於騰蛇，其星將沒，迸散隨落處有聲如雷。三月庚戌，太陰犯房宿距星。五月丙申，熒惑入犯鬼宿積尸氣。丙午，太陰犯天江南第一星。丁未，太陰犯斗宿北第二星。七月丁酉，太白犯上將。甲辰，太白犯右執法。己酉，太白犯左執法。九月甲寅，太白入犯天江南第一星。十月壬申，太白入犯斗宿南第三星。辛巳，流星如桃大，色黃潤，後離一尺又一小星相隨，色赤，尾迹通約長三尺餘，起自危宿之東，緩緩東行，沒於畢宿之西。十二月戊辰，太白犯壘壁陣西方第七星。

二十年正月己亥，太陰犯井宿東扇北第二星。丙辰，熒惑犯牛宿東角星。四月丁卯，太陰犯明堂中星。癸酉，太陰犯東咸西第一星。五月癸卯，太陰犯建星西第二星。閏五月乙亥，流星如桃大，色赤，尾迹約長丈餘，起自房宿之側，緩緩西行，沒於近濁。六月癸巳，太白犯井宿東扇北第二星。戊戌，太陰犯建星西第三星。七月丁丑，太陰犯井宿距星。八月辛卯，太陰犯天江北第二星。壬寅，填星犯太微西垣上將。甲辰，太陰犯井宿鉞星。十月戊子，熒惑犯井宿東扇北第一星。

二十一年正月庚申，太陰犯歲星。二月癸未，填星退犯太微西垣上將。壬寅，太陰犯天江北第一星。三月丙辰，太陰犯井宿西扇第二星。庚辰，熒惑入犯鬼宿西北星。五月壬戌，太陰犯房宿北第二星。癸酉，太白犯軒轅左角。甲戌，熒惑犯太白。六月乙未，熒惑、歲星、太白聚于翼宿。①戊戌，太陰犯雲雨上二星。②甲辰，太白晝見。七月丙辰，太陰犯氐宿東南星。十月甲申，太陰犯牛宿距星。十一月庚戌，太陰犯建星西第四星。癸亥，太陰犯井宿東扇北第四星。③壬申，太陰犯氐宿東南星。

二十二年正月戊申朔，太白犯建星西第二星。乙卯，填星退犯左執法。二月己卯，太白犯壘壁陣西方第二星。乙酉，彗星見，光芒約長尺餘，色青白，測在危七度二十分。④丁酉，彗星犯離宮西星，⑤至二月終，光芒約長二丈餘。三月戊申，彗星不見星形，惟有白氣，形曲竟天，西指，掃大角。壬子，彗星行過太陽前，惟有星形，無芒，如酒盃大，昏濛，色白，測在昴宿六度，⑥至戊午始滅迹焉。四月丁亥，熒惑離太陽三十九度，不見，當出不出。⑦五月辛酉，太陰犯建星西第四星。六月辛巳，彗星見於紫微垣，測在牛二度九十分，色白，光芒約長尺餘，東南指，西南行。戊子，彗星光芒掃上宰。七月乙卯，彗星滅迹。⑧八月癸巳，太陰犯畢宿右股第二星。九月丁未，太白犯亢宿南第一星。己酉，太陰犯斗宿北第一星。癸亥，歲星犯軒轅大星。丙寅，熒惑犯鬼宿西北星。己巳，流星如酒盃大，色青白，光明燭地。熒惑入犯鬼宿積尸氣。十月己卯，太陰犯牛宿距星。丁亥，辰星犯亢宿南第一星。戊子，太陰犯畢宿距星。十二月壬辰，太陰犯角宿距星。

二十三年正月庚戌，歲星退犯軒轅大星。二月戊戌，太白晝見。庚子，亦如之。三月丙辰，太陰犯氐宿距星。四月辛丑，熒惑犯歲星。庚申，歲星犯軒轅大星。五月壬午，太白晝見。甲午，亦如之。乙未，熒惑犯右執法。六月乙卯，太白犯井宿西扇北第二星。壬戌，太白晝見。夜，太白入犯井宿東扇南第二星。七月乙酉，太白晝見。丙戌、辛卯，皆如之。八月壬寅，太白入犯軒轅大星。乙巳，太陰犯建星東第二星。丁未，太白犯軒轅左角。己酉，太白晝見。壬子，亦如之。丙辰，太陰犯畢宿右股北第二星。己未，太白晝見。辛酉，太白犯歲星。乙丑，太白入犯右執法。九月辛未，太白入犯左執法。乙亥，歲星入犯右執法。丁丑，辰星犯填星。丁亥，太白犯填星。辰星犯亢宿南第一星。⑨十月癸卯，太白犯氐宿距星。戊午，太白犯房宿北第一星。十一月癸未，太陰犯軒轅右角。歲星犯太微垣左執法。

【注】

①熒惑歲星太白聚于翼宿：這是元代又一次三星聚記錄。至此已有約五次三星聚記錄。

②雲雨上二星：雲雨北面的兩顆星。

③井宿東扇北第四星：指井宿八，也即井宿最東星。

④二月乙酉，彗星在危七度二十分，這是該彗星第一個觀測記錄，未載去極度。

⑤丁酉彗星犯離宮西星：這是該彗星第二個觀測記錄，離宮西星爲離宮三。

⑥（三月壬子）彗星行過太陽前……測在昴宿六度：這是第三個觀測記錄。不過此時彗星已遠離太陽而去，五天後戊午，位置未變而滅。

⑦熒惑……當出不出：此位置推算仍不準確。

⑧此六七月出現在紫宮的彗星，位置記錄不够具體。

⑨亢宿南第一星：指亢宿四，正好在黃道上。

二十四年正月癸酉，太陰犯畢宿大星。戊寅，太陰犯軒轅右角。二月壬子，歲星自去年九月九日東行，入右掖門，犯右執法，出端門，留守三十餘日，犯左執法，今逆行入端門，西出右掖門，又犯右執法。①太陰犯西咸南第一星。四月丁未，太陰犯西咸南第一星。癸丑，太白入犯井宿東扇北第一星。五月甲戌，太白犯鬼宿西北星。乙亥，又犯積尸氣。歲星入犯右執法。六月丁巳，太白犯右執法。七月癸亥，太白與歲星相合於翼宿，二星相去八寸餘。甲子，歲星犯左執法。八月丁未，熒惑入犯鬼宿積尸氣。九月乙丑，太白晝見。甲申，太陰犯軒轅右角。戊子，熒惑入犯軒轅大星。十月丙午，太陰犯畢宿大星。己酉，太陰犯井宿東扇南第一星。丙辰，太白犯斗宿西第二星。十二月乙卯，太陰犯太白。

二十五年正月丁卯，太白晝見。戊辰，亦如之。太陰犯畢宿右股東第四星。甲戌，太白犯建星西第四星。二月丙午，太陰犯填星。三月戊辰，太白犯壘壁陣東方第五星。四月壬子，熒惑犯靈臺東北星。五月辛酉，熒惑犯太微西垣上將。流星如酒盃大，色青白，光明燭地，起自房宿之側，緩緩西行，沒於太微垣右執法之下。七月丁丑，填星、歲星、熒惑聚於角、亢。己卯，太陰犯畢宿左股北第二星。八月乙未，太陰犯建星東第三星。己亥，太陰犯壘壁陣東方第六星。九月丁丑，太陰犯井宿東扇南第一星。十月辛卯，熒惑犯天江東第二星。己酉，熒惑犯斗宿杓星西第二星。太陰犯右執法。

庚戌，太陰犯太微東垣上相。閏十月戊辰，太白、辰星、熒惑聚於斗宿。②太陰犯畢宿右股北第四星，又犯左股北第三星。壬申，太白犯辰星。十一月己丑，太白犯熒惑。太陰犯壘壁陣東方第五星。丙申，太陰犯畢宿大星。癸卯，太陰犯太微西垣上將。十二月丙辰，太陰犯太白。癸亥，太陰犯畢宿右股第二星。庚午，歲星掩房宿北第一星。辛未，太陰犯太微垣右執法。

二十六年正月戊戌，太陰犯太微西垣上將。辛丑，太陰犯亢宿距星。二月戊午，太陰犯畢宿大星。丁丑，歲星退行，犯房宿北第一星。歲星守鈎鈐。三月甲午，太陰犯左執法。四月己未，太陰犯軒轅大星。乙丑，太陰犯西咸西第一星。丙子，太白入犯鬼宿積尸氣。六月癸酉，流星如酒盃大，色青白，尾迹約長尺餘，起自心宿之側，東南行，光明燭地，没於近濁。七月丁酉，熒惑犯鬼宿積尸氣。甲辰，太白晝見。丙午、丁未、戊申，皆如之。八月辛亥，太白晝見。己未，太陰掩牛宿南三星。庚午，歲星犯鈎鈐。乙亥，太陰掩軒轅大星。九月壬辰，太白犯太微垣右執法。庚子，孛星見於紫微垣北斗權星之側，③色如粉絮，約斗大，往東南行，過犯天棓星。辛丑，孛星測在尾十八度五十分。④壬寅，孛星測在女二度五十分。⑤癸卯，孛星測在女九度九十分。⑥甲辰，孛星測在虛初度八十分。⑦太陰犯太微西垣上將。乙巳，孛星出紫微垣北斗權星、玉衡之間，在於軫宿，東南行，過犯天棓，⑧經漸臺、輦道，去虛宿、壘壁陣西方星，始消滅焉。⑨丙午，熒惑犯太微西垣上將。十一月

乙酉，太白犯填星。丁亥，太白犯房宿北第一星。戊子，
熒惑犯太微東垣上相。太白犯鍵閉。己丑，流星如酒盃
大，分爲三星，緊相隨，前星色青明，後二星色赤，尾
迹約長二丈餘，起自東北，緩緩往西南行，没於近濁。
庚寅，太陰犯畢宿右股北第四星。丙申，太白、歲星、
辰星聚於尾宿。庚子，太陰犯太微東垣上相。辛丑，填
星犯房宿北第一星。甲辰，太白犯歲星。十二月戊午，
太陰犯畢宿大星。庚申，太陰犯井宿西扇北第二星。乙
丑，太陰犯軒轅左角。丙寅，太陰犯太微西垣上將。辛
未，太陰犯西咸西第一星。甲戌，太陰犯建星西第三星。

　　二十七年正月癸巳，太陰犯太微西垣上將。二月乙
卯，太陰犯井宿西扇北第二星。三月辛巳，填星退犯鍵
閉星。四月丙寅，太陰犯壘壁陣西方第四星。六月乙卯，
太陰犯氐宿東北星。辛未，太陰犯井宿西扇北第二星。
七月壬辰，熒惑犯氐宿東南星。丙申，太陰犯畢宿大星。
己亥，太陰犯井宿東扇南第二星。八月庚戌，熒惑犯房
宿北第二星。癸丑，太陰犯建星西第二星。九月丁丑，
填星犯房宿北第一星。熒惑犯天江南第二星。乙酉，太
陰犯壘壁陣東方第六星。辛卯，填星犯鍵閉。太陰犯畢
大星。癸巳，太陰犯井宿西扇北第二星。丁酉，熒惑犯
斗宿西第二星。十月戊午，太陰犯畢宿右股西第二星。
辛酉，太陰犯井宿東扇南第三星。癸亥，太陰犯鬼宿西
南星。丁卯，歲星、太白、熒惑聚於斗宿。十一月戊
寅，太白晝見。庚辰，太陰犯壘壁陣東方南東第一星。

　　餘見本紀。

【注】

①端門、右掖門：如本卷上文圖所示，紫宮左右執法間爲端門，右執法與右上將間爲右掖門。其他各門，也都順次排列。

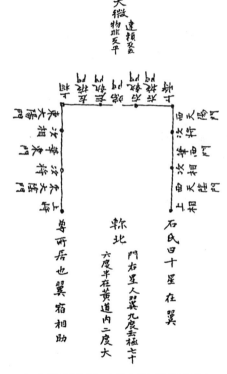

唐《天地瑞祥志》中的太微垣諸門示意圖

（圖中右邊的西天陽門、西天陰門當爲西太陽門、西太陰門之誤。在星占家看來，異常天象涉及這些門，便是帝王及其政權受到侵犯的嚴重徵兆。）

②太白辰星熒惑聚於斗宿：這是元朝天象記録中又一次三聚星記録。

③庚子孛星見於……權星之側：至正二十六年（1366）九月庚子（10月25日），是這顆彗星初見之日，稱之爲孛星，位置在北斗星天權星偏向玉衡星一側的地方。初見時的亮度可比北斗諸星，即約二等。

④辛丑（10月26日），即第二天，孛星由權星往東南行，犯天桴星，測得其入宿度爲尾十八度五十分。

⑤壬寅（10月27日），第三天，孛星經漸臺、輦道，到達女宿範圍，測得入宿度爲女二度五十分。

⑥癸卯（10月28日），即第四天，在女九度九十分。

⑦甲辰（10月29日），即第五天，測得孛星在虛宿零度八十分。

⑧"出紫微垣北斗權星玉衡之間在於軫宿東南行過犯天桴"二十三字爲衍文，當刪除。這是因爲出權星、"東南行""犯天桴"與上文重複，而且又都是乙巳日以前之事，不當在乙巳日敘述。另外，"在於軫宿"四字與該孛星更毫無關係，不當混入文中。

⑨乙巳（10月30日），即第六天，孛星行至虛宿的壘壁陣西星即壘壁陣一，爲零度，由此消失在這個位置。

由以上分析可知，此孛星前兩天運行速度較快，可達每天五十二度，後面四天，則平均每天爲三度。國際天文學會公布的《彗星軌道目錄》，已將這顆彗星確定爲坦普爾（Temple Tuttle）周期彗星，其運行周期爲三十三點七年。

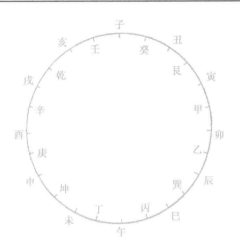

明史·天文志

　　《明史》署名張廷玉等撰，張廷玉是總纂，因此，張廷玉也成爲本志名義上的撰稿人。但實際上，《明史·天文志》的撰寫，有一個漫長的形成過程，本志先由吳任臣寫出初稿，後由徐善、劉獻廷等人做過修改，黄宗羲則是集大成者而成爲定稿人，并以其子黄百家名義傳世。對黄本的訂訛和增補，梅文鼎和其孫梅瑴成發揮過重要作用。今本《明史·天文志》是由梅瑴成完成的，梅文鼎也做過重要指導。

　　梅瑴成（1681—1763），字玉汝，號順齋，又號柳下居士。梅文鼎是清代最著名的天文學家之一，梅瑴成深得其學真傳。康熙五十一年，詔修《律曆淵源》，梅瑴成參與工作，并成爲總裁，官升至都察院左都御史。他還參加過《曆象考成後編》的編撰，并編撰《梅氏叢書輯要》六十卷。

　　《明史·天文志》在形式上仍沿襲前史體例，第一卷先介紹天文學理論，後述天文儀器的製造歷史，以及人們從事的其他各項天文活動等。第二、第三卷則記述觀測到的各種異常天象。但是，由於明神宗以後，西方天文學知識不斷傳入，而且在清初已被官方接受，故本志所述天文學理論，絕大部分爲介紹西方天文學知識。

例如，有關對天體結構的認識，就介紹了九重天理論，對地的形狀，則介紹利瑪竇的地圓説。

本志介紹了《崇禎曆書》中所説的日月五星離地球的最近和最遠距離的數據。崇禎年間觀測的恒星位置坐標值，北京及某些省城的北極出地高度值，以及以北京爲子午零度綫的東西偏度。還記載了北京地區二十四節氣昏旦中星等。其他如黄赤道宿度，黄赤道十二宫交宫宿度等傳統内容，也據《崇禎曆書》所測數據加以記載。對於銀河本質的認識也有了發展，指出了銀河是衆星密集而成，而且環繞天球一大周等。本志還指出了昴星不是七顆而是三十六顆之多的恒星集團。尚需指出的是，在記載北極高度時，本志已引入了西方關於地半徑差和蒙氣差改正的方法。

本志中還記載了明朝鑄造和修複天文儀器的歷史，并記載了遷移儀器的史實，這是一份珍貴的歷史文獻，爲後人提供了豐富的歷史信息。

《明史》卷二十五

志第一

天文一①

自司馬遷述《天官》，而歷代作史者皆志天文。惟《遼史》獨否，謂天象昭垂，千古如一，日食、天變既著本紀，則天文志近於衍。其說頗當。②夫《周髀》《宣夜》之書，安天、窮天、昕天之論，以及星官占驗之說，晋史已詳，又見《隋志》，謂非衍可乎。論者謂天文志首推晋、隋，尚有此病，其他可知矣。然因此遂廢天文不志，亦非也。天象雖無古今之异，而談天之家，測天之器，往往後勝於前。無以志之，使一代制作之義泯焉無傳，是亦史法之缺漏也。至於彗孛飛流，暈適背抱，天之所以示儆戒者，本紀中不可盡載，安得不別志之。③明神宗時，西洋人利瑪竇等入中國，精於天文、曆算之學，發微闡奧，運算制器，前此未嘗有也。兹掇其要，論著於篇。④而《實録》所載天象星變殆不勝書，擇其尤异者存之。⑤日食備載本紀，故不復書。⑥

【注】

①天文：本爲志書第一卷，其第二、第三卷載 "天文二" "天文三"，因無一就没有第二、第三，故知此處漏書 "一" 字，當補。

②在 "二十四史" 中，唯《遼史》不載《天文志》。其不載的理由是，天象古今如一，即諸星的運動是千古不變的，而日食和天變又已經載在本記，所以《遼史》編者認爲撰寫天文志是多餘的。本志的作者認爲他們説得有道理。

③但是作本志者又認爲，撰寫《天文志》理由有三：其一，談天的觀念和理論後勝於前；其二，造作的測天儀器也後勝於前，不記載當泯滅不傳；其三，彗孛飛流、日暈、日珥、日背、日抱等，本紀中不可盡載，此等異常天象又十分重要，是不可或缺的，故又必須由《天文志》記載。

④利瑪竇（Mattao Ricci，1552—1610）：明末來華的天主教耶穌會傳教士，意大利人，曾任在華耶穌會士的头領。他在葡萄牙殖民勢力的支持下，於萬曆十年（1582）奉派來中國，初在廣東肇慶傳教。萬曆二十九年來到北京，向皇帝進呈自鳴鍾等物，并與士大夫交往。他主張將孔孟之道和宗法敬祖思想同天主教相融合，也介紹過西方一些自然科學知識，著譯有《幾何原本》《渾蓋通憲圖説》《乾坤體義》等。死後葬於北京西直門外今北京市委黨校院内。

⑤明確交代本志天象記録，包括了《明實録》尤異者。

⑥本志天象記録中不載日食，這是 "二十四史" 系列《天文志》中一大特色。

以上是本志的概論、指導思想和要點。

兩儀　七政　恒星　黄赤宿度　黄赤宮界　儀象
極度晷影　東西偏度　中星　分野①

兩儀②

《楚詞》言 "圜則九重，孰營度之"，③渾天家言

"天包地如卵裏黄",④則天有九重，地爲渾圓，古人已言之矣。西洋之説，既不背於古，而有驗於天，故表出之。⑤

其言九重天也，曰最上爲宗動天，無星辰，每日帶各重天，自東而西左旋一周，次曰列宿天，次曰填星天，次曰歲星天，次曰熒惑天，次曰太陽天，次曰金星天，次曰水星天，最下曰太陰天。⑥自恒星天以下八重天，皆隨宗動天左旋。然各天皆有右旋之度，自西而東，與蟻行磨上之喻相符。其右旋之度，雖與古有增減，然無大异。惟恒星之行，即古歲差之度。古謂恒星千古不移，而黄道之節氣每歲西退。彼則謂黄道終古不動，而恒星每歲東行。由今考之，恒星實有動移，其説不謬。至於分周天爲三百六十度，命日爲九十六刻，使每時得八刻無奇零，以之布算製器，甚便也。⑦

其言地圓也，曰地居天中，其體渾圓，與天度相應。⑧中國當赤道之北，故北極常現，南極常隱。南行二百五十里則北極低一度，北行二百五十里則北極高一度。東西亦然。亦二百五十里差一度也。以周天度計之，知地之全周爲九萬里也。以周徑密率求之，得地之全徑爲二萬八千六百四十七里又九分里之八也。⑨又以南北緯度定天下之縱。凡北極出地之度同，則四時寒暑靡不同。若南極出地之度與北極出地之度同，則其晝夜永短靡不同。惟時令相反，此之春、彼爲秋，此之夏、彼爲冬耳。以東西經度定天下之衡，兩地經度相去三十度，則

時刻差一辰。若相距一百八十度，則晝夜相反焉。其說
與《元史》札馬魯丁地圓之旨略同。⑩

【注】

①以上是《明史·天文一》中的十個小標題目録。其中兩儀、七政祇
是介紹西方對日地觀念的認識，這些對於當時中國人來説，都是新知識。
恒星是記載明代天文學家對中國星座的再認識和重新分辨。黃赤宿度、黃
赤宮界展示了明代天文學家所作實際測量值。儀象記載了明代製造和複製
儀器的具體過程。極度晷影、東西偏度和中星，也都記載了觀測結果，這
些數據都具有重要的歷史和科學價值。其中東西偏度的觀測，是在西方地
球經度觀念影響下所作的第一次觀測記録，有更重要的科學價值。唯分野思
想，繼承了中國古代的傳統，反映出新舊天文學思想過渡中的具體演變。

②兩儀：指日地兩大天體。就這點而言，與古代以日月爲兩儀的觀念
不同。

③圜則九重：見《天問》。

④天包地如卵裏黃：見《開元占經》卷一"天體渾宗"引《渾儀注》
曰："渾天如雞子，天體圓如彈丸，地如雞子中黃，孤居於内。天大而地
小，天表裏有水。天之包地，猶殼之裹黃。"其大意相同而文字有異，并
請注意《後漢書·律曆志》注引"渾儀"的最早引文没有這段文字。

⑤表出之：特別着意記載如下。

⑥九重天之説，其實是從西方引進的概念。在中國古代，尤其是五星
遠近的概念是模糊的。此九天自上而下分别爲宗動天、恒星天即列宿天、
土星天、木星天、火星天、太陽天、金星天、水星天、月亮天。

⑦以周天爲三百六十度，以一晝夜爲九十六刻，都是西方觀念，作者
肯定其方便。

⑧此爲地圓的觀念，也是以地爲心的觀念。與天度相應，第一次將地
球比作天球，其分度即地體經緯度與天球對應。

⑨此處介紹地球直徑二萬八千餘里，已與實際出入不大。

⑩札馬魯丁地圓之旨：即《元史·天文志》七件西域儀象之地球儀。

七政[①]

日月五星各有一重天，其天皆不與地同心，[②]故其距地有高卑之不同。其最高最卑之數，皆以地半徑準之。[③]太陽最高距地爲地半徑者一千一百八十二，最卑一千一百零二。太陰最高五十八，最卑五十二。填星最高一萬二千九百三十二，最卑九千一百七十五。歲星最高六千一百九十，最卑五千九百一十九。熒惑最高二千九百九十八，最卑二百二十二。太白最高一千九百八十五，最卑三百。辰星最高一千六百五十九，最卑六百二十五。若欲得七政去地之里數，則以地半徑一萬二千三百二十四里通之。[④]

又謂填星形如瓜，兩側有兩小星如耳。[⑤]歲星四周有四小星，遶行甚疾。[⑥]太白光有盈缺，如月之弦望。[⑦]用窺遠鏡視之，皆可悉睹也。[⑧]餘詳《曆志》。

【注】

①七政：指日、月、土、木、火、金、水七個能在星空背景上運動的天體。

②其天皆不與地同心：按西方古代傳統觀念，其九重天當皆與地同心，故疑此處的"不"字爲衍文。

③皆以地半徑準之：言各天距地之數，都以地半徑折算，即等於里程除以地半徑之數。

④欲得……里數則以地半徑……通之：指冬天距地里數，即將各天最高、最卑數，與地半徑里數相乘。故劉智《天文性理》中所載《九天遠近圖》的里程與此結果相近。（見下圖）衹是劉智將宗動天、恒星天貫以阿拉伯的名字。

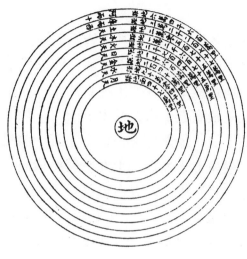

《天文性理》中的《九天遠近圖》

　　⑤填星……兩側有兩小星如耳：據記載，自從 1609 年意大利天文學家伽利略發明了望遠鏡，（見下圖）1610 年，他即用望遠鏡觀看土星，在

伽利略像

伽利略的望遠鏡

他自造的簡陋望遠鏡中，就看到了土星旁有兩個模糊的附着物，無法分開。他先發表了一組字謎："我曾看見最高的行星有三個。"寓意生命老人身旁有兩個攙扶他的僕人。生命之神指土星。然而他發現兩個附着物日漸變小，以致兩年後完全消失。直到1616年，又看到土星呈橄欖形狀。爲什麼會有這種變化，直到伽利略去世（1642）也未能解開這個謎團。其實這是土星光環旋轉所致。（見圖4圖5）

1616年伽利略見到的形狀如橄欖的土星

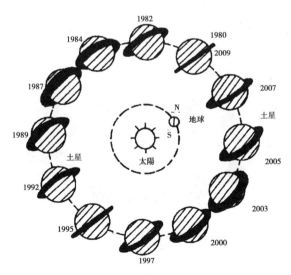

不同年份見到的土星光環形態各不相同

⑥歲星四周有四小星：1610年1月7日，伽利略將望遠鏡對向木星，發現有四個光點伴隨着木星運動。他很快地便意識到這是木星的衛星。這一發現震動了整個歐洲，它爲哥白尼（1473—1543）創立的日心地動説找到了有力的證據，是哥白尼學説勝利的開端。伽利略發現了這個事實以後曾經斷言，木衛繞木星運動，而木星又繞太陽公轉，就如地球帶着月亮繞日公轉一樣。（見下圖）

木星和它的四顆伽利略衛星

⑦太白光有盈缺如月之弦望：1610年9月底，伽利略將望遠鏡對向金星，首次看到金星也如月亮那樣，出現一鈎彎彎娥眉月，證明金星也有圓缺位向的變化。年底時他公布這一發現的謎底説："愛神的母親仿效狄安娜的位相。"狄安娜是羅馬文化中月神的名字。（見下圖）

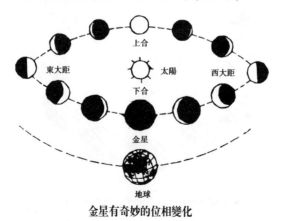

金星有奇妙的位相變化

⑧皆可悉睹：用望遠鏡觀看這些天體，都可以看到這些天象。

恒星

崇禎初，禮部尚書徐光啓督修曆法，^①上《見界總星圖》。^②以爲回回《立成》所載，有黃道經緯度者止二百七十八星，^③其繪圖者止十七座九十四星，^④并無赤道經緯。今皆崇禎元年所測，黃赤二道經緯度畢具。後又上《赤道兩總星圖》。^⑤其説謂常現常隱之界，隨北極高下而殊，圖不能限。且天度近極則漸狹，而《見界圖》從赤道以南，其度反寬，所繪星座不合仰觀。因從赤道中剖渾天爲二，一以北極爲心，一以南極爲心。從心至周，皆九十度，合之得一百八十度者，赤道緯度也。周分三百六十度者，赤道經度也。乃依各星之經緯點之，遠近位置形勢皆合天象。

至於恒星循黃道右旋，惟黃道緯度無古今之异，^⑥而赤道經緯則歲歲不同。然亦有黃赤俱差，甚至前後易次者。如觜宿距星，唐測在參前三度，元測在參前五分，今測已侵入參宿。^⑦故舊法先觜後參，今不得不先參後觜，不可强也。

【注】

①徐光啓（1562—1633），字子先，號玄扈，上海人。其父博識强記，於陰陽、醫術、星相、占候等多所通綜。這對少年徐光啓的成長多有助益。青年時的徐光啓聰明好學，萬曆二十八年得識利瑪竇，對西學產生了濃厚興趣，萬曆三十一年（1603）在南京加入天主教，次年得中進士，并在北京與利瑪竇探究天文、地理、水利之學。歷任翰林院檢討、禮部尚

書、文淵閣大學士等職。在積極參與政治的同時，他與利瑪竇合譯《幾何原本》（1607），和熊三拔同譯《泰西水法》（1612），又著《農政全書》（1628）。他在天文曆法領域的最主要工作是主持曆法改革和編撰《崇禎曆書》，在積極吸收和傳播西方天文學方面，扮演了强有力的推動者角色，有重大貢獻。

②《見界總星圖》：這是一幅以北極爲中心，以恒隱圈南極入地二十度爲邊界的蓋天式的圓形星圖，由此及彼擴大了南天範圍，滇南等地也可使用，故稱《見界總星圖》。此圖以度數圖星象，即以實測一千三百六十二顆星的赤道經緯度值爲準，是一幅實測星圖。刻度取 $365\frac{1}{4}$ 度制，并指出紐星與天樞相距三度多，指出因歲差致使觜參發生了倒置。它還用八種不同符號表示，一至六等及氣和增星，是別有創意的一幅星圖。

③有黃道經緯度者止二百七十八星：題以回回《立成》，其實《明史·曆志》回回曆法的《立成》表中無此星表，而以"黃道南北冬像内外星經緯度立成"的名義，載在《七政推步》之内，統計其星數爲二百七十七顆。

④其繪圖者止十七座九十四星：此十七座星圖，止載在《七政推步》，并且實爲九十六星。

⑤《赤道兩總星圖》：《見界總星圖》畫成之後，發現存在兩個缺點：一是《崇禎曆書》已入用西方的三百六十度制，可星圖仍用 $365\frac{1}{4}$ 度制，在體例上有矛盾；其二是任意兩條赤經在同一緯度間的距離，在赤道最大，距赤道越遠則越小，但在以極爲心星圖上，距極心越遠則距離越大，這一誤差尤其是在赤道以外越來越大，而《見界總星圖》比傳統的圓圖恒隱圈更往南，以南極入地二十度爲邊界，其差誤更大。爲了克服這一差誤，將天球以赤道爲界，分別以南極北極、北極爲心作星圖，并改爲三百六十度體制，稱爲《赤道兩總星圖》。這一星圖，是1633年即徐光啓去世那一年纔完成的。

⑥黃道緯度無古今之异：對於古代中國人來説，這是新概念。中國古代無黃極的概念，雖有黃經黃緯之度，也都是以赤道北極爲心度量的，故

稱爲僞黃緯、僞黃經。

　　⑦"觜宿距星"，"今測已侵入參宿"：由於歲差的原因，赤道北極的位置不斷移動，這樣也導致二十八宿距度的變化。觜宿距度就是明顯一例，觜宿距參宿唐以前祇有三度，元測僅在參前五分，即觜參的赤經幾乎合在一起了。至明代發生了逆轉，即成爲參在觜前。這對於中國以入宿度爲度星系統來說便發生了混亂，這纔有後來的變更參宿距星的改革。

　　又有古多今少，古有今無者。①如紫微垣中六甲六星今止有一，②華蓋十六星今止有四，傳舍九星今五，天厨六星今五，天牢六星今二。又如天理、四勢、③五帝内座、天柱、天牀、大贊府、④大理、女御、内厨，皆全無也。天市垣之市樓六星今二。太微垣之常陳七星今三，郎位十五星今十。長垣四星今二。五諸侯五星全無也。角宿中之庫樓十星今八。亢宿中之折威七星今無。氐宿中之亢池六星今四，帝席三星今無。尾宿中天龜五星今四。斗宿中之鼈十四星今十三，天籥、農丈人俱無。牛宿中之羅堰三星今二，天田九星俱無。女宿中之趙、周、秦、代各二星今各一，扶匡七星今四，離珠五星今無。虛宿中之司危、司禄各二星今各一，敗臼四星今二，離瑜三星今二，天壘城十三星今五。危宿中之人五星今三，杵三星今一，臼四星今三，車府七星今五，天鈎九星今六，天鈔十星今四，蓋屋二星今一。室宿中之羽林軍四十五星今二十六，螣蛇二十二星今十五，八魁九星今無。壁宿中之天廐十星今三。奎宿中之天溷七星今四。畢宿中之天節八星今七，咸池三星今無。觜宿中之座旗九星今五。井宿中之軍井十三星今五。鬼宿中之

外厨六星今五。張宿中之天廟十四星今無。翼宿中之東
甌五星今無。軫宿中之青丘七星今三，其軍門、土司
空、器府俱無也。⑤

　　又有古無今有者。策星旁有客星，萬曆元年新出，
先大今小。⑥南極諸星，古所未有，近年浮海之人至赤道
以南，往往見之，因測其經緯度。其餘增入之星甚多，
并詳《恒星表》。⑦

【注】

　　①古多今少古有今無：這是指中國傳統天文學星座中的星數而言的，是
指按古代的記載，找不到或缺少應有的星象。這次觀測，其找不到的星，在
清代的幾次觀測中絕大多數又找到了，可知當時對暗星的觀測不夠精細。

　　②六甲六星：在紫宮中北，五帝座旁。

　　③四勢：《步天歌》曰："太陽之守四勢前。"四勢四星，在斗魁下方。

　　④大贊府：這顆星是否確實存在，多有爭議。

　　⑤實際觀測時，看到多少星，就載多少星，這是實事求是的好作風，
值得提倡。

　　⑥萬曆元年在策星旁見到的客星即新星，也作了記載。

　　⑦浮海之人，主要指來華耶穌會士。中國位於赤道以北，對於近南極
諸星古未見到，今將其補入星表。

　　其論雲漢，①起尾宿，分兩派。一經天江、南海、市
樓，過宗人、宗星，涉天津至螣蛇。一由箕、斗、天
弁、河鼓、左右旗，涉天津至車府而會於螣蛇，過造
父，直趨附路、閣道、大陵、天船，漸下而南行，歷五
車、天關、司怪、水府，傍東井，入四瀆，過闕丘、弧
矢、天狗之墟，抵天社、②海石之南，踰南船，帶海山，

貫十字架、蜜蜂，傍馬腹，經南門，絡三角、龜、杵，
而屬於尾宿，③是爲帶天一周。④以理推之，隱界自應有
雲漢，其所見當不誣。又謂雲漢爲無數小星，大陵鬼宿
中積尸亦然。⑤考《天官書》言星漢皆金之散氣，則星
漢本同類，得此可以相證。⑥又言昴宿有三十六星，皆得
之於窺遠鏡者。⑦

【注】

①論雲漢：對銀河構造和本質的認識。

②對銀河途經北方諸星的記述，自尾宿向北，至大陵、天船，又南下
至天狗、天社，其描述與傳統無异。

③唯繞至南極所經星座，如海石、南船、海山、十字架、蜜蜂、馬
腹、三角，均爲古人未見而新加入的星座。

④帶天一周：從此纔認識到銀河是環繞星空一周的，并不間斷缺失。
從而銀河爲天上河流的觀念受到衝擊。

⑤爲無數小星：此爲歐洲發明望遠鏡後所見實況，由此打破了銀河爲
水、積尸爲氣的陳舊觀念。

⑥星漢本同類：恒星與銀河，同爲天體或由天體組成。

⑦昴宿有三十六星：用肉眼觀看，昴宿衹有七星，今借助於望遠鏡，
其星數可達三十六顆之多。這裏的三十六衹是概數。

凡測而入表之星共一千三百四十七，①微細無名者不
與。其大小分爲六等：内一等十六星，二等六十七星，
三等二百零七星，四等五百零三星，五等三百三十八星，
六等二百一十六星。②悉具黄赤二道經緯度。列表二卷，
入光啓所修《崇禎曆書》中。③兹取二十八宿距星及一二
等大星存之，其小而有名者，間取一二，備列左方。④

十二宮星名⑤		黃道經度⑥	黃道緯度⑦	赤道 經度從春分起算⑧	赤道緯度⑨
降婁	壁宿一	四度强	北一十二度半强	三百五十八度半强	北一十二度太强
	壁宿二	九度少弱	北二十五度太弱	三百七十五度少强	北二十六度太
	奎宿一	一十七度少强	北一十五度少强	九度强	北二十五度少弱
	奎宿二	一十五度半强	北一十七度太强	七度弱	北二十二度少弱
	奎宿九	二十五度少弱	北二十六度弱	一十二度少弱	北三十三度太弱
	婁宿一	二十八度太强	北八度半弱	二十三度半强	北一十八度太强
大梁	天大將軍一	九度强	北二十七度太强	二十五度半	北四十三度少
	天囷一	九度少弱	南一十二度半强	四十一度弱	北二度少强
	胃宿一	一十一度太强	北一十一度少	三十五度半强	北二十六度强
	昴宿一	二十四度太强	北四度	五十一度少强	北二十三度弱
	天船三	二十六度太弱	北三十度强	四十四度半弱	北四十八度半弱
	卷舌五	二十八度弱	北一十二度弱	五十二度半弱	北三十一度半弱
實沈	畢宿一	三度少	南三度	六十一度太	北一十八度少强
	畢宿五	四度半强	南五度太强	六十三度太弱	北一十五度太弱

（續表）

十二宮星名	黃道經度	黃道緯度	赤道 經度從春分起算	赤道緯度
參宿一	一十七度少	南二十三度太弱	七十八度少強	南初度太弱
參宿二	一十八度少強	南二十四度半強	七十九度少強	南一度半
參宿三	一十九度半	南二十五度少強	八十度半	南二度少弱
參宿四	二十三度半強	南一十六度太強	八十三度太強	北七度少強
參宿五	一十五度太	南一十七度弱	七十六度少強	北六度弱
參宿七	一十一度太弱	南三十一度太弱	七十三度少弱	南八度太
觜宿一	一十八度半強	南一十三度半弱	七十八度太	北九度太弱
天皇大帝	一十五度半	北六十八度弱	三百三十七度半強	北八十四度少弱
五車二	一十六度太弱	北二十二度太強	七十二度少強	北四十五度少弱
丈人一	一十七度少強	南五十七度太弱	八十一度太強	南三十四度半
五車五	一十七度半強	北五度少強	七十五度太弱	北二十八度少
子二	二十度少強	南五十九度太弱	八十四度弱	南三十六度少強
勾陳大星	二十三度半弱	北六十六度	六度半	北八十七度少弱
五車三	二十六度少	北二十一度半弱	八十三度少弱	北四十四度太強

（續表）

十二宮星名		黃道經度	黃道緯度	赤道 經度從春分起算	赤道緯度
鶉首	井宿一	初度少弱	南一度弱	九十度强	北二十二度 太弱
	井宿三	四度弱	南六度太强	九十四度强	北一十六度 太弱
	軍市一	二度强	南四十一度 少强	九十一度太强	南一十七度 太弱
	天樞即北極星	八度弱	北六十七度 少强	一百九十九度 少强	北八十六度 太弱
	老人	八度半	南七十五度	九十四度半弱	南五十一度 半强
	狼星	九度	南三十九度 少强	九十七度少强	南一十六度 少弱
	北河二	一十五度强	北一十度强	一百零七度少	北三十二度 太弱
	北河三	一十八度强	北六度太弱	一百一十度 太弱	北二十九度弱
	南河三	二十度太弱	南一十六度弱	一百一十度弱	北六度强
	上台一	二十六度少强	北二十九度少	一百二十五 度强	北四十九度 太弱
	上台二	二十七度半强	北二十八度 太弱	一百二十七度 半弱	北四十八度 太弱
	文昌一	二十八度半弱	北四十六度 少强	一百四十度 少弱	北六十五度强
鶉火	鬼宿一	初度半强	南初度太强	一百二十三 度弱	北一十九度 少强

（續表）

十二宮星名	黃道經度	黃道緯度	赤道 經度從春分起算	赤道緯度
柳宿一	五度少弱	南一十二度半弱	一百二十四度半強	北七度弱
弧矢一	六度半	南五十四度半	一百一十五度弱	南三十四度少弱
帝星	七度太弱	北七十二度太強	二百二十三度	北七十五度太強
弧矢南一	八度太強	南五十一度少	一百一十七度半	南三十一度半弱
天樞	一十度弱	北四十九度太弱	一百六十度強	北六十三度太
弧矢南五	一十二度半	南五十八度少強	一百一十七度強	南三十八度太
天璇	一十四度強	北四十五度強	一百五十九度太弱	北五十八度半弱
中台一	一十四度少強	北二十九度太強	一百四十八度強	北四十五度弱
太子	一十五度強	北七十五度半弱	二百三十一度半強	北七十三度太弱
中台二	一十五度半弱	北二十八度太	一百四十八度太	北四十三度半
天社一	二十一度少強	南六十四度弱	一百二十度弱	南四十五度半強
星宿一	二十二度少弱	南二十二度半弱	一百三十七度少強	南七度弱
軒轅十二	二十四度少強	北八度太強	一百四十九度太強	北二十一度太弱

（續表）

十二宮星名		黃道經度	黃道緯度	赤道 經度從春分起算	赤道緯度
	軒轅十四	二十四度太弱	北初度半弱	一百四十七度少弱	北一十三度太強
	天璣	二十五度少弱	北四十七度強	一百七十三度半弱	北五十五度太強
	天權	二十五度太強	北五十一度半強	一百七十九度少弱	北五十九度強
鶉尾	張宿一	初度半強	南二十六度少弱	一百四十三度少弱	南一十二度半
	下台一	一度少強	北二十六度少	一百六十四度半強	北三十五度少弱
	下台二	二度	北二十五度弱	一百六十四度少	北三十三度太強
	右樞	二度半強	北六十六度半強	二百零九度少弱	北六十六度少弱
	玉衡	三度半強	北五十四度少強	一百八十九度強	北五十八度少弱
	西上相	六度強	北一十四度少強	一百六十三度半強	北二十二度半強
	天記	六度半弱	南五十五度半	一百三十九度半強	南三十三度半
	開陽	一十度少強	北五十六度少強	一百九十七度少弱	北五十七度少弱
	五帝座	一十六度半弱	北一十二度少強	一百七十二度半	北二十六度太弱
	常陳一	一十八度強	北四十度強	一百八十八度半	北四十度太強

（續表）

十二宮星名		黃道經度	黃道緯度	赤道 經度從春分起算	赤道緯度
	翼宿一	一十八度半強	南二十二度太弱	一百六十度半弱	南一十六度少強
	搖光	二十一度半強	北五十四度半弱	二百零三度少弱	北五十一度半
壽星	軫宿一	五度半強	南一十四度半弱	一百八十一度弱	南十五度半弱
	長沙	八度半強	南一十八度少	一百八十度少強	南二十度強
	角宿一	一十八度太弱	南二度	一百九十六度半弱	南九度少弱
	大角	一十九度強	北三十一度強	二百零九度半強	北二十一度少弱
	馬尾一	二十四度	南四十六度少弱	一百七十七度太強	南五十度強
	亢宿一	二十九度少	北三度弱	二百零八度少弱	南八度半弱
大火	十字二	一度少強	南五十一度強	一百七十九度半弱	南五十七度半弱
	貫索一	七度強	北四十四度半弱	二百二十九度太	北二十八度
	馬復一	七度太弱	南四十三度	一百九十三度半弱	南五十三度半
	氐宿一	一十度弱	北半度弱	二百一十七度半	南一十四度半弱
	氐宿四	一十四度少弱	北八度半強	二百二十四度少強	南八度弱

（續表）

十二宮星名		黄道經度	黄道緯度	赤道 經度從春分起算	赤道緯度
	蜀	一十七度弱	北二十五度半强	二百三十一度半强	北七度太弱
	騎官七	二十二度少弱	南二十九度	二百一十九度少强	南四十六度强
	房宿一	二十七度太强	南五度半弱	二百三十四度少弱	南二十五度弱
	房宿三	二十八度	北一度强	二百三十六度	南一十八度太弱
	南門二	二十九度太弱	南四十一度少弱	二百二十一度少	南五十九度太弱
析木	心宿一	二度半强	南四度弱	二百三十九度太弱	南二十四度半强
	心宿二	四度半强	南四度半弱	二百四十一度太弱	南二十五度半
	三角形一	六度少强	南四十七度太强	二百二十四度半强	南六十七度太强
	尾宿一	一十度强	南一十五度	二百四十五度太强	南三十六度太强
	帝座	一十二度弱	北三十七度半弱	二百五十四度半弱	北一十五度弱
	箕宿一	二十五度太弱	南六度半	二百六十五度强	南三十度弱
星紀	斗宿一	五度强	南三度太强	二百七十五度太弱	南二十七度少
	天淵二	八度少强	南一十八度	二百八十度强	南四十一度少

（續表）

十二宮星名		黃道經度	黃道緯度	赤道 經度從春分起算	赤道緯度
	天淵一	九度	南二十三度	二百八十一度太	南四十六度少弱
	織女一	九度太弱	北六十一度太強	二百七十四度半強	北三十八度半弱
	河鼓二	二十六度半強	北二十九度少強	二百九十三度少弱	北八度弱
	牛宿一	二十九度弱	北四度太弱	三百度強	南十六度弱
玄枵	鳥喙一	四度太強	南四十五度	三百一十七度半強	南六十一度太強
	女宿一	六度半強	北八度少弱	三百零七度弱	南一十度太強
	鶴一	一十一度弱	南三十二度半	三百二十五度太強	南四十八度半弱
	虛宿一	一十八度少	北八度太強	三百一十八度	南七度少弱
	危宿一	二十八度少弱	北一十度太強	三百二十六度太弱	南二度強
	北落師門	二十八度半強	南二十一度	三百三十九度強	南三十一度半強
娵訾	天津四	初度少強	北六十度弱	三百零七少	北四十四度
	蛇首一	六度半弱	南六十四度半弱	二十六度太	南六十三度太強
	水委一	八度少弱	南五十九度	一十九度強	南五十九度太弱
	室宿一	一十八度少強	北一十九度半弱	三百四十一度半強	北一十三度少
	室宿二	二十四度少弱	北三十一度少弱	三百四十一度半	北二十六度強
	土司空七	二十七度少強	南二十度太強	六度少弱	南二十度強

【注】

①入表之星共一千三百四十七：指《崇禎曆書》星表之星數。

②中國古代關於恒星亮度的大小，祇有含糊的等級區分，如大星、明星、星、小星、微星，大致可分爲五等，但也没有明確的界限和等級之數。在西方星等概念影響下，明確肉眼所見星分六等，而且確定了各星等所包含的星數。哪一顆星屬於幾等，從此便一一對上了號。

③《崇禎曆書》：這是中國明代崇禎年間，爲改革曆法而編寫的一部叢書。它從多方面引進了歐洲的古典天文學知識，全書共四十六種，一百三十七卷，内有星圖一宗，恒星屏障一架。編輯工作由專設曆局進行。全書主編爲徐光啓，光啓死後由李天經主持。崇禎二年（1629）九月成立曆局，到崇禎七年十一月全書完成，參加翻譯歐洲天文知識的有耶穌會士日爾曼人湯若望、葡萄牙人羅雅谷。其前還有瑞士人鄧玉函、意大利人龍華民。

《崇禎曆書》包括天文學基礎理論，天文表，必要的數學知識，主要是平面幾何、球面三角學和幾何學，天文儀器，以及傳統方法與西法的度量單位的换算表，計五類。徐光啓強調曆法計算要建立在瞭解天文原理基礎上，因此，理論部分達三分之一。《崇禎曆書》采用第谷創立的天體系統和幾何學計算方法。其優點是，引進了清晰的地球概念和地理經緯度概念，以及球面天文學、視差、大氣折射等重要的天文概念，和有關的改正計算方法。他還采用了西方通行的一些度量單位，如三百六十度制，晝夜九十六刻二十四小時，度時以下采用六十進位制等。

④間取一二備列左方：以下爲本志所載星表，共摘引恒星一百零九顆，爲《崇禎曆書》星表的簡編，其選星原則有三：其一，二十八宿距星；其二，一二等大星；其三，小而有名星，有選擇地選取。

⑤十二宮星名：本志以傳統的十二星次作爲十二宮名，以每個農曆月太陽所在恒星順次排列，它以春分點作爲第一宮的起始點，即從農曆二月開始，十二宮宮名順次爲降婁、大梁、實沈、鶉首、鶉火、鶉尾、壽星、大火、析木、星紀、玄枵、娵訾。由此便可推知各月上、中、下三旬太陽

大致所在星座。也可間接推知各月昏旦中星。

⑥黄道經度：從春分點開始，將黃道分爲十二宮，每宮又分爲三十度，各自從每宮零度至三十度計算。由此便知各星在某宮的月初、月中或月末，并知道各星的黃經。本表的實測精度用少、半、太加强弱表示，即準確到五分。

⑦黄道緯度，廢舊有去極度，改以南北度表示。因日在黃道上運行，祇需觀其黃緯，就可立即判斷出日月五星是否能進入凌犯的範圍。因爲月五星之道，距黃道最大偏離約七度，各星祇需在黃道南北八度以外，便永遠不可能發生月五星的凌犯。例如奎宿諸星，皆在黃道北十五度外，參宿在黃道南十七度以外，故不可能發生月五星凌犯。

⑧赤道經度：古代均用入宿度表示，其數值，實爲與距星的赤經差。今明載從春分算起，是各星統一載與春分點的赤經差。這種表示簡便明確。從表中數字可以看出，赤經零度，介於壁宿距星與奎宿距星之間。夏至點正在井宿距星處。秋分點正在軫宿距星前一度處，冬至點正介於箕斗正中間。

⑨赤道緯度：以赤道南北各九十度計量，廢除了古代去極度的計星方法，簡單明確。從表中數字可以看出，古代載明天樞星，并表中附記即北極星處的赤緯爲八十六度太弱，即距北極三度多近四度，而勾陳大星即現今的北極星，其赤緯爲八十七度少弱，可知勾陳大星已比天樞星更靠近北極，僅三度多一點。由此可以看出，當時（明末）勾陳大星已經成爲實際的北極星了。（即比天樞星明亮，又比天樞星更靠近北極）還需指出，表中鶉火宮内的"天樞"星名，實與以上天樞星相混淆，經考證，此天樞星名，實爲"左樞"之誤，當改正。

黄赤宿度[①]

崇禎元年所測二十八宿黃赤度分，皆不合於古。[②]夫星既依黃道行，[③]而赤道與黃道斜交，其度不能無增減者，勢也。[④]而黃道度亦有增減者，或推測有得失，抑恒星之行亦或各有遲速歟。[⑤]謹列其數，以備參考。

赤道宿度 周天三百六十度，每度六十分。黄道同⑥	黄道宿度
角，一十一度四十四分⑦	一十度三十五分
亢，九度一十九分	一十度四十分
氐，一十六度四十一分	一十七度五十四分
房，五度二十八分	四度四十六分
心，六度零九分	七度三十三分
尾，二十一度零六分	一十五度三十六分
箕，八度四十六分	九度二十分
斗，二十四度二十四分	二十三度五十一分
牛，六度五十分	七度四十一分
女，一十一度零七分	一十一度三十九分
虚，八度四十一分	九度五十九分
危，一十四度五十三分	二十度零七分
室，一十七度	一十五度四十一分
壁，一十度二十八分	一十三度一十六分
奎，一十四度三十分	一十一度二十九分
娄，一十二度零四分	一十三度
胃，一十五度四十五分	一十三度零一分
昴，一十度二十四分	八度二十九分
毕，一十六度三十四分	一十三度五十八分
参，二十四分	一度二十一分
觜，一十一度二十四分⑧	一十一度三十三分
井，三十二度四十九分	三十度二十五分
鬼，二度二十一分	五度三十分
柳，一十二度零四分	一十六度零六分
星，五度四十八分	八度二十三分
张，一十七度一十九分	一十八度零四分
翼，二十度二十八分	一十七度
轸，一十五度三十分	一十三度零三分

【注】

①黃赤宿度：宿度，爲二十八宿距星之間的夾角。黃道宿度爲沿黃道所測距度，赤道宿度爲沿赤道所測距度。

②以下黃赤宿度，即爲崇禎元年所測，與古代所測各不相同。

③星既依黃道行：由於有歲差，各恒星的黃道經度每年都有增加，黃緯則不變，故凡是星表，必曰某年所測纔有意義。

④由於黃道與赤道斜交，則恒星赤經、赤緯之度數就必定有增有减。這是斜交的形勢所産生的。

⑤黃道度亦有增减者：指黃道緯度，不應隨着歲差有變化。其所以見有變化，一是當時測量有誤差，二是恒星本身也各有自己的行度，是各不相同所致。以下星表，依二十八宿赤道宿度和黃道宿度給出。

⑥周天三百六十度每度六十分：古代爲周天 $365\frac{1}{4}$ 度制，今改爲三百六十度制，故特加説明。

⑦角一十一度四十四分：角宿距亢宿間的赤道距度爲十一度四十分，以下黃道度及它宿度值類推。

⑧值得特別指出的是，古代所測黃赤宿度順序，觜宿均在參前，今前後顛倒，是實測的結果。這樣，原本觜僅三度左右的，今成爲十一度多，原本八度左右的參宿，今僅爲二十四分。這是特殊情况，變化最大。

黃赤宮界①

十二宮之名，見於《爾雅》，大抵皆依星宿而定。如婁、奎爲降婁，心爲大火，朱鳥七宿爲鶉首、鶉尾之類。②故宮有一定之宿，宿有常居之宮，由來尚矣。唐以後始用歲差，然亦天自爲天，歲自爲歲，宮與星仍舊不易。西洋之法，以中氣過宮，如日躔冬至，即爲星紀宮之類。而恒星既有歲進之差，於是宮無定宿，而宿可以遞居各宮，③此變古法之大端

也。④兹以崇禎元年各宿交宫之黄赤度，分列於左方，以
志權輿云。

赤道交宫宿度	黄道交宫宿度
箕，三度零七分，入星紀	箕，四度一十七分，入星紀
斗，二十四度二十一分，入玄枵	牛，一度零六分，入玄枵
危，三度一十九分，入娵訾	危，一度四十七分，入娵訾
壁，一度二十六分，入降婁	室，一十一度四十分，入降婁
婁，六度二十八分，入大梁	婁，一度一十四分，入大梁
昴，八度三十九分，入實沈	昴，五度一十三分，入實沈
觜，一十一度一十七分，入鶉首	觜，一十一度二十五分，入鶉首
井，二十九度五十三分，入鶉火	井，二十九度五十二分，入鶉火
張，六度五十一分，入鶉尾	星，七度五十一分，入鶉尾
翼，一十九度三十二分，入壽星	翼，一十一度二十四分，入壽星
亢，一度五十分，入大火	亢，初度四十六分，入大火
心，初度二十二分，入析木	房，二度一十二分，入析木

【注】

①黄赤宫界：太陽每月有一定行程，在恒星間經過若干星座。太陽在
任意一個月，所在星座應該是對應的。但由於歲差的關係，這種對應關係
又發生微小的變化。太陽每月所對應的恒星區間稱爲宫，故一年十二月有
十二宫。月有月首，宫有宫界。宫界，即宫與宫之間的界綫，這個界綫，
就是每月初一的太陽位置。界綫也有依黄道還是赤道的區别，故有黄道宫
界和赤道宫界。

②十二宫之名……大抵皆依星宿而定：例如，大火本爲星名，也名心
宿二，但又作爲十二宫名之一，它原本包括氐、房、心三宿之宫，但現今
大火宫之宫界，始於氐一度五十分，終於心零度二十二分。即現今心宿，

祇有開始一小部分屬大火宮，其餘大部分都屬於下一宮析木了。這就是說，不要多久，大火宮就不包括心宿的範圍，從而大火宮之名，就與大火星之名脫離關係了。又例如鶉首、鶉火、鶉尾三宮，分明是夏季三個月與朱雀星座相對應而分衍得名，但是朱雀與鶉鶉的關係已幾乎無人關心了。

③宮無定宿而宿可以遞居各宮：由於歲差的關係，宮與宿之間是移動變化的。

④此變古法之大端也：這是由於創立十二宮觀念之時，人們尚不明白歲差的道理。有了歲差，古法的大端也就變了。

儀象

璿璣玉衡爲儀象之權輿，①然不見用於三代。《周禮》有圭表、壺漏，而無璣衡，其制遂不可考。漢人創造渾天儀，謂即璣衡遺制，其或然歟。厥後代有制作，大抵以六合、三辰、四游、重環湊合者，謂之渾天儀；以實體圓球，繪黃赤經緯度，或綴以星宿者，謂之渾天象。其制雖有詳略，要亦青藍之別也。②外此，則圭表、壺漏而已。迨元作簡儀、仰儀、闚几、景符之屬，制器始精詳矣。

明太祖平元，司天監進水晶刻漏，中設二木偶人，能按時自擊鉦鼓，太祖以其無益而碎之。洪武十七年造觀星盤。十八年，設觀象臺於雞鳴山。二十四年鑄渾天儀。正統二年，行在欽天監正皇甫仲和奏言：③“南京觀象臺設渾天儀、簡儀、圭表以窺測七政行度，而北京乃止於齊化門城上觀測，④未有儀象。乞令本監官往南京，用木做造，挈赴北京，以較驗北極出地高下，⑤然後用銅別鑄，庶幾占測有憑。”從之。明年冬，乃鑄銅渾天儀、簡儀於北京。⑥御製《觀天器銘》，其詞曰：“粵古大聖，體天施治，敬天以心，觀天以器。厥器伊何？璿璣玉衡。璣象天體，衡審天行。歷世代更，垂四千祀，沿制有作，其制寖備。即器而觀，六合外儀，陽經陰緯，方位可稽。中儀三辰，黃赤二道，日月暨星，運行可考。內儀四游，橫簫中貫，南北東西，低昂旋轉。簡儀之作，爰代璣衡，制約用密，疏朗而精。外有渾象，反而觀諸，上規下矩，度數方隅。別有直表，其崇八尺，分至氣序，考景咸得。縣象在天，制器在人，測驗推步，靡忒毫分。昔作今述，爲制彌工，既明且悉，用將無窮。惟天勤民，事天首務，民不失寧，天其予顧。政純於仁，天道以正，勒銘斯器，以勵予敬。”十一年，監臣言：“簡儀未刻度數，且地基卑下，窺測日星，爲四面臺宇所蔽。圭表置露臺，光皆四散，影無定則。壺漏屋低，夜天池促，難以注水調品時刻。請更如法修造。”報可。⑦明年冬，監正彭德清又言：“北京，北極出地度、太陽出入時刻與南京不同，冬夏晝長夜短亦異。今宮禁及官府漏箭皆南京舊式，不可用。”有旨，令內官監改造。⑧景泰六年又造內觀象臺簡儀及銅壺。⑨成化中，尚書周洪謨復請造璿璣玉衡，憲宗令自製以進。十四年，監臣請修晷影堂，從之。⑩

【注】

①權輿：起始，代表，象徵，引申爲基礎。

②青藍之別：精粗或者說程度的差別。

③行在欽天監：明朝遷都北京後，在南京仍保留欽天監的編制和機構，在北京又興建欽天監，稱行在欽天監，同時也設監正等官。

④齊化門：指北京朝陽門。

⑤較驗北極出地高下：南京、北京緯度不同，南京的儀器必須改用北京北極出地高度，儀器方能在北京使用。

⑥明年冬乃鑄銅渾天儀簡儀於北京：明英宗正統三年，製造了銅渾儀、簡儀，即現今陳列於南京紫金山天文臺的兩件古儀。英宗并爲其撰寫了"觀天器銘"。

⑦正統十一年（1446），監官又請造觀象高臺，臺上置新造簡儀和圭表、漏壺，得到批准。

⑧據記載，正統十二年（1447），明朝改造了北京地方的漏刻制度。

⑨代宗景泰六年（1455），又造内觀象臺簡儀及漏壺。

⑩請修晷影堂：古觀象臺晷影堂今存，建於憲宗成化年間（1465—1487）。

弘治二年，監正吴昊言："考驗四正日度，黄赤二道應交於壁軫。觀象臺舊制渾儀，黄赤二道交於奎軫，不合天象，其南北兩軸不合兩極出入之度，窺管又不與太陽出没相當，故雖設而不用。所用簡儀則郭守敬遺制，而北極雲柱差短，以測經星去極，亦不能無爽。請修改或别造，以成一代之制。"①事下禮部，覆議令監副張紳造木樣，以待試驗，黄道度許修改焉。②正德十六年，漏刻博士朱裕復言："晷表尺寸不一，難以準測，而推算曆數用南京日出分秒，似相矛盾。請敕大臣一員總理其事，鑄立銅表，考四時日中之影。仍於河南陽城察舊立土圭，以合今日之晷，及分立圭表於山東、湖廣、陝西、大名等處，以測四方之影。然後將内外晷影新舊曆書錯綜參驗，撰成定法，庶幾天行合而交食不謬。"③疏入不報。嘉靖二年修相風杆及簡、渾二儀。④七年始立四丈木表以測晷影，定氣朔。由是欽天監之立運儀、正方案、懸晷、偏晷、盤晷諸式具備於觀象臺，一以元法爲斷。

萬曆中，西洋人利瑪竇制渾儀、天球、地球等器。⑤仁和李之藻撰《渾天儀説》，發明製造施用之法，文多不載。其製不外於六合、三辰、四游之法。但古法北極出地，鑄爲定度，此則子午提規，可以隨地度高下，於用爲便耳。⑥

【注】

①孝宗弘治二年（1489），監正吴昊上書，指出明代複製的渾儀發現兩個問題，一是春秋分的位置標得不正確，實測交於壁宿、軫宿，但儀器在奎宿、軫宿。二是兩極的方位有差異，以致測量不準，不能使用。

②朝廷的答覆是令監副先造木樣試驗；黄道度允許改正。從以上載《崇禎曆書》星表看，春秋分確實在壁軫，吴昊的説法是對的。

③漏刻博士朱裕於武宗正德十六年（1521）上書説晷表尺寸不一，推曆用南京日出入分秒等事，此事較爲複雜，没有答覆。

④世宗嘉靖二年（1523），修相風杆和簡儀、渾儀，算是解決了觀象臺儀器中存在的問題，從此臺上諸式俱備，全部以元代爲標準。

⑤萬曆中……利瑪竇制渾儀天球地球等器：利瑪竇於1582年來到中國，先在廣東肇慶傳天主教。利瑪竇來華前學過作圖、制鐘技術，在肇慶期間廣泛宣傳地圓思想和西方自然科學，繪《山海輿地圖》，造自鳴鐘，用銅鐵造渾儀、天球儀、地球儀，向來訪者講解地球的位置和各星球的軌道。

⑥李之藻撰《渾天儀説》：李之藻（1565—1630），浙江杭州人。明時稱杭州爲仁和。李之藻爲學習引進西學的積極倡導者，萬曆二十九年

（1601），認識利瑪竇，對西方科學產生了濃厚興趣。其萬曆二十六年中進士，歷任南京工部員外郎、太僕寺少卿等職。開曆局時，他是周子愚薦舉的四名精通曆法人之一，曾一度參與曆局工作，不幸即於第二年病故。李之藻的主要著作有《渾蓋通憲圖說》，又與利瑪竇合譯《乾坤體義》《圜容較義》等。本志此處載"李之藻撰《渾天儀說》"，他處未見記載，《疇人傳·李之藻》等文均未見提及，其下"發明製造施用之法，文多不載"，"其製不外於六合、三辰、四游之法"，這些都是推測之辭，泛泛之說，筆者懷疑此《渾天儀說》當爲《渾蓋通憲圖說》之誤。這是因爲，李之藻這時撰《渾天儀說》，沒有時代的需要和歷史依據。

　　崇禎二年，禮部侍郎徐光啓兼理曆法，[①]請造象限大儀六，紀限大儀三，[②]平懸渾儀三，[③]交食儀一，[④]列宿經緯天球一，[⑤]萬國經緯地球一，[⑥]平面日晷三，[⑦]轉盤星晷三，[⑧]候時鐘三，望遠鏡三。報允。已，又言：

　　　　定時之法，當議者五事：一曰壺漏，二曰指南針，二曰表臬，四曰儀，五曰晷。

　　　　漏壺，水有新舊滑濇則遲疾异，漏管有時塞時磷則緩急异。正漏之初，必於正午初刻。此刻一誤，靡所不誤。故壺漏特以濟晨昏陰晦儀晷表臬所不及，而非定時之本。

　　　　指南針，術人用以定南北，辨方正位咸取則焉。然針非指正子午，曩云多偏丙午之間。以法考之，各地不同。在京師則偏東五度四十分。若憑以造晷，冬至午正先天一刻四十四分有奇，夏至午正先天五十一分有奇。[⑨]

　　　　若表臬者，即《考工》匠人置槷之法，識日出入之影，參諸日中之影，以正方位。今法置小表於地平，午正前後累測日影，以求相等之兩長影爲東西，因得中間最短之影爲正子午，其術簡甚。

儀者，本臺故有立運儀，測驗七政高度。臣用以較定子午，於午前屢測太陽高度，因最高之度，即得最短之影，是爲南北正綫。

既定子午卯酉之正綫，因以法分布時刻，加入節氣諸綫，即成平面日晷。又今所用員石敧晷是爲赤道晷，亦用所得正子午綫較定。此二晷皆可得天之正時刻，所爲晝測日也。若測星之晷，實《周禮》夜考極星之法。然古時北極星正當不動之處，今時久漸移，已去不動處三度有奇，舊法不可復用。故用重盤星晷，上書時刻，下書節氣，仰測近極二星即得時刻，所謂夜測星也。

七年，督修曆法右參政李天經言：⑩

輔臣光啓言定時之法，古有壺漏，近有輪鐘，二者皆由人力遷就，不如求端於日星，以天合天，乃爲本法，特請製日晷、星晷、望遠鏡三器。臣奉命接管，敢先言其略。

日晷者，礱石爲平面，界節氣十三綫，内冬夏二至各一綫，其餘日行相等之節氣，皆兩節氣同一綫也。平面之周列時刻綫，以各節氣太陽出入爲限。又依京師北極出地度，範爲三角銅表置其中。表體之全影指時刻，表中之銳影指節氣。此日晷之大略也。

星晷者，治銅爲柱，上安重盤。內盤鐫周天度數，列十二宮以分節氣，外盤鐫列時刻，中橫刻一縫，用以窺星。法將外盤子正初刻移對內盤節氣，乃轉移銅盤北望帝星與句陳大星，使兩星同見縫中，即視盤面銳表所指，爲正時刻。此星晷之大略也。

若夫望遠鏡，亦名窺箇，其制虛管層疊相套，使可伸縮，兩端俱用玻璃，隨所視物之遠近以爲長短。不但可以窺天象，且能攝數里外物如在目前，可以望敵施砲，有大用焉。

至於日晷、星晷皆用措置得宜，必須築臺，以便安放。

帝命太監盧維寧、魏國徵至局驗試用法。

【注】

①徐光啓兼理曆法：崇禎二年（1629），曆官推五月乙酉朔日食失誤，而徐光啓依新法預推密合。崇禎皇帝很生氣，朝中暫時沒有阻力，改曆得以成行。五月，徐光啓代表禮部申請改曆，很快得到批准。七月，批准開設曆局，命徐光啓督修曆法。曆局設在北京宣武門內天主教南堂緊鄰的首善書院。徐光啓首先請李之藻協理修曆，李之藻於崇禎三年到局工作後不久病故。又疏請傳教士湯若望、羅雅谷參與修曆。自此以後至其於崇禎七年七月病故，徐光啓除了政務，一直勤於修曆事務。光啓病故前推薦李天經接任曆局工作。《崇禎曆書》是分批完成并進呈明政府的。據記載，前三批由徐光啓、後二批由李天經進呈。先後於四年正月進二十四卷，八月進二十卷，五年四月進第三批三十卷，七年七月進第四批二十九卷，七年十二月進第五批三十四卷。

②請造象限大儀六紀限大儀三：其形制，如同北京古觀象臺現今陳列

的象限儀和紀限儀。所謂大儀，都是相對而言的。如果與清代製造的八件大型銅儀相比，還衹能算是中小型設備，多爲木結構基座，也多可以搬動使用，所以製造起來并不困難。至於爲什麼要造六件，這是因爲曆局人多，分處宣武門天主堂、織女橋畔内靈臺（今中山公園西門附近）、城東觀象三處，需經常測驗。

③平懸渾儀：一種簡便易帶的觀測儀器，可以從事地平坐標或赤道坐標觀測。當然，它衹能得到比較近似的數據。

④交食儀：類似現今教學用的三球儀。實爲日、地、月相對運行示意模型。故宮博物院現今仍可找到當年耶穌會士進呈的類似禮品。

⑤列宿經緯天球：指天球儀。

⑥萬國經緯地球：指地球儀。萬國者，球儀上載各國位置分布。經緯者，分別以赤經、赤緯區分各個地區方位。

⑦平面日晷：指地平式日晷，由西方傳入，當年尚屬新鮮事物。

⑧轉盤星晷：裝有恒星瞄準縫的轉換器，有兩重轉盤，一盤刻有時刻，對所指定的恒星來説，相當於該天體所在赤經。另一盤刻二十四節氣。使用時，先通過瞄準縫窺視指定恒星，瞄準後，兩盤面刻度的時間與節氣關係，實際上是恒星時與太陽時之間的換算關係，可以從星象求得時間。或反過來，從已知時間去推得天象。

⑨指南針所指方向與地球自轉所示北極有差異，此就是地理北極與磁北極的差異。北京地區爲偏東五度四十分。

⑩七年……李天經言：崇禎七年（1634），徐光啓死後，李天經繼任曆局主管，這是報的奏書。

　　明年，天經又請造沙漏。明初，詹希元以水漏至嚴寒水凍輒不能行，故以沙代水。然沙行太疾，未協天運，乃以斗輪之外復加四輪，輪皆三十六齒。厥後周述學病其竅太小，而沙易堙，乃更制爲六輪，其五輪悉三十齒，而微裕其竅，運行始與晷協。天經所請，殆其遺意歟。①

　　夫制器尚象，乃天文家之首務。然精其術者可以因心而作。故西洋人測天之器，其名未易悉數，内渾蓋、簡平二儀其最精者也。其説具見全書，兹不載。[②]

【注】

　　[①]本志作者認爲，李天經於崇禎七年創議造沙輪漏，實爲詹希元和周述學等人做法的集成者。明初詹希元以沙代水，但注意到沙行太疾，故以斗輪之外另加四輪。之後周述學認爲孔因太小易塞，又加到六輪，運行始協。故李天經是最終集成者。

　　[②]渾蓋簡平二儀其最精者：渾蓋通憲衹是一種學説，利瑪竇、李之藻撰《渾蓋通憲圖説》，是介紹星盤的一部書。《簡平儀説》是熊三拔寫的另一本介紹星盤的書。各有側重。本志作者大加贊頌，稱其爲最精者。

極度晷影[①]

宣城梅文鼎曰：[②]

　　極度晷影常相因。[③]知北極出地之高，即可知各節氣午正之影。測得各節氣午正之影，亦可知北極之高。然其術非易易也。圭表之法，表短則分秒難明，表長則影虚而淡。郭守敬所以立四丈之表，用影符以取之也。日體甚大，竪表所測者日體上邊之影，横表所測者日體下邊之影，皆非中心之數，郭守敬所以於表端架横梁以測之也，其術可謂善矣。但其影符之制，用銅片鑽針芥之孔，雖前低後仰以向太陽，但太陽之高低每日不同，銅片之敧側安能俱合。不合，則光不透，臨時遷就而日已西移矣。須易銅片以圓木，左右用兩板架之，如車軸然，則轉動甚易。更易圓孔以直縫，而用始便也。④然影符止可去虛淡之弊，而非其本。必須正其表焉，平其圭焉，均其度焉，三者缺一不可以得影。三者得矣，而人心有粗細，目力有利鈍，任事有誠僞，不可不擇也。知乎此，庶幾晷影可得矣。

西洋之法又有進焉。謂地半徑居日天半徑千餘分之一，則地面所測太陽之高，必少於地心之實高，於是有地半徑差之加。近地有清蒙氣，能升卑爲高，則晷影所推太陽之高，或多於天上之實高，於是又有清蒙差之減。是二差者，皆近地多而漸高漸減，以至於無，地半徑差至天頂而無，清蒙差至四十五度而無也。⑤

崇禎初，西洋人測得京省北極出地度分：北京四十度，周天三百六十度，度六十分立算，下同。南京三十二度半，山東三十七度，山西三十八度，陝西三十六度，河南三十五度，浙江三十度，江西二十九度，湖廣三十一度，四川二十九度，廣東二十三度，福建二十六度，廣西二十五度，雲南二十二度，貴州二十四度。以上極度，惟兩京、江西、廣東四處皆係實測，其餘則據地圖約計之。⑥又以十二度度六十分之表測京師各節氣午正日影：夏至三度三十三分，芒種、小暑三度四十二分，小滿、大暑四度十五分，立夏、立秋五度六分，穀雨、處暑六度二十三分，清明、白露八度六分，春、秋分十度四分，驚蟄、寒露十二度二十六分，雨水、霜降十五度五分，立春、立冬十七度四十七分，大寒、小雪二十度四十七分，小寒、大雪二十三度三十分，冬至二十四度四分。⑦

【注】

①極度晷影：北極度數或去極度，及圭表日中影長。

②梅文鼎（1633—1721），清代著名天文學家，數學家，字庭九，號勿庵，安徽宣城人。著書八十多種。在天文學上主要介紹《崇禎曆書》的部分内容和解釋《大統曆》。在數學上也大多介紹當時流傳的中國古代數學和西方算法，并有所補充和發展。其中《幾何補編》（1692）四卷有些創見。

③相因：相關連。對同一地點，其北極高度和日中圭影是相關的，也是固定的。

④此是指對郭守敬影符方法的改進意見，將銅片改用圓木，由此轉動甚易。并改圓孔爲直縫，使用更方便。

⑤以上發表其對地半徑差、清蒙氣差的個人意見。

⑥以上記載各地省城北極高度，并載明北京、南京、江西、廣東爲實測，其他爲據地圖推算。

⑦以上是以十二度六十分之表測得各節氣表影的度數，其方法亦稍有改革。

東西偏度①

以京師子午綫爲中，而較各地所偏之度。凡節氣之早晚，月食之先後，胥視此。②蓋人各以見日出入爲東西爲卯酉，以日中爲南爲午。而東方見日早，西方見日遲。東西相距三十度則差一時。東方之午乃西方之巳，西方之午乃東方之未也。相距九十度則差三時。東方之午乃西方之卯，西方之午乃東方之酉也。相距一百八十度則晝夜時刻俱反對矣。東方之午乃西方之子。西洋人湯若望曰：“天啓三年九月十五夜，戌初初刻望，月食，京師初虧在酉初一刻十二分，而西洋意大里雅諸國望在晝，不見。推其初虧在巳正三刻四分，相差三時二刻八分，以里差計之，殆距京師之西九十九度半也。故欲定東西偏度，必須兩地同測一月食，較其時刻。若早六十分時之二則爲偏西一度，遲六十分時之二則爲偏東一度。節氣之遲早亦同。今各省差數未得測驗，據廣輿圖計里之方約略條列，③或不致甚舛也。南京應天府、福建福州府并偏東一度，山東濟南府偏東一度十五分，山西太原府偏西六度，湖廣武昌府、河南開封府偏西三度四十五分，陝西西安府、廣西桂林府偏西八度半，浙江杭州府偏東三度，江西南昌府偏西二度半，廣東廣州府偏西五度，四川成都府偏西十三度，貴州貴陽府偏西九度半，雲南雲南府偏西十七度。"

　　右偏度，載《崇禎曆書》交食曆指。其時開局修曆，未暇分測，度數實多未確，存之以備考訂云。

【注】

　　①東西偏度：偏離京師的地理經度。

　　②節氣早晚，月食發生先後，取決於東西偏度。由於節氣取決於太陽位置，月食取決於月亮位置，發生在地球上同一時刻，與各地方時無關，故均需視偏度而差。

　　③今各省差數未得測驗據廣輿圖計里之方約略條列：各省城與京都東西偏度，是依據地圖推得，其法是偏六十分時之二差一度，十五度差一小時。

中星①

古今中星不同，由於歲差。②而歲差之説，中西復異。中法謂節氣差而西，西法謂恒星差而東，然其歸一也。③今將李天經、湯若望等所推崇禎元年京師昏旦時刻中星列於後。

春分，戌初二刻五分昏，北河三中；寅正一刻一十分旦，尾中。清明，戌初三刻十三分昏，七星偏東四度；昏旦時或無正中之星，則取中前、中後之大星用之。距中三度以内者，爲時不及一刻，可勿論。四度以上，去中稍遠，故紀其偏度焉。寅正初刻二分旦，帝座中。穀雨，戌正一刻七分昏，翼偏東七度；寅初二刻八分旦，箕偏東四度。立夏，戌正三刻二分昏，軫偏東五度；寅初初刻十三分旦，箕偏西四度。小滿，亥初初刻十二分昏，角中；丑正三刻三分旦，箕中。芒種，亥初一刻十二分昏，大角偏西六度；丑正二刻三分旦，河鼓二中。

夏至，亥初二刻五分昏，房中；丑正一刻一十分旦，須女中。小暑，亥初一刻十二分昏，尾中；丑正二刻三分旦，危中。大暑，亥初初刻十二分昏，箕偏東七度；丑正三刻三分旦，營室中。立秋，戌正三刻二分昏，箕中；寅初三刻十三分旦，婁偏東六度。處暑，戌正一刻七分昏，織女一中；寅初二刻八分旦，婁中。白露，戌初三刻十三分昏，河鼓二偏東四度；寅正初刻二分旦，昴偏東四度。

秋分，戌初二刻五分昏，河鼓二中；寅正一刻十一分旦，畢偏西五度。寒露，戌初初刻十四分昏，牽牛中；寅正三刻一分旦，參四中。霜降，酉正三刻十一分昏，須女偏西五度；卯初初刻四分旦，南河三偏東六度。立冬，酉正二刻一十分昏，危偏東四度；卯初一刻五分旦，輿鬼中。小雪，酉正一刻十二分昏，營室偏東七度；卯初二刻二分旦，張中。大雪，酉正一刻五分昏，營室偏西八度；卯初二刻一十分旦，翼中。

冬至，酉正一刻二分昏，土司空中；卯初二刻十三分旦，五帝座中。小寒，酉正一刻五分昏，婁中；卯初二刻一十分旦，角偏東五度。大寒，酉正一刻十三分昏，天囷一中；卯初二刻二分旦，亢中。立春，酉正二刻一十分昏，昴偏西六度；卯初一刻五分旦，氐中。雨水，酉正三刻十一分昏，參七中；卯初初刻四分旦，貫索一中。驚蟄，戌初初刻十四分昏，天狼中；寅正三刻一分旦，心中。④

【注】

①中星：各節氣之昏旦中星。

②由於歲差，古今昏旦中星不同。

③然其歸一也：原理是相同的。然古代中西對歲差的解釋，確有本質差別。中國古代無黃極概念，故認識是不完善的，所以明清以後改以西説釋之。

④本志所載昏旦中星，均當時實測。由記録可知，本表所載，比古時精密得多，首先，明載各節氣昏旦時刻，準確到分。其次，明載其日有無中星，或偏東西若干度分。

分野①

《周禮·保章氏》以星土辨九州之地，所封之域皆有分星，以觀妖祥。② 唐貞觀中，李淳風撰《法象志》，因《漢書》十二次度數以唐州縣配，而一行則以爲天下山河之象，存乎南北兩界，其説詳矣。洪武十七年，《大明清類天文分野書》成，頒賜秦、晋二王。其書大略謂"《晋天文志》分野始角、亢者，以東方蒼龍爲首也。唐始女、虚、危者，以十二支子爲首也。今始斗、牛者，以星紀爲首也。古言天者皆由斗、牛以紀星，故曰星紀，是之取耳"。兹取其所配直隸十三布政司府州縣衛及遼東都司分星録之。③

斗三度至女一度，星紀之次也。直隸所屬之應天、太平、寧國、鎮江、池州、徽州、常州、蘇州、松江九府，暨廣德州，屬斗分。鳳陽府壽、滁、六安三州，泗州之盱眙、天長二縣，揚州府高郵、通、泰三州，廬州府無爲州，安慶府和州，皆斗分。淮安府，斗、牛分。浙江布政司所屬之杭州、湖州、嘉興、嚴州、紹興、金華、衢州、處州、寧波九府皆牛、女分。台州、溫州二府，斗、牛、須、女分。江西布政司所屬皆斗分。福建布政司所屬皆牛、女分。廣東布政司所屬之廣州府亦牛、女分。惠州，女分。肇慶、南雄二府，德慶州，皆牛、女分。潮州府，牛分。雷州、瓊州二府，崖、儋、萬三州，高州府化州，廣西布政司所屬梧州府之蒼梧、藤、岑溪、容四縣，皆牛、女分。

女二度至危十二度，玄枵之次也。山東布政司所屬之濟南府樂安、德、濱三州，皆危分。泰安州、青州府，皆虚、危分。萊州府膠州、登州府寧海州、東昌府高塘州，皆危分。東平州之陽穀、東阿、平陰三縣，北平布政司所屬之滄州，皆須、女、虛、危分。④

危十三度至奎一度，娵訾之次也。河南布政司所屬之衛輝、彰德、懷慶三府，北平之大名府開州，山東東昌之濮州，館陶、冠、臨清三縣，東平州之汶上、壽張二縣，皆室、壁分。

奎二度至胃三度，降婁之次也。山東濟寧府之兗州滕、嶧二縣，青州府之莒州、安丘、諸城、蒙陰三縣，濟南府之沂州，直隸鳳陽府之泗、邳二州，五河、虹、懷遠三縣，淮安府之海州，桃源、清河、沭陽三縣，皆奎、婁分。

胃四度至畢六度，大梁之次也。北平之真定府，昴、畢分。定、冀二州，皆昴分。晉、深、趙三州，皆畢分。廣平、順德二府，皆昴分。祁州，昴、畢分。河南彰德府之磁州，山東高唐州之恩縣，山西布政司所屬之大同府應、朔、渾源、蔚四州，皆昴、畢分。

畢七度至井八度，實沈之次也。山西之太原府石、忻、代、平定、保德、岢嵐六州，平陽府，皆參分。絳、蒲、吉、隰、解、霍六州皆觜、參分。澤、汾二州，皆參分。潞、沁、遼三州，皆參、井分。

井九度至柳三度，鶉首之次也。陝西布政司所屬之西安府同、華、乾、耀、邠五州，鳳翔府隴州，延安府鄜、綏德、葭三州，漢中府金州，臨洮、平涼二府，靜寧州，皆井、鬼分。涇州，鬼分。慶陽府寧州，鞏昌府階、徽、秦三州，皆井、鬼分。四川布政司所屬惟綿州觜分，合州參、井分，餘皆井、鬼分。雲南布政司所屬皆井、鬼分。

柳四度至張十五度，鶉火之次也。河南之河南府陝州，皆柳分。南陽府鄧、汝、裕三州，汝寧府之信陽、羅山二縣，開封府之均、許二州，陝西西安府之商縣，華州之洛南縣，湖廣布政司所屬德安府之隨州，襄陽府之均州、光化縣，皆張分。

張十六度至軫九度，鶉尾之次也。湖廣之武昌府興國州，荆州府歸、夷陵、荆門三州，黃州府蘄州，襄陽、德安二府，安陸、沔陽二州，皆翼、軫分。長沙府軫旁小星曰長沙，應其地。衡州府桂陽州，永州府全、道二州，岳州、常德二府，澧州，辰州府沅州，漢陽府靖、郴二州，寶慶府武岡、鎮遠二州，皆翼、軫分。廣西所屬除梧州府之蒼梧、藤、容、岑溪四縣屬牛、女分，餘皆翼、軫分。廣東之連州、廉州府欽州、韶州府，皆翼、軫分。

軫十度至氐一度，壽星之次也。河南之開封府，角、亢分。鄭州，氐分。陳州，亢分。汝寧府光州，懷慶府之孟、濟源、溫三縣，直隸壽州之霍丘縣，皆角、亢、氐分。

氐二度至尾二度，大火之次也。河南開封府之杞、太康、儀封、蘭陽四縣，歸德、睢二州，山東之濟寧府，皆房、心分。直隸鳳陽府之潁州，房分。徐、宿二州，壽州之蒙城縣，潁州之亳縣，皆房、心分。

尾三度至斗二度，析木之次也。北平之北平府，

尾、箕分。涿、通、薊三州，皆尾分。霸州、保定府，
皆尾、箕分。易、安二州，皆尾分。河間府、景州，皆
尾、箕分。永平府，尾分。灤州，尾、箕分。遼東都指
揮司，尾、箕分。朝鮮，箕分。

【注】

①分野：中國古代天文觀念中星宿分布與地上州域在吉凶禍福方面的
對應關係。

②《周禮·保章氏》相關論述是中國分野觀念流傳數千年不衰的依
據。對於同一句話，各人可以有不同的解釋，人們經常引用，但是真正徹
底理解的人恐怕不多。筆者以爲，其基本思想是，九州之地的封國，皆有
分星，觀星變，可知天下之變，由此辨吉凶。所謂封域就是封國，是相對
於西周分封諸侯而言的。不同的封域有不同的分星。

順此推理，東方各諸侯國以蒼龍爲分星，其對應於陳、宋、燕諸國。
從古代文獻可以得知，這些國家和人民以龍爲官，故以龍爲圖騰，蒼龍天
區內諸星宿也以龍的各個部位角、亢、氐、房、心、尾作爲分星星名。至
於箕宿星名之來歷，它可以源出於燕國域內之古諸侯國箕，也可以源出於
商朝忠臣箕子。

晋宗室姬姓，黃帝系後裔，源於古西羌，與婁人長期雜居通婚，有着
深遠的姻親關係。三家分晋，宗室及人民亦然。三家之分星爲西方白虎，
故其分星也與其虎圖騰有關，如觜爲虎首，參爲虎身。

秦之先女吞玄鳥卵生大業，大業生大費即伯益，佐舜調馴百獸，鳥獸
多馴服，舜賜姓嬴氏。玄鳥即燕子，嬴諧音燕，故秦祖以鳥爲圖騰，當有
更充分的證據。又東夷首領少昊遷居南方，以鳥名爲官名，正是鳥爲圖騰
的象徵。其人民大都居於秦楚及東周域內，這是秦、周、楚的分星爲朱雀
的道理所在。故井宿、鬼宿星名，源出於秦的根據地井國和鬼國，軫宿之
名源出於楚之根據地軫國。

越奉夏祀，相傳匈奴和越人均爲夏人後裔。帝禹父鯀妻修巳。修巳即
修蛇。又相傳鯀封崇山，崇山多三足鱉，故鯀以三足鱉或靈龜爲圖騰。這

是夏人以玄武龜蛇爲圖騰的依據。夏人居北方，故歷史上北方政權大多以夏命名，如南北朝時的夏國和北宋時的西夏等。在漢代十二州中，以并州爲北方的代表，青州地位在北方，由於越奉夏祀的關係，揚州雖在南方，在分野上也歸入北方，故吳越、齊、衛之地的星分爲北方龜蛇。宿名營室，東壁又稱東縈，實爲齊之都城，故稱營丘，是齊地的象徵。虛即北方顓頊“頊”字的借字，危宿即北方的三危人。這些都證明，星宿名源自星分地域的國名、地域名或該部族的代表人物或民族圖騰。

③對於起自周代的恒星分野觀念，漢代以十二州代十二國爲一變，唐李淳風以唐州縣相配爲二變，一行代以山河兩界爲三變，《大明清類天文分野》爲四變。經此四變，人們對分野觀念的認識出入很大。

④矛盾最大的當屬女宿分星，按《周禮》分星原本的含義，女宿的分星與十二次的對應關係中，當屬元枵，位在北方，與吳越無關。故唐代著名天文學著作《乙巳占》曰“斗、牛，吳越之分野”，“女、虛，齊之分野”。《開元占經》也説“南斗、牽牛，吳越之分野”，“須女、虛，齊之分野”。女虛於十二次爲元枵。《周禮》釋十二次曰：“玄枵，一名天一。顓頊之頊。”這個十二次元枵之名，源自傳説人物玄囂，據《史記·五帝本紀》黃帝正妃嫘祖生二子，一曰玄囂，二曰昌意。昌意娶蜀山氏女曰昌僕生帝顓頊。顓頊屬北方古帝，故北方星次名元枵，元枵中有星名爲虛宿。虛者，顓頊之頊的借字。

但漢代實測十二次分布，女宿已橫跨星紀、元枵二次，故自《天官書》以後，女宿的分星揚州、青州均有。這與原本分野的觀念不合。本志又將女宿分野更推衍到越地惠州、廣州、雷州等地，均不合古法之本義。

《明史》卷二十六

志第二

天文二

月掩犯五緯　　五緯掩犯　　五緯合聚　　五緯掩犯恒星①

月掩犯五緯②

洪武元年五月甲申，犯填星。十二年三月戊辰朔，犯辰星。十四年十一月甲午，犯填星。十九年五月己未，犯歲星。二十三年四月丁酉，掩太白。十一月癸卯及永樂四年正月戊午，五年六月丙午，七年十二月壬子，俱犯熒惑。八年十二月壬子，九年四月庚子，十六年七月戊辰，俱犯歲星。十八年十一月辛卯，掩太白。二十年三月辛未，掩填星。③二十二年八月乙丑，犯熒惑。

洪熙元年二月己未，掩填星。

宣德元年十二月丙子，掩熒惑。二年正月癸卯，犯熒惑。四月甲申，犯太白。六年十月丙申，掩太白。七年二月甲寅，犯填星。八年二月癸巳，掩歲星。四月戊子，犯歲星。

正統二年正月辛亥，掩歲星。四月癸酉、五月庚子，俱犯歲星。七月戊申，犯熒惑。四年正月乙酉，掩填星。八年三月庚申，犯填星。十一月丙寅，掩歲星。十年十一月辛卯，犯熒惑。十一年十二月甲寅，犯歲星。十二年正月辛巳，閏四月庚午，俱犯歲星。十四年四月壬子，犯太白。五月癸未，掩太白。

景泰二年四月戊子，犯歲星。九月甲辰，犯歲星於斗。④五年二月丁亥，犯太白。六年正月甲寅，犯歲星。七年四月癸丑，犯填星。乙丑，犯太白。

天順五年十一月己亥，犯太白於斗。

成化五年二月丙申、癸亥，⑤俱犯歲星。六年三月癸未，八年正月癸亥，俱犯太白。十二年十一月戊申，犯歲星於室。十三年十月乙卯，犯填星。十二月丁酉，犯太白。十四年三月戊辰，十八年二月戊午，俱犯填星。八月己酉，二十三年四月乙亥，俱掩熒惑。五月戊午，六月乙酉，俱犯歲星。十月甲戌，掩歲星。

弘治四年二月壬子，犯歲星。七年十一月戊申，犯熒惑。八年正月癸卯，犯歲星。十二月丙辰，掩填星。十一年四月甲申、九月庚子，俱犯歲星。十二年八月壬寅，犯熒惑。十四年七月丁卯，九月己丑，俱犯歲星。丙辰，⑥掩歲星。十二月癸丑，犯熒惑。十七年十一月甲辰，犯歲星。十八年二月丙寅，掩歲星。九月乙巳，掩填星。

正德元年十一月己卯，犯太白。四年閏九月癸亥，犯歲星。八年正月己丑，犯填星。十六年二月丙戌，掩太白。

嘉靖二年五月戊子，掩歲星。十一月壬申，犯歲星。十七年十二月己未，犯填星。十八年十月丙戌，犯熒惑。二十年五月辛卯，犯歲星。二十一年四月甲寅，二十七年七月丁丑，俱犯太白。九月庚子，犯太白於角。三十一年五月辛丑，犯填星。九月庚寅，掩填星。十二月丁卯，犯歲星。四十二年五月庚辰，掩歲星。四十四年七月丁巳，犯熒惑。

萬曆二年九月己卯，犯熒惑於箕。十年八月戊申，犯熒惑於井。十四年八月己丑，犯太白於角。十五年六月乙丑，十九年九月辛未，俱犯熒惑。十二月甲辰，犯填星於井。二十四年正月甲申，犯填星於張。二十七年九月辛亥，犯太白。三十一年五月癸未，犯太白。三十五年六月乙未，犯填星於斗。三十七年八月辛酉，犯填星。四十一年九月癸未，犯歲星。

崇禎三年八月辛亥，掩太白。十一年四月己酉，掩熒惑於尾。⑦

【注】

①月掩犯五緯、五緯掩犯、五緯合聚、五緯掩犯恒星，是《明史·天文二》的四個小標題目錄。

②月掩犯五緯：月亮掩蓋或凌犯五星，以往祇載月凌犯星，此載掩星，是觀測精細的表現。發現月掩星，就懂得星比月高，不在同一球層。令人奇怪的是，本志不載月掩恒星記錄，而《明實錄》則有此記載。

③（永樂）二十年三月辛未掩填星：這是明開國以後記載的第一次月

掩行星現象。

④（月）犯歲星於斗：這是第一次記載月犯行星於具體方位的情況，可見越來越具體明確。

⑤許檀《〈明史·天文志〉干支訂誤》認爲"癸亥"上脱"閏二月"三字。

⑥許檀《〈明史·天文志〉干支訂誤》認爲"丙辰"上脱"十月"二字。

⑦（崇禎）十一年四月己酉掩熒惑於尾：這是明代唯一一次有具體方位的月掩行星記録。月掩熒惑，指月與熒惑重疊於一處。見於尾，這是指天象發生於尾宿的大致方位。

五緯掩犯

洪武六年三月戊申，熒惑犯填星。六月壬辰，太白犯歲星。八年三月癸亥，熒惑犯填星。二十二年六月丙辰，辰星犯太白。二十七年三月乙丑，熒惑犯歲星於奎。

永樂三年三月戊戌，太白犯歲星。十一月癸巳朔，太白犯辰星於箕。四年正月癸卯，太白犯歲星。五年七月甲子，熒惑犯填星。十二年十一月丁卯，太白犯歲星。十四年七月乙巳，太白犯填星。二十年九月乙亥，太白犯歲星。十月己酉，太白犯填星。

洪熙元年十一月丙午，太白犯填星。

宣德元年十一月戊戌，辰星犯填星。七年六月己酉，太白犯歲星。七月辛巳，太白犯熒惑。九年十一月己亥，太白犯填星。十年十月庚子，熒惑犯填星。

正統元年五月戊寅，太白犯熒惑於井。二年五月辛丑，熒惑犯填星。三年十二月戊寅，太白犯歲星。五年五月丙午，太白犯填星。七年九月戊午，太白犯熒惑於氐。十一年九月丁亥，太白犯歲星。十二年七月戊午，熒惑犯填星。十四年二月己卯，太白犯熒惑。七月丙午，熒惑犯填星。

景泰元年閏正月丁卯，熒惑犯歲星。

天順七年十一月乙卯朔，熒惑犯填星。

成化六年九月乙亥，^①太白犯歲星。十一年七月戊辰，太白犯填星。十三年九月丙寅，熒惑犯填星。十六年六月壬申，太白犯歲星。

弘治二年正月戊辰，太白犯歲星。十一月壬午，太白犯填星。三年正月庚申，太白犯填星。五年八月丁未，熒惑犯歲星。六年十一月己未，太白犯填星。七年九月甲寅及十年正月丙辰，熒惑犯歲星。十二月庚辰，辰星犯歲星。十七年閏四月癸酉，歲星犯填星。

正德二年十月癸未，熒惑犯填星。八年正月壬午及十六年十二月丙午，俱太白犯歲星。

嘉靖元年正月己未，太白犯歲星。十二月甲戌，太白犯填星。三年正月癸酉，太白犯歲星。二十九年六月庚辰，^②熒惑犯歲星守井。

萬曆五年十二月辛丑，太白犯填星於斗。九年十二月癸巳，太白犯填星入危。十一年六月丁丑，太白犯熒惑。十五年五月己亥，太白犯填星。二十四年四月己酉，太白犯歲星。二十五年七月甲辰，熒惑犯歲星。二十七年閏四月庚寅，辰星犯太白於井。三十四年十一月庚辰，熒惑掩歲星於危；甲辰，^③熒惑犯歲星。三十八年十一月辛亥，太白犯填星於虛。四十七年三月壬子，太白犯歲星於壁。

天啓元年八月丙申，熒惑與太白同度者兩日。

崇禎九年六月己亥，太白犯歲星於張。④

【注】

①許檀《〈明史・天文志〉干支訂誤》認爲"乙亥"爲"己亥"之誤。

②許檀《〈明史・天文志〉干支訂誤》認爲"六月庚辰"應爲"七月庚申"。

③許檀《〈明史・天文志〉干支訂誤》認爲"甲辰"上脱"十二月"三字。

④行星掩恒星和行星互掩的記錄十分寶貴，因爲行星的掩，是目視所能達到的最精確的觀測，行星掩星應比月掩星精確可靠得多。因爲月亮太明亮，它使得月面近處的星不容易看清楚。劉次沅教授等對中國古代行星掩星記錄作過初步研究，從史籍中共找到八十八條掩星記錄，用當前最精密的 DE102 曆表，對它們進行了換算驗證，其中五十六條記錄中，兩個天體相距在 1000″以内，所以這些記錄是基本成立的。在理想狀態下，肉眼分辨力可達 60″，但由於行星相當明亮，其光芒使分辨力大爲減弱，尤其是亮行星與暗恒星相遇時更明顯。中國古代記錄中，關於天體距離的最小記錄是半寸（1 尺爲 1°，半寸爲 180″），小於這個距離肉眼就分不清了。因此，將分辨極限定爲 200″是大致合適的。近現代研究天體運動的一些數據，如恒星自行，行星曆表長期項，以及其他一些天文常數，都是據近三百年的觀測得到的，能否適用於千年以前，還需進一步研究。由此可見，古代行星掩星記錄，對於現代天文學研究是很珍貴的。

五緯合聚①

洪武十四年六月癸未，辰星、熒惑、太白聚於井。

十七年六月丙戌，歲星、填星、太白聚於參。十八年二月乙巳，五星并見。②三月戊子，填星、歲星、太白聚於井。二十年二月壬午朔，五星俱見。二十四年七月戊子，太白、熒惑、填星聚於翼。十一月乙未，辰星、歲星合於斗。十二月甲子，熒惑、辰星合於箕。二十五年正月辛丑，熒惑、歲星合於牛。二十六年十月壬辰，太白、填星同度。③

永樂元年五月甲辰，五星俱見東方。④二年四月戊子，太白、熒惑合於井。

正統十四年九月壬寅，太白、填星、熒惑聚於翼。十二月辛未，太白、歲星合於尾。

景泰元年十月壬申，太白、歲星合於箕。十二月己丑，辰星、歲星同度。二年九月庚申，太白、熒惑、填星聚於軫。四年三月乙丑，太白、歲星合於壁。五年正月戊辰，太白、歲星合於奎。六月己酉，熒惑、歲星合於胃。十一月己未，太白、填星合於氐。七年三月戊戌，太白、熒惑合於奎。十月戊申，歲星、熒惑合於鬼。

天順元年五月乙丑，太白、歲星合於井。十二月丙辰，太白、填星合於心。二年九月甲寅，太白、填星合於斗。三年九月乙巳，太白、歲星合於角。四年十月壬申，歲星、熒惑、辰星、太白聚於氐。⑤五年十一月己亥，填星、熒惑合於牛。⑥甲子，太白、熒惑合於虛。六年九月甲午，太白、熒惑合於張。七年十月庚寅，歲星、熒惑合於女。庚戌，太白、歲星合於女。八年二月丙午，填星、歲星、太白聚於危。

成化四年四月癸巳，歲星、熒惑合於井。壬子及七年七月庚子，太白、歲星合於井。十一年八月甲午，熒惑、填星同度。

弘治十三年四月癸丑，熒惑、太白、辰星聚於井。十六年八月庚申，熒惑、歲星、填星聚於井。十八年五月丙申，太白、歲星合於星。九月乙未，太白、歲星同度。

正德二年九月戊辰，辰星、歲星、太白聚於亢。

嘉靖三年正月壬午，五星聚於營室。⑦十九年九月乙卯，太白、辰星、填星聚於角。二十三年正月癸卯，熒惑、歲星、填星聚於房。四十二年七月戊戌，太白、歲星、填星聚於井。四十三年四月庚子，歲星、填星、熒惑、太白聚於柳。⑧

萬曆十七年十二月辛卯，太白、熒惑同度。二十年六月壬子，太白、辰星、填星聚於井。三十二年九月辛酉，歲星、填星、熒惑聚於危。

天啓四年七月丙寅，五星聚於張。⑨

崇禎七年閏八月丙午至九月壬申，填星、熒惑、太白聚於尾。十年十一月己卯，歲星、熒惑合於亢。甲午，填星、辰星同度。

【注】

①五緯合聚：五星同聚一舍。

②五星并見：雖然五星并不在同一宿內，但是同時見於同一晚的同一

時刻，即可見星空的一百八十度範圍之内，也是少見的天象。本志記録僅三次。後面 "五星俱見" "五星俱見東方" 并同。

③二十六年十月壬辰太白填星同度：意爲同黄經，其黄緯可以不同，也不必相犯。

④五星俱見東方：同一晚的同一時刻，五星俱見於東方。雖不在一宿，但在九十度内，本志記録僅此一條。由於有辰星在内，此一定是晨見東方。

⑤四年十月壬申歲星熒惑辰星太白聚於氐：本志共有兩條四星聚記録，這是其中之一。

⑥填星熒惑合於牛：兩星相合，近代大多理解爲同度，但此處及前後所載兩星相合於牛等，却不是這樣。《史記·天官書》曰 "同舍爲合"，即數顆行星聚於同舍稱爲合。

⑦嘉靖三年正月壬午五星聚於營室：根據張培瑜教授用現代天文方法推算，這次五星聚於營室，與下一次 "五星聚於張" 的記録都是真實記録。

⑧嘉靖四十三年四月庚子，歲星、填星、熒惑、太白聚於柳，這是又一次四星聚記録。

⑨天啓四年七月丙寅五星聚於張：這是明代又一次五星聚記録。

五緯掩犯恒星

歲星①

洪武六年九月庚申，犯鬼。十一月壬子，退行犯鬼。②七年八月乙巳，犯軒轅大星。九年二月乙丑，③退入太微，犯左執法。十年六月戊寅及戊戌，④犯亢。十一月甲辰，犯房。十一年四月戊申，犯鍵閉。七月甲申，犯牛。八月丙午，犯房。十四年四月壬戌，犯壘壁。⑤十七年閏十月癸卯，犯井。十九年四月丙申，入鬼。八月壬辰，犯軒轅。二十一年四月丁未，留太微垣。十一月甲戌，入亢。二十二年三月辛卯，退入亢。九月丁卯，犯氐。十一月甲午，入房。十二月壬戌，犯東咸。二十三年五月己未，守房。八月乙丑，犯東咸。二十六年二月丙子朔，犯壘壁。二十九年六月庚子，犯井鉞。七月丙辰朔，入井。十月癸卯，退入井。三十年八月庚辰朔，入鬼。

建文四年七月乙未，退犯東咸。十月丙辰，犯天江。

永樂元年正月丁未，犯建。十二月己丑，犯羅堰。六年三月己巳，犯諸王西第二星。⑥四月甲午，犯東第一星。⑦六月丙申，犯井。八年九月乙亥，犯靈臺。十八年七月己丑，犯天罇西北星。⑧八月庚子，犯東北星。二十一年正月庚戌，犯上將。二十二年十一月戊寅，入氐。

宣德三年閏四月己酉，犯壘壁西第六星。十一月丙寅，又犯。七年七月丙寅，犯天罇。九年五月庚子，犯軒轅大星。

正統五年六月甲寅，⑨犯壘壁。十一年十月戊戌，犯右執法。十四年正月丙申，犯房北第一星。二月丙子，退犯房。九月己卯，犯進賢。丙戌，犯房。

景泰元年閏正月庚午，與熒惑遞入斗杓。八月戊子，犯秦。⑩二年二月庚午朔，犯牛。三年十月辛丑，犯亢。六年六月庚子，犯諸王。八月庚申，犯井鉞。七年九月癸未，入鬼。

天順元年九月癸亥，犯軒轅大星。二年八月癸未，犯右執法。十月己丑，⑪三年正月辛卯，俱犯左執法。六

月辛未，犯右執法。十二月癸亥，犯亢。四年閏十一月
丙寅，犯房北第一星。庚午，犯鉤鈐。五年三月丁卯，
退犯房上星。八月癸酉，犯鉤鈐。七年二月庚申朔，犯
牛。八年二月丙午，犯壘壁。三月辛巳，又犯。

　　成化二年六月丁未，守昴。⑫五年七月己酉，犯軒轅
大星。六年三月癸卯，留守軒轅。七年三月丁丑，退入
太微垣，犯執法。四月乙卯，入太微垣，留守端門。六
月甲寅，犯右執法。十一月己亥，犯亢。八年十一月辛
亥，犯房北第一星。癸丑，犯鉤鈐。九年三月丙辰，犯
東咸。五月己酉，犯鉤鈐。六月乙丑，犯房第一星。十
二年三月丁巳，犯壘壁。十三年閏二月己未，犯外屏。
十五年三月甲子，犯天街。九月乙卯，犯井。辛巳，守
井。十七年正月己卯，犯鬼。三月甲午，入鬼。庚子，
犯積尸。十八年五月庚戌，⑬犯靈臺。閏八月壬辰，犯左
執法。二十年五月乙巳，守亢。八月癸酉，犯氐。

　　弘治四年七月癸巳，犯井。十一月壬辰，又犯。六
年八月庚寅，犯靈臺。七年正月癸卯，犯壘壁。五月甲
辰，犯靈臺。八年二月丁巳，犯進賢。七月辛丑，又
犯。十月丁卯，犯亢。十一月己酉，犯氐。九年二月至
三月庚寅，守氐。十二年五月己亥，⑭犯壘壁。十三年八
月戊申，又犯。十五年七月丙子，犯諸王。十六年七月
己巳，犯井。八月壬子，犯天罇。十八年九月丁未，犯
太微垣上相。

　　正德元年二月壬子，退犯右執法及上將。三月壬
午，犯靈臺。十一月戊辰，⑮犯牛。六年四月丁未，十二

月壬午，俱犯壘壁。九年八月丙辰，犯諸王。十四年十月癸未，犯氐。

嘉靖元年四月戊寅，犯牛。十一月丙寅，犯羅堰。二年十一月壬辰，犯壘壁。二十年十一月庚寅，二十一年正月丁未，俱犯左執法。二十二年十二月丁亥，犯房北第一星。二十三年四月戊寅，又犯。三十五年五月壬戌，退行又犯。⑯四十五年五月辛卯，退留守左執法。

隆慶元年二月戊午，⑰退守亢。

萬曆三十九年十月己巳，天啓三年九月甲辰，俱犯軒轅。四年正月丙寅，犯軒轅大星。五年正月庚戌朔，退行犯左執法。七年三月乙酉，退行犯房北第一星。

崇禎七年閏八月丁未，犯積尸。九年冬，犯右執法。

【注】

①歲星：以下是歲星掩犯恒星。

②五星是以不同速度順行，即在恒星間自西向東沿黃道大致上下七度範圍內運行。在運動過程中也偶有停留和逆行。退和逆行是同一含義。僅書犯字，都爲進犯之義。兩星接近，光芒相及，大致七寸之內爲犯，否則稱爲入某宿。

③許檀《〈明史·天文志〉干支訂誤》認爲"乙丑"當爲"己丑"。

④許檀《〈明史·天文志〉干支訂誤》認爲"六月"當作"七月"。

⑤犯壘壁：犯壘壁陣星。此處壘壁陣和以下的軒轅、太微、天市等，都是由很多恒星組成的分布範圍很寬的星宿。此處僅籠統載犯某星，是含糊之辭，是犯其中的一顆或數顆之義，沒有具體明言。

⑥犯諸王西第二星：指諸王二。《步天歌》曰："畢上橫黑六諸王。"即諸王六星橫向分布於畢宿之北的黃道附近，在五車星的南面。由於諸王

星均較暗，許多星表都不記載。但由於其近黃道，明代天文學家對其還是很關注。

⑦犯東第一星：指犯諸王六。

⑧天罇西北星：天罇三星，在東井北，黃道正從天罇下星通過。天罇西北星即天罇三。有關月五星凌犯恒星的具體分布方位，筆者在《元史·天文志》注中，共用九幅星圖表示，有興趣者可以參考，本志注不再重複。

⑨許檀《〈明史·天文志〉干支訂誤》認爲“六月”當爲“七月”。

⑩秦：此指秦星，實指女宿之南的秦二星，而非指天市垣之秦星。天市垣之秦星雖較明亮，但遠在黃道北近三十度，月五星不能相犯。而女之秦星近黃道，正可相犯。

⑪許檀《〈明史·天文志〉干支訂誤》認爲“己丑”當爲“乙丑”。

⑫守昴：爲守候在昴星處之義。它没有與昴相犯，但進入昴宿後數日不進。守與停留之義相當。

⑬許檀《〈明史·天文志〉干支訂誤》認爲“五月”當爲“六月”。

⑭許檀《〈明史·天文志〉干支訂誤》認爲“己亥”當爲“乙亥”。

⑮許檀《〈明史·天文志〉干支訂誤》認爲“十一月戊辰”誤。

⑯退行又犯：木星於嘉靖二十二年十二月犯房，於三十五年五月又犯，合於木星十二年運行一周的規律。

⑰許檀《〈明史·天文志〉干支訂誤》認爲“二月戊午”當爲“三月戊午”。

熒惑①

洪武元年八月甲午，犯太微西垣上將。九月戊申，犯右執法。二年正月乙卯，犯房。六月壬辰，犯東咸。三年九月丙申，入太微垣。乙卯，留太微垣。四年九月乙卯，犯壘壁。五年十一月庚午，犯鈎鈐。九年三月辛酉，犯井。四月戊申，犯鬼。十年八月丙寅，犯天罇。

十月乙卯，犯鬼。十一年二月壬戌，犯五諸侯。三月甲午，犯積尸。六月壬戌，犯右執法。十二年八月乙亥，犯鬼。戊寅，犯積尸。②十二月庚寅，犯軒轅大星。十四年十月丙子，犯太微垣。十五年三月乙亥，犯右執法。九月乙丑，犯南斗。十六年八月辛卯，行軒轅中。九月辛酉，犯太微西垣上將。十七年正月乙卯，入氐。三月戊午，犯氐。十八年正月戊辰，犯外屏。十月丁酉，犯進賢。十九年正月壬戌，犯罰。二月丁未，犯箕。四月己亥，留斗。七月辛巳，犯斗。八月丁亥，犯斗。③十月辛亥，十一月己巳，犯壘壁。二十一年正月丙申，入斗。四月丁未，七月庚辰，俱犯壘壁。十一月癸巳，犯外屏。二十二年正月丙戌，犯天陰。二月癸卯，行昴中。④十月庚申，入氐。十一月甲午，犯東咸。十二月癸丑，犯天江。二十三年正月甲戌，入斗。三月辛卯，犯壘壁。五月戊戌，犯外屏。二十四年十二月甲子，與辰星同犯箕。二十五年二月己卯，犯壘壁。九月己卯朔，入井。二十六年三月庚戌，犯積薪。五月丙辰，犯軒轅。六月己丑，犯右執法。二十七年六月辛未，犯天街。八月癸巳，犯積薪。九月乙巳，犯鬼。二十八年二月壬午，又犯。四月戊子，入軒轅。五月戊午，犯靈臺。閏九月乙丑，犯東咸。二十九年五月丙寅，犯諸王。六月甲午，犯司怪。十月辛亥，犯上將。十二月癸卯，守太微垣。三十年三月壬午，入太微垣。五月戊午，犯右執法。八月丁亥，入氐。丁未，入房。十月癸未，犯斗杓。三十一年十月，守心。⑤

建文四年八月戊辰，犯上將。甲戌，入太微垣右掖門。九月辛巳朔，犯右執法。壬辰，犯左執法。十月甲寅，犯進賢。甲子，入角。十一月壬午，入亢。己亥，入氐。

永樂元年五月癸未，犯壘壁西第四星。十月甲戌，犯東第五星。二年四月乙酉，犯天鐏。九月乙卯，犯角。十一月壬子，犯鉤鈐。三年三月癸丑，犯壘壁。四年正月甲午，犯天陰。⑥戊午，犯月星。五年七月癸酉，犯諸王。八月己酉，犯司怪南第二星。六年二月庚辰朔，犯北第二星。四月辛卯，犯鬼。七月辛亥，入太微垣右掖門。丙辰及八年六月丙午，十年五月壬辰，俱犯右執法。十一年十月戊午，犯上將。十二年二月癸酉，退入太微垣，犯上相。十三年九月丁酉，犯靈臺上星。癸卯，犯上將。十月庚午，犯左執法。十二月甲午朔，⑦犯進賢。十五年九月庚申，犯左執法。十二月甲午，入房北第一星。十六年九月壬申，犯壘壁。十七年十二月庚辰，犯鉤鈐。二十年十月壬子，退犯天街上星。⑧二十一年三月庚戌，犯積薪。二十二年十一月辛卯，退犯五諸侯。

洪熙元年正月庚辰，留井。四月癸卯，入鬼。

宣德元年十二月戊寅，犯軒轅。三年六月甲戌，⑨犯積尸。十月戊子，犯太微西垣上將。四年三月癸亥，犯靈臺。戊辰，犯上將。四月丙申、戊戌，俱犯右執法。九月丙辰，犯天江。五年九月乙丑，犯靈臺。十月癸酉，犯上將。十一月己亥，犯左執法。丙午，犯進賢。

六年三月乙卯，⑩犯亢。六月甲寅、乙卯，俱犯氐。七月甲戌，犯房。九月癸亥，犯斗杓。七年九月辛酉，犯上將。十月己酉，犯進賢。八年正月丁卯，犯房。庚辰，犯東咸。八月丙午，犯斗魁。十月甲戌，犯壘壁。九年十一月己卯，犯氐。十二月己酉，犯鈎鈐。十年三月丁亥，犯壘壁。

正統元年二月乙丑，犯天街。十二月甲子，犯天江。二年四月乙亥，犯壘壁。三年三月甲辰，犯井。五月庚寅，犯積尸。四年閏二月己卯朔，犯壘壁。五年二月庚辰，三月辛未，俱犯井。七年五月己丑，犯右執法。八年八月辛丑，犯積尸。九年五月癸酉，犯左執法。十年十月辛丑，犯上將。十一年二月乙卯，三月丁酉，俱犯平道。⑪七月丁亥，犯氐。九月辛未，犯天江。十三年正月丙午，犯房北第一星。二月戊午，犯罰。九月甲午，犯狗。⑫十四年七月己卯朔，留守斗。九月壬寅，犯左執法。十月乙丑，犯進賢。十一月乙未，犯亢。十二月丁未朔，犯氐。丙子，犯房。

景泰元年九月丁未，犯壘壁西第三星。辛亥，犯第四星。庚申，犯第六星。十月辛未朔又犯。十二月己丑，犯第五星。⑬二年十一月丙申，犯氐。癸亥，犯鈎鈐。三年四月甲申，與歲星同犯危。四年正月庚午，犯昴。五年六月戊戌，犯諸王。六年三月丙辰，犯井。五月乙巳朔，犯積尸。七年七月丁酉，入井。十月壬寅，犯鬼。

天順元年二月癸未，⑭又犯。二年八月戊辰，入鬼。

三年正月辛卯，犯軒轅。四月乙卯，犯靈臺。五月癸卯，犯右執法。四年七月戊子，犯天罇。八月丙辰，入鬼。十月庚午，犯上將。閏十一月庚申，犯上相。五年正月戊午，退入太微垣。三月癸亥，犯右執法。六年七月丙午，入鬼。九月乙卯，犯上將。十一月丙午，犯進賢。七年正月辛亥，入氐。四月辛酉，退犯氐西南星。七月壬辰，犯東南星。甲寅，犯房北第二星。八月己巳，⑮犯斗杓。

成化元年正月丁巳，犯東咸。二月癸卯，犯天籥。五月戊午，留守斗。己巳，退犯魁第四星。七月癸酉，又犯。二年二月癸巳，犯天陰。三年八月乙未，犯壘壁。四年二月己亥，犯月星。己酉，犯天街。五月庚辰，犯鬼。癸未，犯積尸。十一年七月甲戌，犯積薪。八月癸未，入鬼。甲申，犯積尸。十月乙未，犯靈臺。十二年四月壬辰，犯上將及建。⑯十三年九月癸未，犯上將。十一月庚辰，犯進賢。十四年正月乙丑，犯亢。二月甲辰，又犯。十五年九月乙丑，犯靈臺。閏十月庚申，犯進賢。十六年正月壬午朔，犯房。三月乙酉，犯天江。十月戊辰，犯壘壁。十七年三月庚辰，犯昴。十八年五月甲戌，八月丙辰，十月戊辰，俱犯壘壁。⑰十九年十月庚辰，犯氐。十一月己酉，犯鉤鈐。壬子，犯東咸。二十一年正月戊子，犯天陰。十一月壬戌，犯天江。二十三年二月丁酉，犯井。

弘治元年六月庚戌，犯諸王。八月庚申，犯積薪。九月癸酉，犯鬼。甲戌，犯積尸。三年三月辛酉，犯鬼。四年六月戊子,[18]犯諸王。五年六月己亥,[19]犯積尸。七月癸酉,入井。十月乙巳,犯靈臺。十一月丙申,犯上相。六年二月庚子,犯平道。三月甲戌,犯上相。四月丙申,犯左執法。七年十二月癸亥,犯亢。八年二月戊寅,犯房。四月癸酉、六月癸亥,俱犯氐。十二月癸丑,犯壘壁。九年十二月己丑,犯鈎鈐。十一年十一月乙未,犯亢。十三年正月壬戌,犯天陰。十四年四月庚子,犯壘壁。十月乙卯,犯天街。十五年二月戊辰,犯井。十六年七月丁丑,犯諸王。十七年四月癸卯,十八年九月癸未,正德二年七月戊辰,俱犯積尸。十月癸未,犯上將。三年四月乙丑,[20]犯右執法。四年十一月己未,犯進賢。五年三月癸亥,犯亢。六月丁卯,[21]犯房北第二星。七月丙子,犯天關。八月乙未,犯天江。十六年二月庚子,犯鬼。六月壬午,犯右執法。

　　嘉靖元年八月乙未,犯積尸。二年正月庚戌,入太微垣,犯内屏。閏四月丙寅,犯右執法。三年十月癸巳,犯上將。十一月甲子,犯左執法。十二月癸丑,犯進賢。四年二月戊午,犯平道。五年九月癸未,犯上將。十八年十一月辛未,[22]犯上相。十九年九月乙卯,二十一年八月戊戌,俱犯斗。二十三年正月壬寅,犯房北第一星。三月丁巳,入斗。六月乙亥,入箕退行二舍。二十四年十月丁巳,犯氐。二十七年十一月甲申,自畢退行至胃。二十九年十二月甲戌,退守井。三十一年九月辛卯,犯鬼。三十五年九月丁丑,犯上將。三十六年二月壬辰,自角退入軫。四月戊子,自軫退行二舍餘。三十九年十二月甲寅，犯鉤鈐。四十二年十月辛亥，自胃退行抵婁。四十四年十二月壬申，自井退二舍。

隆慶二年六月乙未，犯右執法。三年八月丁未，犯鬼。四年五月己卯，犯右執法。

萬曆二年二月癸亥，犯房。五月己卯，犯氐。五年十月辛丑，又犯。九年二月辛酉，犯井。十二年十二月辛亥，退行張次。十三年正月庚辰，退入軒轅。二月戊申，犯張，又自張歷柳。十五年正月丁酉，退入軫。二月丁卯，退行翼次。四月，犯翼。十七年二月己丑，犯氐。四月丁亥，自氐退入角。七月辛酉，犯房第二星。九月辛亥，犯斗杓。十九年四月乙巳，六月壬子，俱犯箕。七月丁亥，犯斗。二十年十一月戊辰，犯氐。二十一年七月辛巳，九月甲戌，俱犯室。二十二年五月，犯角。二十七年八月甲辰，犯奎。二十八年二月庚寅，犯鬼。三十年正月丁巳，退入太微垣。三十二年二月丁酉，退入角。三十四年四月己巳，㉓犯心。五月戊寅，犯房。癸未，自心退入氐。三十七年十一月丙戌，犯氐。三十八年八月辛卯，退行婁次。四十二年十月，犯柳。四十四年十二月，犯翼。四十五年二月庚子，退行星度。四十七年正月，犯軫。二月丁巳，退入軫。辛未，退入翼。

泰昌元年八月辛亥，犯太微右將。

天啟元年閏二月癸巳，退入氐。三年正月甲午，犯房北第一星。四月，守斗百日。八月甲子，犯狗國。十月甲申，犯壘壁。四年二月，守斗。五年九月乙卯，自壁退入室。

崇禎三年三月己酉，入井，退舍復嬴。居數月，又入鬼，犯積尸。四月己卯，復犯積尸。八月辛亥，犯斗魁。八年九月丁丑，犯太微垣。十一年，自春至夏守尾百餘日。四月己酉，退行尾八度，掩於月。五月丁卯，退尾入心。十五年五月，守心。㉔

【注】

①熒惑：爲本部分火星掩犯恒星的簡稱。在五星中，熒惑、太白記錄約各占百分之三十五，這兩個行星的凌犯記錄之所以特多，一方面是它們運行快，出現凌犯的機會多，另一方面也因熒惑是災星，太白與戰爭和軍事有關，受到歷代帝王的特別關注。當然，辰星即水星移動也快，但大部分時間都隱没在日光之中，所見自然也就少了。

②乙亥犯鬼戊寅犯積尸：積尸又稱積尸氣，在鬼宿四星的包圍之中。根據以上記録，洪武十二年八月乙亥，熒惑犯鬼宿西北星，即鬼宿二，向東行三天，至戊寅又犯積尸氣。

③七月辛巳犯斗八月丁亥犯斗：這兩個月的記録，并非指斗宿同一顆星。但記録含糊不清，不能細究。

④行昴中：在昴宿範圍内運行，但并未相犯。

⑤守心：熒惑守心，是帝王駕崩的徵候，朱元璋也確實於該年去世了。

⑥犯天陰：天陰五星，在昴星西南。

⑦許檀《〈明史·天文志〉干支訂誤》認爲"十二月"當爲"十一月"。

⑧天街上星：指天街北星。天街二星，在畢星西北，呈南北分布。犯天街，邊防有事。

⑨許檀《〈明史·天文志〉干支訂誤》認爲"六月甲戌"當爲"七月

乙亥"。

⑩許檀《〈明史·天文志〉干支訂誤》認爲"乙卯"當爲"乙丑"。

⑪犯平道：平道二星，與角宿二星東西交叉。平道主治道之官，犯之主道路受阻，甘氏曰："熒惑守平星，有獄出疑囚。"言獄有冤案。

⑫犯狗：狗星二星在斗牛間。《荆州占》曰："熒惑守狗國，外夷爲變。"預示以狗爲圖騰的部族有變亂發生。

⑬犯壘壁西第三星、第四星、第六星、第五星：壘壁陣三、四、五、六星，是自西向東沿黃道順次排列的，先犯三，次犯四，次犯六，知此時熒惑順行，又次犯五，知其爲逆行。

⑭許檀《〈明史·天文志〉干支訂誤》認爲"二月"當爲"三月"。

⑮許檀《〈明史·天文志〉干支訂誤》認爲"己巳"當爲"乙巳"。

⑯壬辰犯上將及建：上將在 11h，建星在 19h，火星不可能同一天相犯，故必有一誤。

⑰（成化）十八年五月……八月……十月……俱犯壘壁：火星運行較快，不可能半年之内俱犯壘壁，必有誤。

⑱許檀《〈明史·天文志〉干支訂誤》認爲"四年"當作"三年"。

⑲許檀《〈明史·天文志〉干支訂誤》認爲"六月"當作"八月"。

⑳許檀《〈明史·天文志〉干支訂誤》認爲"乙丑"當爲"己丑"。

㉑許檀《〈明史·天文志〉干支訂誤》認爲"六月"當爲"七月"。

㉒許檀《〈明史·天文志〉干支訂誤》認爲"辛未"當爲"壬子"。

㉓許檀《〈明史·天文志〉干支訂誤》認爲"己巳"當爲"乙巳"。

㉔（崇禎）十五年五月守心：據占辭，熒惑守心，主死喪。崇禎帝於一年以後自殺，明朝亡，也得到了應驗。

填星①

洪武十五年六月丁亥，九月乙未，②俱犯畢。十六年八月己卯，犯天關。十七年閏十月丙辰，犯井。十八年七月己巳，十九年三月甲戌，俱犯天罇。九月甲寅，入鬼。十月甲午，留鬼。二十二年二月癸卯，退行軒轅。

二十三年正月戊子，五月壬子，俱犯靈臺。二十四年十月己未，犯太微東垣上相。二十五年二月辛酉，退犯上相。己卯，退入太微左掖。③二十八年正月癸丑，守氐。四月乙丑，退入氐。二十九年十一月甲子，犯罰。三十年正月丙辰，犯東咸。五月壬子朔，又犯罰。

永樂元年九月丁丑，躔女留代。④十二年七月戊子，犯井。十四年七月辛亥，犯鬼。十七年九月丙子，⑤犯上將。

洪熙元年十一月辛酉，宣德元年三月庚戌，九月壬辰，俱犯鍵閉。

正統元年八月丁亥，退犯壘壁。三年十一月乙酉，犯外屏。八年十一月庚午，十二月壬子，⑥俱犯井。十年三月丁丑，犯天罇。十三年九月丁亥，犯靈臺。

景泰元年閏正月己酉，入太微垣。九月庚戌，二年二月戊子，俱犯上相。庚寅，退入太微左掖。三年十月辛丑，犯亢。四年三月己未，退犯亢。七年七月己丑，犯罰。

天順三年正月辛卯，犯建。四月癸酉，守犯建。七年閏七月戊午朔，退犯壘壁。十月癸丑，又犯。

成化四年七月甲子，犯天囷。七年閏九月戊午，犯斗魁。辛酉，犯天高。⑦十二年十月辛卯，守軒轅大星。十五年四月己丑，犯上將。十七年二月己未，犯進賢。二十一年正月庚戌，犯罰。

弘治六年三月壬申，八年十二月戊午，十年九月乙丑，俱犯壘壁。⑧十四年十一月辛卯，犯諸王。十五年六月壬子，十二月辛丑，十六年正月己卯，俱犯井。七月辛卯，犯天罇。十七年七月辛亥，犯積尸。九月甲午，犯鬼。

正德二年八月癸巳，犯靈臺。十月甲戌，犯上將。三年五月甲子，犯靈臺。五年二月戊申，六月壬辰，俱犯上相。七年四月甲申，犯亢。十五年二月丁卯，犯羅堰。十六年七月乙卯，退犯代。

嘉靖元年八月庚辰，退犯壘壁。二十二年五月甲子，退守氏三十七日。

隆慶三年三月庚午，退犯上相。

萬曆三十五年正月至六月，退留斗。四十八年八月癸丑，犯井。

天啓元年正月丙戌，退入井。二年八月壬辰，犯守鬼。五年十月丙戌，犯上將。

【注】

①填星：是本部分填星掩犯恒星的簡稱。填星歲鎮一宿，即在恒星間一年纔移動一個星宿，故記録相對也就少了。填星古稱福星，即所在星宿對應的國家或地區有福。但是，若與他星或恒星發生掩犯時將同樣有災咎發生。

②許檀《〈明史·天文志〉干支訂誤》認爲"乙未"當爲"己未"。

③太微左掖：指左掖門，是想象中帝廷左執法星與左上相星之間的大門。星占家認爲，月五星進出太微垣，不是凌犯恒星，便是進出天廷大門。

④躔女留代：永樂元年九月丁丑這一天，填星行經女宿的代星，并停留於此。

⑤许檀《〈明史·天文志〉干支訂誤》認爲"丙子"當爲"丙午"。

⑥許檀《〈明史·天文志〉干支訂誤》認爲"壬子"當作"壬午"。

⑦天高：天高星在畢宿東，填星不可能於同一月既犯斗又犯天高，必有一誤。

⑧自弘治六年三月至十年九月共四年多，壘壁星跨危、室兩宿，不可能四年多填星僅經兩宿，恐記載有誤。

太白①

洪武元年七月己巳朔，犯井。三年十一月甲寅，犯壘壁。九年六月丁亥，犯畢。庚戌，犯井。八月，犯上將。九月己未，犯右執法。十年十月壬子，犯進賢。十一年九月丁丑，犯氐。十二月辛丑，犯壘壁。十二年三月壬子，②犯昴。六月丁亥，犯井。七月乙巳，犯鬼。十三年八月丙戌，犯心。十六年十一月乙卯，犯壘壁。十七年七月癸卯，犯天罇。十二月丙申，犯壘壁。十八年十月壬子，犯亢。十九年正月庚午，犯牛。二月己丑，犯壘壁。七月己卯，二十年八月己巳，俱入太微垣。二十一年六月壬戌，犯左執法。二十二年正月己卯，犯建。五月癸巳，犯諸王。十一月辛未，入斗。十二月丁巳，犯壘壁。二十三年四月壬戌，犯五諸侯。六月丁丑，留井。十月庚午，入亢。二十四年七月庚戌，③入太微垣右掖。辛卯，犯右執法。十月丙辰，入斗。二十五年閏十一月乙酉，④入壘壁。二十六年二月癸卯，犯天街。三月丙子朔，⑤犯諸王。二十八年六月癸酉，犯畢。七月丙午，犯井。己酉，出井，犯東第三星。⑥閏九月壬申，入角。十月戊申，犯東咸。二十九年七月戊辰，入角。八月癸丑，犯心中星。三十年正月壬戌，犯建。十二月戊戌，入壘壁。三十一年正月乙亥，犯外屏。五月丁未朔，犯五諸侯。

建文四年六月庚子，⑦入太微右掖。八月甲子，入角。九月癸未，入氐。丙申，入房。十月癸亥，入斗杓。

永樂元年六月丙辰，犯畢。七月甲申，入井。八月己酉，犯鬼。九月丙子朔，犯軒轅左角。十月辛未，入氐。十一月丙戌，犯鍵閉。二年五月辛丑朔，犯鬼。七月己酉，入角。八月丁亥，入房南第二星。十一月丁巳，犯東咸。三年三月丙申朔，犯壘壁東第五星。十二月己巳，犯西第三星。四年二月癸未，犯天陰。五月庚寅朔，犯五諸侯。七月庚戌，犯井。八月丙申，犯御女。九月戊寅，犯進賢。十月乙卯，犯房北第一星。五年七月癸丑，犯右執法。八月己亥，犯氐。九月癸丑，犯東咸。十月癸未，犯斗魁。十一月辛未朔，⑧犯秦。六年六月甲申，犯諸王。丙申，與歲星同犯井。七月戊申，犯天罇。七年二月丙戌，犯外屏。十一月丁亥，犯罰。八年九月壬辰，犯天江。十二年五月癸酉朔，犯五諸侯。閏九月己酉，犯左執法。十三年八月庚寅，犯房北第二星。十月乙丑朔，犯斗魁。十四年六月丁卯，犯諸王。十六年十一月甲子，犯壘壁。十七年七月戊午，犯天罇。八月癸巳，犯軒轅大星。十八年八月乙丑，犯心後星。十九年十月癸卯，犯天江。十二月丁酉，犯壘壁。

洪熙元年三月乙酉，犯昴。四月丙辰，犯井。十月辛未，犯平道。辛巳，犯亢。

宣德元年十月戊辰，犯斗杓。十一月己巳，⑨犯壘壁。丙辰，又犯。二年正月丙申，犯外屏。七月癸巳，犯東井。八月丙辰朔，犯鬼，丁巳，又犯。乙亥，犯軒轅大星。九月丁巳，⑩犯右執法。三年十一月甲子，犯罰。五年二月丁酉，犯昴。九月丁未，犯軒轅左角。十一月壬戌，犯鍵閉。六年九月丙戌，犯斗。七年七月乙酉，犯軒轅。八年十月癸亥，犯亢。十一月辛卯，犯罰。九年十一月壬辰，犯壘壁。十年正月甲戌，犯外屏。六月庚申，犯天關。八月丙辰，犯軒轅。九月壬申，犯上將。

正統三年九月己丑，十一年九月辛未，俱犯軒轅左角。己丑，犯右執法。十月乙未朔，犯左執法。丙午，犯進賢。十二年六月乙亥，犯上將。七月癸丑，犯亢。十四年正月丁亥，犯壘壁。四月庚申，犯井。五月丁亥，犯鬼。七月癸卯，犯亢。九月庚辰，犯天江。十一月丁亥，犯亢。

景泰元年正月丁亥，犯亢。閏正月庚申，入壘壁。八月甲申，犯亢。九月乙巳，犯鉤鈐。壬戌，犯天江。十一月辛酉，犯壘壁。二年六月戊辰朔，犯畢。八月壬寅，⑪入太微右掖。三年四月丁卯，犯諸王。戊子，犯井。五月壬子，犯鬼。六月乙酉，犯靈臺。戊子，犯上將。庚寅，入太微右掖。七月壬寅，犯左執法。五年九月癸丑，掩犯軒轅左角。甲戌，犯左執法。六年六月辛巳，犯井。己丑，與熒惑同入太微右掖。八月戊午，犯房北第二星。九月甲午，犯斗魁。七年七月辛未，犯鬼。

天順元年十二月甲午，犯鍵閉。丁酉，犯罰。二年正月丁卯，犯建。七月丙申，行太微垣中。九月甲寅，犯斗杓。三年五月庚戌，犯畢。十月甲寅，犯亢。四年七月丁丑，犯右執法。甲申，犯左執法。六年九月乙未，犯軒轅左角。己未，犯左執法。十月己巳，犯進賢。七年九月丁丑，犯斗魁。乙酉，犯狗。八年二月丙午，與歲星同犯壘壁。

成化元年十二月丙午，⑫犯鍵閉。二年正月乙卯，犯斗。三年二月丁未，犯婁。三月戊子，犯外屏。五月壬辰，犯畢。六月壬戌，犯井。七月甲申，入鬼，犯積尸。八月癸卯，入軒轅。四年六月戊申，犯靈臺。五年二月癸巳，犯牛。六年九月丙子朔，犯軒轅左角。甲午、庚子，俱犯左執法。七年九月壬午，犯房北第二星。閏九月戊午，犯斗魁。十二月乙未，犯牛及羅堰。⑬八年二月甲申，犯壘壁。六月庚午，入井。十二月丙戌，犯壘壁。九年四月己卯，犯五諸侯。十月甲子，犯左執法。十一年三月甲戌，犯外屏。七月庚戌，犯天罇。八月丁酉，犯靈臺。庚子，犯上將。九月癸丑，犯左執法。十二年三月庚午，犯月星。四月甲午，犯井。十三年十二月甲午朔，犯壘壁。十五年九月庚辰，犯天江。十月庚子，犯斗魁。辛亥，犯狗。十七年二月丁卯，犯天陰。五月丁酉，犯軒轅。十九年八月丙寅，又犯。九月甲午，犯左執法。十月庚辰，犯房。二十年六月壬午，犯左執法。十二月庚辰，犯壘壁。二十二年六月庚子，犯井。八月甲午，犯軒轅。十一月乙亥，犯進賢。十二月庚戌，犯房。⑭二十三年八月甲申，犯亢。

　　弘治元年二月癸丑，犯壘壁。六月庚戌，犯鬼。七月丙子，犯軒轅大星。癸未，犯左角。戊子，犯靈臺。二年正月庚辰，犯外屏。二月丁未，犯壘壁。十月己丑，犯左執法。三年正月壬申，犯羅堰。十一月戊戌，犯壘壁。四年六月癸丑，犯天關。六年二月庚子，犯羅堰。甲子，犯壘壁西第六星。三月甲申，犯東第四星。七年二月辛未，犯昴。七月壬子，犯鬼。八月辛巳，犯軒轅左角。九月丁亥，犯靈臺。壬寅，犯亢。十一月壬辰，犯房。乙未，犯罰。丙午，犯天江。九年二月戊午，犯羅堰。七月己未，犯軒轅大星。十年十月辛未，犯左執法。十二月戊辰朔，犯東咸。十一年十月辛未，犯天江。十二年七月辛未，犯鬼。九月戊午朔，犯左執法。十三年十一月乙未，⑮犯罰。十四年正月辛酉，犯建。二月壬午，犯羅堰。十一月己亥，犯壘壁。十五年二月甲寅，犯昴。五月己丑，犯天高。十一月癸酉，犯牛。十六年三月辛卯，犯諸王。九月甲申，犯天江。十月丁未，犯斗魁。丁丑，⑯犯狗。十一月辛巳，犯羅堰。十七年五月己亥，犯諸王。七月丙辰，犯上將。十八年九月丙午，犯右執法。

　　正德元年春，守軒轅。十二月癸丑，犯壘壁。二年三月壬申，犯外屏。五月己巳，犯天高。九月辛丑朔，犯進賢。三年十月丙戌，犯亢。四年正月己酉，犯建。

五年八月己亥，犯軒轅大星。十月丙申，犯亢。六年七月辛酉，犯左執法。十月丁亥，犯斗。十一月癸亥，犯羅堰。七年閏五月丁酉，犯鈇。六月甲子，犯積尸。八年正月丙戌，犯外屏。七月丁亥，犯酒旗。[17]八月戊申，犯軒轅右角。十年八月丁卯，犯上將。丁丑，犯左執法。十三年七月戊戌，犯井。己未，犯鬼。十四年十月戊辰，犯斗。癸未，犯狗。十六年四月癸卯，犯鬼。八月己丑，犯軒轅右角。九月乙亥，犯左執法。十月戊子，犯進賢。十一月丁卯，犯鍵閉。十二月庚子，犯建。

嘉靖元年正月丙辰，犯牛。十月戊子，犯斗杓。二年六月癸丑，犯井。七月丙子，犯鬼。八月辛酉，犯左執法。四年正月丁卯，犯建。五年六月庚辰，犯井。六年六月丁卯，犯靈臺。八年二月庚寅，犯天街。

隆慶元年十月甲申，入斗。

萬曆二十四年四月戊午，犯井。三十四年二月甲子，犯昴。四十六年四月乙卯，犯御女。

泰昌元年八月丙午朔，犯太微垣勾巳。[18]

天啟三年九月，犯心中星。五年九月壬申，犯左執法。甲申，[19]犯御女。

【注】

①太白：爲本部分太白掩犯恒星的簡稱。

②許檀《〈明史·天文志〉干支訂誤》認爲"壬子"當爲"壬午"。

③許檀《〈明史·天文志〉干支訂誤》認爲"庚戌"當爲"庚寅"。

④許檀《〈明史·天文志〉干支訂誤》認爲"閏十一月"當爲"閏十

二月"。

⑤許檀《〈明史·天文志〉干支訂誤》認爲"丙子"當爲"丙午"。

⑥七月丙午……犯東第三星：先犯之井爲西壁。犯井爲籠統的説法，也許就是指下面的東第三星。爲什麽先言出井又言犯東第三星呢？這是由於井東西二壁各四星，皆自東南向西北走向，東第三星爲井宿六，太白先出井，纔南犯之。

⑦許檀《〈明史·天文志〉干支訂誤》認爲"六月"當爲"七月"。

⑧許檀《〈明史·天文志〉干支訂誤》認爲"辛未"當爲"辛亥"。

⑨許檀《〈明史·天文志〉干支訂誤》認爲"己巳"當爲"乙巳"。

⑩許檀《〈明史·天文志〉干支訂誤》認爲"丁巳"當爲"丁酉"。

⑪許檀《〈明史·天文志〉干支訂誤》認爲"八月"當爲"九月"。

⑫許檀《〈明史·天文志〉干支訂誤》認爲"丙午"當爲"丙子"。

⑬太白行動迅速，牛宿六西距羅堰三不遠，均在黄道附近，故同一晚能犯此二星。

⑭許檀《〈明史·天文志〉干支訂誤》認爲"十一月乙亥"當爲"十月乙亥"，"十二月庚辰"當爲"十一月庚辰"。

⑮許檀《〈明史·天文志〉干支訂誤》認爲"乙未"當爲"己未"。

⑯許檀《〈明史·天文志〉干支訂誤》認爲"丁丑"當爲"丁巳"。

⑰酒旗：酒旗三星，在柳北，近黄道。

⑱太微垣勾巳：勾巳爲蛇形。然中國星名中無勾巳星，疑此處有誤。勾巳可能是指太微垣牆下方的彎勾之處。

⑲許檀考證後認爲該月戊申爲九月初三，壬申爲九月二十七，故此句順序也有問題。

辰星①

洪武十一年十二月庚戌，犯斗。十五年四月丁亥，犯東井。十八年八月丁酉，入太微垣。二十一年十月壬子，入氐。二十二年十月癸卯，犯氐。二十五年八月庚午，犯上將。二十七年七月辛丑，犯鬼。十一月庚子，

犯鍵閉。二十八年正月丁酉，犯壘壁。五月甲辰，犯天
罇。三十年十二月甲辰，犯建。

建文四年六月庚午，犯積薪。

永樂二年四月丁酉，犯畢。癸卯，②犯諸王。五月丁
卯，犯軒轅大星。十月己丑，犯斗杓。三年六月己卯，
犯軒轅大星。六年正月庚戌朔，犯壘壁。二月癸巳，又
犯。十六年六月戊子，犯軒轅大星。

宣德元年五月丁未，犯鬼。二年十一月丙戌，犯
氐。五年閏十二月丁酉，犯建。戊戌，又犯。七年五月
辛巳，犯積尸。

正統十三年十月丙辰，犯亢。

景泰四年五月己未，犯積薪。

成化十二年三月壬戌，犯昴。

弘治五年十一月庚辰，犯罰。十二年六月壬子，犯
鬼。十月壬子，犯房北第一星。十七年七月丙辰，犯靈
臺。十八年五月庚子，犯鬼。十一月戊子，犯鍵閉。

正德七年六月丙寅，犯鬼。

嘉靖元年正月戊午，犯羅堰。二年八月壬寅，犯
上將。

天啓七年三月辛未，退犯房。③

　　按兩星經緯同度曰掩，光相接曰犯，亦曰凌。
緯星出入黃道之內外，凡恒星之近黃道者，皆其必
由之道，凌犯皆由於此。而行遲則凌犯少，行速則
多，數可預定，④非如彗孛飛流之無常。然則天象之
示炯戒者，應在彼而不在此。歷代史志凌犯多繫以

事應，非附會即偶中爾。⑤兹取緯星之掩犯恒星者次列之。比事以觀，其有驗者，十無一二，後之人可以觀矣。⑥至於月道與緯星相似，而行甚速，其出入黃道也，二十七日而周，計其掩犯恒星，殆無虛日，⑦豈皆有休咎可占。今見於《實錄》者不及百分之一，然已不可勝書，故不書。

【注】

①辰星：爲本部分水星掩犯恒星的簡稱。由於水星是距太陽最近的内行星，經常隱伏於日光下不見，故記録較少。古代星占家常將水星與司法刑獄相聯繫。

②許檀《〈明史·天文志〉干支訂誤》認爲此下"五月丁卯"的"五月"應移到"癸卯"之前。

③五星軌道與黄道的傾角，經精密測量，木星最小，僅一點三度，其餘順次爲火星一點八度，土星二點五度，金星三點四度，水星七度，月亮黄白傾角五度九分。傾角都不大，故月五星凌犯的恒星，越不出黄緯正負八度的範圍。因此，被月五星凌犯的恒星，也就是數十顆，人們關心之後便容易熟悉，故此處對被犯恒星不再作注釋。

④數可預定：自此以下爲本志作者的案語和論述。他指出，五星出入黄道，凌犯由此及彼產生，由於各星行度可推，其凌犯數也可事先推定，故没有什麽神秘之處。

⑤凌犯多繫以事應：天象凌犯多與歷史事件相聯繫，都是附會或者偶然命中的話，這是在西方自然科學影響下《天文志》作者首先有這樣的認識和評論。

⑥十無一二：與歷史事件相對照，應驗者十個中祇有一二個應驗。可見星占學説是不可信的。

⑦其掩犯恒星殆無虛日：事實上，月掩犯恒星之事，没有一天不發生。

《明史》卷二十七

志第三

天文三

星晝見　客星　彗孛　天變　日變月變　暈適　星變　流隕　雲氣①

星晝見②

恒星　洪武十九年七月癸亥，二十年五月丁丑，七月壬寅，二十一年十二月丁卯，俱三辰晝見。③弘治十八年九月甲午申刻，④河鼓、北斗見。庚子，星晝見。正德元年二月癸酉，星斗晝見。天啓二年五月壬寅，有星隨日晝見。崇禎十六年十二月辛酉朔，星晝見。

歲星　景泰二年九月甲辰，晝見。三年六月壬戌，四年五月丁丑，六月甲辰，五年七月庚戌、壬子、癸亥，六年七月丁酉，天順元年五月丙子，五年七月乙卯，六年八月庚午，七年三月乙巳，成化十四年六月庚子，八月丁酉，十六年七月丙申，十八年九月癸亥，二十年八月壬申，弘治元年六月甲寅，二年五月癸亥，六月甲午，五年十月己酉，六年九月癸卯，七年十一月癸卯，九年二月辛亥至甲寅，四月壬午，十年正月甲寅至丙辰，十一年八月甲申，十三年四月庚子至乙巳，十四年六月壬辰至乙未，并如之。十五年六月，連日晝見。十六年七月辛卯，十七年七月壬子，十八年五月乙未，八月辛巳至九月癸未，正德元年十一月乙酉，二年十一月辛酉至丁卯，六年三月壬寅至四月壬申，⑤九年八月乙巳至甲寅，十二年十月甲子至乙巳，⑥并如之。嘉靖二年三月辛未，二十九年八月戊寅，晝見守井。⑦崇禎十一年四月壬子，晝見。⑧

　　熒惑　景泰三年八月甲子，晝見於未位。⑨

　　太白　洪武四年二月戊戌，晝見。四月戊申，六月壬午朔，五年六月甲申至丁亥，十二月甲申，八年八月丁巳，九年二月丁巳至己酉，三月壬申，十二年閏五月戊戌，十三年七月甲午，十五年四月丁亥，七月戊申、辛酉，九月丁未朔，十六年十月壬辰至乙未，十八年四月己亥至辛丑，六月丙申至辛丑、辛亥，并如之。九月戊寅，經天與熒惑同度。⑩乙酉，晝見。丁亥，又見，犯熒惑。十月癸巳至丙申，晝見。戊戌至辛丑，十九年十月甲申朔至庚寅，并如之。二十年六月戊戌，經天。七月壬寅至甲辰，晝見。二十一年四月己巳，七月丙申，二十三年三月丁亥，二十四年八月辛巳，二十五年二月辛酉，二十六年四月甲辰，并如之。八月庚子，與太陰同晝見。建文四年七月庚子，經天。永樂元年五月癸未、癸卯，俱與太陰同晝見。六月壬申，與太陰晝見。四年七月壬寅，晝見。五年八月丙申，六年二月甲辰，八年十月庚戌，十二年九月癸未，十五年七月己酉，八月庚戌，⑪洪熙元年六月戊戌，七月乙巳，⑫八月癸巳，宣德六年十月乙巳，八年九月戊戌至甲寅，⑬九年十二月甲子，十年七月丁亥，正統四年七月壬子，十月丙申，六年五月庚戌，并如之。十一年七月甲申，經天。十三年二月辛酉，晝見。十四年正月辛亥，八月丙子，景泰元年十月乙酉，二年五月庚子、辛亥，并如之。壬子，經天。三年五月丁巳，晝見。十一月壬戌，五年正月甲戌，二月丙戌，六月癸卯，七年正月戊戌，天順元年四月甲午，八月壬子，二年十月己未，三年四月癸亥、癸酉，四年十一月庚寅，十二月丙戌，五年正月丁未，十二月癸巳，六年六月己丑，八月庚午，七年閏七月辛酉、癸未，八年正月庚申，成化元年二月癸未，三年四月癸丑，四年六月丙申，六年六月丙戌，⑭七年八月癸卯，并如之。八年正月乙卯，經天，與日爭明。⑮十一年五月己未，晝見。十二年十月丙戌，十三年十二月甲午，并如之。十四年六月庚子，與歲星俱晝見。八月甲午，晝見。十五年十二月丙子，十七年三月癸未，八月癸亥，十八年九月庚戌，十九年四月癸亥朔，并如之。二十年八月壬申，與歲星俱晝見。二十一年十一月丙辰，晝見。二十二年六月己丑，二十三年九月丙午，弘治元年五月庚午，二年正月壬戌，三月庚申，五月丙戌，八月癸巳、庚子，四年四月辛未，五年五月乙亥，十月辛酉，六年十二月乙丑，七年五月庚戌，八年七月戊子，九年二月己酉朔，十年正月甲子至丁卯，并如之。六月丙子未刻，經天。⑯八月癸未及十一年十月辛巳，晝見。十二年三月戊辰至壬申，八月庚寅，并如之。十三年四月庚子至乙巳，與歲星同晝見。十月丁未、己酉，十四年十二月庚戌，十五年五月庚寅至癸巳，十六年七月壬辰，十七年二月戊戌及六月癸亥，十八年二月壬戌，并晝見。五月辛亥，經天。八月癸亥至戊辰，晝見。正德元年十月己未，如之。二年正月庚辰，經天。三月戊辰，晝見。三年五月乙巳至丁未，十月己卯、庚辰，四年十月戊戌至乙巳，五年五月丙子，六年七月壬申至八月癸未，八年正月丙戌至己丑，四月壬戌、癸亥，八月庚戌至乙卯，九年十一月甲申至十二月壬辰，十一年六月甲寅至己未，十四年八月丙寅至庚辰，十五年正月己未至二月辛酉，十六年八月丁亥，嘉靖元年九月辛未，并如之。二年三月辛未，與歲星俱晝見。三年四月庚戌，晝見。五年五月庚子，十一年四月癸巳，十月辛巳、戊子，十一月甲寅，十三年閏二月庚申，并如之。五月癸巳，與月同晝見。十七年九月辛卯，晝見。十八年四月癸亥，十一月壬寅，二十年十一月乙巳至丁未，二十二年七月丙午，二十三年二月辛巳，二十四年閏正月戊寅，二十五年十月辛卯，二十六年四月丙申，二十七年四月丁巳，十一月丙戌至乙未，二十八年十一月乙酉至己丑，二十九年六月戊申、甲寅，三十年六月丙子至辛巳，三十一年正月丙戌至丙申，三十二年二月辛未至甲戌，七月戊辰至辛未，三十五年五月壬午，十月癸卯至丙午，三十六年十二月庚辰

朔，三十八年七月癸酉，三十九年正月庚寅至壬辰，并
如之。四十年三月丙子，晝見，歷二十四日。八月辛
未，晝見。四十一年九月乙未，四十二年四月己巳至壬
申，四十三年五月甲寅，并如之。十月戊子，晝見，歷
二十二日。四十五年正月己亥，晝見。隆慶元年七月辛
酉，二年正月甲寅，并如之。三年三月甲子，晝見，歷
二十二日。四年十一月乙丑至丁卯，晝見。萬曆十一年
七月辛丑，十二年七月癸巳，十六年九月丁丑，二十一
年八月甲午，二十四年十月丙寅，并如之。二十七年九
月辛卯，[17]經天。三十七年三月辛丑，晝見。三十八年十
月辛巳，四十年五月壬寅，天啓二年二月丙戌，三年三
月丁巳，十二月乙丑，[18]五年四月癸未，并如之。七月癸
酉，經天。崇禎元年七月壬戌，晝見。三年四月己卯，
十二月丙辰，并如之。[19]

【注】

①以上是《明史·天文三》中各小標題的目録。

②星晝見：白晝見到的星，包括恒星和五星。

③俱三辰晝見：日月星稱爲三辰。白天見到三辰，這是籠統的説法。

④申刻：下午三時至五時。

⑤許檀《〈明史·天文志〉干支訂誤》認爲"三月壬寅至四月壬申"
當改作"四月壬寅至己酉"。

⑥許檀《〈明史·天文志〉干支訂誤》認爲"乙巳"當爲"己巳"。

⑦晝見守井：白天見到它守候在井宿附近。井宿中最亮的星僅爲二等
星，没有特殊情况是見不到的，多半爲推測出的位置。

⑧根據明代天象記録，木星晝見的次數還不少，是行星中第二多者。
五星中金星最亮，自然見到的次數最多。木星是第二亮，經常可達負二點

四等，故晝見的次數也就多了。

⑨歷史上，晝見熒惑的記録可能僅此一條，由於在通常情況下熒惑都不及木星亮，故記録少是必然的。但是對火星而言，當其大冲時的少數幾天，其亮度將超過木星，最亮時可達負二點九等。明代的天文學家終於抓住了這個機會，記下了這一刻。

⑩經天與熒惑同度：這是同時出現兩种异常天象。首先是太白經天，太白經天必然祇能在白天。其次是與火星同度，同度就是同黄經，并未記載同黄緯或相掩。

⑪許檀考證認爲"七月己酉"没有相關記載，"八月庚戌"有記載。

⑫許檀考證認爲"六月戊戌""七月乙巳"均誤。

⑬許檀《〈明史·天文志〉干支訂誤》認爲"甲寅"當爲"十月甲寅"。

⑭許檀《〈明史·天文志〉干支訂誤》認爲"六月"當爲"七月"。

⑮經天與日争明：與日争明，是星占術語，義爲臣與君争權，有强臣出現。

⑯未刻經天：未刻爲下午一時至三時，這時爲日光最强烈之時，竟然也能見到太白經天。這是真正的經天與日同行了。

⑰許檀《〈明史·天文志〉干支訂誤》認爲"辛卯"當爲"辛亥"。

⑱許檀《〈明史·天文志〉干支訂誤》認爲"乙丑"當爲"己丑"。

⑲金星是五星中最亮的行星，也是衆天體中除了日月最亮的天體，可達負四點四等，故其晝見次數最多。這是很正常的。太白晝見，并非偶然一次，而是多次連續晝見可達二十餘天以上，所以幾乎可不將其稱爲异常天象了。

五星中金、木、火三星均有晝見記録，土星、水星没有記録，這也是符合實際的。水星的視亮度雖然有時可達負一點九等，但由於距太陽近，傍晚時能看見都困難，白晝就更不可能了。至於土星，其最亮時僅負零點四等，與普通一等星亮度差不多，故白晝難能見到。

客星①

《史記·天官書》有客星之名，而不詳其形狀。叙國皇、昭明諸异星甚悉，而無瑞星、妖星之名。然則客星者，言其非常有之星，殆諸异星之總名，而非有專屬也。②李淳風志晋、隋天文，始分景星、含譽之屬爲瑞星，彗、孛、國皇之類爲妖星，又以周伯老子等爲客星，自謂本之漢末劉叡《荆州占》。夫含譽，所謂瑞星也，而光芒則似彗；國皇，所謂妖星也，而形色又類南極老人。瑞與妖果有定哉？且周伯一星也，既屬之瑞星，而云其國大昌。又屬之客星，而云其國兵起有喪。其説如此，果可爲法乎？③馬遷不復區别，④良有以也。⑤今按《實録》，彗、孛變見特甚，皆别書。⑥老人星則江以南常見，而燕京必無見理，故不書。餘悉屬客星而編次之。⑦

洪武三年七月，太史奏文星見。⑧九年六月戊子，有星大如彈丸，白色。止天倉，經外屏、卷舌，入紫微垣，掃文昌，指内厨，入於張。七月乙亥滅。十一年九月甲戌，有星見於五車東北，發芒丈餘。掃内階，⑨入紫微宮，掃北極五星，犯東垣少宰，⑩入天市垣，犯天市。至十月己未，陰雲不見。十八年九月戊寅，有星見太微垣，犯右執法，出端門。乙酉，入翼，彗長丈餘。至十月庚寅，犯軍門，彗掃天廟。⑪二十一年二月丙寅，有星出東壁，占曰"文士効用"。帝大喜，以爲將策進士兆也。⑫

永樂二年十月庚辰，輦道東南有星如盞，黄色，光潤而不行。二十二年九月戊戌，有星見斗宿，大如盌，色黄白，光燭地，有聲，如撒沙石。⑬

宣德五年八月庚寅，有星見南河旁，如彈丸大，色青黑，凡二十六日滅。十月丙申，蓬星見外屏南，東南行，經天倉、天庾，八日而滅。[14]十二月丁亥，有星如彈丸，見九斿旁，[15]黃白光潤，旬有五日而隱。六年三月壬午，又見。八年閏八月戊午，景星三，[16]見西北方天門，[17]青赤黃各一，大如盌，明朗清潤，良久聚半月形。丁丑，有黃赤色見東南方，如星非星，如雲非雲，蓋歸邪星也。[18]

景泰三年十一月癸未，有星見鬼宿積尸氣旁，徐徐西行。

天順二年十一月癸卯，有星見於星宿，色白，西行，至丙午，其體微，狀如粉絮，在軒轅旁。庚戌，生芒五寸，犯爟位西北星，[19]至十二月壬戌，沒於東井。五年六月壬辰，天市垣宗正旁，有星粉白，至乙未，化爲白氣而消。六年六月丙寅，有星見策星旁，色蒼白，入紫微垣，犯天牢。至癸未，居中台下，形漸微。

弘治三年十二月丁巳，有星見天市垣，東南行。戊辰，見天倉下，漸向壁。七年十二月丙寅，有星見天江旁，徐行近斗，至八年正月庚戌，入危。十二年七月戊辰，有星見天市垣宗星旁，入紫微垣東藩，經少宰、尚書，抵太子後宮，出西藩少輔旁，至八月己丑滅。十五年十月戊辰，有星見天廟旁，自張抵翼，復退至張，戊寅滅。[20]

正德十六年正月甲寅朔，東南有星如火，變白，長可六七尺，橫亙東西，復變勾屈狀，良久乃散。

嘉靖八年正月立春日，長星亘天。七月又如之。十一年二月壬午，有星見東南，色蒼白，有芒，積十九日滅。十三年五月丁卯朔，有星見螣蛇，歷天厩入閣道，二十四日滅。十五年三月戊午，有星見天棓旁，東行歷天厨，西入天漢，至四月壬辰没。二十四年十一月壬午，有星出天棓，入箕，轉東北行，逾月没。

萬曆六年正月戊辰，有大星如日，出自西方，衆星皆西環。十二年六月己酉，有星出房。三十二年九月乙丑，尾分有星如彈丸，色赤黄，見西南方，至十月而隱。十二月辛酉，轉出東南方，仍尾分。明年二月漸暗，八月丁卯始滅。三十七年，有大星見西南，芒刺四射。四十六年九月乙卯，東南有白氣一道，濶尺餘，長二丈餘，東至軫，西入翼，十九日而滅。十一月丙寅，[21]旦有花白星見東方。

天啓元年四月癸酉，赤星見於東方。

崇禎九年冬，天狗見豫分。[22]

【注】

①客星：凡星空的天體，太陽月亮稱大明，五星稱爲行星。日月五星都有行迹可度。其餘稱爲恒星，又名經星，即有固定方位經常可見之星。此外，還有偶然到星空來“作客”的，其行迹無規律可循的星，總稱之爲客星。

②非有專屬也：以下這段，作者專論异星的形狀和定義。客星之名，最早見之《天官書》，但形狀不詳，由此作者認爲，所謂客星，是諸異常天象的總名，并不專屬於哪一類。

③李淳風的晋隋二《志》，將异星分爲客星、瑞星、妖星三類，但本

志作者認爲, 瑞星、妖星的定義是不倫不類的, 也是似是而非的。

④馬遷: 指《天官書》的作者司馬遷。司馬是其姓, 遷是其名, 馬遷爲史籍中習稱。

⑤良有以也: 意爲有其原因、也就罷了。

⑥皆別書: 言今以《實録》爲依據, 凡彗、孛都作特別處理, 載爲一類。

⑦餘悉屬客星: 所有异星中, 除了彗孛, 均屬客星。

⑧文星: 客星的一種, 形狀不明。

⑨内堦: 指内階六星, 在文昌北。

⑩少宰: 紫微左垣, 近天棓星。

⑪軍門二星在軫南, 天廟十四星在張南。此兩星相近, 故同時相犯。

⑫星出東壁……帝大喜:《石氏贊》曰東壁主文章。故占曰"文士効用", 致帝大喜, 有策進士兆。

⑬如撒沙石: 此爲隕石, 墜地如散落沙石, 大者如碗大。

⑭蓬星爲彗星的一種, 有髪無尾。天倉、天庾、外屏均爲胃宿之南的星。

⑮九斿: 九斿九星, 在畢東南。

⑯景星: 德星。

⑰天門: 天門二星, 在角宿一南方。

⑱歸邪: 巫咸曰: "如星非星, 如雲非雲, 名曰歸邪。"

⑲爟: 爟四星, 在鬼宿北。

⑳許檀《〈明史·天文志〉干支訂誤》認爲"戊寅"當爲"十一月戊寅"。

㉑許檀《〈明史·天文志〉干支訂誤》認爲"十一月"當作"十月"。

㉒天狗見豫分: 此天狗非天狗星, 而是指形狀類狗的隕石, 見豫分指見河南分野。

彗孛

彗之光芒傅日而生, 故夕見者必東指, 晨見者必西指。①孛亦彗類，其芒氣四出，②天文家言其災更甚於彗。

洪武元年正月庚寅，彗星見於昴、畢。三月辛卯，彗星出昴北大陵、天船間，長八尺餘，指文昌，近五車，四月己酉，没於五車北。六年四月，彗星三入紫微垣。二十四年四月丙子，彗星二，一入紫微垣閶闔門，犯天床；一犯六甲，掃五帝内座。③

永樂五年十一月丙寅，彗星見。

宣德六年四月戊戌，有星孛於東井，長五尺餘。七年正月壬戌，彗星出東方，長丈餘，尾掃天津，東南行，十月始滅。是月戊子，又出西方，十有七日而滅。八年閏八月壬子，彗星出天倉旁，長丈許。己巳，入貫索，掃七公。己卯，復入天市垣，掃晋星，二十有四日而滅。

正統四年閏二月己丑，彗星見張宿旁，大如彈。丁酉，長五丈餘，西行，掃酒旗，迤北，犯鬼宿。六月戊寅，彗星見畢宿旁，長丈餘，指西南，計五十有五日乃滅。九年七月庚午，彗星見太微東垣，長丈許，累日漸長，至閏七月己卯，入角没。十四年十二月壬子，彗星見天市垣市樓旁，歷尾度，④長二尺餘，至乙亥没。

景泰元年正月壬午，彗星出天市垣外，掃天紀星。三年三月甲午朔，有星孛於畢。七年四月壬戌，彗星東北見於胃，長二尺，指西南。五月癸酉，漸長丈餘。戊子，西北見於柳，長九尺餘，掃犯軒轅星。甲午，見於張，長七尺餘，掃太微北，西南行。六月壬寅，入太微垣，長尺餘。十二月甲寅，彗星復見於畢，長五寸，東南行，漸長，至癸亥而没。

天順元年五月丙戌，⑤彗星見於危，若動搖者，東行一度，芒長五寸，指西南。六月癸巳朔，見室，長丈餘，由尾至東壁，犯天大將軍、卷舌第三星，井宿水位南第二星。十月己亥，彗星見於角，長五寸餘，指北，犯角北星及平道東星。五年六月戊戌，彗見東方，指西南，入井度。七月丙寅始滅。

成化元年二月，彗星見。三月，又見西北，長三丈餘，三閱月而没。四年九月己未，有星見星五度，⑥東北行，越五日，芒長三丈餘，尾指西南，變爲彗星。⑦其後晨見東方，昏見室，⑧南犯三公、北斗、瑤光、七公，轉入天市垣。出垣漸小，犯天屏西第一星。⑨十一月庚辰，始滅。七年十二月甲戌，彗星見天田，⑩西指，尋北行，犯右攝提，掃太微垣上將及幸臣、太子、從官，尾指正西，橫掃太微垣郎位。己卯，光芒長大，東西竟天。⑪北行二十八度餘，犯天槍，掃北斗、三公、太陽，⑫入紫微垣內，正晝猶見。⑬自帝星、北斗、魁、庶子、後宮、勾陳、天樞、三師、天牢、中台、天皇大帝、上衞、閣道、文昌、上台，無所不犯。乙酉，南行犯婁、天河、天陰、外屏、天囷。八月正月丙午，行奎宿外屏，漸微，久之始滅。

弘治三年十一月戊戌，彗星見天津南，尾指東北。犯人星，歷杵臼。⑭十二月戊申朔，入營室。庚申，犯天倉。十三年四月甲午，彗星見壘壁陣上，入室壁間，漸長三尺餘。指離宮，掃造父，過太微垣，漸微。入紫微垣，近女史，犯尚書，六月丁酉沒。

正德元年七月己丑，有星見紫微西藩外，如彈丸，色蒼白。越數日，有微芒見參、井間，漸長二尺，如帚，西北至文昌。庚子，彗星見，有光，流東南，長三尺。越三日，長五尺許，掃下台上星，入太微垣。十五年正月，彗星見。

嘉靖二年六月，有星孛於天市。十年閏六月乙巳，彗星見於東井，長尺餘，掃軒轅第一星。⑮芒漸長，至翼，長七尺餘。東北掃天罇，入太微垣，掃郎位，行角度，東南掃亢北第二星，漸斂，積三十四日而沒。十一年八月己卯，彗星見東井，長尺許。後東北行，歷天津，漸至丈餘。掃太微垣諸星及角宿、天門，⑯至十二月甲戌，凡一百十五日而滅。十二年六月辛巳，彗星見於五車，長五尺餘，掃大陵及天大將軍。漸長丈餘，掃閣道，犯螣蛇，至八月戊戌而滅。十八年四月庚戌，彗星見，長三尺許，光指東南。掃軒轅北第八星，旬日始滅。三十三年五月癸亥，彗星見天權旁，犯文昌，行入近濁，積二十七日而沒。三十五年正月庚辰，彗星見進賢旁，長尺許，西南指，漸至三尺餘。掃太微垣，次相東北，入紫微垣，犯天牀，四月二日滅。三十六年九月戊辰，彗星見天市垣列肆旁，東北指，至十月二十三日滅。

隆慶三年十月辛丑朔，彗星見天市垣，東北指，至庚申滅。

萬曆五年十月戊子，彗星見西南，蒼白色，長數丈，氣成白虹。由尾、箕越斗、牛逼女，經月而滅。八年八月庚申，彗星見東南方，每夜漸長，縱橫河漢凡七十日有奇。十年四月丙辰，彗星見西北，形如匹練，尾指五車，歷二十餘日滅。十三年九月戊子，彗星出羽林旁，長尺許。每夕東行，漸小，至十月癸酉滅。十九年三月丙辰，西北有星如彗，長尺餘。歷胃、室、壁，長二尺。閏三月丙寅朔，入婁。二十一年七月乙卯，彗星見東井。乙亥，逆行入紫微垣，犯華蓋。二十四年七月丁丑，彗星見西北，如彈丸。入翼，長尺餘，西北行。三十五年八月辛酉朔，彗星見東井，指西南，漸往西北。壬午，自房歷心滅。四十六年十月乙丑，彗星出於氐，長丈餘，指東南，漸指西北。⑰掃犯太陽守星，入亢度，西北掃北斗、璿璣、文昌、五車，逼紫微垣右，至十一月甲辰滅。四十七年正月杪，彗見東南，長數百尺，光芒下射，末曲而銳，未幾見於東北，又未幾見於西。

　　崇禎十二年秋，彗星見參分，十三年十月丙戌，彗星見。

【注】

　　①本志作者已認識到彗星之光芒出自日光的作用。有尾迹，彗尾所指背向太陽，這是彗星的特點。

　　②字星也是彗星的一種，其特點是芒氣向四面擴散，而不是偏向一個方向。

　　③洪武二十四年四月丙子，在紫微垣內同時出現兩顆彗星，其一入南門，犯天床星，二是先犯紫宮北門內的六甲星，又南犯五帝內座。閶闔門

即紫宮南門。

④市樓六星在天市内近南門。彗星下行越過黃道即尾宿。

⑤許檀考證認爲"丙戌"當爲"丙戌"。

⑥有星見星五度：有星見於星宿五度，前一星字指彗星，後一星字指星宿，亦名七星。

⑦變爲彗星：前者星無尾稱孛，後有尾三丈餘，故曰變爲彗星。

⑧其後晨見東方昏見室："室"字有誤，當改爲"後"。這顆彗星的運動方向還是清楚的，九月彗星見星宿五度，晨見東方。這時彗星東北行，近北斗時隱没於日光之中，然後昏見西方，又東南行，歷三公、北斗、瑤光、七公、天市，出天市後，於十一月隱没不見。

⑨犯天屛：没有天屛這個星名。屛星有三：一爲外屛，在奎南；二爲屛星，在參南；三爲内屛，在太微垣内。此三屛星的位置均距天市甚遠，故疑此天屛當爲天弁之誤。

⑩天田：天田二星，在角宿北。

⑪東西竟天：彗尾東西分布於滿天空，約大於九十度的範圍。

⑫天槍三星，位於北斗七星中摇光星處。太陽守一星，位於北斗南三公處。

⑬正晝猶見：白晝尚能見到，可見彗星之大、之明超過一般。

⑭犯人星歷杵臼：人星四星，在危宿、天津之間。杵三星、臼四星，在人星北。

⑮軒轅第一星：指軒轅一，爲軒轅最北的一顆星。

⑯天門：天門二星，在角宿與平星之間。

⑰指東南漸指西北：彗尾先指向東南，漸漸轉向，反過來又指向西北。這是彗尾總是背向太陽、彗星又繞太陽運轉的原因。

天變①

洪武二十一年八月壬戌至甲子，天鼓鳴，②晝夜不止。二十八年三月戊午，昏刻天鳴，如風水相搏，至一鼓止。九月戊戌，初鼓，天鳴如瀉水，自東北而南，至二鼓止。宣德元年八月戊辰，昏刻天鳴，如雨陣迭至，自東南而西南，良久乃息。辛未，東南天鳴，聲如萬鼓。正統十年三月庚寅，西北天鳴，如鳥群飛。正德元年二月壬子夜，東北天鳴，如風水相搏者五七次。隆慶二年八月甲辰，絳州西北天裂，③自丑至寅乃合。④萬曆十六年九月乙丑，甘肅石灰溝天鳴，雲中如犬狀亂吠，⑤有聲。崇禎元年三月辛巳，昧爽，天赤如血，射牕牖皆紅。十年九月，每晨夕天色赤黃。⑥

【注】

①天變：指天空四周的聲、色、光變化。

②天鼓鳴：空中有敲鼓似的聲音。

③絳州西北天裂：在黑暗的夜空中突然見到火焰般的天光，古人不明白出現的原因，認爲是天空開裂。這種天光現象的產生大都源自極光和黃道光。極光是靠近地磁極附近上空大氣中一些彩色發光現象，是因太陽高能粒子流激發磁極上空分子或原子電離而產生。中國位於北半球，北緯四十五度以上經常可以看到。絳州位於山西絳縣附近，也可見到北極光。

④自丑至寅乃合：這是指開裂而言的。丑時（一時至三時）"開裂"，至寅時（三時至五時）天光纔滅。

⑤以上是天鳴不同情況的描述，有"如風水相搏"，有"天鳴如瀉水"，有"如雨陣迭至"，有"聲如萬鼓"，有天鳴"如鳥群飛"，有"雲中如犬狀亂吠"等。

⑥天赤如血，天色赤黃，都是天變的一些表現。這些天變，類似現今的沙塵暴。

日變月變①

洪武二年十二月甲子，日中有黑子。三年九月戊

戌，十月丁巳，十一月甲辰，四年三月戊戌，五月壬子
至辛巳，九月戊寅，五年正月庚戌，二月丁未，五月甲
子，七月辛未，六年十一月戊戌朔，七年二月庚戌至甲
寅，八年二月辛亥，九月癸未，十二月癸丑，十四年二
月壬午至乙酉，十五年閏二月丙戌，十二月辛巳，并
如之。②

　正統元年八月癸酉至己卯，月出入時皆有游氣，色
赤無光。③十四年八月辛未，月晝見，與日争明。④十月
壬申，日上黑氣如煙，尋發紅光，散焰如火。⑤

　景泰二年四月己卯，月色如赭。七年九月丙子，日
色變赤。⑥

　天順二年閏二月己巳，日無光，旋赤如赭。三年八
月丁卯，日色如赭。六年十月丙子，日赤如血。七年四
月癸未，如之。乙酉，日色變白。八年二月己亥，日
無光。

　成化五年閏二月己卯，日色變白。十一年二月己
亥，日色如赭。四月辛卯，如之。十三年三月壬申，日
白無光。十月辛卯，⑦十四年三月庚午，十六年三月丙
戌，并如之。十七年三月丁酉，日赤如赭。十八年四月
壬寅，日赤無光。十二月癸酉，日赤如赭。二十年二月
癸酉，如之。

　弘治元年十一月己卯，月生芒如齒，長三尺餘，色
蒼白。十八年八月癸酉至九月甲午，日無光。

　嘉靖元年正月丁卯，日慘白，變青，無光。二十八
年三月丙申至庚子，日色慘白。三十四年十二月庚申，

晦，日忽暗，有青黑紫日影如盤數十相摩，久之千百，飛蕩滿天，向西北而散。⑧

萬曆二十五年三月癸丑，黑日二三十餘，廻繞日旁，⑨移時雲隱不見。五月辛卯朔，日光轉蕩，旋爲黑餅。三十年三月甲申，日光照地黃赤。三十五年十一月丙午，日赤無光，燭地如血。⑩四十二年三月庚辰，日赤黃如赭如血者累日。四十四年八月戊辰，日中有黑光。四十六年閏六月丙戌至戊子，⑪黑氣出入日中摩蕩。

天啓四年正月癸未，日赤無光，有黑子二三蕩於旁，漸至百許，凡四日。二月壬子，日淡黃無光。癸丑，黑日摩蕩日旁。四月癸酉，⑫日中黑氣摩蕩。十二月辛巳，午刻，非煙非霧，覆壓日上，摩蕩如蓋如吞，通天皆赤。

崇禎四年正月戊戌，日色如血，照人物皆赤。二月乙巳朔，日赤如血，無光。十月丙午，月晝見。十一年十一月癸亥，日中有黑子及黑青白氣。日入時，日光摩蕩如兩日。十二年正月己未朔，日白無光。辛酉，日光摩蕩竟日，有氣從日中出，如鏡黛噴花。二月庚子，日旁有紅白丸，又白芒黑氣交掩，日光摩蕩。十三年九月己巳，兩日并出，⑬辰刻乃合爲一，入時又分爲二。十四年正月壬寅，日青無光。後三年正月癸丑，有星入月。⑭三月壬寅，日色無光者兩旬。

【注】

①日變月變：太陽月亮表面發生的變化。

②日中有黑子：這是明代天象觀測者發現最多、最明確的日面變化。

③月出入時有游氣，色赤無光，這與月變無關，其實衹是地球大氣變化所致。

④月晝見，這是普通現象。即使古人亦是常見。與日爭明，這是星占術語，用於此多有附會。

⑤日上黑氣如煙……散焰如火：這也是所見黑子的一種細微變化。

⑥月色如赭、日色變赤與下文月生芒如齒也，同屬地球大氣現象。

⑦許檀考證認爲"十月"沒有"辛卯"，但正確干支不得考。

⑧此亦屬地球雲霧在日面產生的視覺變化所致。

⑨黑日二三十餘廻繞：日面附近地球大氣產生的折光現象。

⑩似沙塵暴所致。

⑪許檀考證認爲"閏六月丙戌至戊子"當改爲"閏四月丙戌至五月戊子朔"。

⑫許檀考證認爲"四月癸酉"有誤，但正確干支不得考。

⑬兩日并出：屬於大氣折光現象。此爲星占術語，寓意有人在與天子爭權，天子大權旁落。另許檀考證認爲"九月"沒有"己巳"，"己巳"爲"乙巳"之誤。

⑭有星入月：有星被月所掩。月是最近天體，不可能見天體於月中。

暈適①

洪武六年三月戊辰，日交暈。十年正月己巳，②白虹貫日。③十二月甲子，白虹貫月。十二年四月庚申，日交暈。十四年正月壬子，日有珥，白虹貫之。④九月甲辰，白虹貫日。十五年正月丁未，十九年三月己巳，二十二年十二月戊午，并如之。二十三年正月壬辰，日暈，白虹貫珥。二十八年十一月乙亥，日上赤氣長五丈餘，須臾又生直氣、背氣，皆青赤色。⑤又生半暈，兩白虹貫珥，已而彌天貫日。三十年二月辛亥，白虹亘天貫日。

永樂十八年閏正月癸未，日生重半暈，上有青赤背氣，左右有珥，白虹貫之，隨生黃氣、璚氣。⑥

洪熙元年正月乙未，日生兩珥，白虹貫之。四月丁未，如之，復生交暈。

宣德元年正月庚戌，日生青赤璚氣，隨生交暈，色黃赤。二月己卯，日兩珥，又生交暈，左右有珥，上重半暈及背氣。昏刻，月生兩珥，白虹貫之。二年十二月甲戌，月生交暈，左右珥，白虹貫之。三年三月庚寅，日生交暈，色黃赤，兩珥及背氣、戟氣各一，⑦色皆青赤。丁酉，日暈，又交暈及戟氣二道。十二月己卯，日生交暈。五年正月癸亥，日暈，隨生交暈。二月甲午，日交暈，隨生戟氣。四月庚辰，日生兩珥，白虹貫之。六年二月甲寅，日暈，隨生交暈及重半暈璚氣。八年九月戊戌，辰刻，日暈，兩珥背氣，申刻諸氣復生。十年十二月辛亥，日暈，白虹貫兩珥，有璚氣，隨生重半暈及背氣。

正統元年二月己酉，白虹貫月。九月丁未，如之。十二月丙戌，月生背氣，左右珥，白虹貫之。三年四月庚辰，日生兩珥，白虹貫之，隨暈。十二月癸酉，月生兩珥，白虹貫之，隨生背氣。七年十二月辛丑，月暈，白虹貫之。十一年正月乙未，日生背氣，白虹彌天。十四年八月戊申，日暈，旁有戟氣，隨生左右珥及戴氣，東北虹霓如杵。

景泰元年二月壬午，酉刻，日上黑氣四道，約長三丈，離地丈許，兩頭銳而貫日，其狀如魚。十二月甲午，日交暈，上下背氣各一道，兩旁戟氣各一道。二年正月癸卯，日生左右珥，白虹貫之，隨生背氣。二月丙戌，日交暈。三年正月丙辰，日生左右珥及背氣、白虹。五年十一月壬戌，月暈，左右珥及背氣，又生白虹，貫右珥。七年六月丁丑，⑧日暈，隨生重半暈及左右珥。

天順元年二月庚戌，辰刻，日交暈，左右珥，旋生抱氣及左右戟氣，白虹貫日。未刻，諸氣復生。辛亥，日交暈，左右珥及戟氣，白虹貫日，彌天者竟日。二年二月乙卯，日交暈，上有背氣，白虹貫日。七年正月戊戌，月生連環暈。

成化二年四月壬寅，日交暈，右有珥。十一年六月己酉，⑨日重暈，左右珥及背氣。十二年正月甲子，日交暈。二十年二月己未，日生白虹，東北亘天。二十一年十月癸巳，巳刻，日暈，左右珥。未刻，復生，又生抱氣背氣。二十三年十二月癸巳，日暈，左右珥，又生背氣及半暈。

弘治二年正月甲戌，午刻，日暈，白虹彌天。丙戌，日交暈，左右珥，白虹彌天。二月壬寅，日生左右珥及背氣，又生交暈、半暈及抱、格二氣。⑩十一月戊辰，月暈連環，貫左右珥。四年二月庚戌，午刻，日交暈，左右珥，下生戟氣，白虹彌天。六年十一月乙巳，月暈，左右珥，連環貫之。十八年二月己巳，月暈，左右珥，白虹彌天。

正德元年正月乙酉，日暈，上有背氣，左右有珥，白虹彌天。十二月辛酉，月暈，白虹彌天，甲子，如之。

　　嘉靖元年四月癸未，月生連環暈。二年正月己酉，月暈，連環左右珥。七年正月乙亥，日重暈，兩珥及戟氣，白虹彌天。十三年二月壬辰，白虹亘天，日暈，左右珥及戟氣。十八年十二月壬午，立春，日暈右珥，白虹亘天。二十一年十一月甲子，月暈連環。四十一年十一月辛丑，日暈，左右珥，上抱下戟，白虹彌天。

　　隆慶五年三月辛巳，日暈，有珥，白虹亘天。

　　萬曆三十五年正月庚午，日暈，黑氣蔽天。四十八年二月癸丑，日連環暈，下有背氣，左右戟氣，白虹彌天。

　　天啓元年二月甲午，[11]日交暈，左右有珥，白虹彌天。三年十月辛巳，日生重半暈，左右珥。

　　崇禎八年二月丙午，白虹貫日。

【注】

　　①暈適：從天象記錄的内容來看，這是記載日暈等内容的。在古代有關太陽的記錄中，幾乎從未使用過“適”這個字。那麼，此處的“適”字，又當作何種解釋呢？一説“適”爲日中有黑子之類，通“讁”。《左傳》有“日始有讁”，注曰“變風也”。另一説認爲“適”有責備之義，故暈適就是暈遣，“遣”通“譴”，是上天用顯示日暈等天象來責備、譴責天子的失誤行爲和政策的。

　　什麼是日暈？本志没有定義，我們祇能從傳統描述中尋求解答。石氏曰：“日傍有氣，圓而周匝，内赤外青，名爲暈。”蔡伯喈曰：“氣見於日傍四周爲暈。”郭璞曰：“即暈氣五色覆日者也。”依據這些説法，日暈是太陽本身産生的，還是地球大氣現象？仍然不很明白。但除了日暈還有月暈。月亮没有大氣，是一個沉静的世界。由此看來，日暈與月暈一樣，當是地球大氣現象，故日有三暈、九暈之説。

②許檀考證認爲"正月"當作"二月"。

③白虹貫日：虹是地球大氣現象，因雲霧中水氣反射日光所生。虹有彩虹、白虹之别，在古人看來，彩虹喜氣，白虹凶象，故天象中常有白虹貫日的記載。日比君王，貫日，爲象徵君王有凶之兆，象徵利劍或其他凶氣刺向日面，故帝王有凶象之比。

④日有珥白虹貫之：以下還有白虹貫珥等記載。日珥，日面似人面，日珥是日面有耳狀之物出現，它與黑子均由太陽大氣爆發而生。

⑤直氣背氣皆青赤色：大致皆太陽大氣爆發所生，但古人常作與地面雲氣相混雜之記録。直氣、背氣，在星占上各有定義。

⑥黄氣、瑀氣：也是日面產生的一種雲氣。

⑦戟氣：也是日面產生的一種雲氣，形狀似戟，凶象。

⑧許檀《〈明史·天文志〉干支訂誤》認爲"丁丑"當作"乙丑"。

⑨許檀《〈明史·天文志〉干支訂誤》認爲"己酉"當作"乙酉"。

⑩抱格二氣：也是日面產生的一種雲氣。直氣爲垂直日面之氣，背氣爲背向太陽之氣，抱氣爲環抱太陽之氣，日戴爲戴在日上之氣，日瑀如曲向外之氣，日格爲橫在日上下之氣。

⑪許檀《〈明史·天文志〉干支訂誤》認爲"二月甲午"當作"閏二月甲午"。

星變①

洪武二十八年閏九月辛巳，壘壁陣疏拆復聚。②二十九年八月戊子，欽天監言，井宿東北第二星，近歲漸暗小，促聚不端列。三十一年五月癸亥，壘壁陣疏者就聚。正統元年九月丁巳，狼星動摇。③十四年十月辛亥，如之。成化六年丁巳，熒惑無光。十三年九月乙丑朔，歲星光芒炫燿，而有玉色。正德元年八月，大角及心中星動摇，北斗中璿、璣、權三星不明。萬曆四十四年，權星暗小，輔星沉没。四十六年九月，太白光芒四映如月影。天啓五年七月壬申，熒惑色赤，體大，有芒。崇禎九年十二月，熒惑如炬，在太微垣東南。④十二年十月甲午，填星昏暈。十三年六月，泰堦拆。⑤九月，五車中三柱隱。十月，參足突出玉井。⑥後四年二月，熒惑怒角。⑦三月壬辰，欽天監正戈承科奏，帝星下移。已，又軒轅星絶續不常，大小失次。文昌星拆，天津拆，瑶光拆，芒角黑青。

【注】

①星變：原本的含義是恒星發生了變化，實即指星空中出現了變星。

②疏拆復聚：大氣折射使星體位置發生變動。

③狼星動摇：天狼星是全天比較亮的恒星，明亮使光體閃爍，看似動摇。

④五星運動時，距地有遠近，導致光有明暗變化，屬正常現象。

⑤泰堦：無此星名。堦爲階的異寫，疑此指三台之上台。一説"泰"當爲"秦"。

⑥參足突出玉井：參足指參宿七。玉井四星之井口，正在參七處，故有入井、出井之説。

⑦熒惑怒角：熒惑在角宿處光芒四射。

星流星隕①

靈臺候簿飛流之記，無夜無有，其小而尋常者無關休咎，擇其异常者書之。②

洪武三年十月庚辰，有赤星如桃，起天桴至壘壁陣，抵羽林軍，爆散有聲。五小星隨之，至土司空旁，發光燭天，忽大如盌，曳赤尾至天倉没，須臾東南有聲。二十一年八月乙巳，赤星如杯，自北斗杓東南行三丈餘，分爲二，又五丈餘，分爲三，經昴宿復爲二，經天廩合爲一，没於天苑。

永樂元年閏十一月丁卯，有星色蒼，大如斗，光燭地，出中天雲中。[③]西南行，隆隆有聲，入雲中。二年五月丙午，有赤星大如斗，光燭地，出中天，西北行入雲中。十六年，有星大如斗，色青赤，光燭地，自柳東行至近濁。二十二年五月己亥，有星如盞，[④]色青白，光燭地，起東南雲中。西北行，入雲中，有聲如砲。七月庚寅，有星如盌，色赤有光，自奎入參炸散，衆星搖動。

宣德元年十二月己巳，有星大如盌，光赤，出卷舌，東行過東井墜地，有聲如雷。

正統元年八月乙酉，昏刻至曉，大小流星百餘。[⑤]四年八月癸卯，大小流星數百。十四年十月癸丑，有星大如杯，赤光燭地，自三師西北抵少弼，尾迹化蒼白氣，長五尺餘，曲曲西行。十二月戊申，有星大如杯，色青白，有聲，光燭地。自太乙旁東南行丈餘，發光大如斗，至天市西垣没，四小星隨之。

景泰二年六月丙申，大小流星八十餘。八月壬午，有赤星二：一如桃，一如斗，光燭地。一出紫微西藩北行，至陰德，三小星隨之；一出天津，東南行至河南，十餘小星隨之。尾迹炸散，聲如雷。

天順三年四月癸丑，有星大如盌，赤光燭地，自左旗東南行抵女宿，尾迹炸散。八年二月壬子，有星如盌，光燭地，自天市至天津，尾化蒼白氣，如蛇形，長丈餘，良久散。

成化十二年十一月乙丑，延綏波羅堡有星二，⑥形如轆軸，一墜樊家溝，一墜本堡，紅光燭天。二十年五月丙申，有大星墜番禺縣東南，聲如雷，散爲小星十餘。⑦既而天地皆晦，良久乃復。二十一年正月甲申朔，申刻，有火光自中天少西下墜，化白氣，復曲折上騰有聲。踰時，西方有赤星大如盌，自中天西行近濁，尾迹化白氣，曲曲如蛇行良久，正西轟轟如雷震。

弘治元年八月戊申，巳刻，南方流星如盞，自南行丈餘，大如盌，西南至近濁，尾化白雲，屈曲蛇行而散。四年十月丁巳，有星赤，光如電，自西南往東北，聲如鼓，隕光山縣，化爲石如斗。光州商城亦見大星飛空，如光山所見。十一月甲戌，星隕真定西北，紅光燭天。西南天鳴如鼓，又若奔車。七年五月，宣府、山西、河南有星晝隕。八年四月辛未，有星如輪，流至西北，隕於鉛山縣，其聲如雷。九年閏三月戊午，平涼東南有流星如月，紅光燭地，至西北止，既而天鼓鳴。十年正月壬子，有星大如斗，色黃白，光長三十餘丈，一小星隨之，隕於寧夏西北隅。天鳴如雷者數聲。九月乙巳，有星如斗，光掩月，流自西北，隕於永平，有聲。十一年正月癸亥，有流星隕於肅州，大如房，響如雷，良久滅。十月壬申，曉，東方赤星如盌，行丈餘，光燭地，東南行，小星數十隨之。十四年閏七月辛巳，山東有星大如車輪，赤光燭天，自東南往西北，隕於壽光。天鼓鳴。十六年正月己酉，⑧南京有星晝流。

正德元年十二月庚午，有星如盌，隕寧夏中衞，空中有紅光大二畝。⑨二年八月己亥，寧夏有大星，自正南流西南而墜，後有赤光一道，濶三尺，長五丈。五年四月丁亥，雷州有大星如月，自東南流西北，分爲二，尾如彗，隨没，聲如雷。六年八月癸卯，有流星如箕，尾長四五丈，紅光燭天。自西北轉東南，三首一尾，墜四川崇慶衞。色化爲白，復起綠焰，高二丈餘，聲如雷震。十五年正月丁未，酉刻，有星隕於山西龍舟谷巡檢司廳事。四月丙戌，陝西鞏昌府有星如日，色赤，自東方流西南而隕。天鼓鳴。

嘉靖十二年九月丙子，⑩流星如盞，光照地，自中台東北行近濁，尾迹化爲白氣。四更至五更，四方大小流星，縱橫交行，不計其數，至明乃息。十四年九月戊子，開封白晝天鼓鳴。有星如盌，東南流，眾小星從之如珠。十九年五月辛丑，星隕棗強，爲石四。

萬曆三年五月癸亥，晝，景州天鼓鳴。隕星二，化爲黑石。四年十一月甲午，有四星隕費縣，火光照地。質明，落赤點於城西北，色如硃砂，長二里，濶一二尺。是月，臨漳有星長尺許，白晝北飛。十三年七月辛巳，有星如盌，隕於沈丘蓮花集。⑪天鼓鳴。十五年六月丙寅，平陽晝隕星。丁卯，辰刻，有星如斗，隕於平陰，震響如雷。十七年正月庚申，有星隕西寧衞，大如月。天鼓鳴。二十年二月丙辰，有三星隕閩縣東南。二十二年正月戊戌，保定青山口有大飛星，餘光若彗，長二十餘丈。二十七年三月庚子，蓋州衞天鼓鳴，⑫連隕大星三。三十年九月己未朔，有大星見東南，赤如血，大如盌，忽化爲五，中星更明，久之會爲一，大如簁。辛巳，有大小星數百交錯行。十月壬辰，五更，流星起中天，光散七道，有聲如雷。三十三年九月戊子，有星如盌，墜於南京龍江後營，光如火，至地游走如螢，移時滅。明日，復有星如月，從西北流至閱兵臺，分爲三，墜地有聲。十一月，有星隕南京教場，入地無迹。三十五年十一月癸巳，有星隕於涇陽、淳化諸縣，大如車輪，赤色，尾長丈餘，聲如轟雷。三十八年二月癸酉，有星大如斗，墜陽曲西北，[13]碎星不絕。天鼓齊鳴。四十一年正月庚子，[14]真定天鼓鳴。流星晝隕有光。四十三年三月戊申，晝，星墜清豐東流邨，聲如雷。四十六年十月，辛酉，有星如斗，隕於南京安德門外，聲如霹靂，化爲石，重二十一觔。

天啓三年九月甲寅，固原州星隕如雨。

崇禎十五年夏，星流如織。後二年三月己丑朔，有星隕於御河。

【注】

①星流星隕：星流即流星，星隕即隕星、隕石。

②以上是本志作者有關記載流隕的指導意見，說流星夜夜見，一般比較小而又沒有特別之處者不載，僅記异常者。

③出中天雲中：出現於天頂雲中。

④盞：酒杯。碗大盞小。這是大小的比喻。

⑤這是農曆八月之流星雨。

⑥延綏：明邊戍九鎮之一，位在今陝西榆林，波羅堡是鎮內地名。

⑦番禺縣：廣東番禺，今廣州。

⑧許檀《〈明史·天文志〉干支訂誤》認爲"己酉"當爲"癸酉"。

⑨紅光大二畝：這是很少見的星空範圍的估計，約有十餘丈見方。

⑩許檀《〈明史·天文志〉干支訂誤》認爲"九月"當作"十月"。

⑪沈丘蓮花集：沈丘爲縣名，在今河南省東部，臨安徽。

⑫蓋州衛：位在今遼寧蓋州。

⑬陽曲：地名，在今山西太原北。

⑭許檀考證認爲此"正月庚子"有誤，但正確干支不得考。

雲氣①

洪武四年四月辛丑，五色雲見。戊申、乙酉，②十一月壬戌，五年正月庚午、丙子，六月辛巳，七月己酉、壬子，八月己亥，六年六月丁丑，七月癸卯，七年四月丙午，五月丙戌、癸巳、甲午，六月乙未、乙卯，七月己卯，八月辛酉，八年正月壬申，四月丁未，五月庚午、癸未，六月壬辰、己亥，十月庚戌，九年八月癸巳，十四年九月甲申，十五年正月甲申，五月庚申，九月乙卯、丙寅，十一月辛酉，十八年四月癸巳、乙未，五月辛未、甲申，六月癸丑，十九年九月壬午，二十年十一月丁亥，五月乙酉，二十七年六月乙卯，并如之。

永樂元年六月甲寅，日下五色雲見。八月壬申，日珥隨五色雲見。八年二月庚戌，車駕次永安甸，③日下五色雲見。十一年六月戊申朔，武當山頂五色雲見。十七年九月丙辰、十二月癸未，慶雲見。二十二年十一月丙戌，月下五色雲見。

洪熙元年二月癸酉、庚辰，④三月乙未，俱五色雲見。

宣德元年八月庚辰，白雲起東南，狀如群羊驚走。⑤十一月丙辰，北方有蒼白雲，東西竟天。二年十一月乙未，日下五色雲見。四年六月戊子，夜五色雲見。六年二月壬子，昏，西方有蒼白雲，南北竟天。十年三月丁亥，月生五色雲。

正統二年七月庚子，月生五色雲。十月己丑，⑥日生五色雲。十二月癸亥，如之。三年七月己亥，夜，中天有蒼白雲，南北竟天，貫南北斗。八年十一月戊辰，夜，東南方有蒼白雲，東西亙天。九年十一月甲午，月生五色雲。十年九月丁酉，日生五色雲。十一月甲午，月生五色雲。十四年十月庚申，晝生蒼白雲，復化爲三，東西南北竟天。

景泰元年六月乙酉，赤雲四道，兩頭銳如耕壠狀，徐徐東北行而散。八月甲戌，黑雲如山，化作龍虎麋鹿狀。九月丙寅，有蒼白雲氣，南北亙天。二年六月戊寅，日上五色雲。九月辛酉，夜蒼白雲三，東西竟天。三年正月癸亥，東南有黑雲，如人戴笠而揖。四年十一月丁卯，月生五色雲。天順二年十月壬申，四年十月戊午，亦如之。

成化二年三月辛未，白雲起南方，東西竟天。十一年正月丙寅。月生五色雲。十八年十月庚午，五色雲見於泰陵。二十一年閏四月壬辰，開、濮二州，清豐，金鄉，未、申時黑雲起西北，化爲五色，須臾晦如夜。

弘治二年正月辛巳，日生五色雲。十四年三月己酉

朔，嘉靖十七年九月戊子，并如之。十八年二月庚子
朔，當午，日下有五色雲見，長徑二寸餘，形如龍鳳。

萬曆五年六月庚辰，祥雲繞月。

天啓四年六月癸巳，午刻，南方五色雲見。

【注】

①雲氣：雲霧記録。高空中的雲和氣是難以區分的，同爲一體，故名
曰雲氣。

②五色雲見：《乙巳占·帝王氣象占》曰："天子氣如華蓋，在氣霧
中，或有五色。"又曰："天子氣五色，如山鎮。"故五色之雲通稱爲天子
氣，是一種祥和吉利之雲。另，許檀考證認爲"乙酉"當爲"己酉"。

③永安甸：即岔道城，在北京延慶八達嶺關城外。

④許檀考證認爲"二月"當爲"三月"。

⑤白雲：《乙巳占》曰："白氣如帶道竟天，有暴兵。""氣青白，將
勇大戰。"故白氣大都與戰事有關。

⑥許檀考證認爲"十月己丑"誤，但正確干支不得考。